安徽省一流教材建设项目

一流规划教材

一流学科教材
信息科学

面向MATLAB工具箱的神经网络理论与应用

NEURAL NETWORK THEORY AND APPLICATIONS WITH MATLAB TOOLBOXES

第4版

丛 爽 编著

中国科学技术大学出版社

内 容 简 介

本书基于目前国际上通用的 MATLAB R2019b 环境,结合相应的神经网络工具箱以及深度学习工具箱,分人工神经网络与深度神经网络两部分阐述(深度)神经网络的理论与应用。书中所配有的具体例题,均采用 MATLAB 工具箱进行网络的设计与应用;采用理论、图形、算法、程序实现等多种手段,详细对求解的过程进行解释,分析或比较网络的优点及其局限性,来提出解决问题的方法,使读者更加透彻地了解各种神经网络的性能及其优缺点,以达到正确、合理和充分应用神经网络的目的。

本书可作为计算机、电子学、信息、通信以及自动控制等专业的高年级本科生、研究生以及其他专业科技人员学习神经网络或学习 MATLAB 及其神经网络工具箱时的教材或参考书。

图书在版编目(CIP)数据

面向 MATLAB 工具箱的神经网络理论与应用/丛爽编著. —4 版. —合肥:中国科学技术大学出版社,2022.10

(中国科学技术大学一流规划教材)

安徽省一流教材建设项目成果

ISBN 978-7-312-05488-4

Ⅰ. 面… Ⅱ. 丛… Ⅲ. 算法语言—应用—人工神经网络 Ⅳ. TP183

中国版本图书馆 CIP 数据核字(2022)第 152269 号

面向 MATLAB 工具箱的神经网络理论与应用
MIANXIANG MATLAB GONGJU XIANG DE SHENJING WANGLUO YU YINGYONG

出版	中国科学技术大学出版社
	安徽省合肥市金寨路 96 号,230026
	http://press.ustc.edu.cn
	https://zgkxjsdxcbs.tmall.com
印刷	安徽国文彩印有限公司
发行	中国科学技术大学出版社
开本	787 mm×1092 mm 1/16
印张	25.75
字数	657 千
版次	1998 年 11 月第 1 版 2022 年 10 月第 4 版
印次	2022 年 10 月第 4 次印刷
定价	78.00 元

第4版前言

本版在 2009 年第 3 版 7 个章节内容的基础上增加了第 8、9、10、11 和 12 章,这 5 个章节介绍了最近十几年来在深度学习以及深度神经网络设计与应用方面的前沿新成果。

在顺序安排上,本书保持前 3 版的风格,在每章中首先介绍网络构造、基本原理、学习规则以及训练过程;然后通过实例、图解分析或比较网络的优点及其局限性,并提出解决问题的方法。通过和读者一起做练习以及观察运行 MATLAB 程序后的结果,从中了解人工神经网络的特点以及基于 MATLAB 环境下神经网络工具箱的妙用。本书前 7 章是关于人工神经网络的理论,重点放在以下典型网络模型的结构特性以及功能的介绍与应用上:感知器(perceptron),自适应线性元件(adaptive linear element),反向传播网络(back propagation networks),霍普菲尔德网络(Hopfield networks),内星、外星和科霍嫩学习规则(instar, outstar, Kohonen learning rules),自组织竞争网络(self-organization competition networks),特性图(Kohonen feature maps),对传网络(counter propagation networks),自适应共振理论(adaptive resonauce theory),以及神经网络在反馈线性化、利用神经网络进行字母的模式识别、用于字符识别的三种人工神经网络的性能对比。

第 8 章是关于深度学习与深度卷积神经网络结构的设计。本章在提出深度学习概念,介绍深度学习网络及其算法的发展历程,以及深度学习的主要功能及特点的基础上,重点以典型的深度卷积神经网络为例,阐述卷积神经网络的发展过程及工作原理,深度学习网络的结构设计、权值训练及设计过程。在介绍卷积神经网络的结构设计并分析其特点之后,分别对构成卷积神经网络的卷积层、池化层、全连接层和输出层,以及各种激活函数的功能及算法进行逐一介绍,并以 LeNet 模型为例,根据各层的网络结构计算出各层神经元节点数。最后,在 MATLAB 环境下,借助"深度学习工具箱"创建一个深度卷积神经网络。

第 9 章是关于深度神经网络结构的压缩与优化。将网络结构优化分为 4 种不同类型:① 网络剪枝;② 低秩张量分解;③ 网络量化;④ 知识迁移。其中,网络剪枝包括:细粒度剪枝、向量剪枝、卷积核剪枝、组剪枝和滤波器剪枝;张量分解包括:奇异值分解、Tucker 分解、正则多元(CP)分解和块项分解;网络量化包括标量和矢量量化,二值、三值和哈希量化,以及知识迁移。通过对不同网络结构之间优缺点的分析与性能对比研究,以及对不同类型网络结构的优化所带来优势的阐述,为设计者在具体设计与应用过程中提供选择 CNN 网络的重要参考依据。

第 10 章是关于深度神经网络的深度学习。该章主要是针对深层网络同样存在浅层网络所存在的梯度消失和梯度扩散、局部极值,以及过拟合和欠拟合问题,介绍通过深度神经网络解决这些问题而得出的各种训练经验、技巧与训练深度神经网络权值的优化算法,包括:网络的连接方式、激活函数、分类器设计、参数初始化方式、正则化理论以及批次归一化方法。在训练深度神经网络权值的优化算法方面包括批量大小对训练结果的影响的分析;在学习速率改进算法方面包括 AdaGrad 算法、RMSprop 算法和 AdaDelta 算法;在梯度估计优化算法方面包括动量梯度下降法和 Adam 算法。最后介绍了典型卷积神经网络的特点。

第 11 章介绍了深度学习网络的反向传播算法。与浅层网络一样,深度卷积神经网络的反向传播算法主要是基于梯度下降法,根据卷积神经网络的输出与期望输出之间的误差,来调整卷积神经网络中的参数:全连接层中的权重系数 w、卷积层中的卷积核 k 以及各层中的偏置 b 等,使得卷积神经网络的输出更加接近目标值。当网络训练完毕之后,对网络给定一个输入,它就能得到一个相对应的目标输出,从而实现分类、预测或者是识别的功能。该章分别详细推导了全连接层权值参数调整学习算法、卷积层的权值修正公式、误差 δ 的反向传播、池化层误差反向传播算法,以及 CNN 网络权值的训练过程,同时分析和讨论了卷积神经网络的深度学习算法,以及训练后的验证过程与数据处理策略。

第 12 章是有关深度卷积神经网络的应用,包括 4 个方面。第一个应用是对 MATLAB 环境下的 CNN 的设计。通过 MATLAB 环境下所使用的具体语言,详细地给出并逐步解释设计网络的体系结构、构建由数字产生训练用数据组、训练新的卷积神经网络,以及对训练后网络图像进行分类和性能验证。第二个应用是在 MATLAB 环境下 LeNet 网络的手写数字识别。此应用是借助于在 MATLAB 环境下实现 LeNet 网络设计的 MatConvNet 工具箱,采用 MNIST 数据集,设计完成并验证典型的 LeNet 深度学习网络。第三个应用是基于一个多指灵巧机械手,对不同物体进行正确位置的自动识别与抓取。该章分别给出了所设计的 3 级深度卷积网络的结构设计与分析、数据集选择与网络训练、最佳抓取框的算法、物体位置与姿态的确定,以及实际实验及其结果分析。最后一个应用是基于深度神经网络实现多指灵巧机械手对不同物体的自动识别与抓取的应用,开发出基于深度学习的虚拟仿真教学实验平台,给出在该平台上进行和实现整个深度学习网络的结构设计、数据集选择与网络训练、深度神经网络的性能验证,以及执行抓取虚拟仿真实验全过程的介绍。

在程序运行方面,本书中的例题是在 MATLAB R2019b 版本环境下运行的。书中的程序根据新版进行了相应的修改和补充。如需要本书中例题的程序原件,请与作者联系:scong@ustc.edu.cn。

本书从 2020 年起作为中国科学技术大学人工智能英才班"神经网络与深度学习"课程的教材。在这里要特别感谢尚伟伟副教授指导学生完成"基于深度神经网络实现多指灵巧机械手对不同物体的自动识别与抓取"的实验;感谢中国科学技术大学资助开发出基于深度学习的虚拟仿真教学实验平台;感谢张飞博士对课程实验的辅导,还有为第 4 版做出贡献的喻群超、张弛、丁娇和周杨。本书得到安徽省高等学校质量工程(振兴计划)项目省级一流教材项目的支持,在此表示衷心的感谢。

由于笔者水平有限,不当之处在所难免,敬请读者批评指教。

丛 爽

2022 年 2 月

于中国科学技术大学

第 3 版前言

在《面向 MATLAB 工具箱的神经网络理论与应用》第 3 版中,首先对第 2 版内容进行了重新整合,将第 2 版中的感知器、自适应线性元件和反向传播网络这 3 章合为一章——前向神经网络;然后在第 2 版的基础之上,增加了最近 5 年里有关人工神经网络研究中的一些新理论、新进展,包括递归神经网络、局部连接神经网络、随机神经网络及它们的应用等;根据实际应用的情况,在第 3 版中还删去了第 2 版中一些不太实用的内容。

在结构安排上,第 3 版沿袭本书前两版的特点:每一章的内容,按照网络构造、基本原理、学习规则、训练过程、应用局限性的顺序进行编排。通过多层次、多方面的分析与综合,深入浅出地阐述了各种不同神经网络在原理、特性等方面的不同点与相同点,使不同层次、不同水平和阶段的读者都能够根据自己的情况了解和掌握人工神经网络的精髓和相应的深度,这使得本书既可以作为教材,也适用于自学。通过增加的最新内容,使得本书作为教材使用时也具有更加多样的可选择性:既可作为本科生教材,也可作为研究生教材;教师可以有重点地选择感兴趣的内容来进行 40 学时或 60 学时的教学。

在写作上,第 3 版仍然保持着前两版所具有的特点:虽然是在介绍人工神经网络理论,但叙述尽量做到深入浅出、浅显易懂,通过采用各种方法,包括理论推导,作图解释,不同结构、算法的特点及功能的对比等,使读者更容易掌握和理解。并在阐述人工神经网络理论的基础上,通过 MATLAB 环境下提供的神经网络工具箱对一些实际应用问题进行求解演示,努力使读者能够采用工具箱中的函数直接设计训练网络,直观地通过图形或训练特性对神经网络的功能及其应用有一个深入和透彻的认识。

在程序编写方面,对第 2 版中的例题程序根据第 3 版的具体情况进行了相应的修改和补充,使所有的例题程序都能够在 MATLAB 7.0 环境下运行。

本书中的所有例题程序已制作成软件,需要者可通过点击网页 http://auto. ustc. edu. cn/staff/congshuang/ann3examples. zip 下载。

这里要特别感谢为本书做出贡献的人们,他们是:已经硕士毕业的高雪鹏、王怡雯、戴谊、陆婷婷,2003 年本科毕业的郑毅松以及梁艳阳博士。

由于笔者水平所限,不当之处在所难免,敬请读者批评指正。

丛 爽

2008 年 6 月于中国科学技术大学

第 2 版前言

本书最主要的特点在于在阐述最典型的人工神经网络理论的基础上,通过MATLAB 环境下提供的神经网络工具箱进行例题的演示与应用,从而使得初学者能够直观地通过或图形或训练特性对神经网络的功能及其应用有较深入和透彻的了解,同时也更加有助于问题的解决。在 1998 年出版的本书第 1 版中,所采用的程序是在 MATLAB 4.2 版本下运行的神经网络工具箱。在随后的几年里,MATLAB 的版本又产生了几次更新。先是 MATLAB 5.x 版本,其中 5.0 版本基本上是 4.2 版本的直接转换,只是在程序的作图和部分界面的显示上更加讲究,而 5.0 以上版本则增添了许多新的函数。进入 21 世纪后推出的MATLAB 6.0 和 6.1 版本,将 4.2 版本中的许多程序废弃了,且整个环境的界面也发生了根本性的变化,这就使得本书第 1 版中的例题程序在最新的版本下无法运行。为此,笔者对书中的全部程序采用 MATLAB 6.1 环境下的神经网络工具箱 4.0 版本重新编写,以便保证读者能够在最新的 MATLAB 6.1 环境下运行。这是本书第 2 版最主要的变化之处。

第 2 版对第 1 版中的部分内容进行了补充。在自适应线性元件中,增加了网络在建模、预测以及去噪方面的实际应用和原理的阐述;在反向传播网络一章的改进算法部分,增加了数值优化方法;另外对每一章都给出了习题。

考虑到书中一些图的主要目的是进行原理的分析,所以部分图没有用MATLAB 6.1 环境下的程序作出,而是仍保留第 1 版中的作图方式。

新版更正了原版中存在的一些错误,但仍难免有不足之处,恳请广大读者批评指正。

丛　爽

2003 年 1 月于中国科学技术大学

前　言

MATLAB 是英文 MATrix LABoratory 的缩写,意为矩阵实验室,其产生的最初目的是为软件中的矩阵运算提供方便。MATLAB 是一种解释性语言,它采用的计算语言,几乎与专业领域中使用的数学表达式相同,且不同工具箱中的专业函数相对独立。MATLAB 中的基本数据元素是矩阵,它提供了各种矩阵的运算和操作,并有较强的绘图能力,所以得以广为流传,并成为当今国际控制界应用最广、备受人们喜爱的一种软件环境。除了在控制界应用外,MATLAB 还在生物医学工程、信号分析、语言处理、图像信号处理、雷达工程、统计分析、计算机技术、数学等行业中有极其广泛的应用。

虽然 MATLAB 最初并不是为控制理论与系统的设计者们编写的,但是 MATLAB 软件一出现就很快引起了控制界研究人员的瞩目,因为它把看起来相当繁琐复杂的矩阵操作变得简单得令人难以置信,加上 MATLAB 还能十分容易地绘制各种精美的图形,从而吸引了世界上控制界的许多名家,在自己擅长的领域编写了许多具有特殊意义的 MATLAB 工具箱,这又反过来使得 MATLAB 更加具有吸引力。利用 MATLAB 及其工具箱所得结果是相当令人信服的,所有数字及其数据处理以及专业公式的计算都是基于公认的算法,由国际上各有关的顶尖专家编写而成。至今为止,MATLAB 环境下的与控制界有关的工具箱有:控制系统工具箱(control system)、频域系统工具箱(frequency domain system)、鲁棒控制工具箱(robust control)、系统辨识工具箱(system identification)、信号处理工具箱(signal processing)、最优化工具箱(optimization)、神经网络工具箱(neural network)、样条工具箱(splines)、模糊逻辑工具箱(fuzzy logic)、小波工具箱(wavelet)、μ 分析与综合工具箱(如 μ-analysis and synthesis)、非线性控制设计工具箱(nonlinear control design)。

MATLAB 之所以有如此强大的功能在于其还在不断扩大的工具箱的应用

上,离开了工具箱的应用,MATLAB 环境下的操作也仅仅是简单的矩阵运算与作图而已。而要想利用工具箱为己服务,必须知道工具箱能做什么？它的理论依据是什么？它能解决什么问题？达到什么目的？可以这么说,每一个工具箱都有一门专业理论作为背景。它是为这个理论服务的。它将该理论所涉及的公式运算、方程求解,包括复杂的矩阵操作,全都编写成了 MATLAB 环境下的子程序。设计者只要根据自己的需要,通过直接调用函数名,输入变量,运行函数,便可立即得到结果,从而大大节省了设计人员的编程和运算求解的时间。因而 MATLAB 工具箱具有很强的专门知识要求,它是为设计人员在运用某一专门理论解决问题时所提供的有效快捷的工具。只有在掌握了其理论的基础上才能够明白工具箱中的每一个函数的意义,所要达到的目的和所要解决的问题,才能够正确地使用它们,使工具箱很好地为自己服务。

神经网络工具箱正是 MATLAB 环境下所开发出来的许多工具箱之一。它是以人工神经网络理论为基础,用 MATLAB 语言构造出典型神经网络的激活函数,如 S 型、线性、竞争层、饱和线性等激活函数,使设计者对所选定网络输出的计算,变成对激活函数的调用。另外,根据各种典型的修正网络权值的规则,加上网络的训练过程,用 MATLAB 编写出各种网络权值训练的子程序,网络的设计者可以根据自己的需要去调用工具箱中有关神经网络的设计与训练的程序,使自己能够从繁琐的编程中解脱出来,集中精力去思考问题和解决问题,从而提高效率和解题质量。

正是因为 MATLAB 环境下的工具箱的使用需要较强的专业理论知识,所以本书的重点放在对人工神经网络理论的介绍以及人工神经网络与神经网络工具箱应用的结合点上。已经学会使用 MATLAB 语言的读者,通过本书可以掌握人工神经网络的理论,并能够较快地学会用其工具箱设计出网络来解决实际问题。已掌握人工神经网络理论的读者,通过本书可以学会用 MATLAB 设计、训练网络,使理论上的神经网络开始为解决实际问题服务,从理论走向实际应用。这一步,如果没有 MATLAB 的帮助,实现起来将是较为困难的。即使对于已有过实际应用的读者,通过本书也可以从中了解到许多很难发现或证实的神经网络特性与功能,能够对神经网络有更进一步的理解与认识,为其应用开拓思路,同时再加上学会了运用 MATLAB 环境下的神经网络工具箱,将使得设计者如虎添翼,有能力设计出功能更强、更有效的神经网络。

为此,本书在每一章里都给出了大量的应用实例,并全部采用 MATLAB 以及神经网络工具箱中的函数来求解,从而使读者能够采用工具箱中的函数直接设计、训练网络,快速、准确地看到神经网络解决问题的能力以及各种网络的特性。这使得读者通过本书的学习,在理解和掌握了人工神经网络理论的同时,又可以运用 MATLAB 程序来设计网络,将其用于解决实际问题。即使对于目前还没有 MATLAB 及其工具箱的读者,也能够通过本书的学习,掌握人工神经网络的各类模型的设计与应用。由于书中有各种图形以及性能的对比,使读者对每种网络的优缺点有更加透彻的了解。在掌握了工作原理之后,读者完全可以自己动手采用其他语言编写出解决自己问题的软件来。不过这要比采用 MATLAB 工具箱编程费时得多。

在顺序安排上,本书在每一章中首先介绍网络构造、基本原理、学习规则以及训练过程。然后通过实例、图解分析或比较网络的优点及其局限性,并提出解决问题的方法。通过和读者一起做练习和观察运行 MATLAB 程序后的解答,从中了解和掌握人工神经网络的特点以及 MATLAB 环境下神经网络工具箱的妙用。

本书在人工神经网络理论方面重点放在以下典型网络模型的结构特性以及功能的介绍与应用上:感知器(perceptron),自适应线性元件(adaptive linear element),反向传播网络(back propagation networks),霍普菲尔德网络(hopfield networks),内星、外星和科霍嫩学习规则(instar, outstar, Kohonen learning rules),自组织竞争网络(self-organization competition networks),特性图(Kohonen feature maps),对传网络(counter propagation networks),自适应共振理论(adaptive resonauce theory)。

关于 MATLAB 环境下的基本操作、语句结构以及运算,读者可以参考有关 MATLAB 书籍及本书所列出的参考文献。另一个最简单的办法是通过 MATLAB 环境下的 help 命令在线自学。在本书中,我们只对用到的神经网络工具箱中的函数及有关的 MATLAB 编程语言的用法在适当的时候作详细具体的解释。

本书是笔者在中国科学技术大学教授三年高年级本科生"人工神经网络"选修课所编讲义的基础上,充实整理后完成的,可作为计算机、电子、信息科学、通信、控制等专业的高年级本科生、研究生以及其他专业科技人员学习神经网络或学习 MATLAB 及其神经网络工具箱时的教材或参考书。

由于笔者水平有限,不当之处在所难免,敬请读者批评指正。

丛　爽

1998 年 8 月于中国科学技术大学

目　　录

第4版前言 ……………………………………………………………………………（1）

第3版前言 ……………………………………………………………………………（5）

第2版前言 ……………………………………………………………………………（7）

前言 …………………………………………………………………………………（9）

第1章　绪论 ………………………………………………………………………（1）

1.1　人工神经网络概念的提出 ……………………………………………………（1）

1.2　神经细胞以及人工神经元的组成 ……………………………………………（2）

1.3　人工神经网络应用领域 ………………………………………………………（3）

1.4　人工神经网络发展的回顾 ……………………………………………………（4）

1.5　人工神经网络的基本结构与模型 ……………………………………………（6）

1.5.1　人工神经元的模型 ………………………………………………………（6）

1.5.2　激活转移函数 ……………………………………………………………（7）

1.5.3　单层神经元网络模型结构 ………………………………………………（8）

1.5.4　多层神经网络 ……………………………………………………………（9）

1.5.5　递归神经网络 …………………………………………………………（11）

1.6　用MATLAB计算人工神经网络输出 …………………………………………（12）

1.7　本章小结 ………………………………………………………………………（15）

习题 …………………………………………………………………………………（15）

第2章　前向神经网络 …………………………………………………………（16）

2.1　感知器 …………………………………………………………………………（16）

2.1.1　感知器的网络结构 ……………………………………………………（16）

2.1.2　感知器的图形解释 ……………………………………………………（17）

2.1.3　感知器的学习规则 ……………………………………………………（19）

2.1.4　网络的训练 ……………………………………………………………（20）

2.1.5　感知器的局限性 ………………………………………………………（27）

2.1.6　"异或"问题 …………………………………………………………（29）

2.1.7　解决线性可分性限制的办法 …………………………………………（31）

2.1.8　本节小结 ………………………………………………………………（32）

2.2　自适应线性元件 ………………………………………………………………（32）

2.2.1　自适应线性神经元模型和结构 ………………………………………（32）

2.2.2　W-H学习规则 …………………………………………………………（33）

2.2.3 网络训练 ……………………………………………………………（34）

2.2.4 例题与分析 ……………………………………………………（35）

2.2.5 对比与分析 ……………………………………………………（45）

2.2.6 单步延时线及其自适应滤波器的实现 …………………………（46）

2.2.7 自适应线性网络的应用 …………………………………………（49）

2.2.8 本节小结 ………………………………………………………（51）

2.3 反向传播网络 ……………………………………………………………（52）

2.3.1 BP 网络模型与结构 ……………………………………………（52）

2.3.2 BP 学习规则 ……………………………………………………（53）

2.3.3 BP 网络的训练及其设计过程 …………………………………（55）

2.3.4 BP 网络的设计 …………………………………………………（59）

2.3.5 限制与不足 ……………………………………………………（67）

2.3.6 反向传播法的改进方法 …………………………………………（69）

2.3.7 基于数值优化方法的网络训练算法 ……………………………（76）

2.3.8 数值实例对比 …………………………………………………（78）

2.3.9 本节小结 ………………………………………………………（82）

习题 ………………………………………………………………………………（82）

第3章 递归神经网络 …………………………………………………………（84）

3.1 各种递归神经网络 ………………………………………………………（84）

3.1.1 全局反馈型递归神经网络 ………………………………………（86）

3.1.2 前向递归神经网络 ………………………………………………（87）

3.1.3 混合型网络 ……………………………………………………（95）

3.1.4 本节小结 ………………………………………………………（95）

3.2 全局反馈递归网络 ………………………………………………………（97）

3.2.1 霍普菲尔德网络模型 ……………………………………………（98）

3.2.2 状态轨迹 ………………………………………………………（99）

3.2.3 离散型霍普菲尔德网络 …………………………………………（101）

3.2.4 连续型霍普菲尔德网络 …………………………………………（114）

3.2.5 本节小结 ………………………………………………………（129）

3.3 Elman 网络 ………………………………………………………………（130）

3.3.1 网络结构及其输入输出关系式 …………………………………（131）

3.3.2 修正网络权值的学习算法 ………………………………………（132）

3.3.3 稳定性推导 ……………………………………………………（134）

3.3.4 对稳定性结论的分析 ……………………………………………（135）

3.3.5 对角递归网络稳定时学习速率的确定 …………………………（137）

3.3.6 本节小结 ………………………………………………………（138）

3.4 对角递归神经网络 ………………………………………………………（138）

3.4.1 网络结构及其输入输出关系式 …………………………………（138）

3.4.2 网络的稳定性分析 ………………………………………………（139）

3.4.3 进一步的讨论 …………………………………………………（144）

3.4.4　数值实例 ·· (146)

3.4.5　本节小结 ·· (148)

3.5　局部递归神经网络 ·· (148)

3.5.1　PIDNNC 的设计 ·· (149)

3.5.2　闭环控制系统稳定性分析 ·································· (152)

3.5.3　实时在线控制策略的设计步骤 ······························ (153)

3.5.4　数值应用 ·· (154)

3.5.5　本节小结 ·· (155)

习题 ·· (155)

第4章　局部连接神经网络 ·· (156)

4.1　径向基函数网络 ·· (156)

4.1.1　径向基函数及其网络分析 ·································· (156)

4.1.2　网络的训练与设计 ·· (158)

4.1.3　广义径向基函数网络 ·· (159)

4.1.4　数字应用对比及性能分析 ···································· (160)

4.1.5　本节小结 ·· (161)

4.2　B 样条基函数及其网络 ·· (161)

4.3　CMAC 神经网络 ·· (163)

4.3.1　CMAC 网络基本结构 ·· (163)

4.3.2　CMAC 的学习算法 ·· (164)

4.4　局部神经网络的性能对比分析 ····································· (164)

4.4.1　CMAC、B 样条和 RBF 共有的结构特点 ····················· (165)

4.4.2　CMAC、B 样条和 RBF 的不同之处 ························· (165)

4.5　K 型局部连接神经网络 ·· (167)

4.5.1　网络结构与权值修正法 ······································ (167)

4.5.2　网络特性分析 ·· (168)

4.5.3　数字应用对比及性能分析 ···································· (169)

4.5.4　本节小结 ·· (172)

习题 ·· (172)

第5章　自组织竞争神经网络 ·· (173)

5.1　几种联想学习规则 ·· (173)

5.1.1　内星学习规则 ·· (174)

5.1.2　外星学习规则 ·· (176)

5.1.3　科霍嫩学习规则 ·· (178)

5.2　自组织竞争网络 ·· (178)

5.2.1　网络结构 ·· (178)

5.2.2　竞争学习规则 ·· (181)

5.2.3　竞争网络的训练过程 ·· (181)

5.3　科霍嫩自组织映射网络 ·· (184)

5.3.1　科霍嫩网络拓扑结构 ·· (184)

5.3.2 网络的训练过程 ……………………………………………… (186)

5.4 自适应共振理论 ………………………………………………… (193)

5.4.1 ART-1 网络结构 ……………………………………………… (193)

5.4.2 ART-1 的运行过程 …………………………………………… (195)

5.4.3 ART-2 神经网络 ……………………………………………… (200)

5.5 本章小结 ………………………………………………………… (205)

习题 ……………………………………………………………………… (206)

第 6 章 随机神经网络 ………………………………………………… (207)

6.1 引言 ……………………………………………………………… (207)

6.1.1 随机神经网络的发展 ………………………………………… (207)

6.1.2 GNN 模型描述 ………………………………………………… (208)

6.1.3 RNN 的学习算法 ……………………………………………… (209)

6.1.4 RNN 的应用 …………………………………………………… (210)

6.1.5 其他随机网络 ………………………………………………… (212)

6.1.6 本节小结 ……………………………………………………… (214)

6.2 用 Boltzmann 机求解典型 NP 优化问题 TSP ………………… (214)

6.2.1 Boltzmann 机网络模型及其权值修正规则 ………………… (214)

6.2.2 用 Boltzmann 机网络解 TSP …………………………………… (217)

6.2.3 Boltzmann 机与 Hopfield 网络解 TSP 的对比 ……………… (218)

6.2.4 本节小结 ……………………………………………………… (221)

6.3 随机神经网络算法改进及其应用 ……………………………… (221)

6.3.1 DRNN 解 TSP 的参数推导和改进方法 …………………… (221)

6.3.2 DRNN 网络解 TSP 改进方法的实验对比 ………………… (223)

6.3.3 本节小结 ……………………………………………………… (224)

6.4 采用 DRNN 网络优化求解的对比研究 ……………………… (225)

6.4.1 DRNN 与 Hopfield 网络求解 TSP 的理论分析 …………… (225)

6.4.2 DRNN 与 Hopfield 网络解 TSP 的实验对比 ……………… (228)

6.4.3 本节小结 ……………………………………………………… (229)

6.5 采用随机神经网络优化求解 C-TSP ………………………… (230)

6.5.1 DRNNq 求解 TSP 的算法 …………………………………… (230)

6.5.2 求解 C-TSP 的不同算法 …………………………………… (231)

6.5.3 不同算法与分区方案的对比分析 ………………………… (232)

6.5.4 DRNN 网络解 C-TSP 的实验结果和分析 ………………… (233)

6.5.5 本节小结 ……………………………………………………… (234)

习题 ……………………………………………………………………… (234)

第 7 章 面向工具箱的神经网络实际应用 ………………………… (235)

7.1 引言 ……………………………………………………………… (235)

7.1.1 神经网络技术的选用 ………………………………………… (235)

7.1.2 神经网络各种模型的应用范围 …………………………… (236)

7.1.3 网络设计的基本原则 ………………………………………… (237)

7.2　神经网络在控制系统中的应用 ･････････････････････････････ (238)

   7.2.1　反馈线性化 ･･･ (238)

   7.2.2　问题的提出 ･･･ (239)

   7.2.3　神经网络设计 ･･･････････････････････････････････････ (240)

7.3　利用神经网络进行字母的模式识别 ･･･････････････････････ (244)

   7.3.1　问题的阐述 ･･･ (244)

   7.3.2　神经网络的设计 ･････････････････････････････････････ (245)

7.4　用于字符识别的三种人工神经网络的性能对比 ･･･････････ (249)

   7.4.1　用于字母识别的感知器网络 ･･･････････････････････････ (249)

   7.4.2　用于字母识别的霍普菲尔德网络 ･･･････････････････････ (250)

   7.4.3　字母识别实验及其结果分析 ･･･････････････････････････ (251)

7.5　本章小结 ･･･ (253)

习题 ･･･ (253)

第8章　深度学习与深度卷积神经网络结构的设计 ･･････････････ (254)

8.1　深度学习概念的提出 ･･･････････････････････････････････ (254)

8.2　深度神经网络及其学习算法的发展历程 ･･･････････････････ (256)

   8.2.1　第一发展阶段:浅层学习 ･･･････････････････････････ (256)

   8.2.1　第二发展阶段:深度学习 ･･･････････････････････････ (257)

8.3　深度学习的主要功能及其特点 ･･･････････････････････････ (259)

8.4　卷积神经网络的结构设计及其特点分析 ･･･････････････････ (262)

   8.4.1　卷积神经网络的发展过程及其工作原理 ･････････････････ (262)

   8.4.2　卷积神经网络的结构设计 ･･･････････････････････････ (263)

   8.4.3　卷积神经网络的结构特点 ･･･････････････････････････ (265)

8.5　卷积神经网络各层的基本计算与功能 ･･･････････････････ (266)

   8.5.1　输入层 ･･･ (266)

   8.5.2　卷积层 ･･･ (267)

   8.5.3　池化层 ･･･ (271)

   8.5.4　全连接层 ･･･ (276)

   8.5.5　输出层 ･･･ (277)

8.6　卷积神经网络激活函数 ･････････････････････････････････ (278)

8.7　卷积神经网络各层节点数的计算 ･･･････････････････････ (284)

8.8　卷积网络训练过程 ･･････････････････････････････････････ (286)

8.9　本章小结 ･･･ (289)

习题 ･･･ (290)

第9章　深度神经网络结构压缩与优化 ･･････････････････････････ (291)

9.1　网络剪枝 ･･･ (292)

   9.1.1　细粒度剪枝 ･･･ (292)

   9.1.2　向量剪枝和卷积核剪枝 ･････････････････････････････ (294)

   9.1.3　组剪枝 ･･･ (294)

   9.1.4　滤波器剪枝 ･･･ (295)

9.2 低秩张量分解 ··· (295)
  9.2.1 奇异值分解 ·· (296)
  9.2.2 Tucker 分解 ·· (297)
  9.2.3 CP 分解 ·· (297)
  9.2.4 块项分解 ··· (298)
9.3 网络量化 ··· (299)
  9.3.1 标量和矢量量化 ······································ (299)
  9.3.2 二值量化和哈希量化 ·································· (300)
  9.3.3 三值量化 ··· (301)
9.4 知识迁移 ··· (301)
9.5 本章小结 ··· (304)
习题 ··· (305)

第 10 章 深度神经网络的深度学习 ··························· (306)
10.1 深度神经网络的各种训练经验技巧 ······················· (308)
  10.1.1 网络的连接方式 ····································· (309)
  10.1.2 激活函数 ·· (310)
  10.1.3 分类器设计 ·· (310)
  10.1.4 参数初始化 ·· (311)
  10.1.5 正则化理论 ·· (312)
  10.1.6 批次归一化方法 ····································· (312)
10.2 训练深度神经网络权值的优化算法 ······················· (314)
  10.2.1 小批量梯度下降法 ··································· (314)
  10.2.2 学习速率改进算法 ··································· (315)
  10.2.3 梯度估计改进方法 ··································· (317)
10.3 深度神经网络的损失曲面 ································· (319)
  10.3.1 深度神经网络损失曲面的极值点 ····················· (319)
  10.3.2 深度神经网络损失曲面的几何性质 ··················· (320)
  10.3.3 深度神经网络优化算法收敛性和动力学 ··············· (321)
10.4 典型卷积神经网络的特点 ································· (321)
10.5 本章小结 ·· (324)
习题 ··· (324)

第 11 章 深度学习网络的反向传播算法 ····················· (325)
11.1 全连接层权值参数调整学习算法 ·························· (325)
11.2 卷积层的权值修正公式的推导 ···························· (326)
11.3 误差 δ 的反向传播 ································· (329)
11.4 池化层误差反向传播算法的推导 ·························· (333)
11.5 CNN 网络权值的训练过程 ································ (335)
11.6 卷积神经网络训练后的验证过程与数据处理策略 ··········· (337)
11.7 深度学习算法的分析与讨论 ······························ (338)
11.8 本章小结 ·· (338)

习题 ………………………………………………………………………………… (339)

第 12 章　卷积神经网络的应用 …………………………………………………… (340)

12.1　MATLAB 环境下的 CNN 的设计 ……………………………………………… (340)

12.1.1　设计网络的体系结构 ………………………………………………… (340)

12.1.2　构建由数字产生训练用数据组 ……………………………………… (342)

12.1.3　训练新的卷积神经网络 ……………………………………………… (344)

12.1.4　训练后网络图像分类和性能验证 …………………………………… (345)

12.2　MATLAB 环境下 LeNet 网络的手写数字识别 ……………………………… (347)

12.2.1　LeNet 神经网络的结构与程序 ……………………………………… (348)

12.2.2　MatConvNet 工具箱安装 …………………………………………… (352)

12.2.3　MNIST 数据集的产生与获取 ………………………………………… (352)

12.2.4　LeNet 网络的训练 …………………………………………………… (353)

12.2.5　测试训练好的网络 …………………………………………………… (355)

12.3　多指灵巧机械手对不同物体的自动识别 …………………………………… (359)

12.3.1　深度卷积网络结构设计与分析 ……………………………………… (360)

12.3.2　第一级卷积神经网络的设计 ………………………………………… (361)

12.3.3　第二级卷积神经网络的设计 ………………………………………… (363)

12.3.4　第三级卷积神经网络的设计 ………………………………………… (364)

12.3.5　数据集选择与网络训练 ……………………………………………… (365)

12.3.6　实际实验及其结果分析 ……………………………………………… (369)

12.4　基于深度学习的虚拟仿真教学实验平台 …………………………………… (372)

12.4.1　虚拟仿真平台实验内容 ……………………………………………… (372)

12.4.2　抓取框检测深度卷积网络的设计 …………………………………… (373)

12.4.3　抓取框检测网络训练 ………………………………………………… (374)

12.4.4　深度神经网络的自动抓取虚拟仿真实验 …………………………… (375)

12.5　本章小结 ………………………………………………………………………… (377)

习题 ………………………………………………………………………………… (377)

附录　程序目录 ………………………………………………………………………… (378)

参考文献 ………………………………………………………………………………… (380)

第1章 绪 论

1.1 人工神经网络概念的提出

人脑是宇宙中已知最复杂、最完善和最有效的信息处理系统，是生物进化的最高产物，是人类智能、思维和情绪等高级精神活动的物质基础，也是人类认识较少的领域之一。长期以来，人们不断地通过神经学、生物学、心理学、认知学、数学、电子学和计算机科学等一系列学科，对神经网络进行分析和研究，企图揭示人脑的工作机理，了解神经系统进行信息处理的本质，并通过对人脑结构及其信息处理方式的研究，利用大脑神经网络的一些特性，设计出具有类似大脑某些功能的智能系统来处理各种信息，解决不同问题。

用机器代替人脑的部分劳动是当今科学技术发展的重要标志。计算机就是采用电子元件的组合来完成人脑的某些记忆、计算和判断功能的系统。现代计算机中，每个电子元件的计算速度为纳秒（10^{-9} 秒）级，而人脑中每个神经细胞的反应时间只有毫秒（10^{-3} 秒）级。然而在进行诸如记忆回溯、语言理解、直觉推理、图像识别等决策过程中，人脑往往只需要一秒钟左右的时间就可以完成复杂的处理。换句话说，脑神经细胞做出决定需要的运算不超过 100 步，范德曼（J. A. Feldman）称之为 100 步程序长度。显然，任何现代串行计算机绝不可能在 100 步运算中完成类似上述的一些任务。由此人们希望去追求一种新型的信号处理系统，它既有超越人的计算能力，又有类似于人的识别、判断、联想和决策的能力。

人工神经网络（Artificial Neural Network，ANN）正是在人类对其大脑神经网络认识理解的基础上人工构造的能够实现某种功能的神经网络。它是理论化的人脑神经网络的数学模型，是基于模仿大脑神经网络结构和功能而建立的一种信息处理系统。它实际上是一个由大量简单元件相互连接而成的复杂网络，具有高度的非线性，能够进行复杂的逻辑操作和非线性关系实现的系统。

人工神经网络吸取了生物神经网络的许多优点，因而有其固有的特点：

（1）高度的并行性

人工神经网络由许多相同的简单处理单元并联组合而成，虽然每个单元的功能简单，但大量简单处理单元的并行活动，使其对信息的处理能力与效果惊人。

（2）高度的非线性全局作用

人工神经网络每个神经元接受大量其他神经元的输入，并通过并行网络产生输出，影响其他神经元。网络之间的这种互相制约和互相影响，实现了从输入状态到输出状态空间的非线性映射。从全局的观点来看，网络整体性能不是网络局部性能的简单叠加，而表现出某种集体性的行为。

（3）良好的容错性与联想记忆功能

人工神经网络通过自身的网络结构能够实现对信息的记忆，所记忆的信息存储在神经元之间的权值中。从单个权值中看不出所储存的信息内容，因而是分布式的存储方式。这使得网络具有良好的容错性，并能进行聚类分析、特征提取、缺损模式复原等模式信息处理工作；又宜于做模式分类、模式联想等模式识别工作。

（4）较强的自学习、自适应功能

人工神经网络可以通过训练和学习来获得网络的权值与结构，呈现出很强的自学习能力和对环境的自适应能力。

1.2 神经细胞以及人工神经元的组成

神经系统的基本构造单元是神经细胞，也称神经元。它和人体中其他细胞的关键区别在于具有产生、处理和传递信号的功能。每个神经元都包括三个主要部分：细胞体、树突和轴突。树突的作用是向四方收集由其他神经细胞传来的信息，轴突的功能是传出从细胞体送来的信息。每个神经细胞所产生和传递的基本信息是兴奋或抑制。两个神经细胞之间的相互接触点称为突触。简单神经元网络及其简化结构如图1.1所示。

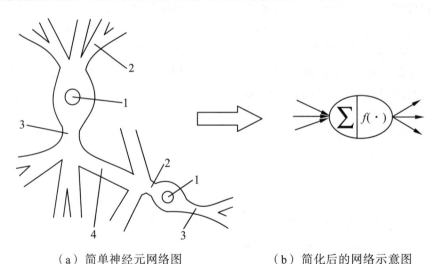

（a）简单神经元网络图   （b）简化后的网络示意图

1—细胞体；2—树突；3—轴突；4—突触

图1.1 简单神经元网络及其简化结构图

从信息的传递过程来看，一个神经细胞的树突，在突触处接收其他神经细胞信号。这些信号可能是兴奋性的，也可能是抑制性的。所有树突接收到的信号都传到细胞体进行综合处理。如果在单位时间间隔内，某一细胞接收到的兴奋性信号数量足够大，以至于该细胞被激活，而产生一个脉冲信号，这个信号将沿着该细胞的轴突传送出去，并通过突触传给其他神经细胞。神经细胞通过突触的联结形成神经网络。

人们正是通过对人脑神经系统的初步认识，尝试构造出人工神经元以组成人工神经网络系统来对人的智能,甚至是思维行为进行研究;尝试从理性角度阐明大脑的高级机能。经过几十年的努力与发展,已涌现出上百种人工神经网络模型。它们的网络结构、性能、算法及应用领域各异,但均是根据生物学事实衍生出来的。由于其基本处理单元是对生物神经元的近似仿真,因而被称之为人工神经元。它用于仿效生物神经细胞最基本的特性,与生物原型相对应。人工神经元的主要结构单元是信号的输入、综合处理和输出,其输出信号的强度大小反映了该单元对相邻单元影响的强弱。人工神经元之间通过互相联结形成网络,称为人工神经网络。神经元之间相互联结的方式称为联结模式,相互之间的联结度由联结权值体现。在人工神经网络中,改变信息处理过程及其能力,就是修改网络权值的过程。

目前多数人工神经网络的构造大体上都采用如下的一些原则:

① 由一定数量的基本单元分层联结构成;

② 每个单元的输入、输出信号以及综合处理内容都比较简单;

③ 网络的学习和知识存储体现在各单元之间的联结强度上。

1.3 人工神经网络应用领域

随着人工神经网络技术的发展,其用途日益广泛,应用领域也在不断拓展,已在各工程领域中得到广泛的应用。总而言之,人工神经网络技术可用于如下信息处理工作:函数逼近、感知觉模拟、多目标跟踪、联想记忆及数据恢复等。具体而言,其主要用于(或比较适宜于用来)解算下述几类问题:

(1) 模式信息处理和模式识别

所谓模式,从广义上说,就是事物的某种特性类属,如图像、文字、语言、符号等感知形象信息;雷达信号、声呐信号、地球物探、卫星云图等时空信息;动植物种类形态、产品等级、化学结构等类别差异信息等等。模式信息处理就是对模式信息进行特征提取、聚类分析、边缘检测、信号增强、噪声抑制、数据压缩以及各种变换等。模式识别就是将所研究客体的特性类属映射成"类别号",以实现对客体特定类别的识别。人工神经网络特别适宜解算这类问题,形成了新的模式信息处理技术。它在各领域中的广泛应用是神经网络技术发展的重要侧面反映。这方面的主要应用有:图形、符号、手写体及语音识别,雷达及声呐等目标识别,药物构效关系等化学模式信息辨识,机器人视觉、听觉,各种最近相邻模式聚类及识别分类等等。

(2) 最优化问题计算

人工神经网络的大部分模型是非线性动态系统,若将所计算问题的目标函数与网络某种能量函数对应起来,网络动态向能量函数极小值方向移动的过程则可视作优化问题的解算过程。网络的动态过程就是优化问题计算过程,稳态点则是优化问题的局部或全局最优动态过程解。这方面的应用包括组合优化、条件约束优化等一类求解问题,如任务分配、货物调度、路径选择、组合编码、排序、系统规划、交通管理以及图论中各类问题的解算等。

(3) 信息的智能化处理

神经网络适宜处理具有残缺结构或含有错误成分的模式,能够在信源信息含糊、不确定、不完整,存在矛盾及假象等复杂环境中应用。神经网络所具有的自学习能力使传统专家技术中最难的知识获取过程优化为结构调节过程,从而大大方便了知识库中知识的记忆和抽提。在许多复杂问题中(如医学诊断),存在大量特例和反例,信息来源既不完整,又含有假象,且经常遇到不确定性信息,决策规则往往相互矛盾,有时无条理可循的情况,这给传统专家系统应用造成极大困难,甚至在某些领域无法应用。而神经网络技术则能突破这一障碍,且能对不完整信息进行补全,根据已学会的知识和处理问题的经验对复杂问题作出合理的判断决策,给出较满意的解答,或对未知过程作出有效的预测和估计。这方面的主要应用包括自然语言处理、市场分析、预测估值、系统诊断、事故检查、密码破译、语言翻译、逻辑推理、知识表达、智能机器人、模糊评判等。

(4) 复杂控制

神经网络在诸如机器人运动控制等复杂控制问题方面有独到之处。较之传统数字计算机的离散控制方式,更适宜于组成快速实时自适应控制系统。这方面的主要应用包括多变量自适应控制、变结构优化控制、并行分布控制、智能及鲁棒控制等。

(5) 信号处理

神经网络的自学习和自适应能力使其成为对各类信号进行多用途加工处理的一种天然工具,尤其在处理连续时序模拟信号方面有很自然的适应性。这方面的主要应用包括自适应滤波、时序预测、谱估计和快速傅里叶变换、通信编码和解码、信号增强降噪、噪声相消、信号特征检测等。神经网络在弱信号检测、通信、自适应滤波等方面的应用尤其引人注目,已在许多行业中得到运用。

1.4 人工神经网络发展的回顾

人工神经网络的实质是输入转化成输出的一种数学表达式,这种数学关系是由网络的结构确定的,而网络结构必须根据具体问题进行设计和训练。学习人工神经网络的关键在于掌握生物神经网络与人工神经网络建模的联系、人工神经网络的数学基础以及人工神经网络的应用。下面首先从人工神经网络发展的过程入手来了解和建立生物神经网络与人工神经网络建模的联系,并通过网络结构与数学表达式将其关联起来。

一般认为,最早用数学模型对神经系统中的神经元进行理论建模的是美国心理学家麦卡洛克(W. McCulloch)和数学家皮茨(W. Pitts)。1943 年,他们在分析和研究了人脑细胞神经元后认为:人脑细胞神经元的活动像一个通断的开关。为此他们引入了阶跃阈值函数,并用电路构成了简单的神经网络模型,这就是常称的 MP 模型,如图 1.2 所示。图中输入矢量分量为 $p_j(j=1,2,\cdots,r)$。神经元输出状态取值为 1 或 0,权值分量为 $w_j(j=1,2,\cdots,r)$,体现了输入矢量作用的强弱:权值为 $+1$ 时,表示该输入节点处于兴奋状态,产生加强的作用;权值为 -1 时,则起抑制作用。函数 $f(\cdot)$ 被称为激活传递函数(activation transfer function),常简称为激活函数或传递函数。激活函数的输入为神经元输入矢量的加权和:$\sum_{j=1}^{r} w_j p_j$,其输出代表神经元的输出。所以激活函数反映了人工神经元的实质内容。在 MP 神经元数学模型中,模仿断通开关功能的激活函数是一个二值型阈值函数,其数学表达式为

$$a = f(n) = \begin{cases} 1, & \sum\limits_{j=1}^{r} w_j p_j \geqslant 0 \\ 0, & \sum\limits_{j=1}^{r} w_j p_j < 0 \end{cases} \tag{1.1}$$

其输入/输出关系式如图 1.3 所示。

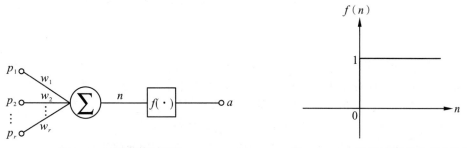

图 1.2　MP 神经元模型　　　　　　　图 1.3　MP 神经元模型的激活函数

　　MP 神经元模型首次用简单的数学模型模仿出生物神经元的活动功能,并揭示了通过神经元的相互联结和简单的数学计算,可以进行相当复杂的逻辑运算这一令人兴奋的事实。代表 MP 神经元模型的阈值型激活函数在以后的许多其他人工神经网络中得到了广泛的应用。

　　1957 年,美国计算机学家罗森布拉特(F. Rosenblatt)提出了著名的感知器(percep-tron)模型。它是一个具有连续可调权值矢量的 MP 神经网络模型,经过训练可以达到对一定的输入矢量进行分类和识别的目的。

　　1959 年,当时的另外两位美国工程师威德罗(B. Widrow)和霍夫(M. Hoff)提出了自适应线性元件(adaptive linear element,Adaline)。它是感知器的优化形式,尤其在修正权矢量的算法上进行了改进,不仅提高了训练收敛速度,而且提高了训练精度。他们从工程实际出发,不仅在计算机上模拟了这种神经网络,而且还做成了硬件,并将训练后的人工神经网络成功地用于抵消通信中的回波和噪声,成为第一个用于解决实际问题的人工神经网络。

　　1969 年,人工智能创始人之一明斯基(M. Minsky)和帕伯特(S. Papert)在合著的《感知器》一书中,对以单层感知器为代表的简单人工神经网络的功能及其局限性从数学上进行了深入的分析。他们指出:单层感知器只能进行线性分类,对线性不可分的输入模式,哪怕是简单的"异或"逻辑运算,单层感知器也无能为力,而其解决办法则是设计训练出具有隐含层的多层神经网络。同时他们还指出,在引入隐含层后,要找到一个有效的修正权矢量的学习算法并不容易。这一结论使得当时许多神经网络研究者感到前途渺茫,客观上对神经网络理论的发展起了一定的消极作用。

　　美国学者霍普菲尔德(J. Hopfield)对人工神经网络研究的复苏起到了关键性的作用。1982 年,他提出了霍普菲尔德网络模型,将能量函数引入到对称反馈网络中,使网络的稳定性有了明确的判据,并利用所提出的网络的神经计算能力来解决条件优化问题。另外,霍普菲尔德网络模型可以用电子模拟线路来实现,这种神经网络所执行的运算在本质上不同于布尔代数运算,从而由此还兴起了对新一代电子神经计算机的研究。

　　另一个突破性的研究成果是儒默哈特(D. E. Rumelhart)等人 1986 年提出的解决多层

神经网络权值修正的算法——误差反向传播法(error back-propagation),简称 BP 算法。这种算法解决了明斯基和帕伯特提出的问题,从而给人工神经网络增添了活力,使其得以全面迅速地发展起来。

1.5 人工神经网络的基本结构与模型

从上节对人工神经网络发展的回顾中我们可以了解到,人工神经网络是在现代神经学、生物学、心理学等科学研究成果的基础上产生的,反映了生物神经系统的基本特征,是对生物神经系统的某种抽象、简化与模拟。具体人工神经网络由许多并行互联的相同神经元模型组成,网络的信号处理由神经元之间的相互作用来实现。

一个人工神经网络的神经元模型和结构描述了一个网络如何将它的输入矢量转化为输出矢量的过程。这个转化过程从数学角度来看就是一个计算的过程。也就是说,人工神经网络的实质体现了网络输入和其输出之间的一种函数关系。通过选取不同的模型结构和激活函数,可以形成各种不同的人工神经网络,得到不同的输入/输出关系式,并达到不同的设计目的,完成不同的任务。所以在利用人工神经网络解决实际应用问题之前,必须首先掌握人工神经网络的模型结构及其特性以及对其输出矢量的计算。

1.5.1 人工神经元的模型

神经元是人工神经网络的基本处理单元,它一般是一个多输入/单输出的非线性元件。

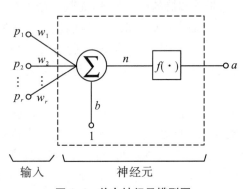

图 1.4 单个神经元模型图

神经元输出除受输入信号的影响外,同时也受到神经元内部其他因素的影响,所以在人工神经元的建模中,常常还加有一个额外输入信号,称为偏差,有时也称为阀值或门限值。

一个具有 r 个输入节点的神经元如图 1.4 所示。其中,输入分量 $p_j(j=1,2,\cdots,r)$ 通过与和它相乘的权值分量 $w_j(j=1,2,\cdots,r)$ 相连,以 $\sum_{j=1}^{r} w_j p_j$ 的形式求和后,形成激活函数 $f(\cdot)$ 的输入。激活函数的另一个输入是神经元的偏差 b。

权值 w_j 和输入 p_j 的矩阵形式可以由 W 的行矢量以及 P 的列矢量来表示:

$$W=\begin{bmatrix} w_1 & w_2 & \cdots & w_r \end{bmatrix}$$
$$P=\begin{bmatrix} p_1 & p_2 & \cdots & p_r \end{bmatrix}^{\mathrm{T}}$$

神经元模型的输出矢量可表示为

$$A = f(W * P + b) = f\left(\sum_{j=1}^{r} w_j p_j + b\right) \tag{1.2}$$

可以看出,偏差被简单地加在 $W * P$ 上作为激活函数的另一个输入分量。实际上偏差也是一个权值,只是它具有固定常数为1的输入。在网络的设计中,偏差起着重要的作用,它使得激活函数的图形可以左右移动从而增加了问题解决的可能性。

1.5.2 激活转移函数

激活函数(activation transfer function)是一个神经元及网络的核心。网络解决问题的能力除了与网络结构有关外,在很大程度上取决于网络所采用的激活函数。

激活函数的基本作用是:

① 控制输入对输出的激活作用;

② 对输入、输出进行函数转换;

③ 将可能无限域的输入变换成指定的有限范围内的输出。

下面是几种常用的激活函数。

(1)阀值型(硬限制型)

这种激活函数将任意输入转化为0或1的输出,函数 $f(\cdot)$ 为单位阶跃函数,如图1.5所示。具有此函数的神经元的输入/输出关系为

$$A=f(W*P+b)=\begin{cases}1, & W*P+b\geqslant0 \\ 0, & W*P+b<0\end{cases} \tag{1.3}$$

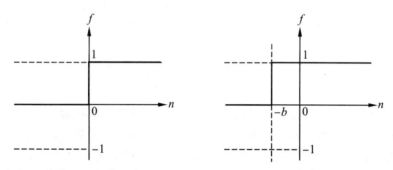

(a) 没有偏差的阀值型激活函数　　(b) 带有偏差的阀值型激活函数

图 1.5　阀值型激活函数

(2)线性型

线性激活函数使网络的输出等于加权输入和加上偏差,如图1.6所示。此函数的输入/输出关系为

$$A=f(W*P+b)=W*P+b \tag{1.4}$$

(3)S型(sigmoid)

S型激活函数将任意输入值压缩到(0,1)的范围内,如图1.7所示。此种激活函数常用对数或双曲正切等一类S形状的曲线来表示,如对数S型激活函数关系为

$$f=\frac{1}{1+\exp(-n)} \tag{1.5}$$

而双曲正切S形曲线的输入/输出函数关系为

$$f=\frac{1-\exp(-2n)}{1+\exp(-2n)} \tag{1.6}$$

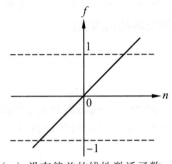 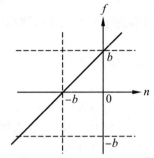

（a）没有偏差的线性激活函数　　　　（b）带有偏差的线性激活函数

图 1.6　线性激活函数

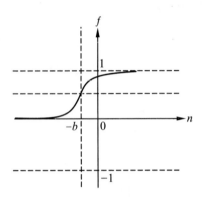 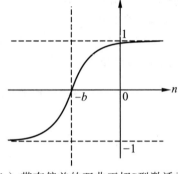

（a）带有偏差的对数S型激活函数的特点　　（b）带有偏差的双曲正切S型激活函数

图 1.7　S 型激活函数

　　S 型激活函数具有非线性放大增益,对任意输入的增益等于在输入/输出曲线中该输入点处的曲线斜率值。当输入由 $-\infty$ 增大到 0 时,其增益由 0 增至最大;然后当输入由 0 增加至 $+\infty$ 时,其增益又由最大逐渐降低至 0,并总为正值。利用该函数可以使同一神经网络既能处理小信号,也能处理大信号。因为该函数的中间高增益区解决了处理小信号的问题,而在伸向两边的低增益区正好适用于处理大信号的输入。

　　一般地,称一个神经网络是线性或非线性是由网络神经元中所具有的激活函数的线性或非线性来决定的。

1.5.3　单层神经元网络模型结构

　　将两个或更多的简单的神经元并联起来,使每个神经元具有相同的输入矢量 P,即可组成一个神经元层,其中每一个神经元产生一个输出,图 1.8 给出的是一个具有 r 个输入节点、s 个输出神经元节点的单层神经元网络。

　　从结构图 1.8 中可以看出,输入矢量 P 的每个分量 $p_j(j=1,2,\cdots,r)$,通过权矩阵 W 与每个输出神经元相连(即全联结);每个神经元通过一个求和符号,在与输入矢量进行加权求和运算后,形成激活函数的输入矢量,并经过激活函数 $f(\cdot)$ 作用后得到输出矢量 A,它可以表示为

$$A_{s\times1}=F(W_{s\times r}*P_{r\times1}+B_{s\times1}) \tag{1.7}$$

其中,s 为神经元节点的个数,$f(\cdot)$ 表示激活函数。公式中的字母下标给出了矢量矩阵所具有的维数。一般情况下,输入分量节点数目 r 与层神经元节点数目 s 不相等,即 $s \neq r$。

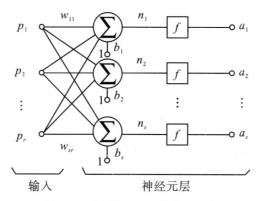

图 1.8　单层神经元网络模型结构

网络权矩阵为

$$W_{s \times r} = \begin{bmatrix} w_{11} & w_{12} & \cdots & w_{1r} \\ w_{21} & w_{22} & \cdots & w_{2r} \\ \vdots & \vdots & & \vdots \\ w_{s1} & w_{s2} & \cdots & w_{sr} \end{bmatrix}$$

注意,权矩阵 W 中的行表示神经元的节点位数,而列表示输入矢量的节点位数,因而,以 W_{12} 为例,表示的是来自第 2 个输入元素到第一个神经元之间的联结权值。

当有 q 组 r 个输入节点作为网络的输入时,输入矢量 P 则成为一个维数为 $r \times q$ 的矩阵:

$$P_{r \times q} = \begin{bmatrix} p_{11} & p_{12} & \cdots & p_{1q} \\ p_{21} & p_{22} & \cdots & p_{2q} \\ \vdots & \vdots & & \vdots \\ p_{r1} & p_{r2} & \cdots & p_{rq} \end{bmatrix}$$

此时网络的输出矢量为一个维数为 $s \times q$ 的矩阵 $A_{s \times q}$:

$$A_{s \times q} = \begin{bmatrix} a_{11} & a_{12} & \cdots & a_{1q} \\ a_{21} & a_{22} & \cdots & a_{2q} \\ \vdots & \vdots & & \vdots \\ a_{s1} & a_{s2} & \cdots & a_{sq} \end{bmatrix}$$

1.5.4　多层神经网络

将两个以上的单层神经网络级联起来则组成多层神经网络。一个人工网络可以有许多层,每层都有一个权矩阵 W,一个偏差矢量 B 和一个输出矢量 A,为了对各层矢量矩阵加以区别,可以在各层矢量矩阵名称后加上层号来命名各层变量,例如,对第一层的权矩阵和输出矢量分别用 $W1$ 和 $A1$ 来表示,对第二层的这些变量表示为 $W2$ 和 $A2$ 等等,依此类推。

一个三层的神经网络结构如图 1.9 所示。

图 1.9 所示网络结构具有 r 个输入节点,第一层有 $s1$ 个神经元,第二层有 $s2$ 个神经元。一般情况下,不同层有不同的神经元数目,每个神经元都带有一个输入为常数 1 的偏差值。多层网络的每一层起着不同的作用,最后一层为网络的输出,称为输出层,所有其他层称为隐含层。由此可见,图 1.9 为具有两个隐含层的三层神经网络。有些设计者将与第一隐含层相连的输入矢量称为输入层,若以此来分,图 1.9 可称为四层神经网络,但网络中只有三组权矩阵。

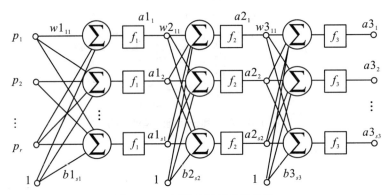

图 1.9 三层的神经网络结构图

为了便于简单明了地抓住神经网络各层的重点,我们将图 1.9 简化为图 1.10,并加上 q 组输入矢量。

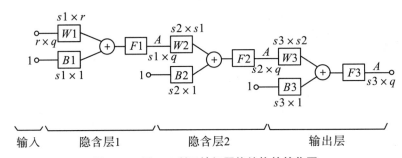

图 1.10 图 1.9 所示神经网络结构的简化图

在多层网络中,每一隐含层的输出都是下一层的输入,所以可以将层 2 看作一个具有 $s1 \times q$ 维输入矢量 $A1$,$s2 \times s1$ 维权矩阵 $W2$,以及 $s2 \times q$ 维输出矢量 $A2$ 的神经网络。既然已经分清了层 2 的所有矢量矩阵,则可以把它作为一个单层神经网络来处理,按照前节求法来计算输入/输出之间的函数关系。并利用此法可以写出任何一层网络输入/输出之间的对应关系式。

以此方式,图 1.10 所示神经网络的输出可以用下列数学式表示:

$$
\begin{aligned}
A1 &= F1(W1 * P + B1) \\
A2 &= F2(W2 * A1 + B2) \\
A3 &= F3(W3 * A2 + B3) \\
&= F3\{W3 * F2[W2 * F1(W1 * P + B1) + B2] + B3\}
\end{aligned}
\tag{1.8}
$$

对于这种标准全联结的多层神经网络,更一般的简便作图方法是仅画出输入节点和一组隐含层节点外加输出节点及其连线来示意表示,如图 1.11 所示。图中只标出输入、输出和权矢量,完全省去激活函数的符号。完整的网络结构则是通过具体的文字描述来实现的,如:网络具有一个隐含层,隐含层中具有 5 个神经元并采用 S 型激活函数,输出层采用线性函数。或者更简明的可采用"2-5-1 网络结构"来描述,其中,2 表示输入节点数;5 表示隐含层节点数;1 为输出节点数。如果不对激活函数作进一步的说明,则意味着隐含层采用 S 型函数,而输出层采用线性函数。

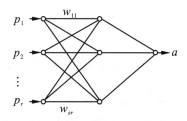

图 1.11　神经网络结构示意图

特别值得强调的是,在设计多层网络时,隐含层的激活网络应采用非线性的,否则多层网络的计算能力并不比单层网络更强。因为在采用线性激活函数的情况下,如果将偏差作为一组权值归于 W 中统一处理,两层网络的输出 $A2$ 则可以写为

$$A2 = F2(W2 * A1)$$
$$= W2 * F1(W1 * P)$$
$$= W2 * W1 * P$$
$$= W * P \tag{1.9}$$

其中,$F1 = F2 = F$ 为线性激活函数。上式表明,两层线性网络的输出计算等效于具有权矢量 $W = W2 * W1$ 的单层线性网络的输出。

1.5.5　递归神经网络

人工神经网络按照网络拓扑结构可分为前向网络和递归网络(recurrent network,又称反馈网络)两大类。前几节所见到的单层和多层网络结构均为前向网络,其特点是:信号的流向是从输入通向输出。而反馈网络的主要不同点表现在它的输出信号通过与输入连接而返回到输入端,从而形成一个回路。一个具有 s 个神经元节点的典型的全反馈网络如图 1.12 所示,图 1.13 为一种局部递归神经网络结构图。

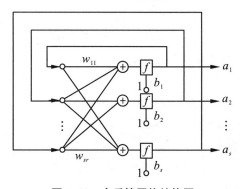

图 1.12　全反馈网络结构图

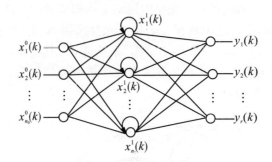

$$\textbf{图 1.13} \quad \text{局部递归网络结构图}$$

前向网络的输出只是与当前输入及其联结权值有关,而在递归网络中,由于将输出循环返回到网络的某(些)个输入端,所以每一时刻的网络输出不仅取决于当前的输入,而且还取决于上一时刻的输出。其输出的初始状态由输入矢量设定后,随着网络的不断运行,从输出反馈到输入信号的不断改变,使得输出不断变化,从而使网络表现出暂态以及动态特性,这使得递归网络表现出前向网络所不具有的振荡或收敛特性。

人工神经网络会由于其网络的结构不同、网络权值调整的算法不同而导致网络具有不同的特性和应用功能。本书中,我们将在以后的章节中陆续介绍前向网络、递归网络、局部连接网络、自组织竞争网络、随机网络及其各自的应用。

1.6　用 MATLAB 计算人工神经网络输出

前面已经说过,表征一个神经网络特性的关键是网络的激活函数,对于多层网络,可以将前一层的输出作为后一层的输入,一层一层地计算直至网络的输出。在 MATLAB 环境下的神经网络工具箱中,对于给出输入矩阵 P、权矩阵 W 和偏差矩阵 B 的单层网络,只要简单地选用相应的激活函数,即可求出网络输出矩阵 A,所有运算直接以矩阵形式进行。本书中的所有例题的程序可以在 MATLAB R2019b 下运行。

根据前几节所介绍的激活函数的种类,常用的单层神经元激活函数有:

(1) 输出为 $\{0,1\}$ 的硬函数:hardlim. m

网络输出的计算公式为

$$A = hardlim (W * P + B)$$

(2) 输出为 $\{-1,1\}$ 的二值函数:hardlims. m

网络输出的计算公式为

$$A = hardlims (W * P + B)$$

(3) 线性函数:purelin. m

网络输出的计算公式为

$$A = purelin (W * P + B)$$

(4) 对数 S 型函数: logsig. m

网络输出的计算公式为

$$A＝logsig（W * P＋B）$$

（5）双曲正切 S 型函数：tansig.m

网络输出的计算公式为

$$A＝tansig（W * P＋B）$$

下面我们以简单的计算网络的输出为例来看看如何运用 MATLAB 工具箱解决问题。

【例 1.1】 一个具有双曲正切 S 型激活函数的单层网络，输入矢量有 4 组，每组 3 个分量；输出矢量有 5 个神经元。假定输入矢量和权矢量均取值为 1，试用 MATLAB 计算网络的输出。

解

```
%   outa.m                文件名
Q＝4；                     %列数
R＝3；                     %行数
S＝5；                     %神经元数
W＝ones（S,R）；           %将数1赋予 S * R 维权矩阵 W
B＝ones（S,Q）；           %将数1赋予 S * Q 维偏差矩阵 B
P＝ones（R,Q）；           %将数1赋予 R * Q 维输入矩阵 P
n＝W * P＋B；              %计算加权输入和
A＝tansig(n)              %计算网络输出
```

网络输出文件设计好后，将它存入名为 outa.m 的文件中，然后在 MATLAB 工作界面提示符"》"后键入"outa"并回车进行执行，则立刻可以看到 A 的输出结果：

```
》outa
A＝
    0.9993      0.9993      0.9993      0.9993
    0.9993      0.9993      0.9993      0.9993
    0.9993      0.9993      0.9993      0.9993
    0.9993      0.9993      0.9993      0.9993
    0.9993      0.9993      0.9993      0.9993
```

在 MATLAB 环境下，用百分比号"%"表示注释；而每一语句后的分号";"表示在运行此命令后不显示其计算结果；若采用逗号","或无符号，则在运行后给出结果。诸如此类的编程规则在 MATLAB 的使用过程中能够很方便地随时通过 help 命令进行查询，而且每当编程有错时，程序运行后在工作界面里会指出来。

以上 MATLAB 的.m 文件可以在工作界面的提示符下一句一句地写出并执行。不过由于一般解题程序不是靠一两条语句即可完成，从节省工作量以及便于操作考虑，建议从对任何小的习题开始都养成写一个.m 文件的习惯，即将所做工作写进扩展名为.m 的文件，这样可以随时修改、添加或删减其内容。例如例 1.1 的第一行就用注释写出了该题的文件名为 outa.m。这个文件的生成只要在工作界面的右上角 File 中打开新的文件，即可开始编写自己的新程序。完成程序的编写后，将其另名保存为 outa.m 即可。运行时在工作界面下键入"outa"（扩展名可以省略不写）并按回车即可。

【例 1.2】 用 MATLAB 写出计算图 1.9 所示三层神经网络每层的输出表达式。

已知：

$$P=\begin{bmatrix} 0.1 & 0.5; \\ 0.3 & -0.2; \end{bmatrix}$$

$$S1=2;S2=3;S3=5;$$

$f1$ 为$\{-1,1\}$二值型函数；$f2$ 为对数 S 型函数；$f3$ 为线性函数。

解

```
%multout. m
P=[0.1  0.5；0.3  −0.2]；%已知输入矢量数据
S1=2；S2=3；S3=5；          %已知各层节点数
[R,Q]=size (P)；            %求出输入矢量的行和列
[W1] = rands(S1,R)；
[B1] = rands(S1,Q)；
%给第一隐含层权值赋(−1, 1)之间的随机值
[W2] = rands(S2,S1)；
[B2] = rands(S2,Q)；
%给第二隐含层权值赋(−1, 1)之间的随机值
[W3] = rands(S3,S2)；
[B3] = rands(S3,Q)；
%给输出层权值赋(−1, 1)之间的随机值
n1 = W1 * P + B1；         % 计算第一层的加权输入和
A1 = hardlims ( n1 )       % 计算第一层输出表达式
n2 = W2 * A1 + B2；        % 计算第二层的加权输入和
A2 = logsig ( n2 )         % 计算第二层输出表达式
n3 = W3 * A2 + B3；        % 计算输出层的加权输入和
A3 = purelin ( n3 )        % 计算输出层输出表达式
```

当把上述程序存入名为 multout. m 的文件中并在工作界面运行后，可立刻得到在随机初始权值下的输出值 $A1$、$A2$ 和 $A3$，这是因为程序中这三个表达式后没有加分号";"的缘故。本例题的实质就是三个输出表达式，其他内容均为赋值与参数初始化。由此可见应用 MATLAB 工具箱的简便。当计算复杂时，更能显示出它的优越性来。

参数初始化是神经网络设计中一个很重要的步骤，并且是由设计者来完成的。从例 1.2 中可以看出，所有层中的权矩阵维数的大小均在随机取值函数 rands. m 运行中由所给定的网络各层的神经元 $S1$、$S2$ 和 $S3$ 确定的。三层网络中的每层网络权矩阵的初始化均是采用同一随机函数进行的，所不同的是仅在于其中表示行和列的维数：第一层网络是 $S1 \times R$；第二层网络输出是 $S2 \times S1$；第三层网络输出是 $S3 \times S2$。由此可见，只有设计者对网络结构清楚明了后，才能够正确地写出其表达式，才能够运用好 MATLAB 工具箱快速准确地解决问题。

从下一章开始我们将逐一详细介绍各典型人工神经网络的模型结构、学习规则和训练过程，并结合实例，利用 MATLAB 环境下的神经网络工具箱，深入分析与探讨各类网络的特性、功能以及所存在的局限性，使读者能够更加全面地掌握人工神经网络的理论、设计与应用。

1.7　本　章　小　结

①　人工神经网络是对生物神经网络进行仿真研究的结果;或者说,人工神经网络技术是根据所掌握的生物神经网络机理的基本知识,按照系统控制工程的思路和数学描述的方法,建立相应的数学模型,并采用适当的算法,有针对性地确定数学模型的参数(如联结权值、阀值等),以便获得某个特定问题的解。

②　经过几十年的努力,人们已经发展了上百种人工神经网络。但大部分网络都是几种典型网络的变形或组合。一般地说,人工神经网络的拓扑结构可分两种:前向网络和反馈网络。本书主要介绍和运用的典型的前向网络为单层感知器、自适应线性网络和 BP 网络;反馈网络主要介绍和运用离散型与连续型霍普菲尔德网络、局部连接网络。另外本书还将介绍的典型网络有自组织竞争网络、自适应共振理论(ART)网络、随机网络及其各自的应用。

③　学习人工神经网络的重点在于了解和掌握各典型人工神经网络的模型结构、学习的规则和训练的过程,从而灵活应用。神经网络的训练学习方式主要分为两种:监督式(也称有导师)和无监督式(也称为无导师)。前者待分类的模式类别属性已知;对于每次模式样本的输入,网络输出端都有一个对应的指导(监督)信号与其属性相匹配;基于网络输出端监督信号与实际输出的某种目标函数准则,通过不断调整网络的联结权值,使得网络输出端的输出与监督信号的误差逐渐减小到预定的期望要求。而后者待分类的模式类别属性未知;网络结构和联结权值根据某种聚类法则,自动对周围环境的模式样本进行学习和调整,直至网络的结构及其联结分布能合理地反映训练样本的统计分布。所有这些具体内容都将在后面的章节里陆续进行详细阐述。

习　　题

【1.1】　一个单层单输入神经元,其输入的连接权值是 1.3,偏差是 3.0。如果神经元的输出为以下一些值,请问该神经元可以采用哪些激活函数?

(1) 1.6;

(2) 1.0;

(3) 0.9963;

(4) −1.0。

【1.2】　一个两层的神经网络有 3 个输入和 4 个输出,输出为 0 到 1 之间的连续值。对于该网络的结构可以说些什么? 特别是:

(1) 每一层中需要有多少个神经元?

(2) 隐含层和输出层的权值矩阵维数是多少?

(3) 每一层中可采用哪种类型的激活函数?

(4) 每层都需要偏差值吗?

第2章 前向神经网络

2.1 感 知 器

感知器是由美国计算机科学家罗森布拉特于 1957 年提出的。感知器可谓是最早的人工神经网络。单层感知器是一个具有一层神经元、采用阀值激活函数的前向网络,通过对网络权值的训练,可以使感知器对一组输入矢量的响应达到元素为 0 或 1 的目标输出,从而实现对输入矢量分类的目的。图 2.1 是单层感知器神经元模型图。

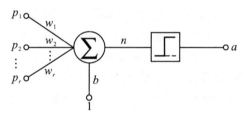

图 2.1　单层感知器神经元模型

图 2.1 中,每一个输入分量 $p_j(j=1,2,\cdots,r)$ 通过一个权值分量 w_j 进行加权求和,并作为阀值函数的输入。偏差 b 的加入使得网络多了一个可调参数,为网络输出达到期望的目标矢量提供了方便。感知器特别适合解决简单的模式分类问题。

感知器实际上是在 MP 模型的基础上加上学习功能,使其权值可以调节的产物。罗森布拉特研究了单层的以及具有一个隐含层的感知器。但在当时他只能证明单层感知器可以将线性可分输入矢量进行正确划分,所以本书中所说的感知器是指单层的感知器。多层网络因为要用到后面将要介绍的反向传播法进行权值修正,所以把它们均归类于反向传播网络之中。

2.1.1 感知器的网络结构

感知器网络由单层的 s 个感知神经元,通过一组权值 $\{w_{ij}\}(i=1,2,\cdots,s;j=1,2,\cdots,r)$ 与 r 个输入相连组成。对于具有输入矢量 $P_{r\times q}$ 和目标矢量 $T_{s\times q}$ 的感知器网络,其简化结构如图 2.2 所示。

根据网络结构,可以写出第 i 个 $(i=1,2,\cdots,s)$ 输出神经元节点的加权输入和 n_i 及其输出 a_i 为

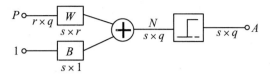

图 2.2　感知器网络简化结构图

$$n_i = \sum_{j=1}^{r} w_{ij} p_j + b_i \qquad (2.1)$$

$$a_i = f(n_i) \qquad (2.2)$$

感知器的输出值是通过测试加权输入和值落在阀值函数的左右来进行分类的，即有

$$a_i = \begin{cases} 1, & n_i \geqslant 0 \\ 0, & n_i < 0 \end{cases} \qquad (2.3)$$

阀值激活函数如图 2.3 所示。

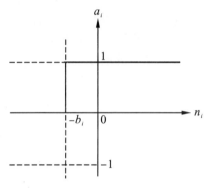

图 2.3　阀值激活函数

由图 2.3 可知，当输入 $\sum\limits_{j=1}^{r} w_{ij} p_j + b_i$ 大于等于 0，即 $\sum\limits_{j=1}^{r} w_{ij} p_j \geqslant -b_i$ 时，感知器的输出为 1，否则输出 a_i 为 0。利用偏差 b_i 的使用，使其函数可以左右移动，从而增加了一个自由调整变量和实现网络特性的可能性。

2.1.2　感知器的图形解释

由感知器的网络结构，我们可以看出感知器的基本功能是将输入矢量转化成 0 或 1 的输出。这一功能可以通过在输入矢量空间里的作图来加以解释。熟悉图形解释有助于我们理解和掌握感知器的工作原理。当然在实际应用时，权值的求解全都是由计算机完成的。为了简单起见，以下取 $s=1$，即网络输出为一个节点的情况来进行作图解释。

由感知器的输入/输出的关系式(2.3)可知，感知器的输出只有 1 和 0 两个状态，其值由 $W*P+b$ 的值大于、等于或小于 0 来确定。当网络的权值 W 和 b 确定后，在由各输入矢量 $p_j (j=1,2,\cdots,r)$ 为坐标轴所组成的输入矢量空间里，可以画出 $W*P+b=0$ 的轨迹。对于任意给定的一组输入矢量 P，当通过感知器网络的权值 W 和 b 的作用，或落在输入空间 $W*P+b=0$ 的轨迹上，或落在 $W*P+b=0$ 轨迹的上部或下部，而整个输入矢量空间是以 $W*P+b=0$ 为分割界，即不落在 $W*P+b=0$ 轨迹上的输入矢量，则不是属于 $W*P+b$

>0，就是使 $W*P+b<0$。因而感知器权值参数的设计目的，就是根据学习法则设计一条 $W*P+b=0$ 的轨迹，使其对输入矢量能够达到期望位置的划分。

以输入节点 $r=2$ 为例，对于选定的权值 w_1、w_2 和 b，可以在以 p_1 和 p_2 分别作为横、纵坐标的输入平面内画出 $W*P+b=w_1p_1+w_2p_2+b=0$ 的轨迹，它是一条直线，此直线上及其以上部分的所有 p_1、p_2 值均使 $w_1p_1+w_2p_2+b\geq0$，这些点若通过由 w_1、w_2 和 b 构成的感知器则使其输出为 1；该直线以下部分的点则使感知器的输出为 0。所以当采用感知器对不同的输入矢量进行期望输出为 0 或 1 的分类时，其问题可转化为：对于已知输入矢量在输入空间形成的不同点的位置，设计感知器的权值 W 和 b，将由 $W*P+b=0$ 决定的直线放置在适当的位置上使输入矢量按期望输出值进行上下分类。

阈值函数通过将输入矢量的 r 维空间分成若干区域而使感知器具有将输入矢量分类的能力。输出矢量的 0 或 1，取决于对输入的分类。

图 2.4 给出了感知器在输入平面中的图形，从中可以清楚地看出：直线 $W*P+b=0$ 将由输入矢量 p_1 和 p_2 组成的平面分为两个区域，此线与权重矢量 W 正交，并可根据偏差 b 值大小进行左右平移。直线上部的输入矢量使阈值函数的输入大于 0，所以使感知器神经元的输出为 1。直线下部的输入矢量使感知器神经元的输出为 0。分割线可以按照所选的权值和偏差上下左右移动到期望划分输入平面的地方。

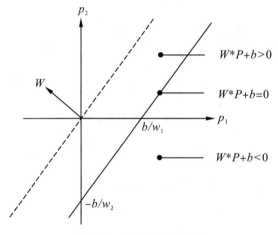

图 2.4　输入矢量平面图

感知器神经元不带偏差时，得到的是通过原点的分类线。有些可以用带偏差解决的问题，不带偏差的网络则解决不了。

推而广之，对于不同的输入神经元 r 和输出神经元 s 组成的感知器，当采用输入矢量空间的作图法来解释网络功能时，其分类的一般情况可以总结为：

① 当网络输入为单个节点，输出也为单个神经元，即 $r=1$，$s=1$ 时，感知器是以点作为输入矢量轴线上的分割点。

② 当网络输入为两个节点，即 $r=2$ 时，感知器是以线对输入矢量平面进行分类的。其中，$s=1$ 时，分类线为一条；$s=2$ 时，分类线为两条，依此类推。输出神经元个数 s 决定分类的直线数，可分成的种类数为 2^s。

③ 当网络输入为三个节点，即 $r=3$ 时，感知器是以平面来分割输入矢量空间，而且用来进行空间分割的平面个数等于输出神经元个数 s。

注意，以上所有的情况下，必须满足 $s \leqslant r$。

2.1.3　感知器的学习规则

学习规则是用来计算新的权值矩阵 W 及新的偏差 B 的算法。感知器利用其学习规则来调整网络的权值，以便使该网络对输入矢量的响应达到数值为 0 或 1 的目标输出。

感知器的设计是通过监督式的权值训练来完成的，所以网络的学习过程需要输入/输出样本对。实际上感知器的样本对是一组能够代表所要分类的所有数据的划分模式（或分类）的判定边界。这些用来进行网络权值训练的样本是要靠设计者来选择的，所以要特别加以小心地进行选取以便获得正确的样本对。

对于选好的用来进行权值训练的输入样本对，也就是确定了感知器网络的输入矢量 P 和对应的目标矢量为 T，此时，感知器的学习规则是根据以下输出矢量可能出现的几种情况来对权值矩阵进行参数调整的：

① 如果第 i 个神经元的输出是正确的，即有 $a_i = t_i$，那么与第 i 个神经元联结的权值 w_{ij} 和偏差值 b_i 保持不变。

② 如果第 i 个神经元的输出是 0，但期望输出为 1，即有 $a_i = 0$，而 $t_i = 1$，此时权值修正算法为：新的权值 w_{ij} 为旧的权值 w_{ij} 加上输入矢量 p_j；类似的，新的偏差 b_i 为旧偏差 b_i 加上它的输入 1。

③ 如果第 i 个神经元的输出为 1，但期望输出为 0，即有 $a_i = 1$，而 $t_i = 0$，此时权值修正算法为：新的权值 w_{ij} 等于旧的权值 w_{ij} 减去输入矢量 p_j；类似的，新的偏差 b_i 为旧偏差 b_i 减去 1。

由上面的分析可以看出感知器学习规则的实质为：权值的变化量等于正负输入矢量。具体算法总结如下：

对于所有的 i 和 $j (i = 1, 2, \cdots, s; \ j = 1, 2, \cdots, r)$，感知器修正权值公式为

$$\begin{cases} \Delta w_{ij} = (t_i - a_i) \times p_j \\ \Delta b_i = (t_i - a_i) \times 1 \end{cases} \tag{2.4}$$

用矢量矩阵来表示为

$$\begin{cases} W = W + EP^T \\ B = B + E \end{cases} \tag{2.5}$$

此处 E 为误差矢量，有 $E = T - A$。

感知器的学习规则属于梯度下降法，该法则已被证明：如果解存在，则算法在有限次的循环迭代后可以收敛到正确的目标矢量。

上述用来修正感知器权值的学习算法在 MATLAB 6.1 神经网络工具箱中已被编成了子程序，成为一个名为 learnp.m 的函数。只要直接调用此函数，即可立即获得权值的修正量。此函数所需要的输入变量为：输入以及由输出矢量 P 和目标矢量得到的误差矢量 $E = T - A$。调用命令为

dW=learnp([],p,[],[],[],[],e,[],[],[],[],[]);

dB=learnp(b,ones(1,Q),[],[],[],[],e,[],[],[],[],[]);

这是最简单的调用方式了。函数右边中的其他变量在更复杂的网络设计中可以有不同的设定值。

2.1.4 网络的训练

要使前向神经网络模型实现某种功能,必须对它进行训练,让它逐步学会要做的事情,并把所学到的知识记忆在网络的权值中。人工神经网络权值的确定不是通过计算,而是通过网络的自身训练来完成的。这也是人工神经网络在解决问题的方式上与其他方法的最大不同点。借助于计算机,几百次甚至上千次的网络权值的训练与调整能够在很短的时间内完成。

感知器的训练过程如下:

在输入矢量 P 的作用下,将计算网络的实际输出 A 与相应的目标矢量 T 进行比较,检查 A 是否等于 T,然后用比较后的误差 E,根据学习规则进行权值和偏差的调整;重新计算网络在新权值作用下的输入,重复权值调整过程,直到网络的输出 A 等于目标矢量 T 或训练次数达到事先设置的最大值时训练结束。

若网络训练成功,那么训练后的网络在网络权值的作用下,对于被训练的每一组输入矢量都能够产生一组对应的期望输出;若在设置的最大训练次数内,网络未能够完成在给定的输入矢量 P 的作用下,使 $A=T$ 的目标,则可以通过改用新的初始权值与偏差,并采用更长训练次数进行训练,或分析一下所要解决的问题是否属于那种由于感知器本身的限制而无法解决的一类。

感知器设计训练的步骤可总结如下:

① 对于所要解决的问题,确定输入矢量 P,目标矢量 T,并由此确定各矢量的维数以及确定网络结构大小的神经元节点数目:r、s 和 q。

② 参数初始化:

a. 赋给权矢量 W 在 $(-1,1)$ 的随机非零初始值;

b. 给出最大训练循环次数。

③ 网络表达式:根据输入矢量 P 以及最新权矢量 W,计算网络输出矢量 A。

④ 检查:检查输出矢量 A 与目标矢量 T 是否相同,如果是,或已达最大循环次数,训练结束,否则转入⑤。

⑤ 学习:根据式(2.5)感知器的学习规则调整权矢量,并返回③。

人工神经元网络设计者的主要任务是确定三点内容:一是网络的类型,即确定选用什么样的典型神经元网络,是感知器还是后面所要学习的自适应线性元件? 单层还是多层网络? 目的是从众多网络中确定一种或几种网络的组合;二是网络的结构,包括网络输入和输出的节点数;三是网络的参数,即网络的权值。第三个任务是根据适当的算法进行训练。而前两个任务是根据具体所要解决的问题转化来的,因为网络唯一的任务是处理数据,也只能处理数据,所以任何需要人工神经元网络解决的问题都必须转变成或者说是"预处理"成网络能够接受或称为认识的数值,再让网络来解决。

例如,希望设计一个网络完成 0~9 十个阿拉伯数字的识别任务,那么首先要做的预处理工作就是设计者要用适当的方式把 0~9 十个数字转化成网络能够认识的数组。其办法有许多种,最简单的一种是用 5×3 矩阵的小方格来描述,如图 2.5 所示,图中表示的是一个"3"。可以看出这是一个典型的液晶显示的方式。我们将打"×"的格用"1"表示,空格用"0"表示,这样,一个标准的"3"的数字按图 2.5 用 5×3 矩阵表示为数组,则为 $\begin{bmatrix}1 & 1 & 1 & 0 & 0 & 1 & 1 & 1 & 1\end{bmatrix}$

$0\,0\,1\,1\,1\,1]^{T}$,这种表示就确定了网络输入节点为 15 个。下面再来确定网络的输出节点数。

假如设计者决定采用感知器来解决 0～9 数字识别问题,也有多种方法可选。最简单的是用 4 个输出节点,因为用感知器来表示为 0、1 的输出可以被认为是一个二进制数,所以 4 个节点可以表示 4 位二进制数,这相当于十进制数的 16 个数,足够用来识别 0～9 十个数字(类型)。对于 3 输入,数字" 3"的输出应为 $[0\,1\,1]^{T}$。另一种方法可以直接设计 10 个输出节点,对每个输入,让对应输入数的那个位的输出为 1,其余的为 0 来表示输出值。如输入为"3"的网络的样本输出应当为 $[0\,0\,0\,1\,0\,0\,0\,0\,0\,0]^{T}$,这样做的好处是直观。由此可见,不同的设计方法,网络的输入和输出节点数是不同的,不同的设计者对同一问题的解决方案也可能是完全不相同的。这样就有好坏之分,难易之分。要想设计出性能好的人工神经元网络就要多掌握网络知识,知道得越多,经验

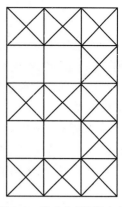

图 2.5　数字"3"的数字化

越多,设计出的网络才会是又简单又好。评价一个网络的优劣的因素较多,本书后面有更多介绍。

本书的重点不在于如何选择输入和输出节点,因为那必须是具体问题具体分析。我们的主要目的在于当输入和输出样本选定以后,如何利用 MATLAB 神经元网络工具箱设计一个能够完成好任务的神经网络。

下面通过例题来进一步了解感知器解决问题的方式,掌握设计训练感知器的过程。

【例 2.1】 考虑一个简单的分类问题。

设计一个感知器,将二维的四组输入矢量分成两类:

输入矢量为

$$P=[-0.5 \quad -0.5 \quad 0.3 \quad 0;$$
$$-0.5 \quad 0.5 \quad -0.5 \quad 1];$$

目标矢量为

$$T=[1.0 \quad 1.0 \quad 0 \quad 0];$$

解　通过前面对感知器图解的分析可知,感知器对输入矢量的分类实质上是在输入矢量空间用 $W*P+B=0$ 的分割界对输入矢量进行切割而达到分类的目的。根据这个原理,对此例中二维四组输入矢量的分类问题,可以用下述不等式组来等价表示:

$$\begin{cases} -0.5\,w_1-0.5\,w_2+w_3\geqslant 0, & \text{使 } t_1=1 \text{ 成立} \\ -0.5\,w_1+0.5\,w_2+w_3\geqslant 0, & \text{使 } t_2=1 \text{ 成立} \\ 0.3\,w_1-0.5\,w_2+w_3<0, & \text{使 } t_3=0 \text{ 成立} \\ w_2+w_3<0, & \text{使 } t_4=0 \text{ 成立} \end{cases}$$

实际上可以用代数求解法来求出上面不等式中的参数 w_1、w_2 和 w_3。经过迭代和约简,可得到解的范围为

$$\begin{cases} w_1<0 \\ 0.8w_1<w_2<-w_1 \\ w_1/3<w_3<-w_1 \\ w_3<-w_2 \end{cases}$$

一组可能解为

$$\begin{cases} w_1 = -1 \\ w_2 = 0 \\ w_3 = -0.1 \end{cases}$$

而当采用感知器神经网络来对此题进行求解时,意味着采用具有阀值激活函数的神经网络,按照问题的要求设计网络的模型结构,通过训练网络权值 $W=[w_{11}\quad w_{12}]$ 和 b,并根据学习算法和训练过程进行程序编程,然后运行程序,让网络自行训练其权矢量,直至达到不等式组的要求。

鉴于输入和输出目标矢量已由问题本身确定,所以所需实现其分类功能的感知器网络结构的输入节点 r 以及输出节点数 s 已被问题所确定而不能任意设置。

根据题意,网络结构如图 2.6 所示。

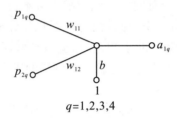

$$q=1,2,3,4$$

图 2.6 网络结构图

由此可见,对于单层网络,网络的输入神经元数 r 和输出神经元数 s 分别由输入矢量 P 和目标矢量 T 唯一确定。网络的权矩阵的维数为:$W_{s\times r}$,$B_{s\times 1}$ 权值总数为 $s\times r$ 个,偏差个数为 s 个。

在确定了网络结构并设置了最大循环次数和赋予权值初始值后,设计者可方便地利用 MATLAB 工具箱,根据题意以及感知器的学习、训练过程来编写自己的程序。下面是针对例 2.1 所编写的网络权值训练用的 MATLAB 程序:

```
%percep1.m
P=[-0.5 -0.5 0.3 0; -0.5 0.5 -0.5 1];        T=[1 1 0 0];
%初始化
[R,Q]=size(P);          [S,Q]=size(T);
[W]=rands(S,R);
[B]=rands(S,1);
max_epoch=20;
%表达式
A=hardlim(W*P+B);                    %求网络输出
for epoch=1:max_epoch                %开始循环训练、修正权值过程
%检查
if all(A==T)                         %当 A=T 时结束
    epoch=epoch-1;
    break
end
%学习
e=T-A;
```

```
dW＝learnp（[],P,[],[],[],[],e,[],[],[],[],[]）;        %求权值的修正值
db＝learnp（b,ones(1,Q),[],[],[],[],e,[],[],[],[]）;     %求偏差的修正值
W＝W＋dW;                                              %修正后的权值
B＝B＋db;                                              %修正后的偏差
A＝hardlim（W＊P＋B）;                                  %计算权值修正后的网
                                                      络输出
end
```

以上就是根据前面所阐述的感知器训练的三个步骤——表达式、检查和学习而编写的 MATLAB 网络设计的程序。

对于本例,也可以在二维平面坐标中给出求解过程的图形表示。图 2.7 给出了横轴为 p_1、纵轴为 p_2 的输入矢量平面,以及输入矢量 P 所处的位置。根据目标矢量将期望为 1 输出的输入分量用"＋"表示,而目标为 0 输出的输入分量用"○"表示。

图 2.8 给出了四次训练过程中由权值组成的 $W\ast P+b=0$ 直线和最终的训练达到目标后的直线,其中点画线为初始权值形成的直线;虚线为前三次权值修正后划分的结果,显然, "○"和"＋"部分没有被合适地分割开;实线是第四次权值修正后达到目标的结果。

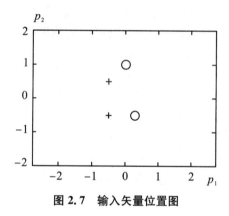

图 2.7　输入矢量位置图

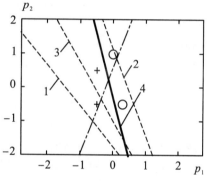

图 2.8　感知器训练过程记录

本例题中网络初始随机权值为

$$W0=[-0.8161\quad 0.3078]$$
$$B0=[-0.1680]$$

4 次训练后的权值为

$$W=[-2.6161\quad -0.6922]$$
$$B=-0.1680$$

只要执行下列命令即可得到对网络结果的验证:

```
》A＝hardlim（W＊P＋B）
A＝
    1 1 0 0
```

图 2.9 给出了网络训练过程中的权值和偏差变化记录,其中横轴变量为训练次数 $epoch$。

对于不同的初始条件,感知器可能得到不同的结果。对例 2.1,用不同的初始条件重新运行程序进行训练,同样可以解决问题,但得到不同于前一次的权值,例如对于下列权矢量

和偏差值:

$$W=[-2.1642 \quad -0.0744]$$
$$B=-0.6433$$

也是网络的一个解,但在输入平面中对输入矢量进行划分的直线 $W*P+B=0$ 的位置与前面的不同。

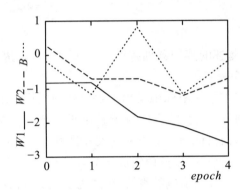

图 2.9 权值和偏差变化记录

MATLAB 6.1 神经网络工具箱中有一个集感知器训练过程中的表达式、检查和权值学习为一体的函数:train. m。实际上,此函数是一个通用函数,它可以用于任意网络的训练,通过此函数,可直接给出最终的训练结果 W 和 B 值,以及所花费的循环次数 $epochs$。而训练网络的类型及方法是由事先定义的网络来确定的。所以对于例 2.1,在调用此函数之前,要先根据题意建立一个感知器网络,函数名为 newp. m,此函数的调用为

$$net=newp(pr,s,tf,lf);$$

其中,pr 为一个 $R×2$ 的矩阵,其第 j 行表示第 j 个输入矢量取值的最小值和最大值;s 为网络输出神经元的个数;tf 为网络的激活函数,缺省表示取硬函数 hardlim;lf 为学习函数,缺省表示取 learnp 函数。一旦建立好网络后,可以很简单地通过调用 sim. m 函数来计算网络的输出。例 2.1 的另一种解法如下:

```
%例 2.1(解法 2)
%percep01. m
P=[-0.5  -0.5  0.3  0;-0.5  0.5  -0.5  1];
T=[1 1 0 0];                    %初始化
net=newp(minmax(P),1);
A=sim(net,P)                    %训练前的网络输出
net. trainParam. epochs=20;    %定义最大循环次数
net=train(net,P,T);            %训练网络,使输出和期望相同
W=net. iw{1,1}                  %输出训练后的网络权值
B=net. b{1}                     %输出训练后的网络偏差
A=sim(net,P)                    %训练后的网络输出
```

输出结果:
A=
    1   1   1   1
  W=

$$-2.1000 \quad -0.5000$$

B=

0

A=

1　　1　　0　　0

由此可见,网络的训练变得相当的简单。

【例 2.2】 多组神经元分类,又称模式联想。

若将例 2.1 的输入矢量和目标矢量增加为 10 组的二维矩阵,即输入矢量为

$$P=[0.1 \quad 0.7 \quad 0.8 \quad 0.8 \quad 1.0 \quad 0.3 \quad 0.0 \quad -0.3 \quad -0.5 \quad -1.5;$$
$$1.2 \quad 1.8 \quad 1.6 \quad 0.6 \quad 0.8 \quad 0.5 \quad 0.2 \quad 0.8 \quad \quad -1.5 \quad -1.3];$$

所对应的 10 组二维目标矢量为

$$T=[1 \quad 1 \quad 1 \quad 0 \quad 0 \quad 1 \quad 1 \quad 1 \quad 0 \quad 0;$$
$$0 \quad 0 \quad 0 \quad 0 \quad 0 \quad 1 \quad 1 \quad 1 \quad 1 \quad 1];$$

试设计一个感知器进行分类。

解　由于增加了矢量组数,必然增加了解决问题的复杂程度。这个问题要是用一般的方法来解决是相当困难和费时的,它需要解具有 6 个变量的 20 个约束不等式,而通过感知器来解此问题就显示出它的优越性。完全与例 2.1 程序相同,只要输入新的 P 和 T,重新运行程序,即可得到训练结果。

根据输入矢量和目标矢量可得:$r=2,s=2$,由此可以画出网络结构如图 2.10 所示。

本题用图解法可解释为:求感知器网络权值 W 和 B,使由 $W*P+B=0$ 构成的两条直线将输入矢量所在平面分割成四个区域。图 2.11 给出了输入矢量与不同的目标矢量所对应的不同关系,不同的目标矢量分别用四种符号表示:00:○;01:*;10:+;11:×。

虽然例 2.2 的求解过程复杂了许多,但用 MATLAB 来对其进行训练和设计与例 2.1 没有什么区别。我们还可以再利用工具箱的特长,增加一些实时监视程序或作图程序,从而使得训练过程更加生动。例 2.2 的训练程序及作图程序如下:

```
%percep2.m
%初始化、赋值
P=[0.1 0.7 0.8 0.8 1.0 0.3 0.0 -0.3 -0.5 -1.5;
   1.2 1.8 1.6 0.6 0.8 0.5 0.2 0.8 -1.5 -1.3];
T=[1 1 1 0 0 1 1 1 0 0;
   0 0 0 0 0 1 1 1 1 1];
[R,Q]=size(P);
[S,Q]=size(T);
net=newp(minmax(P),S);              %建立一个感知器网络
W0=net.iw{1,1};
B0=net.b{1};
net.trainParam.epochs=20;           %定义最大循环次数
net=train(net,P,T);                 %绘制训练后的分类结果
V=[-2 2 -2 2];                      %取一数组限制坐标数值大小
plotpv(P,T,V);                      %在输入矢量空间绘画输入矢量和目
```

标矢量的位置

```
axis ('equal'),                              %令横坐标和纵坐标等距离长度
title ('Input Vector Graph'),                %写图标题
xlabel ('p1'),                               %写横轴标题
ylabel ('p2'),                               %写纵轴标题
plotpc (net. iw{1,1},net. b{1});            %绘制由 W 和 B 在输入平面中形成
                                             的最终分类线
```

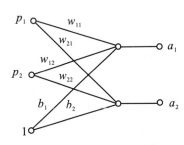

图 2.10　所设计网络结构图

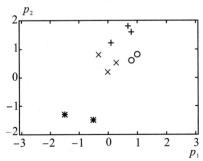

图 2.11　输入矢量、目标矢量的对应关系

　　运行此程序,每修正一定次数的权值后,在工作界面中就会显示一次已循环的次数;训练完成后,显示出最终权值 W 和 B 以及所花费的循环总数;另外还绘制出输入矢量在输入平面中的位置及训练后的分类结果。

　　经过 10 次训练调整神经元的权矢量,网络将输入矢量分成期望的四类,如图 2.12 所示。其中虚线为初始值,实线为最后的结果。网络最终权矢量为

$$W=[-4.7926 \quad 5.9048;$$
$$-3.2567 \quad -2.6339];$$
$$B=[-0.9311;2.9970];$$

所对应的网络初始权值为

$$W0=[-0.6926 \quad 0.6048;0.1433 \quad -0.9339];$$
$$B0=[0.0689;0.0030];$$

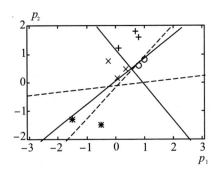

图 2.12　网络训练结果图

2.1.5 感知器的局限性

由于感知器自身结构的限制,其应用被限制在一定的范围内。在采用感知器解决具体问题时,必须时刻考虑到其特点。一般来说,感知器有以下局限性:

① 由于感知器的激活函数采用的是阈值函数,输出矢量只能取 0 或 1,所以只能用来解决简单的分类问题。

② 感知器仅能够线性地将输入矢量进行分类。所谓线性可分,是指输入及输出点集是集合可分的。对于两个输入的情形而言,输入/输出点集可用直线来分割;对于 3 个输入而言,可用平面来分割;依此类推,对于 m 个输入的情形,线性可分是指可用 $m-1$ 维超平面来分割此 m 维空间中的点集。如果用一条直线或一个平面不能把一组输入矢量正确地划分为期望的类别,那么利用感知器将永远也达不到期望输出的网络权矩阵。所以用软件设计感知器对权值进行训练时,需要设置一个最大循环次数。如果在达到该最大循环次数后,还没有达到期望的目标,则训练停止,防止不可分的矢量占用无限循环的训练时间。不过应当提醒的是,理论上已经证明,只要输入矢量是线性可分的,感知器在有限的时间内总能达到目标矢量。

③ 感知器还有另外一个问题,当输入矢量中有一个数比其他数都大或小得很多时,可能导致较慢的收敛速度。例如,输入/输出矢量分别为

$$P = \begin{bmatrix} -0.5 & -0.5 & +0.3 & -0.1 & -80; \\ -0.5 & +0.5 & -0.5 & +1.0 & 100 \end{bmatrix};$$
$$T = \begin{bmatrix} 1 & 1 & 0 & 0 & 1 \end{bmatrix};$$

由于输入的第五组数远远大于其他输入数据,将导致训练的困难。

下面给出感知器面对线性不可分输入/输出模式时的情况。

【例 2.3】 线性不可分输入矢量。

由于感知器对输入矢量空间只能线性地进行输出 0 或 1 的分类,故它们只能适当地划分具有线性可分性的输入矢量组。如果输入矢量组和它所对应的 0、1 目标之间不能用直线进行划分,那么感知器就不能正确地分类出输入矢量。

在例 2.1 中,加入一个新的输入矢量,使输入矢量为

$$P = \begin{bmatrix} -0.5 & -0.5 & 0.3 & 0 & -0.8; \\ 0.5 & 0.5 & -0.5 & 1 & 0 \end{bmatrix};$$

目标矢量为

$$T = \begin{bmatrix} 1.0 & 1.0 & 0 & 0 & 0 \end{bmatrix};$$

可以重复使用前面的程序。为了能够让程序自己判断出所做训练是否有效,可以在程序中增加判断显示程序。

```
%percep3.m
%
P=[-0.5 -0.5 0.3 0 -0.8;-0.5 0.5 -0.5 1 0];
T=[1 1 0 0 0];
V=[-2 2 -2 2];
net=newp(minmax(P),1,'hardlim','learnp');    %创建一个感知器网络
```

```
net.inputweights{1,1}.initFcn='rands';          %赋输入权值的产生函数
net.biases{1}.initFcn='rands';                  %赋偏差的产生函数
net=init(net);                                  %初始化网络
W0=net.iw{1,1}
B0=net.b{1}
A=sim(net,P);                                   %计算网络输出
net.trainParam.epochs=40;
[net tr]=train(net,P,T);                        %训练网络权值
W=net.iw{1,1};
B=net.b{1};
pause                     %看前面的网络训练结果图形,按任意键继续
plotpv(P,T,V);
hold on
plotpc(W0,B0)                                   %作出分类线曲线
plotpc(W,B)
hold off
fprintf ('\n Final Network Values : \n')
W
B
fprintf('Tained for %.0f epochs',max(tr.epoch));
fprintf('\nNetwork classifies:');
if all (hardlim (W * P+B)==T)
    disp ('Correctly.')
else
    disp ('Incorrectly.')
end
```

图 2.13 给出了要分类的数据组的初始值和训练 40 次后的结果,从中可以看出,网络没有能够解决问题。图中实线的结果为

$$W=[-2.1912 \quad -1.2975], \quad B=-1.4214$$

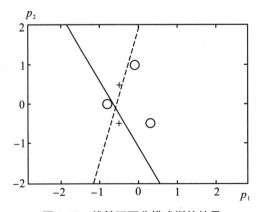

图 2.13　线性不可分模式训练结果

对应网络训练的初始权值为

$$W0=[0.9088\ 0.7025],\quad B0=[-0.4214]$$

检验这组由训练权矢量所构成的感知器的输出分类功能,用命令:

》A＝hardlim（W＋P,B）

A＝

　　1 0 0 0 1

而 $T=[1\ 1\ 0\ 0\ 0]$。很显然可以看到在第二和第五个输入矢量上为不正确的分类。

在感知器的应用中,这类线性不可分问题都可归结为"异或"问题。

2.1.6　"异或"问题

明斯基等人通过对单层感知器的研究得出结论:单层感知器存在局限性。他的主要论据之一就是感知器不能实现简单的"异或"逻辑功能。

逻辑运算中的"异或"功能,就是当输入两个二进制数(0 或 1)均为 0 或 1 时,输出为 0;当两个输入一个为 1 一个为 0 时,输出为 1。若希望用感知器来实现此功能的操作,其输入应为两个二进制数的四种组合,目标输出 T 为与输入对应的计算结果,即

$$P=[0\quad 0\quad 1\quad 1;$$
$$0\quad 1\quad 0\quad 1];$$
$$T=[0\quad 1\quad 1\quad 0];$$

所要求解的是:设计一个单层感知器对输入矢量按期望的输出矢量进行分类。

我们已经知道,当输入为二元素时,其分割界为直线,可以用来进行划分的直线数目与感知器输出神经元的数目相等。"异或"问题则是要求用一条直线将平面上的四个点分成两类。此四点在输入矢量平面上的位置如图 2.14 所示,其中,"×"表示希望将该点分为 1 类;"○"表示希望目标输出为 0 类。

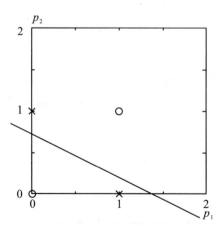

图 2.14　"异或"问题的图形表示

很显然,对于这样的四点位置,想用一条直线把同类期望输入区分开是不可能的。实际上,如果我们把工作做得再详细点,从逻辑运算入手,即列出感知器对所有的四组二元素输入的可能输出的情况,一共可得 16 种情况,可以分别代表"与""或""非""与非""或非""异或""异或非"等逻辑功能。用一条直线将平面分成两部分,分别对 16 种情况进行划分,结果

是,16 种功能中只有"异或"和"异或非"是线性不可分的,其他 14 种逻辑功能均为线性可分,它们都可以用单层感知器来实现。

输入矢量:

$$P=\begin{bmatrix} 0 & 0 & 1 & 1; \\ 0 & 1 & 0 & 1 \end{bmatrix}$$

16 种目标矢量:

$$T1=\begin{bmatrix} 0 & 0 & 0 & 0 \end{bmatrix}$$
$$T2=\begin{bmatrix} 0 & 0 & 0 & 1 \end{bmatrix}$$
$$T3=\begin{bmatrix} 0 & 0 & 1 & 0 \end{bmatrix}$$
$$\cdots\cdots$$
$$T6=\begin{bmatrix} 0 & 1 & 0 & 1 \end{bmatrix}$$
$$T7=\begin{bmatrix} 0 & 1 & 1 & 0 \end{bmatrix} \quad ——异或$$
$$\cdots\cdots$$
$$T9=\begin{bmatrix} 1 & 0 & 0 & 0 \end{bmatrix}$$
$$T10=\begin{bmatrix} 1 & 0 & 0 & 1 \end{bmatrix} \quad ——异或非$$
$$\cdots\cdots$$
$$T16=\begin{bmatrix} 1 & 1 & 1 & 1 \end{bmatrix}$$

我们不禁要问:在有限的逻辑运算中,哪些是线性可分的呢?

我们再来考察一下最简单的单个元素输入感知器时可能有的所有逻辑功能。此时,输入有两种可能,输出有 4 种情况,即输入矢量:

$$P=\begin{bmatrix} 0 & 1 \end{bmatrix};$$

4 种目标矢量:

$$T1=\begin{bmatrix} 0 & 0 \end{bmatrix};$$
$$T2=\begin{bmatrix} 0 & 1 \end{bmatrix};$$
$$T3=\begin{bmatrix} 1 & 0 \end{bmatrix};$$
$$T4=\begin{bmatrix} 1 & 1 \end{bmatrix};$$

因为只有一个输入,其分割界为输入 P 为坐标线上的点。四种功能可表示为坐标轴上在 0 和 1 点上的不同功能的组合,如图 2.15 所示。图中我们用"○"表示 0,用"×"表示 1。

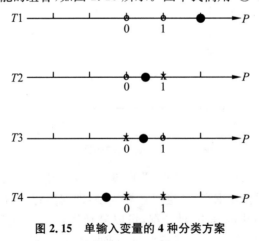

图 2.15 单输入变量的 4 种分类方案

所要做的是,在 P 坐标上选一点,图中用黑点表示,将每一功能分成两类。这实际上是要分别解四组不同的分类问题。每一次分类中有一个 w 和一个 b,通过两个约束不等式来进行调节。所以这是个完全有解的线性代数问题。实际上,从图示中可以很明显地看出,只要调整 w 和 b,就能很容易地找到满足目标矢量的分界点。

同理,当输入具有 3 个元素时,可构成 8 种不同组合,此时的期望目标 T 可有 256 种功能。研究表明,其中只有 104 种是线性可分的。

从以上的例子可以得出结论,当网络具有 r 个二进制输入分量时,最大不重复的输入矢量有 2^r 组,其输出矢量所能代表的逻辑功能总数为 2^{2^r}。表 2.1 给出了不同输入 r 时,线性可分的功能数。

表 2.1　不同输入 r 时线性可分的功能数

r	2^{2^r}	线性可分功能数
1	4	4
2	16	14
3	256	104
4	65536	1882
5	4.3×10^9	94572
6	1.8×10^{19}	5028134

由表 2.1 可知,对于给定输入矢量所设计出的单层感知器,只对一部分输出功能是线性可分的。随着 r 的增加,线性不可分的功能数急剧增加。因此,当给定一个输入/输出矢量对时,首先必须判别该功能是否是线性可分的。遗憾的是,至今为止并没有办法来判定这种线性可分性。尤其当输入矢量增多时,更是难以确定。一般只有通过用一定的循环次数对网络进行训练来判定它是否能被线性可分。所以,单层神经元感知器只能用于简单的分类问题。

2.1.7　解决线性可分性限制的办法

感知器的线性可分性限制是个严重的问题。20 世纪 60 年代末,人们曾致力于该问题的研究,并找到了解决问题的办法,即变单层网络结构为多层网络结构。这实际上是把感知器的概念扩展化了。这样,对于"异或"问题,我们可以用两层网络结构,并在隐含层中采用两个神经元,即用两条判决直线 $s1$ 和 $s2$ 来解决,如图 2.16 所示。

使 $s1$ 线下部分为 1、线上部分为 0,$s2$ 线的上部分为 1、线下部分为 0,在输出层中使图 2.16(b) 中阴影部分为 0,即可使"异或"功能得以实现,而且其实现的可能有多种。研究表明,两层的阀值网络可以实现任意的二值逻辑函数,且输入值不仅限于二进制数,可以是连续数值。

对于多层感知器的权值训练与学习,需要用到误差的反向传播法,即后面将要学习的 BP 算法。本书中,将具有隐含层的网络归为反向传播网络类而不再称为多层感知器。

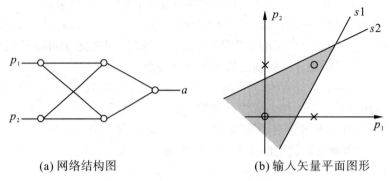

(a) 网络结构图　　　　　　　　　　　(b) 输入矢量平面图形

图 2.16　"异或"问题的一种解决方案

2.1.8　本节小结

① 感知器在分类问题上是有效的。它可以很好地划分线性可分的输入矢量,感知器网络的设计完全由需要解决的问题所限制。具有单层的阀值神经网络,其输入节点和神经元数由输入矢量和输出矢量所确定。

② 训练时间对突变矢量是敏感的,但突变输入矢量不妨碍网络达到目标。

感知器在解决实际问题时,必须在输入矢量是线性可分的情况下才有效,这是很难得到的情形。虽然感知器有上述局限性,但它在神经网络的研究中却有着重要的意义和地位。它提出了自组织、自学习的思想。对能够解决的问题有一个收敛的算法,并从数学上给出了严格的证明。对这种算法性质的研究至今仍是存在的多种算法中最清楚的算法之一。因此它不仅引起了众多学者对人工神经网络研究的兴趣,推动了人工神经网络研究的发展,而且后来的许多种网络模型都是在这种指导思想下建立起来并改进推广的。

2.2　自适应线性元件

自适应线性元件也是早期神经网络模型之一,由威德罗和霍夫首先提出。它与感知器的主要不同之处在于其神经元有一个线性激活函数,故允许输出可以是任意值,而不像感知器中那样仅仅只能取 0 或 1。另外,它采用 W-H 学习规则,也称最小均方差(LMS)规则对权值进行训练,从而能够得到比感知器更快的收敛速度和更高的精度。

自适应线性元件的主要用途是线性逼近一个函数式而进行模式联想。另外,它还适用于信号处理滤波、预测、模型识别和控制。

2.2.1　自适应线性神经元模型和结构

一个线性的具有 r 个输入节点的自适应线性神经网络模型如图 2.17 所示。如图 2.17(a)所示,这个神经网络有一个线性激活函数,被称为 Adaline。和感知器一样,偏差可以用来作为网络的一个可调参数,提供额外可调的自由变量以获得期望的网络特性。线性神经网络可以训练学习一个与之对应的输入/输出的函数关系,或线性逼近任意一个非线性函数,但它不能产生任何非线性的计算特性。

当自适应线性网络由 s 个神经元相并联形成一层网络时,此自适应线性神经网络又称为 Madaline,如图 2.17(b) 所示。

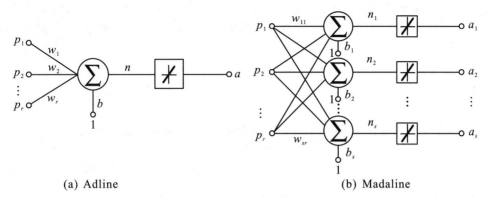

(a) Adline　　　　　　　　　　　(b) Madaline

图 2.17　自适应线性神经网络的结构

W-H 规则仅能够训练单层网络,但这并不是什么严重问题。如第 1 章所述,单层线性网络与多层线性网络具有同样的能力,即对于每一个多层线性网络,都具有一个等效的单层线性网络与之对应。在反向传播法产生以后,威德罗又将其自适应线性网络扩展成多层,甚至将激活函数也扩展成非线性的了。

2.2.2　W-H 学习规则

W-H 学习规则是由威德罗和霍夫提出的用来修正权矢量的学习规则,所以用他们两人姓氏的第一个字母来命名。W-H 学习规则可以用来训练一层网络的权值和偏差使之线性地逼近一个函数式而进行模式联想(pattern association)。

定义一个线性网络的输出误差函数为

$$E(W,B) = \frac{1}{2}(T-A)^2 = \frac{1}{2}(T-WP-B)^2 \tag{2.6}$$

由式(2.6)可以看出:线性网络具有抛物线形误差函数所形成的误差表面,所以只有一个误差最小值。通过 W-H 学习规则来计算权值和偏差的变化,并使网络误差的平方和最小化,总能够训练一个网络的误差趋于这个最小值。另外,很显然,$E(W,B)$ 只取决于网络的权值及目标矢量。我们的目的是通过调节权矢量,使 $E(W,B)$ 达到最小值。所以在给定 $E(W,B)$ 后,利用 W-H 学习规则修正权矢量和偏差矢量,使 $E(W,B)$ 从误差空间的某一点开始,沿着 $E(W,B)$ 的斜面向下滑行。根据梯度下降法,权矢量的修正值正比于当前位置上 $E(W,B)$ 的梯度,对于第 i 个输出节点有

$$\Delta w_{ij} = -\eta \frac{\partial E}{\partial w_{ij}} = \eta(t_i - a_i)p_j \tag{2.7}$$

或表示为

$$\begin{cases} \Delta w_{ij} = \eta \delta_i p_j \\ \Delta b_i = \eta \delta_i \end{cases} \tag{2.8}$$

这里 δ_i 定义为第 i 个输出节点的误差：

$$\delta_i = t_i - a_i \qquad (2.9)$$

式(2.8)称为 W-H 学习规则,又叫 δ 规则,或称为最小均方差算法(LMS)。W-H 学习规则的权值变化量正比于网络的输出误差及网络的输入矢量。它不需求导数,所以算法简单,又具有收敛速度快和精度高的优点。

式(2.8)中的 η 为学习速率。在一般的实际运用中,实践表明,η 通常取一接近 1 的数,或取值为

$$\eta = 0.99 * \frac{1}{\max[\det(P * P^T)]} \qquad (2.10)$$

这样的选择可以达到既快速又正确的结果。

学习速率的这一取法在神经网络工具箱中用函数 maxlinlr.m 来实现。式(2.10)可实现为

$$\text{lr} = 0.99 * \text{maxlinlr}(P); \qquad (2.11)$$

其中,lr 为学习速率。

W-H 学习规则的函数用 learnwh.m 来实现,另外,加上线性自适应网络输出函数 purelin.m,可以写出 W-H 学习规则的计算程序为

A＝purelin (W＊P＋B);

E＝T－A;

dW＝learnwh ([],P,[],[],[],[],E,[],[],[],lr,[]);

dB＝learnwh (B,ones(1,Q),[],[],[],[],E,[],[],[],lr,[]);

W＝W＋dW;

B＝B＋dB;

采用 W-H 规则训练自适应线性元件使其能够得以收敛的必要条件是被训练的输入矢量必须是线性独立的,且应适当地选择学习速率以防止产生振荡现象。

2.2.3　网络训练

自适应线性元件的网络训练过程可以归纳为以下三个步骤：

① 表达：计算训练的输出矢量 $A = W * P + B$,以及与期望输出之间的误差 $E = T - A$;

② 检查：将网络输出误差的平方和与期望误差相比较,如果其值小于期望误差,或训练已达到事先设定的最大训练次数,则停止训练,否则继续;

③ 学习：采用 W-H 学习规则计算新的权值和偏差,并返回到①。

每进行一次上述三个步骤,被认为是完成一个训练循环次数。

如果网络训练获得成功,那么当一个不在训练中的输入矢量输入到网络中时,网络趋于产生一个与其相联想的输出矢量。这个特性被称为泛化,这在函数逼近以及输入矢量分类的应用中是相当有用的。

如果经过训练,网络仍不能达到期望目标,可以有两种选择：或检查一下所要解决的问题,是否适用于线性网络;或对网络进行进一步的训练。

虽然只适用于线性网络,W-H 学习规则仍然是重要的,因为它展现了梯度下降法是如何来训练一个网络的,此概念后来发展成反向传播法,使之可以训练多层非线性网络。

采用 MATLAB 进行自适应线性元件网络的训练过程如下：

```
%表达式
A＝purelin (W * P＋B)；
E＝T－A；
SSE＝sumsqr (E)；                    %求误差平方和
for epoch＝1：max_epoch             %循环训练
  if SEE ＜ err_goal                %比较误差
    epoch＝epoch － 1；
    break                          %若满足期望误差要求,结束训练
end
dW＝learnwh ([],P,[],[],[],[],E,[],[],[],lr,[])；        %修正权值
dB＝learnwh (B,ones(1,Q),[],[],[],[],E,[],[],[],lr,[])；
W＝W＋dW；
B＝B＋dW；
A＝purelin (W * P＋B)；              %网络输出
E＝T － A；
SSE＝sumsqr (E)；                    %计算网络误差平方和
end
```

同样,利用创建线性网络函数 newlin. m,再利用工具箱中的 train. m 函数可以替代上述整个训练过程。创建线性网络函数的调用为：net＝newlin(minmax(P),S,[0],lr),调用此函数时已默认其权值的学习法则为 W-H 算法。

如果用输入空间作图法来解释自适应线性元件网络的功能,它仍然可以解释为与感知器相同的线性分类；如果用输入/输出空间作图法来解释,自适应线性元件网络可以解释为用 $W * P ＋ B＝A$ 的界面通过给出的输入/输出对组成的点、线、平面或超平面,或线性地逼近这些输入/输出矢量对。

2.2.4　例题与分析

【例 2.4】　设计自适应线性网络实现从输入矢量到输出矢量的变换关系。输入矢量和输出矢量分别为

$$P＝[1.0 \quad -1.2]$$
$$T＝[0.5 \quad 1.0]$$

解　用自适应线性网络求解问题时,设计者要确定期望误差值以及最大循环次数,对此题可分别选为 0.001 和 20。自适应线性网络设计程序可写为

```
%wf1. m
P＝[1 -1.2]；
T＝[0.5 1]；
[R,Q]＝size (P)；
[S,Q]＝size (T)；
lr＝0.4 * maxlinlr (P)；              %最佳学习速率
```

```
net＝newlin(minmax(P),S,[0],lr);          %创建线性网络
net.inputWeights{1,1}.initFcn＝'rands';    %初始化权值
net.biases{1}.initFcn＝'rands';            %初始化偏差
net＝init(net);                            %把初始化的权值和偏差函数赋给网络
W0＝net.iw{1,1}                            %显示初始化权值和偏差
B0＝net.b{1}
net.trainParam.epochs＝20;                %最大循环次数
net.trainParam.goal＝0.001;               %期望误差
[net tr]＝train(net,P,T);                  %进行线性网络权值训练
W＝net.iw{1,1}                             %显示网络训练后最终的权值和偏差
B＝net.b{1}
```

在随机初始值为 $W0=-0.9309, B0=-0.8931$ 的情况下,经过 12 次循环训练后,网络的输出误差平方和的平均值达到 0.000949,网络的最终权值为

$$W=-0.2354, \quad B=0.7066$$

实际上,对于例 2.4 这个简单的例题,它存在一个精确解,且可以用解二元一次方程的方式将 P 和 T 值分别对应地代入方程 $T=W*P+B$,得

$$\begin{cases} W+B=0.5 \\ -1.2W+B=1.0 \end{cases}$$

可解出 $e=T-A=0$ 的解为

$$W=-0.2273, \quad B=0.7273$$

由此看出,对于特别简单的问题,采用自适应线性网络的训练不一定能够得到足够精确的解,因为当训练误差达到期望误差值后,训练即被终止。

对于具有零误差的自适应线性网络,即输入/输出矢量对存在着严格的线性关系,此时的自适应线性网络的设计可以采用工具箱中另外一个名为 newlind.m 的函数。以例 2.4 为例,用以下简单命令:

```
net＝newlind (P,T);
W＝net.iw{1,1}
B＝net.b{1}
```

可立即得到精确解:

```
W＝-0.2273
B＝0.7273
```

然后可用 sim.m 函数来检测所设计的网络:

```
》A＝sim (net,P)
A＝
    0.5000   1.0000
```

还可以用 sumsqr.m 或直接用 sse.m 函数来求出误差平方和:

```
》SSE＝sumsqr(T-A)
SSE＝
    0
```

可见所设计网络的误差为 0。

【**例 2.5**】 现在来考虑一个较大的多神经元网络的模式联想的设计问题。输入矢量和目标矢量分别为

$$P = \begin{bmatrix} 1 & 1.5 & 1.2 & -0.3; \\ -1 & 2 & 3 & -0.5; \\ 2 & 1 & -1.6 & 0.9 \end{bmatrix};$$

$$T = \begin{bmatrix} 0.5 & 3 & -2.2 & 1.4; \\ 1.1 & -1.2 & 1.7 & -0.4; \\ 3 & 0.2 & -1.8 & -0.4; \\ -1 & 0.1 & -1.0 & 0.6 \end{bmatrix};$$

解 由输入矢量和目标输出矢量可得:$r=3, s=4, q=4$,所以网络的结构如图 2.18 所示。

这个问题的求解同样可以采用线性方程组解决,即对每一个输出节点写出输入和输出之间的关系等式。对于网络每一个输出神经元,都有 4 个变量(3 个权值加一个偏差),有 4 个限制方程(每组输入对应 4 个输出值)。这样由四个输出节点,共产生 16 个方程,方程数目与权值数目相等。所以只要输入矢量是线性独立的,则同时满足这 16 个方程的权值存在且唯一。对应到网络上来说,则存在零误差的精确权值。

实际上要求出这 16 个方程的解是需要花费一定的时间的,甚至是不太容易的。对于一些实际问题,常常并不需要求出其完美的零误差时的解,也就是说允许存在一定的误差。在这种情况下,采用自适应线性网络求解就显示出它的优越性:

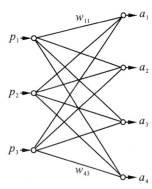

图 2.18 网络设计的结构图

因为它可以很快地训练出满足一定要求的网络权值。对于有完美解的网络设计,通过对期望误差平方和的选定,也能通过加长训练次数来获得。

在采用 train. m 进行网络训练时,程序在训练过程中会自动地给出整个训练过程中的网络误差的记录,并以缺省值为每 25 次训练后显示一次结果,同时还以图示的方式给出网络误差的记录,所以能够很方便地看到最终误差及训练次数的显示。

下面给出例 2.5 的设计程序:

```
%wf2.m
P=[1 1.5 1.2 −0.3;−1 2 3 −0.5;2 1 −1.6 0.9];
T=[0.5 3 −2.2 1.4;1.1 −1.2 1.7 −0.4;3 0.2 −1.8 …
    −0.4;−1 0.1 −1.0 0.6];
[S,Q]=size(T);
max_epoch=400;
err_goal=0.001;
lr=0.9*maxlinlr(P);
W0=[1.9978 −0.5959 −0.3517;1.5543 0.05331 1.3660;     %初始权值
    1.0672 0.3645 −0.9227;−0.7747 1.3839 −0.3384];
B0=[0.0746;−0.0642;−0.4256;−0.6433];
net=newlin(minmax(P),S,[0],lr);                %创建线性网络
```

```
net. iw{1,1}=W0;
net. b{1}=B0;
A=sim(net,P);
e=T - A;                                          %求训练前网络的输出误差
sse=(sumsqr(e))/(S * Q);                          %求误差平方和的平均值
fprintf('Before training,sum squrared error=%g. \n',sse);
                                                  %显示训练前网络的均方差
net. trainParam. epochs=400;                      %最大循环次数
net. trainParam. goal=0. 001;                     %期望误差(均方差)
[net,tr]=train(net,P,T);
W=net. iw{1,1}                                    %显示最终权值
B=net. b{1}
```

运行 wf2. m 后的结果为

```
Before training,sum squrared error=8. 5434.
TRAINB,Epoch 0/400,MSE 8. 5434/0. 001.
TRAINB,Epoch 25/400,MSE 0. 543674/0. 001.
TRAINB,Epoch 50/400,MSE 0. 222411/0. 001.
TRAINB,Epoch 75/400,MSE 0. 0932609/0. 001.
TRAINB,Epoch 100/400,MSE 0. 0393732/0. 001.
TRAINB,Epoch 125/400,MSE 0. 0166534/0. 001.
TRAINB,Epoch 150/400,MSE 0. 00704722/0. 001.
TRAINB,Epoch 175/400,MSE 0. 00298258/0. 001.
TRAINB,Epoch 200/400,MSE 0. 00126235/0. 001.
TRAINB,Epoch 207/400,MSE 0. 000992263/0. 001.
TRAINB,Performance goal met.
```

由运行结果可知,在循环训练 207 次后,网络的均方差达到 0.000992263,而初始误差为 8.5434。整个训练过程中误差的变化走向如图 2.19 所示。注意,在 MATLAB 6.1 里,用函数 train. m 训练网络所得到的误差一般是网络的均方差。

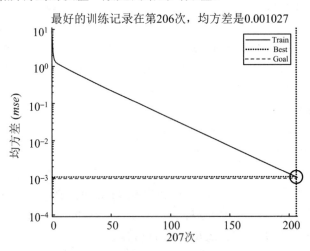

图 2.19 网络训练过程中的误差记录(1)

训练后的网络权值为

$$W = \begin{bmatrix} -2.3652 & 2.2126 & 3.0837 \\ 2.1406 & -1.7765 & -2.0250 \\ 2.0732 & -1.2537 & 0.0544 \\ -1.6762 & 0.9665 & 0.9818 \end{bmatrix};$$

$$B = [-1.0210; 1.1980; -0.4469; -0.3101];$$

对于存在零误差的精确权值网络,若用函数 newlind. m 来求解,则更加简单,程序如下:

```
%wf02. m
P=[1  1.5  1.2  -0.3;-1  2  3  -0.5;2  1  -1.6  0.9];
T=[0.5  3  -2.2  1.4;1.1  -1.2  1.7  -0.4;3  0.2  -1.8 …
    -0.4;-1  0.1  -1.0  0.6];
[S,Q]=size(T);
b=[];
w=[];
a=[];
for i=1:S
  net=newlind(P,T(i,:));     %设计一个具有一个行向量的线性网络
  w=[w;net. iw{1,1}];        %将每次产生的行向量权值合写成一个矩阵
  b=[b; net. b{1}];          %将每次的行向量偏差合写成一个矩阵
  a=[a;sim(net,P)];
%
end
w                          %输出完整的偏差和权值
b
a                          %显示网络最终输出
```

由此可得零误差的唯一精确解为

$$w = \begin{bmatrix} -2.4914 & 2.3068 & 3.1747; \\ 2.2049 & -1.8247 & -2.0716; \\ 2.0938 & -1.2691 & 0.0395; \\ -1.6963 & 0.9815 & 0.9963 \end{bmatrix};$$

$$b = [-1.0512; 1.2136; -0.4420; -0.3148];$$

因为函数 newlind. m 是按(行)向量的序列的方式来构造和设计一个线性网络的,所以对于具有多输出神经网络的设计,需要经过多次循环来获得最终结果。

通常可以直接地判断出一个线性网络是否有完美的零误差的解:如果每个神经元所具有的自由度(即权值与阀值数)等于或大于限制数(即输入/输出矢量对),那么线性网络则可以零误差地解决问题。不过这一定理在输入矢量线性相关或没有阀值时不成立。

为了展现对线性相关输入矢量的网络训练中出现的问题,现给出下面的例子。

【例 2.6】　设计训练一个线性网络实现下列从输入矢量到目标矢量的变换:

$$P = \begin{bmatrix} 1 & 2 & 3 \,; \\ 4 & 5 & 6 \end{bmatrix};$$

$$T = [0.5\ 1\ -1];$$

由所给输入/输出矢量对可知,所要设计的线性网络应具有阀值,并有两个输入神经元和一个输出神经元。对于这个具有三个可调参数的线性网络,本应得到完美的零误差的精确解。但是不幸的是,所给出的输入矢量元素之间是线性相关的:第三组元素等于第二组元素的两倍减去第一组, $p_3 = 2p_2 - p_1$。此时,由于输入矢量的奇异性,用函数 newlind. m 来设计时网络会产生问题。只有在能够线性地解出问题的情况下,用函数 newlind. m 才比较准确。若没有准确的零误差,newlind. m 函数会给出最小均方差意义下的解。另外,当出现奇异矩阵时,使用 newlind. m 求解权值可能会出现下列警告:

Warning : Matrix is singular to working precision.

而当采用 train. m 函数时,则能训练出达到所给定的训练次数或所给定的最小误差意义下的权值时的最小误差。只要将前面编写的 wf2. m 程序中的输入与目标矢量改变一下,并给出(−1,1)之间的随机初始值,即可运行看到本例的结果。训练 400 次过程后的最终误差为 0.348626,这就是本例题下的最小均方差,而采用完全线性函数的设计 newlind. m 去求解网络权值,所得到的误差是 1.04,其误差记录如图 2.20 所示。采用 W-H 算法训练出的误差是它的 1/4,由此可见其算法的优越性。

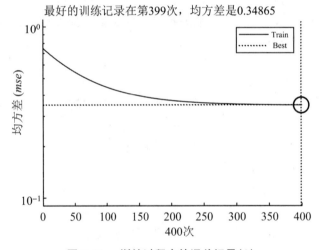

图 2.20　训练过程中的误差记录(2)

```
% wf3
P=[1 2 3;
    4 5 6];
T=[0.5 1 −1];
[S,Q] = size(T);
lr = 0.9 * maxlinlr (P);
net = newlin(minmax(P),S,[0],lr);
net. trainParam. epochs = 400;
net. trainParam. goal = 0.0;
```

```
[net,tr]=train(net,P,T);
W = net. iw{1,1}
B = net. b{1}
```

【**例 2.7**】　若在例 2.4 的输入/输出矢量中增加两组元素,使其变为

$$P=[1.0 \quad 1.5 \quad 3.0 \quad -1.2]$$
$$T=[0.5 \quad 1.1 \quad 3.0 \quad -1.0]$$

设计自适应线性网络实现从输入矢量到输出矢量的变换关系。

本例题的目的在于了解自适应线性网络的线性逼近求解的能力。

此时,所要解决的问题相当于用四个方程解 w 和 b 两个未知数,因为方程数大于未知数,所以采用代数方程是无解的。但仍可以用自适应线性网络来对此问题求解。仍然是单个输入节点和单个输出节点,网络具有一个权值 w 和一个偏差 b,通过选定期望误差平方和的值和最大循环次数后,可以让网络进行自行训练和学习。

图 2.21 给出了输入/输出对的位置以及网络求解的结果。对于所设置的 $mse=0.001$,在循环训练了 50 次后所得的均方差仍然为 0.2894。这个值即是本题所能达到的最小均方差的值,也是用线性网络所能达到的最佳结果。当采用自适应线性网络求解问题所得到的误差特别大时,可以认为此问题不适宜用线性网络来解决。

由上面的例子可以看出,自适应线性网络仅可以学习输入/输出矢量之间的线性关系,对某些问题,自适应线性网络是不能得到满意的结果的。然而,当一个完美的结果不存在时,只要选择足够小的学习速率,自适应线性网络总是可以使其误差平方和为最小,网络对其给定的结构,总可以得到一个尽可能接近目标的结果。这是因为一个线性网络的误差曲线是抛物线形的,因为抛物线的最小值的唯一性,基于梯度下降法的 W-H 规则肯定在其最小值处产生结果。

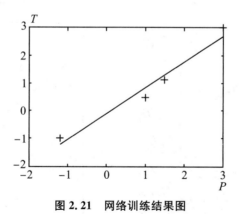

图 2.21　网络训练结果图

自适应线性网络还有另一个潜在的困难,当学习速率取得较大时,会导致训练过程的不稳定。

在网络设计训练中,学习速率的选择是影响收敛速度甚至结果的一个很重要的因素。只要学习速率足够小,采用 W-H 规则总可以训练出一个使其输出误差为最小的线性网络。这里展现一个采用大于所建议的 maxlinlr. m 学习速率进行训练的例子。

【**例 2.8**】　输入/目标矢量与例 2.4 相同,我们将以不同的学习速率训练两次网络以展现两种不希望的学习速率带来的影响。

　　为了能够清楚地观察到网络训练过程中权值的修正所带来的误差的变化情况,我们在程序中加入误差等高线图,并在其中显示每一次权值修正后的误差值位置,如图 2.22 所示。其中图 2.22(a)为由权值 w 和偏差 b 所决定的线性网络误差曲面,可以看到它是一个抛物线形的。图 2.22(b)为图 2.22(a)的从上往下的投影图,图中的曲线称为等高线,线上的点具有相同的误差值。图中的记号"○"代表用函数 newlind. m 求出的误差最小值,而记号"+"为训练前的初始值点。

　　① 对于第一个尝试,学习速率 lr 取:

$$lr = 1.7 * \text{maxlinlr(P)};$$

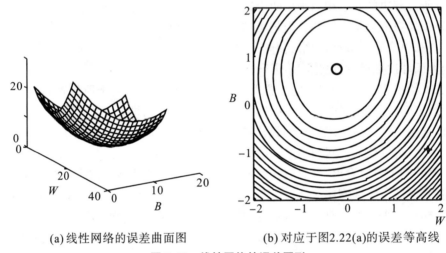

　　(a)线性网络的误差曲面图　　　　　　(b) 对应于图2.22(a)的误差等高线

图 2.22　线性网络的误差图形

图 2.23 给出了网络在此学习速率下的权值训练及其误差的记录。

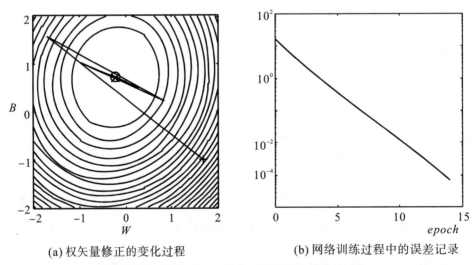

　　(a)权矢量修正的变化过程　　　　　　(b) 网络训练过程中的误差记录

图 2.23　lr=1.7 * maxlinlr (P)时的网络训练过程

　　正如所看到的,由于学习速率太大,虽然能够使权值得到较大的修正,但由于过量而产生了振荡。不过误差在其权值振荡过程中仍然能够直线下降,所以在经过 14 次循环后(注意在例 2.4 中只用了 12 次)达到了误差的最小值。如果学习速率再加大,可能会导致误差曲线失真。

② 第二个尝试是选用更大的学习速率：

$$lr = 2.5 * maxlinlr(P)$$

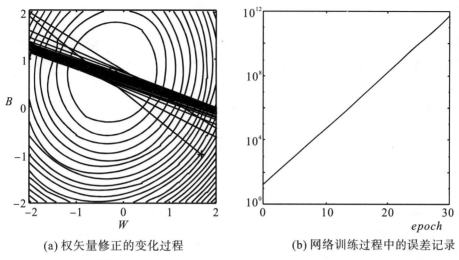

(a) 权矢量修正的变化过程   (b) 网络训练过程中的误差记录

图 2.24 lr＝2.5 * maxlinlr (P)时的网络训练过程

图 2.24 同样给出了网络的权值训练及其误差的记录。从中可以看出，由于其学习速率太大，网络的权值修正过程总是在最小误差方向上运动，但每一次都由于过大的调整使其偏离期望目标越来越远，其误差是向增加而不是减少的方向移动。由此可以得出结论：应选取较小的学习速率以保证网络收敛，而不应选太大的学习速率而使其发散。

最后给出用 MATLAB 工具箱编写的本例题的程序：

```
％ wf5. m
P＝[1 －1.2];
T＝[0.5 1];
[R,Q]＝size(P);
[S,Q]＝size(T);
％画误差曲面图
Wrange＝－2:0.2:2;Brange＝－2:0.2:2;        ％限定 W 和 B 值的坐标范围
ES＝errsurf(P,T,Wrange,Brange,'purelin');  ％求神经元的误差平面
mesh(ES,[60,30]);                          ％作三维网状面,视角[60,30]
title('Error Surface Graph')
pause
％设计网络权值并画出投影图
figure(2);                                 ％作第二个图
net＝newlind(P,T);                          ％求理想的权值和偏差
DW＝net. iw{1,1};DB＝net. b{1};             ％赋理想的权值和偏差
[C,h]＝contour(Wrange,Brange,ES);          ％作等高线图,ES 为高
                                           ％返回等高线矩阵 C,列向量 h 是线或对象的句柄,
                                           ％一条线一个句柄,这些被用作 CLABEL 的输入,
                                           ％每个对象包含每个等高线的高度
```

```
clabel(C,h)                                    %标上高度值
colormap cool                                  %桌面的颜色 cool(青和洋红)
axis('equal')
hold on
plot(DW,DB,'ob');
xlabel('W'),ylabel('B')
pause
LR=menu('Use a learning rate of:',…           %选择学习速率
        '1.7 * maxlinr',…
        '2.5 * maxlinr');
disp('')
%训练权值
disp_freq=1;
max_epoch=30;
err_goal=0.001;
if LR==1
    lp.lr=1.7 * maxlinlr(P,'bias');
else
    lp.lr=2.5 * maxlinlr(P,'bias');
end
a=W * P+B;
A=purelin(a);
E=T-A;SSE=sumsqr(E);                           %求误差矩阵元素的平方和
errors=[SSE];
for epoch=1: max_epoch                         %训练权值
    if SSE<err_goal
        epoch=epoch-1;
        break
    end
LW=W;LB=B;
dw=learnwh([],P,[],[],[],[],E,[],[],[],lp,[]);
db=learnwh(B,ones(1,Q),[],[],[],[],E,[],[],[],lp,[]);
W=W+dw;B=B+db;
a=W * P+B;
A=purelin(a);
E=T-A;SSE=sumsqr(E);
errors=[errors SSE];                           %把误差变为一个行向量
if  rem(epoch,disp_freq)==0
    plot([LW W],[LB B],'r-');                  %显示权值和偏差向量训练图
    drawnow                                    %刷新
```

```
end
end
hold off
figure(3);
m＝W＊P＋B;
a＝purelin(m);
plot(errors);                                    %作每次训练的误差图
```

2.2.5　对比与分析

到目前为止,我们已经学习了感知器和自适应线性网络。这两类网络在结构和学习算法上都没有什么太大的差别,甚至是大同小异。前面在人工神经网络的发展历史中已经介绍过,这两种模型实际是最早的模型,且自适应线性网络是在感知器的研究基础上建立发展起来的。不过从它们细小的区别上,我们也能够看到它们在功能上的不同点,而这些不同点在其他各种神经网络中表现得更加突出。所以在此想再次强调一下学习人工神经网络的重点在于掌握不同网络的不同特点上。这些特点主要表现在以下三点上:

1. 网络模型结构

一种网络有一种结构。我们已学过的感知器和自适应线性网络几乎具有相同的结构,但其他网络如霍普菲尔德网络就完全是另外一种结构。可以说,所有的不同的网络都是为了完成某一需要而设计成特有的网络模型结构。我们必须了解各自独特的结构以及所起到的不同作用。只有这样,我们才能够设计出符合特殊需要的其他网络结构来。

就感知器和自适应线性网络而言,结构上的主要区别在于激活函数:一个是二值型的,一个是线性的。仅此一点,就使得感知器仅能做简单的分类工作,而自适应线性网络除了有分类功能外,还可以进行线性逼近。当把偏差与权值考虑成一体时,自适应线性网络输入与输出之间的关系可以写成 $A＝W＊P$。如果 P 是满秩的话,则可以写成 $AP^{-1}＝W$,或 $W＝\dfrac{A}{P}$。从自动控制理论的角度来说,W 就是系统的传递函数,只不过 W 不是计算出来的,而是训练出来的,且自适应线性网络中的 W 只能表现出输入与输出之间的线性关系。当输入与输出之间是非线性关系时,通过对网络的训练,可以得出线性逼近关系,即线性化的传递函数。这个思想可以运用在对被控系统的建模上,即系统辨识上。当然,若把此思想用在后面将要学习到的 BP 网络中,则意味着可以对任意非线性被控系统建立精确的系统模型。无论用自动控制的经典理论,还是用现代控制理论,这都是无法做到的,因为在那里只能对线性的或线性化的系统建立传递函数。而运用人工神经网络,采用最简单的自适应线性网络即可做到。

2. 学习算法

学习算法是为了完成不同的任务、达到不同的目的而建立的,所以不同的模型有不同的算法。感知器的算法是最早提出的可收敛的算法,它的自适应思想被威德罗和霍夫发展成误差最小的梯度下降算法,最后又在 BP 算法中得到进一步的推广,它们属于同一类算法。除此以外,在其他模型中,则采用各种完全不同的算法,后面我们将学习到的算法有海布学习算法、内星法、外星法和科霍嫩法等。

3. 适用性与局限性

每个网络模型因其独特的结构和学习算法,决定了它所能够解决的问题,这就给出了它的适用性,同时也决定了它的局限性。例如,感知器仅能够进行简单的分类,从前面的例题中已经看出,感知器可以将输入分成两类或四类等。它的局限性是仅能对线性可分的输入进行分类。遗憾的是,哪些输入是线性可分的,在划分前我们并没有办法得知,只有进行训练后才能知道是否线性可分。不过理论已经证明,对于线性可分的输入矢量,感知器在有限的时间里一定可以达到结果。

自适应线性网络除了像感知器一样可以进行线性分类外,又多了线性逼近,这仅是由于其激活函数可以连续取值而不同于感知器的仅能取 0 或 1 的缘故。后面将要学习到的 BP 网络又以不同的网络结构以及多层学习算法,而能够进行诸如非线性函数逼近与压缩等其他模型所没有的功能;但它也有自身的缺点与局限性,如需要的训练时间较长,易陷入局部最小值等。再如,霍普菲尔德网络以另一种网络结构和学习算法能够达到自己收敛到自己的功能,但实际上也存在着很难找到这种收敛的情况。

总而言之,我们应从以上三个方面去学习人工神经网络。只有这样,当我们自己遇到一个实际问题时,才能够正确选择进而设计出有效的神经网络来。

2.2.6　单步延时线及其自适应滤波器的实现

自适应网络是实际应用中使用较为广泛的一种神经元网络,自适应滤波是它的主要应用领域之一。

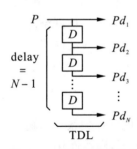

图 2.25　延时线网络结构

我们可以通过单步延时线去充分利用自适应线性网络。如图 2.25 所示的一个延时线,它的输入信号从网络左边进入,通过单步延时线(TDL)的作用,经过 $N-1$ 步延时后的网络输出是 N 维向量,该向量由当前 k 时刻输入信号和 k 时刻以前的 $N-1$ 个输入信号组合而成。

将单步延时线加在自适应线性网络前面,就可以创建一个自适应滤波器,如图 2.26 所示。

自适应滤波器网络输入/输出关系为

$$a_i(k) = (W \times Pd + b) = \sum_{i=1}^{N} w_{1,i} Pd_i(k) + b = \sum_{i=1}^{N} w_{1,i} P(k-i-1) + b$$

自适应滤波器网络常用在数字信号处理领域中。

在 MATLAB 中,TDL 网络可以通过以下两种方式实现。第一种是通过原网络输入 P 根据需要构造出延时网络输入 Pd ,然后按无延时的网络设计方法进行网络设计。将输入 $P_{1 \times Q}$ 拓展成 $Pd_{N \times Q}(Q \geqslant N)$ 的方法为:如图 2.25 所示的 TDL 结构,TDL 从上到下各个延时单元的初始输出为 $P[0], P[-1], \cdots, P[2-N]$,而输入 $P = \{P[1], P[2], \cdots, P[Q]\}$,拓展成 Pd 的结果为

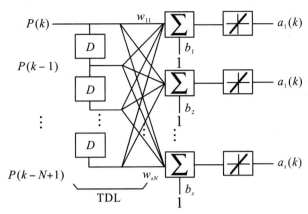

图 2.26 自适应滤波器网络结构图 1

$$Pd = \begin{bmatrix} P[1] & P[2] & \cdots & P[Q] \\ P[0] & P[1] & \cdots & P[Q-1] \\ \vdots & \vdots & & \vdots \\ P[-N] & P[1-N] & \cdots & P[Q-N-1] \end{bmatrix}$$

值得注意的是,含有延时的输入向量 Pd 是行向量。另外,Pd 为原网络输入从左到右所对应的 TDL 从上到下的输出,所以 Pd 中的顺序是从左到右递增的。

第二种方法是首先确定自适应线性网络 newlin. m 函数中的延时参数 N,然后给定以下延时量的赋值:

net=newlin(minmax(P),S);

net. inputWeights{1,1}. delays=[0 1 2…N-1];

或直接写进创建函数 newlin 中:

net=newlin(minmax(P),S,[0 1 2…N-1]);

图 2.27 更简洁地表示了图 2.26 的网络,或以图 2.28 的方式表示。

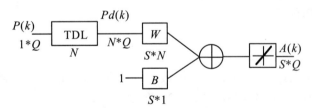

图 2.27 自适应滤波器网络结构图 2

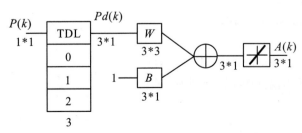

图 2.28 自适应滤波器网络结构图 3

下面给出一个带有延时的自适应线性网络的建立及其仿真的例子。

【例 2.9】 假定一个输入按输入顺序排列,其数值分别为 3、4、5 和 6。该输入量自身产生两次延时,其延时量的初始输入值分别为 1 和 2。用一个自适应线性网络对其滤波所获得的权矩阵为 [7 8 9]。试计算在给定的输入值下该网络的输出值。

解 首先根据题意可以定义输入向量 P 的赋值为

P＝{3 4 5 6};

注意这里在程序中使用的是大括号。

然后应用 newlin. m 函数定义一个线性网络:

net＝newlin(minmax(P),1);

接下来赋予网络的延时矩阵:

net. inputWeights{1,1}. delays＝[0 1 2];

可以看出,延时矩阵和网络权值矩阵的连接分别通过延时 0、1 和 2 个时间单位。在实际应用中,可以根据问题的需要来定义延时矩阵,注意延时的时间必须是增加的。

赋给网络权值和偏差值:

net. IW{1,1}＝[7 8 9];

net. b{1}＝[0];

赋给延时环节初始值:

Pi＝{1 2};

注意,这里的顺序是从左到右,对应延时的发生是从下到上。这里的 Pi 次序和 P 发生的次序一致,Pi 中的第一个输入值 1 应该是对应 P 的延时 2 个时间单位的输出。

下面我们来计算网络的输出。可以通过仿真函数 sim. m 来输出网络结果:

[a,pf]＝sim(net,P,Pi);

输出结果顺序如下:

a＝

[46]　　[70]　　[94]　　[118]

延时输出的最后值是

pf＝

[5]　　[6]

所定义的网络也可以通过 adapt. m 函数去训练获得,不过此时还需要网络的目标值。例如,当给出网络的希望输出的顺序值 10,20,30 和 40,即

T＝{10 20 30 40};

给定网络的循环次数:

Net. adaptParam. passes＝10;

则网络设计训练为

[net,y,e,pf,af,tr]＝adapt(net,P,T,Pi);

返回最终的权值、偏差和输出,分别为

wts＝net. IW{1,1}

wts＝

　　0. 5059　3. 1053　5. 7046

bias＝net. b{1}

bias=
$$-1.5993$$
y=
[11.8558]　[20.7735]　[29.6679]　[39.0036]

如果让网络训练更多的次数,输出结果将更接近期望值 T。

2.2.7　自适应线性网络的应用

1. 线性化建模

由线性网络的输入/输出关系式 $A=W*P+B$ 来看,如果将偏差的输入 1 归结为 P 中的一个输入,可得增广权值,则关系式可以写成 $A=W*P$。只要 P 不奇异,逆存在,就能求出使得关系式成立的精确值。一般情况下,线性网络能够给出满足给定误差下的网络权值,这个求解过程就是设计一个线性网络,使其外部的输入/输出特性等价于从实际系统中获得的样本对特性的系统建模任务。从以上的学习中看出,这似乎是一件很容易的事:可以精确建模的用 newlind. m 即可获得,带有误差的设计用 newlin. m 和 train. m 两个函数即可设计出网络的权值。但在实际系统中,当给定从实际系统中获得的一组样本输入/输出对后,是否能这么简单地设计出正确的神经元网络来实现从输入到输出的转换,这涉及原系统输出与输入之间的函数关系式问题。只有把这个问题搞懂了,才能对建模与应用的问题有正确的处理方法。

任何实际系统都是由物理元器件组成,系统建模一般是建立在物理、化学等原理基础上的,所以所建立出的输出与输入之间的关系式一般具有微积分形式。自动控制原理中采用拉普拉斯变换,将微分由 s 表示,积分由 $\frac{1}{s}$ 表示,从而将模型的微积分表达变换为代数表达式,简化了模型,方便了对模型中参数的求解。根据已知条件对模型中参数的求解就是参数辨识。另外一种是系统建模,它是通过实验手段测得系统的输入/输出数据,然后求解系统的最佳匹配模型,这种用实验方法获得的数据一般是采样数据,是离散的,由此获得的模型是 Z 变换模型。形式不再是微积分的,而是差分的。

最简单的系统模型(或函数)的数学表达式为
$$y=f(x)　\text{或}　y(k)=f(x(k)) \tag{2.12}$$
而实际物理系统的输入/输出关系式往往都比这复杂,一般的形式为
$$y(k)=f(x(k-n),x(k-n+1),\cdots,x(k)) \tag{2.13}$$
虽然整个系统的外部只有一个 $x(k)$ 的输入,但由于系统内部元器件之间的作用,使得系统输出可能是输入的一个较复杂函数。所以设计者在用神经网络进行建模应用时,最关键的是要选择好输入/输出节点 r 和 s。线性系统建模过程结构图如图 2.29 所示,其中 Z^{-1} 表示单位延时。

所以设计取 r(或 n)多少是正确建模的关键。

一般而言,在没有经验的情况下,宁可将 r 数字定得稍微高一些。因为 r 值大的结果表明系统的阶次被定得高了。对于低阶系统来说,较高阶系统的系数往往趋向于 0。较实际的做法是:设计两三个不同阶次的网络模型,从中选一个误差最小的。建模的过程就是从几个不同的模型中选出最好的那一个。实际上,另一方面,从形式上还可以看出,这种表达式的

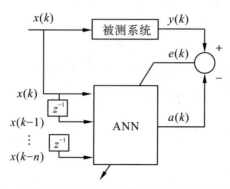

图 2.29 神经网络系统建模(线性化函数逼近)设计结构图

作用和数字信号处理中滤波器的作用原理是一致的,所以说成是设计一个滤波器可能更合适。因为真正的系统建模可能涉及更复杂的表达式,如

$$y(k)=f(y(k-1),\cdots,y(k-m),x(k-1),\cdots,x(k-n)) \tag{2.14}$$

这种建模用后面所学的 BP 网络来做更合适。

在 MATLAB 6.1 中,用函数 newlind.m 就可以直接建立式(2.13)所表示的模型。

2. 预测

由(2.13)式,通过适当的设计网络的过程,使得下式成立:

$$a(k)=x(k)=f(x(k-1),\cdots,x(k-n)) \tag{2.15}$$

就可以通过$(k-1)$及其以前测量的数据来完成 k 时刻的预测任务。设计过程如图 2.30 所示。

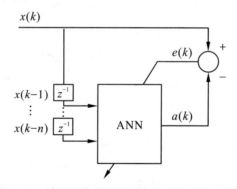

图 2.30 神经网络进行预测应用时的设计结构图

在这里要特别注意,$x(k)$信号没有加在输入端。由此可见,训练网络的结构设计不是一成不变、死搬硬套的,一定要根据具体问题灵活应用和掌握。

设计的目的是使 $x(k)-a(k)=e(k)=0$,即当求得 $e=0$ 时,就可得到网络输出 $a(k)=x(k)$的预测。预测的应用中,同样有一个需要确定输出与前几次延时阶次有关的问题,只有 r(或 n)确定正确了,预测的结果才准确。预测功能可以用在已知最近几年的产量或数据,预测明年的数值这类问题上。注意只有确认所要预测的关系式确实是具有线性关系时,方可采用自适应线性网络来实现。

由此可见,都是自适应线性元件网络,不同的网络设计结构就能完成不同的任务,解决不同问题。灵活应用这种神经网络,就是要学会如何把不同的问题和网络结合起来,使之从数学理论上完成某种功能。虽然网络训练的都只是外部的输入/输出特性,但具体到每个应用中时是有很大的不同的。

3. 消除噪声

使用自适应滤波器的线性滤波功能可以进行网络去噪。下面以飞行中飞机机长同乘客之间的广播模型为例来说明其工作原理。在飞行的飞机中,如果飞行员对着麦克风说话,驾驶座舱的引擎噪声将会混杂入他的声音信号中,这使得旅客听到的是非常嘈杂的声音。我们需要的是飞行员的声音而不是飞机引擎的噪音。如果可以获得引擎噪声样本并把它作为自适应滤波器的输入,那么就可以通过自适应滤波器来消除引擎噪声对声音的影响。消除噪声的自适应滤波器的训练及其工作结构如图 2.31 所示。

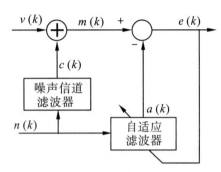

图 2.31　自适应滤波器去噪的训练及其工作结构图

这里,我们采用自适应神经元线性网络去逼近带有引擎噪声信号 $n(k)$ 的飞行员声音信号 $m(k)$。由引擎噪声信号 $n(k)$ 给网络提供输入信息,从图 2.31 中可以看到,网络通过自适应滤波器的输出信号去逼近混杂在声音信号中的噪声部分,调整自适应滤波器以便使误差 $e(k)$ 为最小。由图 2.31 可得以下关系式:

$$m(k)=v(k)+c(k)$$
$$e(k)=m(k)-a(k)$$

由此可得

$$e(k)=v(k)+c(c)-a(k)$$

当自适应滤波器成功地逼近信号 $c(k)$ 时,在得到的 $e(k)$ 信号中就只剩下了所需要的机长的声音信号了。

在进行最初实际网络,进行网络的训练过程中,将机长的声音信号置为 0,并调节网络的权值,然后将训练完成后获得的网络再以同样的方式接入系统中加以应用。当网络工作时,由于网络消除了飞行员声音信号中的噪声信号,使其输出 $e(k)$ 仅为飞行员的声音。

这种去噪方法优于传统的滤波器之处在于,它是把噪声从信号之中近似完全地消去了,而传统的低通滤波器只是通过高频时很小的放大倍数把噪声抑制掉。所以网络的逼近精度越高,去噪的效果越好。

2.2.8　本节小结

① 自适应线性网络仅可以学习输入/输出矢量之间的线性关系,可用于模式联想及函数的线性逼近。网络结构的设计完全由所要解决的问题限制,网络的输入数目和输出层中

神经元数目由问题限制。

②多层线性网络不产生更强大的功能，从这个观点上看，单层线性网络不比多层线性网络更有局限性。

③输入和输出之间的非线性关系不能用一个线性网络精确地设计出，但线性网络可以产生一个具有误差平方和最小的线性逼近。

2.3 反向传播网络

反向传播网络(Back-Propagation Network，简称 BP 网络)是将 W-H 学习规则一般化，对非线性可微分函数进行权值训练的多层网络。

BP 网络主要用于：

①函数逼近：用输入矢量和相应的输出矢量训练一个网络逼近一个函数；

②模式识别：用一个特定的输出矢量将它与输入矢量联系起来；

③分类：对输入矢量以所定义的合适方式进行分类；

④数据压缩：减少输出矢量维数以便于传输或存储。

在人工神经网络的实际应用中，80％～90％的人工神经网络模型采用 BP 网络或它的变化形式，它也是前向网络的核心部分，体现了人工神经网络最精华的部分。在人们掌握反向传播网络的设计之前，感知器和自适应线性元件都只能适用于对单层网络模型的训练，只是后来才得到了进一步拓展。

2.3.1 BP 网络模型与结构

一个具有 r 个输入节点和一个隐含层的神经网络模型结构如图 2.32 所示。

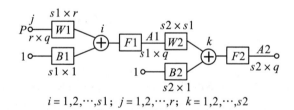

$$i = 1,2,\cdots,s1；\quad j = 1,2,\cdots,r；\quad k = 1,2,\cdots,s2$$

图 2.32 具有一个隐含层的神经网络模型结构图

感知器和自适应线性元件的主要差别在激活函数上：前者是二值型的，后者是线性的。BP 网络具有一层或多层隐含层，除了在多层网络上与前面已介绍过的模型有不同外，其主要差别也表现在激活函数上。BP 网络的激活函数必须是处处可微的，所以它就不能采用二值型的阈值函数{0,1}或符号函数{-1,1}，BP 网络经常使用的是 S 型的对数或正切激活函数和线性函数。

图 2.33 所示的是 S 型激活函数的图形。可以看到 $f(\cdot)$ 是一个连续可微的函数，其一阶导数存在。对于多层网络，这种激活函数所划分的区域不再是线性划分，而是由一个非线性的超平面组成的区域。它是比较柔和、光滑的任意界面，因而它的分类比线性划分精确、

合理,这种网络的容错性较好。另外一个重要的特点是,由于激活函数是连续可微的,故它可以严格利用梯度法进行推算,权值修正的解析式十分明确,其算法被称为误差反向传播法,也简称 BP 算法,这种网络也称为 BP 网络。

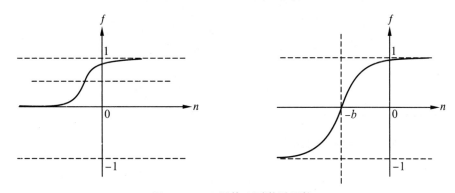

图 2.33　BP 网络 S 型激活函数

因为 S 型函数具有非线性放大系数功能,它可以把输入从负无穷大到正无穷大的信号,变换成 -1 到 1 之间的输出。对较大的输入信号,放大系数较小;而对较小的输入信号,放大系数则较大。所以采用 S 型激活函数可以处理和逼近非线性的输入/输出关系。不过,如果在输出层采用 S 型函数,输出则被限制到一个很小的范围;若采用线性激活函数,则可使网络输出任何值。所以只有当希望对网络的输出进行限制,如限制在 0 和 1 之间,那么在输出层应当包含 S 型激活函数,在一般情况下,均是在隐含层采用 S 型激活函数,而输出层采用线性激活函数。

2.3.2　BP 学习规则

BP 网络的产生归功于 BP 算法的获得。BP 算法属于 δ 算法,是一种监督式的学习算法。其主要思想为:对于 q 个输入学习样本:$P^1, P^2, \cdots, P^q$,已知与其对应的输出样本为:$T^1, T^2, \cdots, T^q$。学习的目的是用网络的实际输出 $A^1, A^2, \cdots, A^q$ 与目标矢量 $T^1, T^2, \cdots, T^q$ 之间的误差来修改其权值,使 $A^l(l=1, 2, \cdots, q)$ 与期望的 T^l 尽可能地接近,即使网络输出层的误差平方和达到最小。它是通过连续不断地在相对于误差函数斜率下降的方向上计算网络权值和偏差的变化而逐渐逼近目标的。每一次权值和偏差的变化都与网络误差的影响成正比,并以反向传播的方式传递到每一层。

BP 算法由两部分组成:信息的正向传递与误差的反向传播。在正向传播过程中,输入信息从输入经隐含层逐层计算传向输出层,每一层神经元的状态只影响下一层神经元的状态。如果在输出层没有得到期望的输出,则计算输出层的误差变化值,然后转向反向传播,通过网络将误差信号沿原来的连接通路反传回来修改各层神经元的权值直至达到期望目标。

为了明确起见,现以图 2.32 所示两层网络为例进行 BP 算法推导,其简化图如图 2.34 所示。

设输入为 P,输入神经元有 r 个,隐含层内有 $s1$ 个神经元,激活函数为 $F1$,输出层内有 $s2$ 个神经元,对应的激活函数为 $F2$,输出为 A,目标矢量为 T。

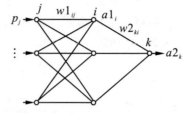

$$k = 1,2,\cdots,s2; \quad i = 1,2,\cdots,s1; \quad j = 1,2,\cdots,r$$

图 2.34　具有一个隐含层的简化网络图

1. 信息的正向传递

① 隐含层中第 i 个神经元的输出为

$$a1_i = f1(\sum_{j=1}^{r} w1_{ij}p_j + b1_i), \quad i = 1,2,\cdots,s1 \tag{2.16}$$

② 输出层第 k 个神经元的输出为

$$a2_k = f2(\sum_{i=1}^{s1} w2_{ki}a1_i + b2_k), \quad k-1,2,\cdots,s2 \tag{2.17}$$

③ 定义误差函数为

$$E(W,B) = \frac{1}{2} \sum_{k=1}^{s2} (t_k - a2_k)^2 \tag{2.18}$$

2. 利用梯度下降法求权值变化及误差的反向传播

(1) 输出层的权值变化

对从第 i 个输入到第 k 个输出的权值，有

$$\Delta w2_{ki} = -\eta \frac{\partial E}{\partial w2_{ki}} = -\eta \frac{\partial E}{\partial a2_k} \cdot \frac{\partial a2_k}{\partial w2_{ki}} \tag{2.19}$$
$$= \eta(t_k - a2_k) \cdot f2' \cdot a1_i = \eta \cdot \delta_{ki} \cdot a1_i$$

其中

$$\delta_{ki} = (t_k - a2_k) \cdot f2' = e_k \cdot f2' \tag{2.20}$$
$$e_k = t_k - a2_k \tag{2.21}$$

同理可得

$$\Delta b2_{ki} = -\eta \frac{\partial E}{\partial b2_{ki}} = -\eta \frac{\partial E}{\partial a2_k} \cdot \frac{\partial a2_k}{\partial b2_{ki}} \tag{2.22}$$
$$= \eta(t_k - a2_k) \cdot f2' = \eta \cdot \delta_{ki}$$

(2) 隐含层权值变化

对从第 j 个输入到第 i 个输出的权值，有

$$\Delta w1_{ij} = -\eta \frac{\partial E}{\partial w1_{ij}} = -\eta \frac{\partial E}{\partial a2_k} \cdot \frac{\partial a2_k}{\partial a1_i} \cdot \frac{\partial a1_i}{\partial w1_{ij}}$$
$$= \eta \sum_{k=1}^{s2} (t_k - a2_k) \cdot f2' \cdot w2_{ki} \cdot f1' \cdot p_j = \eta \cdot \delta_{ij} \cdot p_j \tag{2.23}$$

其中

$$\delta_{ij} = e_i \cdot f1', \quad e_i = \sum_{k=1}^{s2} \delta_{ki}w2_{ki}, \quad \delta_{ki} = e_k \cdot f2', \quad e_k = t_k - a2_k \tag{2.24}$$

同理可得

$$\Delta b1_i = \eta \delta_{ij} \qquad\qquad (2.25)$$

在 MATLAB 工具箱中,上述公式的计算均已被编成函数的形式,通过简单的书写调用即可方便地获得结果。

3. 误差反向传播的流程图与图形解释

误差反向传播过程实际上是通过计算输出层的误差 e_k,然后将其与输出层激活函数的一阶导数 $f2'$ 相乘来求得 δ_{ki}。由于隐含层中没有直接给出目标矢量,所以利用输出层的 δ_{ki} 进行误差反向传递来求出隐含层权值的变化量 $\Delta w2_{ki}$。然后计算 $e_i \sum\limits_{k=1}^{s2} \delta_{ki} \cdot w2_{ki}$,并同样通过将 e_i 与该层激活函数的一阶导数 $f1'$ 相乘而求得 δ_{ij},以此求出前层权值的变化量 $\Delta w1_{ij}$。如果前面还有隐含层,沿用上述同样方法,一直将输出误差 e_k 一层一层地反推算到第一层为止。图 2.35 给出了形象的解释。

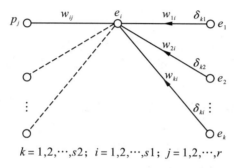

$$k = 1,2,\cdots,s2;\ i = 1,2,\cdots,s1;\ j = 1,2,\cdots,r$$

图 2.35　误差反向传播法的图形解释

BP 算法要用到各层激活函数的一阶导数,所以要求其激活函数处处可微。对于对数 S 型激活函数 $f(n) = \dfrac{1}{1+e^{-n}}$,其导数为

$$f(n) = \frac{0 - e^{-n}(-1)}{(1+e^{-n})^2} = \frac{1}{(1+e^{-n})^2}(1+e^{-n}-1)$$
$$= \frac{1}{1+e^{-n}}\left(1 - \frac{1}{1+e^{-n}}\right) = f(n)[1 - f(n)]$$

对于线性函数,其导数为

$$f'(n) = n' = 1$$

所以对于具有一个 S 型函数的隐含层,输出层为线性函数的网络,有

$$f2' = 1,\ f1' = a(1-a)$$

2.3.3　BP 网络的训练及其设计过程

为了训练一个 BP 网络,需要计算网络加权输入矢量以及网络输出和误差矢量,然后求得误差平方和。当所训练矢量的误差平方和小于误差目标时,训练停止,否则在输出层计算误差变化,且采用反向传播学习规则来调整权值,并重复此过程。当网络完成训练后,对网络输入一个不是训练集合中的矢量,网络将以泛化方式给出输出结果。

在动手编写网络的程序设计之前,必须首先根据具体问题给出输入矢量 P 与目标矢量 T,并选定所要设计的神经网络的结构,其中包括以下内容:

① 网络的层数；

② 每层的神经元数；

③ 每层的激活函数。

由于 BP 网络的层数较多且每层神经元也较多，加上输入矢量的组数庞大，往往使得采用一般的方法容易设计出循环套循环的复杂嵌套程序，从而使得程序编写费时，又不易调通，浪费了大量的时间在编程中而无暇顾及如何设计出具有更好性能的网络来。在这点上 MATLAB 工具箱充分展示出其优异之处，它的全部运算均采用矩阵形式，使其训练既简单又明了快速。为了能够较好地掌握 BP 网络的训练过程，下面我们仍用两层网络为例来叙述 BP 网络的训练步骤。

① 用小的随机数对每一层的权值 W 和偏差 B 初始化，以保证网络不被大的加权输入饱和，并进行以下参数的设定或初始化：

a. 期望误差最小值 mse；

b. 最大循环次数；

c. 修正权值的学习速率 lr，一般情况下 $lr=0.01\sim0.7$。

② 用函数 newcf. m 或 newff. m 建立一个多层前向网络，例如：

net＝newcf(minmax(P),[5 1],{'tansig' 'purelin'},'traingd');

其中，[5 1]表示输入和输出层的节点数，当网络层数较多时，可以将网络每层的节点数以及每层的激活函数按照从左到右的顺序一直写下去。函数右边最后一个参数是选择训练算法为"梯度下降法"，这是 BP 网络最经典的训练算法。在 MATLAB 中已经编写了 10 多个训练算法以提高网络的训练速度。我们在后面还会具体讲述。

③ 可以用 net＝train(net,P,T)来训练网络。

【例 2.10】 用于函数逼近的 BP 网络的设计。

神经网络最强大的用处之一是在函数逼近上。它可以用在诸如被控对象的模型辨识中，即将过程看成一个黑箱子，通过测量其输入/输出特性，然后利用所得实际过程的输入/输出数据训练一个神经网络，使其输出对输入的响应特性具有与被辨识过程相同的外部特性。

下面给出一个典型的用来进行函数逼近的两层结构的神经网络，它具有一个双曲正切型的激活函数隐含层，其输出层采用线性函数。

这里有 21 组单输入矢量和相对应的目标矢量，试设计神经网络来实现这对数组的函数关系。

％ bp1. m

P＝−1:0.1:1;

T＝[−0.96 0.577 −0.0729 0.377 0.641 0.66 0.461 0.1336…

   −0.201 −0.434 −0.5 −0.393 −0.1647 0.0988 0.3072…

   0.396 0.3449 0.1816 −0.0312 −0.2183 −0.3201];

为此，我们选择隐含层神经元为 5。较复杂的函数需要较多的隐含层神经元，这可以根据试验或经验来确定。

图 2.36 给出了目标矢量相对于输入矢量的图形。一般在测试中常取多于训练用的输入矢量来对所设计网络的响应特性进行测试。在函数逼近的过程中，画出网络输出相对于输入矢量的图形，可以观察到网络在训练过程中的变化过程。为了达到这一目的，我们定义

一个密度较大的第二个输入矢量：

P2＝－1;0.025;1;

首先对网络进行初始化：

[R,Q]＝size（P）;　　　　　　[S2,Q]＝size(T);　　　　S1＝5;

[W1]＝rands(S1,R);

[W2]＝rands(S2,S1);

b1＝ones(S1,Q);

b2＝ones(S2,Q);

通过测试，用输入矢量 P 来计算网络的输出：

A2＝purelin（W2∗tansig（W1∗P＋B1）＋B2）;

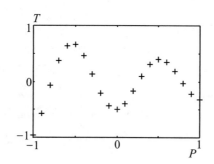

图 2.36　以目标矢量相对于输入矢量的图形

可以画出结果来观察初始网络如何接近所期望训练的输入/输出关系，如图 2.37 所示，其中初始网络的输出值用实线给出。

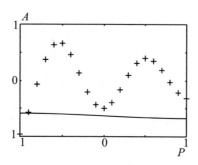

图 2.37　初始网络的输出曲线

网络训练前的误差平方和为 11.9115，其初始值为

W10＝[0.7771　0.5336　－0.3874　－0.2980　0.0265];

B10＝[0.1822　0.6920　－0.1758　0.6830　－0.4614];

W20＝[－0.1692　0.0746　－0.0642　－0.4256　－0.6433];

B20＝[－0.6926];

下面定义训练参数并进行训练：

net＝newcf（minmax(P),[5,1],{'tansig','purelin'},'traingd'）;

　　　　　　　　　　　　　　%创建两层前向回馈网络

net. trainParam. epochs＝7000;%初始化训练次数

net. trainParam. goal＝9.5238e－004;

%mse＝9.5238e－004＝sse/(Q * S2)＝0.02/21

[net,tr]＝train(net,P,T);　　　%训练网络

Y＝sim(net,P);　　　　　　　%计算结果

plot(P,T,'ro')　　　　　　　%画输入矢量图

由此可以返回训练后的权值、训练次数和偏差。

实际上还有一些参数需要预赋值。在设计者不事先赋值的情况下,程序默认为采用缺省值进行训练。算法 traingd.m 的缺省参数为

net. trainParam. epochs＝10;　　　　　%最大训练次数

net. trainParam. goal＝0;　　　　　　　%训练误差性能指标(mes)

net. trainParam. lr＝0.15;　　　　　　　%学习速率

net. trainParam. max_fail＝5;　　　　　%最大确认失败数

net. trainParam. min_grad＝1e－10;　　　%最小执行梯度

net. trainParam. show＝25;　　　　　　%显示循环间隔数

net. trainParam. time＝inf;　　　　　　%最大训练时间

图 2.38 至图 2.41 给出了网络输出值随训练次数的增加而变化的过程。注意,图中的训练所采用的目标误差是误差平方和 sse 而不是均方差 mse。每个图中标出了循环次数以及当时的误差平方和。

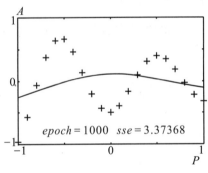

图 2.38　训练 1000 次的结果

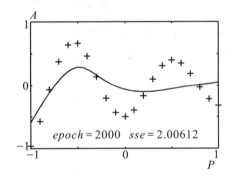

图 2.39　训练 2000 次的结果

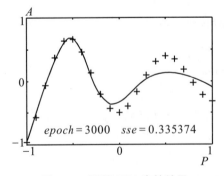

图 2.40　训练 3000 次的结果

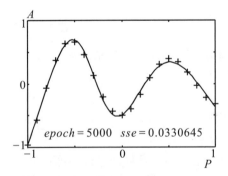

图 2.41　训练 5000 次的结果

图 2.42 给出了 6801 次循环训练后的最终网络结果,网络的误差平方和落在所设定的 0.02 以内(0.0199968)。

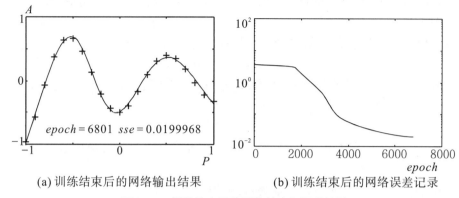

(a) 训练结束后的网络输出结果　　　　(b) 训练结束后的网络误差记录

图 2.42　训练结束后的网络输出与误差结果

因为反向传播法采用的是连续可微函数,所以网络对输入/输出的逼近是平滑的。另外,虽然网络仅在输入值 -1,-0.9,-0.8,$\cdots$,0.9,1.0 处进行训练,但对于其他输入值的出现,例如,对训练后的网络输入 $P=0.33$,网络的输出端可得其对应输出为

》A1=tansig(W1 * 0.33+B1);

》A2=purelin(W2 * A1+B2)

A2=

　　　0.1659

正如所希望的那样,这个值落在输入矢量为 0.3 和 0.4 所对应的输出矢量之间。网络的这个能力使其平滑地学习函数,使网络能够合理地响应被训练以外的输入,这个性质称为泛化性能。要注意的是,泛化性能只对被训练的输入/输出对最大值范围内的数据有效,即网络具有内插值特性,不具有外插值性。超出最大训练值的输入必将产生大的输出误差。

2.3.4　BP 网络的设计

在进行 BP 网络的设计时,一般应从网络的层数、每层中的神经元个数和激活函数、初始值以及学习速率等几个方面来进行考虑。下面讨论一下各自选取的原则。

1. 网络的层数

理论上已经证明:具有偏差和至少一个 S 型隐含层加上一个线性输出层的网络,能够逼近任何有理函数。这实际上已经给了我们一个基本的设计 BP 网络的原则。增加层数主要可以更进一步地降低误差,提高精度,但同时也使网络复杂化,从而增加了网络权值的训练时间。而误差精度的提高实际上也可以通过增加隐含层中的神经元数目来获得,其训练效果也比增加层数更容易观察和调整。所以一般情况下,应优先考虑增加隐含层中的神经元数。

另外还有一个问题:能不能仅用具有非线性激活函数的单层网络来解决问题呢? 结论是:没有必要或效果不好。因为能用单层非线性网络完美解决的问题,用自适应线性网络一定也能解决,而且自适应线性网络的运算速度还更快。而对于只能用非线性函数解决的问题,单层精度又不够高,也只有增加层数才能达到期望的结果。

这主要还是因为一层网络的神经元数被所要解决的问题本身限制造成的。下面给出两个例题来说明此问题。

【例 2.11】 考虑两个单元输入的联想问题,其输入和输出矢量分别为

$$P=[-3 \quad 2], \quad T=[0.4 \quad 0.8]$$

解 (bp2.m)采用一个对数 S 型单层网络求解时,可求得解为

$$w=0.3350$$
$$b=0.5497$$

此时所达到的误差平方和 err_goal < 0.001。若将这个误差转换成输出误差,其绝对误差约为 0.02。

若采用自适应线性网络来实现此联想,得解为

$$w=0.08$$
$$b=0.64$$

此时网络误差为

$$e=T-Y=0$$

我们还可以从点拟合这个角度来看这个问题。将输入 P 和输出 A 分别设定为横坐标和纵坐标,可得图 2.43,其中虚线为采用非线性网络拟合的结果。求两点的联想问题实质上是求以此两点所拟合的直线,所以当采用自适应线性网络来求解此问题时,可以得到零误差的完美解。而当采用 S 型函数对此两点进行拟合时,因为点数太少,所以反而产生一定的误差。

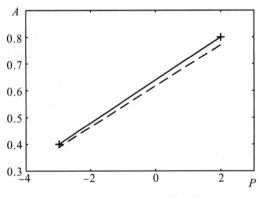

图 2.43　两种不同网络的解

【例 2.12】 用一层网络来实现下面的输入/输出关系:

$$P=[-6 \quad -6.1 \quad -4.1 \quad -4 \quad 4 \quad 4.1 \quad 6 \quad 6.1]$$
$$T=[0.0 \quad 0.0 \quad 0.97 \quad 0.99 \quad 0.01 \quad 0.03 \quad 1 \quad 1]$$

解 (bp3.m)这是一个约束大于变量的代数问题,由输入/输出对可得矢量的维数为

$$P_{r\times q}=P_{1\times 8}, \quad T_{s\times q}=T_{1\times 8}$$

所以约束等式有 8 个。

而权值的维数为

$$W_{r\times m}=W_{1\times 1}$$

加上一个偏差值 b,一共只有两个变量。

当采用单层对数非线性网络求解时,求得的一个解为

$$w = 0.079$$
$$b = 2.8623 \times 10^{-19}$$

此时具有均方差为 0.2297，总共进行了 195 次循环修正。

当采用自适应线性网络求解本题时，立刻获得此时具有均方差为 0.2292 时的解为

$$w = 0.0204$$
$$b = 0.5$$

同样可以采用横、纵坐标来画出输入和目标输出矢量，并分别画出两个网络对输入矢量的响应，如图 2.44 所示。图中将输入/目标矢量对用"+"号表示，因为两个网络具有相同的误差，所以在图中几乎看不出它们之间的差别来。

网络的输出反映的是在该网络下达到最小均方差时对输入节点的响应。

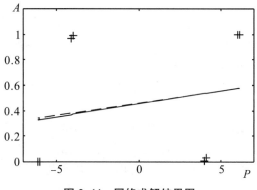

图 2.44   网络求解结果图

很明显，本例题的误差不为零，而且非线性与线性网络的响应几乎是完全相同的。这可以使我们得出结论：即使是采用非线性激活函数，在采用单层网络时，并没有体现出特殊的优越性，甚至还不如线性网络的效果。从图 2.44 中我们还可以看出，网络的输出直线实际上起到的是一种分类功能，它把四个点分成上、下两类。

通过上面两个例题可以看出，对于一般可用一层解决的问题，应当首先考虑用感知器或自适应线性网络来解决，而不采用非线性网络，因为单层不能发挥出非线性激活函数的特长。

输入神经元数可以根据需要求解的问题和数据的表示方式来确定。如果输入的是电压波形，那么可根据电压波形的采样点数来决定输入神经元的个数；也可以用一个神经元，使输入样本为采样的时间序列。如果输入为图像，那么输入可以用图像的像素，也可以为经过处理后的图像特征，确定其神经元个数。总之，问题确定后，输入与输出层的神经元数就随之确定了。在设计中应当注意尽可能地减少网络模型的规模，以便减少网络的训练时间。下面我们通过同样简单的单层非线性网络所形成的网络误差曲面，并通过与线性的情况的对比，来进一步了解非线性网络的特性、功能及其优缺点。

【例 2.13】   非线性误差曲面特性观察。

理解和掌握反向传播网络的最好方式就是观察它是如何工作的。和 W-H 学习规则一样，反向传播法也是企图通过调整每一个正比于误差的变化来修正权值而使误差函数最小化，也是属于梯度下降法。一个简单的比喻就是好像在观察一个没有惯性的弹子（代表网络）在一个粗糙不平的面上滚动，弹子总是在最速方向上滚动直到停留在一个谷的底部（即

误差的极小值）。

为了能够观察非线性误差曲面的形状以及训练时误差的走向,现仍然采用单层非线性网络来求解例 2.11,首先观察误差的立体图。它的 MATLAB 编程如下:

```
% bp4.m
P=[-3,2]; T=[0.4,0.8];
Wrange=-4 : 0.4 :4;                        %限制坐标范围
Brange=-4 : 0.4 :4;
ES=errsurf (P,T,Wrange,Breang,'logsig');   %计算误差曲面
mesh(ES,[60,30]);                          %显示误差曲面图形
xlabel('W'),                               %写 x 坐标说明
ylabel('B'),                               %写 y 坐标说明
zlabel('Sum Squared Error'),               %写 z 坐标说明
title('Error Surface Graph'),              %写图标题
```

误差的等高线图用下列命令绘出:

```
[C,h]=contour(Wrange,Brange,ES);
axis ('equal'),
```

两图分别如图 2.45 和图 2.46 所示,其中图 2.45 中的 z 坐标为误差值。两图中的黑点对应着相同的点。对照两图可以分别看出不同的网络权值所对应的误差值。两图以不同的方式画出了误差的分布。从图 2.45 中可以看出一个较高的平原以及一个较低的扁平层出现在两个边缘。在等高线图中,平原面覆盖了左半边的大部分,而一个较大的"丘"地在中心的底部,一个较小的"丘"在顶部。最小误差在平面和丘之间:两角之间的交点给出了最小误差的网络权值。

训练一个网络的工作始于随机初始化的权值。本例在误差等高线中用符号"＋"画出了随机选取的误差位置。图 2.47(a)给出了训练过程中误差从初始值移动到最终结果的过程记录,这个记录由变量 *errors* 在整个训练过程中保存。这些误差可以用下面的命令画出:

```
plot (err);
```

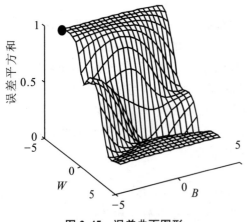

图 2.45　误差曲面图形

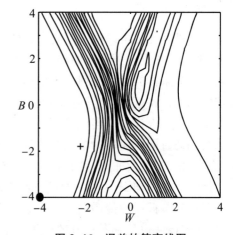

图 2.46　误差的等高线图

如图 2.47(b)所示。注意权值变化在误差等高线图中的走向,它是与等高线呈垂直的

角度穿越等高线向最小值逼近的。

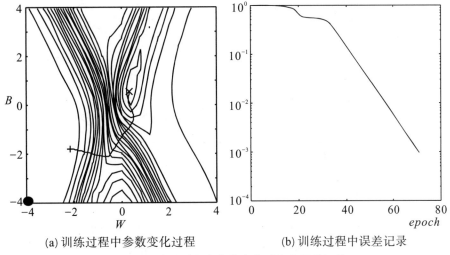

(a) 训练过程中参数变化过程　　　　　(b) 训练过程中误差记录

图 2.47　训练过程中参数变化过程和误差记录

2. 隐含层的神经元数

网络训练精度的提高,可以通过采用一个隐含层而增加其神经元数的方法来获得,这在结构实现上要比增加更多的隐含层要简单得多。那么究竟选取多少个隐含层节点才合适?这在理论上并没有一个明确的规定。在具体设计时,比较实际的做法是通过对不同神经元数进行训练对比,然后适当地加上一点余量。

为了对隐含层神经元数在网络设计时所起的作用有一个比较深入的理解,下面先给出一个有代表性的实例,然后从中得出几点结论。

【例 2.14】　用两层 BP 网络实现"异或"功能(bp5. m)。

这是一个很能说明问题的例子。我们已经知道,单层感知器不可能实现"异或"功能,即使网络实现如下的输入/输出的功能:

$$P=\begin{bmatrix} 0 & 0 & 1 & 1 \\ 0 & 1 & 0 & 1 \end{bmatrix}, \quad T=\begin{bmatrix} 0 & 1 & 1 & 0 \end{bmatrix}$$

很明显,希望在输入平面上用一条直线将目标矢量的四个点分成两部分是不可能的,但两条直线则可以解决问题。

当然,三条直线、四条直线均能解决此问题。另外我们知道,对于一个二元输入网络来说,神经元数即为分割线数。所以,采用 2、3 或 4 等数作为隐含层神经元数均能解决此问题,由此可以画出实现"异或"功能的四种可能的 BP 网络结构图,如图 2.48 所示。

图 2.48(a) 中,输出节点与隐含层节点数相同,显然该输出层是多余的,该网络也不能解决问题,因此需要增加隐含层的节点数。

更加极端的情况是多于 4 个隐含层的节点时会有什么结果? 在此例中,隐含层中神经元数为多少时最佳? 为了弄清这些问题,我们针对 $s1=2,3,4,5,6$ 以及为 20、25 和 30 时,对网络进行了设计。为了节省训练时间,选择误差目标为 err_goal=0.02,并通过网络训练时所需的循环次数和训练时间的情况来观察网络求解效果。各网络的训练结果如表 2.2 所示。

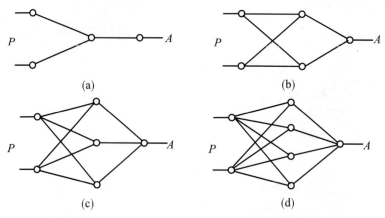

图 2.48　s1 分别为 1、2、3 和 4 时的求解"异或"功能的网络结构

表 2.2　s1=2,3,4,5,6,20,25 和 30 时的网络训练结果

s1	时间（秒）	循环次数
2	5.71	118
3	4.40	90
4	4.39	88
5	4.45	85
6	4.62	85
20	3.57	68
25	4.06	72
30	5.11	96

　　图 2.49 给出了表 2.2 所对应的训练误差的记录，从中可以看到其误差曲线下降的过程。撇开初始值的影响，误差在 s1 较少时显得比较平，且下降速度也慢，而随着 s1 的增大，下降速度增快。不过，由于隐含层节点数的增加，其初始误差值随之增加，这一点从图 2.49（b）中可以清楚地看出。

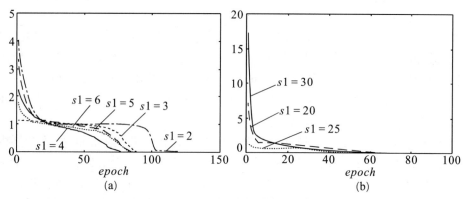

图 2.49　"异或"网络训练误差的记录

　　我们评价一个网络设计的好坏，首先是它的精度，再一个就是训练时间。时间包含两层

意义:一是循环次数,二是每一次循环中计算所花费的时间。

从表 2.2 和图 2.49 中可以看出下面几种情况:

① 神经元太少,网络不能很好地学习,需要训练的次数也多,训练精度也不高,如取 $s1=2$ 时,虽然能够解决问题,但为最糟糕的情况,因为很难达到较高的训练精度。

② 一般而言,网络隐含层神经元的个数 $s1$ 越多,功能越大。但神经元数太多,循环次数也就是训练时间随之增加,另外还会产生其他问题。实际上,在进行函数逼近时,$s1$ 过大,可能导致不协调的拟合。表 2.2 中,当取 $s1$ 大于 25 以后,网络解决问题的能力就开始出现下降。

③ 当 $s1=3,4,5$ 时,其输出精度相仿,而 $s1=3$ 时的训练次数最多。$s1$ 的增加能够加速误差的下降,不过从另一方面来看,随着 $s1$ 的增加,在每一次循环过程中所要进行的计算量也随着增加,所以所需要的训练时间并不一定也随之减少,这一点从 $s1=5$ 和 $s1=6$ 的情况中看得很清楚:两者循环次数相同,而后者比前者所用训练时间长。对于本题,可以说选 $s1=3,4,5$,直至 15 均可,当然以 $s1=5$ 和 6 时为最佳。由此可以看出,网络隐含层节点数的选择是有一个较广的范围的。不过从网络实现的角度上说,倾向于选择较少的节点数。一般地讲,网络 $s1$ 的选择原则是:在能够解决问题的前提下,再加上 1 到 2 个神经元以加快误差的下降速度即可。

3. 初始权值的选取

由于系统是非线性的,初始值对于学习是否达到局部最小、是否能够收敛以及训练时间的长短关系很大。如果初始权值太大,使得加权后的输入和 n 落在 S 型激活函数的饱和区,从而导致其导数 $f'(s)$ 非常小,而在计算权值修正公式中,因为 $\delta \propto f'(n)$,当 $f'(n) \to 0$ 时,则有 $\delta \to 0$。这使得 $\Delta w_{ij} \to 0$,从而使得调节过程几乎停顿下来。所以,一般总是希望经过初始加权后的每个神经元的输入值都接近于零,这样可以保证每个神经元的权值都能够在它们的 S 型激活函数变化最大之处进行调节。所以,一般取初始权值为 $(-1,1)$ 之间的随机数。另外,为了防止上述现象的发生,威德罗等人在分析了两层网络是如何对一个函数进行训练后,提出了一种选定初始权值的策略:选择权值的量级为 $\sqrt[s1]{s1}$,其中 $s1$ 为第一层神经元数目。利用他们的方法可以在较少的训练次数下得到满意的训练结果。在 MATLAB 工具箱中可采用函数 initnw. m 初始化隐含层权值 W1 和 B1。

【例 2.15】 较好的初始值时的训练效果的观察(bp6. m)。

以前面的例 2.10 为例,改用下列初始值:

net＝initnw(net,1);

在这个初始值函数下,获得的一组初始值为

W1＝[7; 7; −7; −7; 7];

B1＝[−7.0000; −3.5000; 0; −3.5000; 7.0000];

W2＝[−0.2698 −0.2135 0.1831 −0.7605 −0.9237];

B2＝[−0.0828];

重新训练网络后,相对于原先随机初始值时的 6801 次训练,仅用了 410 次,就达到了同样的目标误差。这比标准的反向传播法快了近 1 倍。

4. 学习速率

学习速率决定每一次循环训练中所产生的权值变化量。大的学习速率可能导致系统的不稳定；但小的学习速率导致较长的训练时间，可能收敛很慢，不过能保证网络的误差值不跳出误差表面的低谷而最终趋于最小误差值。所以在一般情况下，倾向于选取较小的学习速率以保证系统的稳定性。学习速率的选取范围为 0.01~0.8。

和初始权值的选取过程一样，在一个神经网络的设计过程中，网络要经过几个不同的学习速率的训练，通过观察每一次训练后的误差平方和 $\sum e^2$ 的下降速率来判断所选定的学习速率是否合适。如果 $\sum e^2$ 下降很快，则说明学习速率合适，若 $\sum e^2$ 出现振荡现象，则说明学习速率过大。对于每一个具体网络都存在一个合适的学习速率，但对于较复杂网络，在误差曲面的不同部位可能需要不同的学习速率。为了减少寻找学习速率的训练次数以及训练时间，比较合适的方法是采用变化的自适应学习速率，使网络的训练在不同的阶段自动设置不同大小的学习速率。这一方法将在后面讨论。

【例 2.16】 观察学习速率太大的影响（bp7.m）。

具有非线性激活函数的各层网络对大的学习速率很敏感。对于非线性网络，不像线性网络那样可以选择一个最优学习速率。层数越多，网络训练的学习速率只能越低。较大的学习速率极易产生振荡而使其很难达到期望的目标，有的甚至发散。为了演示使用太大学习速率的后果，我们仍然采用简单的例 2.11 的输入/目标输出来进行观察和对比。取学习速率为

$$\text{lr}=4;$$

再次训练网络并观察其训练的不同权值在误差等高线图中的轨迹，如图 2.50 所示。图 2.51 给出了学习速率的记录，图中纵轴表示学习速率，横轴为训练次数。从中可以看到，较大的学习速率在训练初始阶段并不成问题，且能够加速误差的减少，能比一般的训练学习速率产生更佳的误差减小率。但是随着训练的不断深入则出现了问题，由于学习速率过大，使网络每一次的修正值太大，从而导致在权值的修正过程中超出误差的最小值而永不收敛。

避免这一情况发生的办法就是减少学习速率。当然，经验在选取学习速率时是很有帮助的。再就是采用后面将要讲到的自适应学习速率，使网络根据不同的训练阶段自动调节其学习速率。

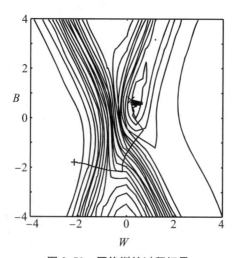

图 2.50　网络训练过程记录

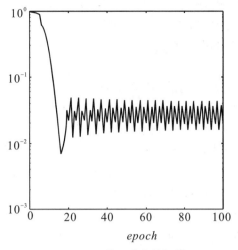

图 2.51　学习速率的记录

5. 期望误差的选取

在设计网络的训练过程中,期望误差值也应当通过对比训练后确定一个合适的值,这个所谓的"合适",是相对于所需要的隐含层的节点数来确定的,因为较小的期望误差值要靠增加隐含层的节点以及训练时间来获得。一般情况下,作为对比,可以同时对两个不同期望误差值的网络进行训练,最后通过综合因素的考虑来确定采用其中一个网络。

2.3.5　限制与不足

虽然反向传播法得到了广泛的应用,但它也存在自身的限制与不足,主要表现在它的训练过程的不确定上。具体说明如下:

(1) 需要较长的训练时间

对于一些复杂的问题,BP 算法可能要进行几小时甚至更长时间的训练。这主要是由于学习速率太小所造成的。可采用变化的学习速率或自适应的学习速率来加以改进。

(2) 完全不能训练

这主要表现在网络出现的麻痹现象上。在网络的训练过程中,如其权值调得过大,可能使得所有的或大部分神经元的加权总和 n 偏大,这使得激活函数的输入工作在 S 型转移函数的饱和区,从而导致其导数 $f'(n)$ 非常小,从而使得对网络权值的调节过程几乎停顿下来。通常为了避免这种现象的发生,一是选取较小的初始权值,二是采用较小的学习速率,但这又增加了训练时间。

(3) 局部极小值

BP 算法可以使网络权值收敛到一个解,但它并不能保证所求为误差超平面的全局最小解,很可能是一个局部极小解。这是因为 BP 算法采用的是梯度下降法,训练是从某一起始点沿误差函数的斜面逐渐达到误差的最小值。对于复杂的网络,其误差函数为多维空间的曲面,就像一个碗,其碗底是最小值点。但是这个碗的表面是凹凸不平的,因而在其训练过程中,可能陷入某一小谷区,而这一小谷区产生的是一个局部极小值,由此点向各方向变化均使误差增加,以致使训练无法逃出这一局部极小值。

如果对训练结果不满意的话,通常可采用多层网络和较多的神经元,这样有可能得到更好的结果。增加神经元和层数,同时也增加了网络的复杂性以及训练的时间,在特定的情况下可能是不明智的。可代替的办法是选用几组不同的初始条件对网络进行训练,从中挑选它们的最好结果。

【例 2.17】 误差的局部和全局最小值的观察。

非线性网络引进了线性网络所没有的复杂性。线性网络在其误差曲面上只有唯一的一个最小值,而非线性网络可能存在几个局部极小值。这些极小值是各不相同的,好比在同一个海拔上有几个深度不同的峡谷。理想的网络应当是具有最小误差的网络,即全局误差最小的网络。但所采用的基于梯度下降法的 BP 算法并不能保证做到这一点,网络有可能被陷入到误差曲面的一个较高的谷中,即局部极小值点。

这里沿用例 2.12 中的输入矢量和目标矢量来观察误差的局部与全局最小值的问题。其误差曲面以及误差的等高线图形如图 2.52 所示。从图中可看到这两个误差表面在图的中心有全局最小值,谷的两边均有局部极小值。这个情况在误差等高线上的右顶部和右底部能够清楚地找到。初始权值为:$W0=0.8951, B0=-0.5897$。等高线图形中的“+”表示初始权值时的误差值。用其开始训练网络,如图 2.53(a)轨迹中可以看到,网络沿着误差梯度直落到全局最小值。若全局最小值比期望误差值小,那么即可解决问题。图 2.53(b)给出了训练过程中的误差记录。

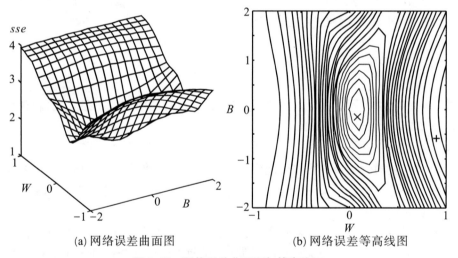

(a) 网络误差曲面图　　　　　(b) 网络误差等高线图

图 2.52　网络误差曲面图与等高线图

当网络选取不同的初始值,如 $W0=-0.0511, B0=-2.4462$,则导致不同的训练结果,如图 2.54 所示。此时,网络达不到全局最小值,而是落入了谷中的一个局部极小值。由于这个谷是很浅的,所以导致网络的学习减速,最终达到局部极小值。

我们如何来对待并解决局部极小值的问题?希望产生一个完全避免极小值的算法至今还没有可能。一个较现实的做法是,训练网络使其具有足够低的可接受的误差。这样,无论网络是否落入局部极小值,问题都得到了解决。可行方法之一就是采用比所需要的更强大的网络来解决问题。例如,增加较多的神经元层,较多的神经元数,这些都常常有助于达到期望的误差。另一个可用来跳出较浅的凹凸不平区域的局部极小值的技术是下面要介绍的附加动量法。

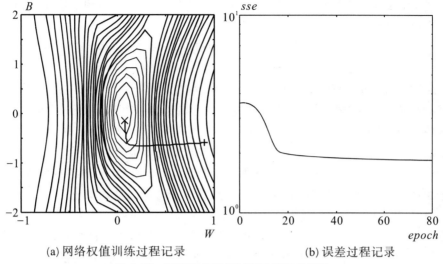

(a) 网络权值训练过程记录 (b) 误差过程记录

图 2.53 网络权值训练过程及其误差记录

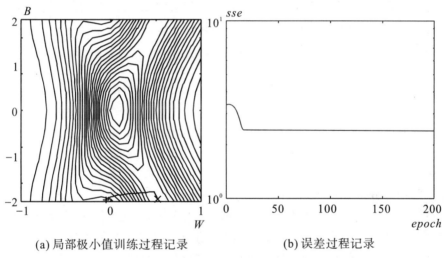

(a) 局部极小值训练过程记录 (b) 误差过程记录

图 2.54 网络权值变化过程及其误差记录

2.3.6 反向传播法的改进方法

由于在人工神经网络中,反向传播法占据了非常重要的地位,所以近十几年来,许多研究人员对其做了深入的研究,提出了很多改进的方法。主要目标是为了加快训练速度,避免陷入局部极小值和改善其他能力。本节只讨论前两种性能的改进方法。

1. 附加动量法

附加动量法使网络在修正其权值时,不仅考虑误差在梯度上的作用,而且考虑在误差曲面上变化趋势的影响,其作用如同一个低通滤波器,它允许网络忽略网络上的微小变化特性。在没有附加动量的作用下,网络可能陷入浅的局部极小值,利用附加动量的作用则有可能滑过这些极小值。

该方法是在反向传播法的基础上,在每一个权值的变化上加上一项正比于前次权值

变化量的值,并根据反向传播法来产生新的权值变化。带有附加动量因子的权值调节公式为

$$\begin{cases} \Delta w_{ij}(k+1) = (1-mc)\eta\delta_i p_j + mc\Delta w_{ij}(k) \\ \Delta b_i(k+1) = (1-mc)\eta\delta_i + mc\Delta b_i(k) \end{cases} \tag{2.26}$$

其中,k 为训练次数;mc 为动量因子,一般取 0.95 左右。

附加动量法的实质是将最后一次权值变化的影响通过一个动量因子来传递。当动量因子取值为零时,权值的变化根据梯度下降法产生;当动量因子取值为 1 时,新的权值变化则设置为最后一次权值的变化,而依梯度法产生的变化部分则被忽略掉了。以此方式,当增加了动量项后,促使权值的调节向着误差曲面底部的平均方向变化,当网络权值进入误差曲面底部的平坦区时,δ_i 将变得很小,于是,$\Delta w_{ij}(k+1) \approx \Delta w_{ij}(k)$,从而防止了 $\Delta w_{ij}=0$ 的出现,有助于使网络从误差曲面的局部极小值中跳出。

根据附加动量法的设计原则,当修正的权值在误差中导致太大的增长结果时,新的权值应被取消而不被采用,并使动量作用停止下来,以使网络不进入较大误差曲面;当新的误差变化率对其旧值超过一个事先设定的最大误差变化率时,也应取消所计算的权值变化。其最大误差变化率可以是任何大于或等于 1 的值,典型值取 1.04。所以在进行附加动量法的训练程序设计时,必须加入条件判断以正确使用其权值修正公式。

训练程序中对采用动量法的判断条件为

$$mc = \begin{cases} 0, & \text{当 } sse(k) > sse(k-1) \cdot 1.04 \\ 0.95, & \text{当 } sse(k) < sse(k-1) \\ mc, & \text{其他} \end{cases} \tag{2.27}$$

所有这些判断过程细节均包含在 MATLAB 工具箱的 traingdm.m 函数中,只要在调用 train.m 的算法项中选用"traingdm"即可,另外需要对动量因子赋值:

net.trainParam.mc=0.95;

如果不赋值,表示用函数的缺省值 0.9。其他值不用赋。

为了能够观察附加动量法的作用效果,我们特地选取了一层网络的训练作为例子,并且令其偏差固定不变。在训练过程中,通过绘出权值与输出误差的函数变化图形显示出每训练一次后网络输出误差的走向,以动态变化的形式形象地让读者感受到附加动量在网络训练过程中所产生的作用。另外,在训练过程中,还可以观察到任意初始值下的训练过程。在实际网络的设计过程中,除非网络比较简单,加上经验比较丰富,一般情况下是不直接采用网络的训练函数来训练网络的,因为训练函数只有在整个训练完成之后才给出结果。对于复杂网络,在其训练过程中,往往可能会由于一些参数选取不当,如学习速率可能太大等原因,而使得训练不合适,如果设置的训练次数较大,如几千次,在这种情况下,花了很长时间获得的训练结果很可能是无效的。较好的做法是写出训练过程,并在其中加上监视作图程序,这样可以使设计者在发现由于参数设计不当而进行无用训练时及时中止训练而进行调整与改进。

【例 2.18】 采用附加动量法的反向传播网络的训练。

下面是以例 2.12 数据为例编写出的带有附加动量的反向传播法以及具有上述观察效果的 MATLAB 程序。

%bp9.m

%

```
%初始化
P=[-6.0 -6.1 -4.1 -4.0 5.0 -5.1 6.0 6.1];
T=[0 0 0.97 0.99 0.01 0.03 1.0 1.0];
[R,Q]=size(P);[S,Q]=size(T);
disp('The bias B is fixed at 3.0 and will not learn')
Z1=menu('Intialize Weight with:',…          %作菜单
  'W0=[-0.9];B0=3;',…                        %按给定的初始值
  'Pick Values with Mouse/Arrow Keys',…      %用鼠标在图上任点初始值
  'Random Intial Condition [Defaut];')       %随机初始值(缺省情况)
disp('')
B0=3;
if Z1==1
    W0=[-0.9]
elseif Z1==3
    W0=rand(S,R);
end
%作权值-误差关系图并标注初始值
%作网络误差曲线图
error1=[];
net=newcf(minmax(P),[1],{'logsig'});         %创建非线性单层网络
net.b{1}=B0;
j=[-1:0.1:1];
for i=1:21
    net.iw{1,1}=j(i);
    y=sim(net,P);
    err=sumsqr(y-T);
    error1=[error1 err];
end
plot(j,error1)                               %网络误差曲线图
hold on
Z2=menu('Use momentium constant of:',…       %作菜单
    '0.0',…
    '0.95 [Default]');
if Z1==2
    [W0,dummy]=ginput(1);
end
disp('')
%训练网络
if Z2==1
    momentum=0;
```

```
else
    momentum=0.95;
end
ls=[];error=[];w=[];
max_epoch=500;err_goal=0.01;
lp.lr=0.05;lp.mc=momentum;                    %赋初值
err_ratio=1.04;
W=W0;B=B0;
A=logsig(W0*P+B0*ones(1,8));E=T−A;SSE=sumsqr(E);
for epoch=1:max_epoch
    if SSE<err_goal
        epoch=epoch−1;
        break;
    end
    D=A.*(1−A).*E;
    gW=D*P';
    dw=learngdm([],[],[],[],[],[],[],gW,[],[],lp,ls);          %权值的增量
    ls.dw=dw;                                 %赋学习状态中的权值增量
    TW=W+dw;                                  %变化后的权值
    TA=logsig(TW*P+B*ones(1,8));TE=T−TA;TSSE=sumsqr(TE);
                                              %求输出结果
    if TSSE>SSE*err_ratio                     %判断赋动量因子
        mc=0;
    elseif TSSE<SSE
        mc=momentum;
    end
    W=TW;A=TA;E=TE;SSE=TSSE;
    error=[error TSSE];                       %记录误差
    w=[w W];                                  %记录权值
end
plot(w,error,'or');                           %作误差随权值的变化图
hold off
disp('按任意键继续'),pause
figure(2)
plot(error)                                   %训练误差图
```

一维误差曲线图如图 2.55 所示。可以看到在误差曲线上有两个误差最小值，一个为局部极小值在左边，右边的为全局最小值。本例中的缺省初始值 $W0=−0.9$，并在图的左边以"○"表示。如果动量因子 mc 取为 0，网络则以纯梯度法进行训练，此举的结果如图 2.56 所示。其误差的变化趋势是以简单的方式"滚到"局部极小值的底部就再也停止不动了。图 2.57 给出了误差记录。

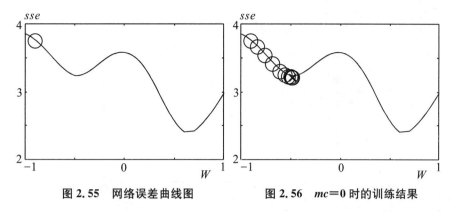

图 2.55　网络误差曲线图　　　　图 2.56　$mc=0$ 时的训练结果

当采用附加动量法后,网络的训练则可以自动地避免陷入这个局部极小值。这个结果如图 2.58 所示。网络的训练误差先落入局部极小值,在附加动量的作用下,继续向前产生一个正向斜率的运动,并跳出较浅的峰值,落入了全局最小值。然后,仍然在附加动量的作用下,达到一定的高度后(即产生了一个 $sse>sse*1.04$)自动返回,并像弹子滚动一样来回左右摆动,直至停留在最小值点上。

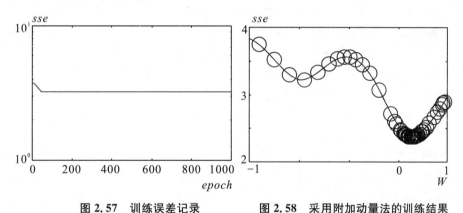

图 2.57　训练误差记录　　　　图 2.58　采用附加动量法的训练结果

可以执行上面的程序来观察带有附加动量法的网络训练的全过程,并可以任意选择初始权值来观察其训练结果。

通过观察可以发现,训练参数的选择对训练效果的影响是相当大的。如学习速率太大,将导致其误差值来回振荡;学习速率太小,则导致太小动量能量,从而使其只能跳出很浅的"坑",对于较大的"坑"或"谷"将无能为力。而从另一方面来看,其误差曲线(面)的形状与凹凸性是由问题本身决定的,所以每个问题都是不相同的,这必然对学习速率的选择带来困难。一般情况下只能采用不同的学习速率进行对比尝试(典型的值取为 0.05)。

通过观察带有附加动量法的网络训练的过程还使我们感到,对于这种训练必须给予足够的训练次数,以使其训练结果为最后稳定到最小值时的结果,而不是得到一个正好摆动到较大误差值时的网络权值,如图 2.59 所示。

此训练方法也存在缺点。它对训练的初始值有要求,必须使其值在误差曲线上的位置所处误差下降方向与误差最小值的运动方向一致。如果初始误差点的斜率下降方向与通向最小值的方向背道而驰,则附加动量法失效,训练结果将同样落入局部极小值而不能自拔。初始值选得太靠近局部极小值时也不行,所以建议多用几个初始值先粗略训练几次以找到

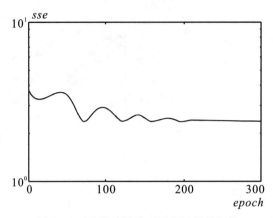

图 2.59 采用动量法时的训练误差记录

合适的初始位置。另外,学习速率太小也不行,例如对于本题,选择 $lr=0.01$,网络则没有足够的能量跳过低"谷"。

2. 自适应学习速率

对于一个特定的问题,要选择适当的学习速率不是一件容易的事情。通常是凭经验或实验获取,但即使这样,训练初期功效较好的学习速率,不见得对后来的训练也合适。为了解决这一问题,人们自然会想到使网络在训练过程中自动调整学习速率。通常调节学习速率的准则是:检查权值的修正值是否真正降低了误差函数,如果确实如此,则说明所选取的学习速率值小了,可以对其增加一个量;若不是这样,即产生了过调,那么就应该减小学习速率的值。与采用附加动量法时的判断条件相仿,当新误差超过旧误差一定的倍数时,学习速率将减少;否则其学习速率保持不变;当新误差小于旧误差时,学习速率将被增加。此方法可以保证网络总是以最大的可接受的学习速率进行训练。当一个较大的学习速率仍能够使网络稳定学习,使其误差继续下降时,则增加学习速率,使其以更大的学习速率进行学习。一旦学习速率调得过大,而不能保证误差继续减少,则减少学习速率直到使其学习过程稳定为止。下式给出了一种自适应学习速率的调整公式:

$$\eta(k+1)=\begin{cases}1.05\eta(k), & sse(k+1)<sse(k)\\0.7\eta(k), & sse(k+1)>1.04\cdot sse(k)\\\eta(k), & \text{其他}\end{cases} \quad (2.28)$$

初始学习速率 $\eta(0)$ 的选取范围可以有很大的随意性。

实践证明,采用自适应学习速率的网络训练次数只是固定学习速率网络训练次数的几十分之一,所以具有自适应学习速率的网络训练是极有效的训练方法。

【例 2.19】 采用自适应学习速率训练网络(bp10. m)。

用例 2.15 中提出的初始条件法能够产生比例 2.10 快得多的网络训练结果,说明采用较好的权值和偏差的初始值,能够加快训练速率。如果再加用自适应学习速率,则能够更进一步地减少训练时间。

MATLAB 工具箱中带有自适应学习速率进行反向传播训练的函数为 traingda. m,它的使用方法只要在调用 train. m 的算法项中选用"traingda"即可,此时函数的各缺省值为

net. trainParam. epochs=10;   %最大训练误差次数

net. trainParam. goal=0;   %误差目标

```
net. trainParam. lr＝0.01;                      %学习速率
net. trainParam. lr_inc＝1.05;                  %学习速率的递增乘因子
net. trainParam. lr_dec＝0.7;                   %学习速率的递减乘因子
net. trainParam. max_fail＝5;                   %最大无效次数
net. trainParam. max_perf_inc＝1.04;            %误差递增乘因子
net. trainParam. min_grad＝1e−10;               %最小梯度
net. trainParam. show＝25;                      %显示频率
net. trainParam. time＝inf;                     %最大训练时间
```

同其他训练函数的调用方法一样,这个训练过程函数的应用非常简单,整个网络的设计训练过程只需要以下几行程序:

```
net＝newff(minmax(P),[5,1],{'tansig','purelin'},'traingda');
net. trainParam. show＝50;
net. trainParam. lr＝0.05;
net. trainParam. lr_inc＝1.08;
net. trainParam. lr_dec＝0.6;
net. trainParam. epochs＝2000;
net. trainParam. goal＝9.5238e−004;   %sse=0.02

[net,tr]＝train(net,P,T);
plot(tr. lr);
figure(2)
plot(tr. perf);
```

使用如上程序,训练 483 次就达到了目标误差(误差平方和为 0.02,均方差为 0.00095),这个结果只是采用较好初始条件情况下的 3536 次训练的近七分之一,是固定学习速率为 0.01 时的 1/14(例 2.10 中的训练次数为 6801)。

可以将动量法和自适应学习速率结合起来以利用两方面的优点,这个技术已编入了函数 traingdx. m 中。这个函数的调用和其他函数一样,只是需要更多的初始参数而已:

```
net＝newff(minmax(P),[5,1],{'tansig','purelin'},'traingdx');
```

3. 弹性 BP 算法

BP 网络通常采用 S 型激活函数的隐含层。S 型函数常被称为"压扁"函数,它将一个无限的输入范围压缩到一个有限的输出范围,其特点是当输入很大时,斜率接近 0,这将导致算法中的梯度幅值很小,可能使得对网络权值的修正过程几乎停顿下来。

弹性 BP 算法只取偏导数的符号,而不考虑偏导数的幅值。偏导数的符号决定权值更新的方向,而权值变化的大小由一个独立的"更新值"确定。若在两次连续的迭代中,目标函数对某个权值的偏导数的符号不变号,则增大相应的"更新值"(如在前一次"更新值"的基础上乘 1.3);若变号,则减小相应的"更新值"(如在前一次"更新值"的基础上乘 0.5)。

在弹性 BP 算法中,当训练发生振荡时,权值的变化量将减小;当在几次迭代过程中权值均朝一个方向变化时,权值的变化量将增大。因此,一般来说,弹性 BP 算法的收敛速度要比前述几种方法快得多。而且算法并不复杂,也不需要消耗更多的内存。以上三种改进算法的存储量要求相差不大,各算法的收敛速度依次加快,其中弹性 BP 算法的收敛速度远快于前两者。大量实际应用已证明弹性 BP 算法非常有效。因此,在实际应用的网络训练中,当采用附加动量法乃至可变学习速率的 BP 算法都达不到训练要求时,可以采用弹性 BP 算法或下面将要介绍的基于数值优化的方法。

2.3.7 基于数值优化方法的网络训练算法

上一节介绍的几种基于一阶梯度的方法用于简单问题时往往可以很快地收敛到期望值,然而,当用于较复杂的实际问题时,除了弹性 BP 算法以外,其余算法在收敛速度上都存在着一定的问题。

BP 网络的训练实质上是一个非线性目标函数的优化问题,人们对非线性优化问题的研究已有数百年的历史,而且不少传统数值优化方法收敛速度也较快,因而人们自然想到采用基于数值优化方法的算法对 BP 网络的权值进行训练。与梯度下降法不同,基于数值优化的算法不仅利用了目标函数的一阶导数信息,往往还利用目标函数的二阶导数信息。这类算法包括拟牛顿法、Levenberg-Marquardt 法和共轭梯度法,它们可以统一描述为

$$f(X^{(k+1)}) = \min f(X^{(k)} + \eta^{(k)} S(X^{(k)})) \tag{2.29}$$
$$X^{(k+1)} = X^{(k)\eta} + \eta^{(k)} S(X^{(k)})$$

其中,$X^{(k)}$ 为网络所有的权值和偏置值组成的向量;$S(X^{(k)})$ 为由 X 的各分量组成的向量空间中的搜索方向;$\eta^{(k)}$ 为在 $S(X^{(k)})$ 的方向上,使 $f(X^{(k+1)})$ 达到极小的步长。这样,网络权值的寻优分为两步:首先确定当前迭代的最佳搜索方向 $S(X^{(k)})$,而后在此方向上寻求最优迭代步长。关于最优搜索步长 $\eta^{(k)}$ 的选取,是一个一维搜索(线搜索)问题。对这一问题有许多方法可供选择,如黄金分割法、二分法、多项式插值、回溯法等。以下所讨论的三种方法的区别正在于对最佳搜索方向 $S(X^{(k)})$ 的选择上有所不同。

1. 拟牛顿法

牛顿法是一种常见的快速优化方法,它利用了一阶和二阶导数信息,其基本形式是:第一次迭代的搜索方向确定为负梯度方向,即搜索方向 $S(X^{(0)}) = -\nabla f(X^{(0)})$,以后各次迭代的搜索方向由下式确定:

$$S(X^{(k)}) = -(H^{(k)})^{-1} \nabla f(X^{(k)}) \tag{2.30}$$

即

$$X^{(k+1)} = X^{(k)} - \eta^{(k)} S(X^{(k)}) = X^{(k)} - \eta^{(k)} (H^{(k)})^{-1} \nabla f(X^{(k)}) \tag{2.31}$$

其中,$H^{(k)}$ 为海森(Hessian)矩阵(二阶导数矩阵)。牛顿法的收敛速度比一阶梯度法快,不过由于神经网络中参数数目庞大,导致计算海森矩阵的复杂性增加。

因此,人们在牛顿法的基础上,提出了一类无需计算二阶导数矩阵及其求逆运算的方法。这类方法一般是利用梯度信息或一个近似矩阵去逼近 $H^{(k)}$,不同的构造 $H^{(k)}$ 的方法就产生了不同的拟牛顿法。显然,拟牛顿法是为了克服梯度下降法收敛慢以及牛顿法计算复杂而提出的一种算法。下面介绍两种比较典型的拟牛顿法:BFGS 拟牛顿法和正割拟牛顿法。

(1)BFGS 拟牛顿法

除了第一次迭代外,对应(2.30)、(2.31)两式,BFGS 拟牛顿法在每一次迭代中采用下式来逼近海森矩阵:

$$H^{(k)} = H^{(k-1)} + \frac{\nabla f(X^{(k-1)}) * \nabla f(X^{(k-1)})^T}{\nabla f(X^{(k-1)})^T * S(X^{(k-1)})} + \frac{dgX * dgX^T}{dgX^T * \eta^{(k-1)} S(X^{(k-1)})} \quad (2.32)$$

其中,$dgX = \nabla f(X^{(k)}) - \nabla f(X^{(k-1)})$。

BFGS 拟牛顿法在每次迭代中都要存储近似的海森矩阵,海森矩阵是一个 $n*n$ 的矩阵,n 是网络中所有的权值和偏置的总数,因此,当网络参数很多时,要求极大的存储量,计算也较为复杂。

(2) 正割拟牛顿法

正割拟牛顿法不需要存储完整的海森矩阵,除了第一次迭代外,以后各次迭代的搜索方向由下式确定:

$$S(X^{(k)}) = -\nabla f(X^{(k)}) + A_c * \eta^{(k-1)} S(X^{(k-1)}) + B_c * dgX \quad (2.33)$$

其中

$$dgX = \nabla f(X^{(k)}) - \nabla f(X^{(k-1)})$$

$$B_c = \frac{S(X^{(k-1)}) * \nabla f(X^{(k)})}{S(X^{(k-1)})^T * dgx}$$

$$A_c = -\left(1 + \frac{dgX^T * dgX}{S(X^{(k-1)})^T * dgX}\right) * B_c + \frac{dgX^T * \nabla f(X^{(k)})}{S(X^{(k-1)})^T * dgX}$$

相对于 BFGS 拟牛顿法,正割拟牛顿法减小了存储量与计算量。实际上,正割拟牛顿法是通常的需要近似计算海森矩阵的拟牛顿法与后面要介绍的共轭梯度法的一种折中,它的形式与共轭梯度法相似。

2. 共轭梯度法

鉴于梯度下降法收敛速度慢,而拟牛顿法计算较复杂,共轭梯度法力图避免两者的缺点。共轭梯度法的第一步是沿负梯度方向进行搜索,然后沿当前搜索方向的共轭方向进行搜索,可以迅速达到最优值。其过程描述如下:

第一次迭代的搜索方向确定为负梯度方向,即搜索方向 $S(X^{(0)}) = -\nabla f(X^{(0)})$,以后各次迭代的搜索方向由下式确定:

$$S(X^{(k)}) = -\nabla f(X^{(k)}) + \beta^{(k)} S(X^{(k-1)})$$
$$X^{(k)} = X^{(k)} + \eta^{(k)} S(X^{(k)}) \quad (2.34)$$

根据 $\beta^{(k)}$ 所取形式的不同,可构成不同的共轭梯度法。常用的两种形式是

$$\beta^{(k)} = \frac{g_k^T g_k}{g_{k-1}^T g_{k-1}} \quad \text{和} \quad \beta^{(k)} = \frac{\Delta g_{k-1}^T g_k}{g_{k-1}^T g_{k-1}} \quad (2.35)$$

其中,$g_k = \nabla f(X^{(k)})$。

通常,搜索方向 $S(X^{(k)})$ 在迭代过程中以一定的周期复位到负梯度方向,周期一般为 n(网络中所有的权值和偏差的总数)。

共轭梯度法比绝大多数常规的梯度下降法收敛都要快,而且只需增加很少的存储量及计算量,因而,对于权值很多的网络采用共轭梯度法不失为一个较好的选择。

3. Levenberg-Marquardt 法

Levenberg-Marquardt 法实际上是梯度下降法和牛顿法的结合。我们知道,梯度下降法在开始几步下降较快,但随着接近最优值,由于梯度趋于零,使得目标函数下降缓慢;而牛顿法可以在最优值附近产生一个理想的搜索方向。Levenberg-Marquardt 法的搜索方向定为

$$S(X^{(k)}) = -(H^{(k)} + \lambda^{(k)} I)^{-1} \nabla f(X^{(k)}) \quad (2.36)$$

令 $\eta^{(k)}=1$，则 $X^{(k+1)}=X^{(k)}+S(X^{(k)})$。

起始时，λ 取一个很大的数（如 10^4），此时相当于步长很小的梯度下降法；随着最优点的接近，λ 减小到零，则 $S(X^{(k)})$ 从负梯度方向转向牛顿法的方向。通常，当 $f(X^{(k+1)})<f(X^{(k)})$ 时，减小 λ（如 $\lambda^{(k+1)}=0.5\lambda^{(k)}$）；否则增大 λ（如 $\lambda^{(k+1)}=2\lambda^{(k)}$）。

从 (2.34) 式中可以注意到该方法仍然需要求海森矩阵。不过由于在训练 BP 网络时目标函数常常具有平方和的形式（这也是该算法最初所要解决的问题），则海森矩阵可通过雅可比（Jacobian）矩阵进行近似计算：$H=J^{\mathrm{T}}J$。雅可比矩阵包含网络误差对权值及偏置值的一阶导数，通过标准的反向传播技术计算雅可比矩阵要比计算海森矩阵容易得多。

Levenberg-Marquardt 法需要的存储量很大，因为雅可比矩阵使用一个 $Q*n$ 矩阵，Q 是训练样本的个数，n 是网络中所有的权值和偏差的总数目。为此，也产生了其他一些用以降低内存的 Levenberg-Marquardt 法。

Levenberg-Marquardt 的长处是在网络权值数目较少时收敛非常迅速。

综上所述，显然，Levenberg-Marquardt 法和拟牛顿法因为要近似计算海森矩阵，需要较大的存储量，不过通常这两类方法的收敛速度较快。其中，Levenberg-Marquardt 法结合了梯度下降法和牛顿法的优点，性能更加优良一些。共轭梯度法所需存储量较小，但收敛速度相对前两种方法慢。所以，考虑到网络参数的数目（即网络中所有的权值和偏差的总数目），在选择算法对网络进行训练时，可以遵照以下原则：

① 在网络参数很少时，可以使用牛顿法或 Levenberg-Marquardt 法。

② 在网络参数适中时，可以使用拟牛顿法。

③ 在网络参数很多，需要考虑到存储容量问题时，不妨选择共轭梯度法。

其实，对于不同的问题，很难比较算法的优劣。而对于特定问题，一种通常较好的方法有时却可能不易获得良好的训练效果，甚至可能出现难于收敛到预定目标的情况。因此，在解决实际问题时，应当尝试采用多种不同类型的训练算法，以期获得满意的结果。在大多数情况下，可以使用 Levenberg-Marquardt 法和拟牛顿法。此外，弹性 BP 算法也是一种简单有效的方法。

需要指出的是，本章述及的所有算法均存在局部极小问题，就经验而言，对大多数问题，Levenberg-Marquardt 法可以获得相对较好的结果，然而这一结论没有任何理论依据，所以对网络应当使用不同的初始值进行多次的训练。此外，当然还可以采用其他全局优化算法，如模拟退火法、遗传算法等，来解决局部极小问题。

2.3.8 数值实例对比

本节将对上述的所有算法的实际应用效果进行数值实验对比分析。虽然有些算法的实现较为复杂，但在计算机软件的辅助下已经不成问题，尤其在控制界常用的 MATLAB 6.1 的神经网络工具箱中，已有实现上述训练算法的函数，设计者只需进行适当的调用即可对网络进行训练。设计神经网络除了训练网络外，如何确定网络的输入/输出节点以及网络的训练结构图，也是能否正确应用网络的关键。所以本节首先讨论一下 BP 网络在建模应用中的结构确定问题，然后给出一个利用神经网络的非线性逼近的特性对一个非线性函数对象进行逼近的例子。

假定（被控）系统离散型非线性差分方程为

$$y_p(k+1) = f(y_p(k), \cdots, y_p(k-n+1), u(k), \cdots, u(k-m+1)) \tag{2.37}$$

即由非线性函数 f 所确定的系统,在 $k+1$ 时刻的输出取决于过去 n 个时刻的输出值以及过去 m 个时刻的输入值。

　　这里我们关心的是系统响应的动态部分,模型对系统干扰的表达式是隐含在其中的。那么对系统建模的一个直接的方法是通过选择与系统相同的输入/输出数据作为训练用样本,对神经网络进行训练,其目的是为了使网络的输入/输出能够与系统的输入/输出完全一致。若取网络的输出变量为 y_m,那么训练网络时的网络结构图应如图 2.60 所示。

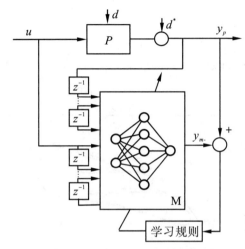

图 2.60　网络建模训练结构图

　　根据图 2.60 所示的网络建模训练图,可以写出网络输入与输出之间的关系式:

$$y_m(k+1) = \hat{f}(y_p(k), \cdots, y_p(k-n+1), u(k), \cdots, u(k-m+1)) \tag{2.38}$$

此处,$\hat{f}$ 代表网络的非线性输入/输出映照关系(即为函数 f 的逼近)。注意训练中的网络输入包括真实系统过去时刻的输出值(作为样本输入的一部分),不过此时网络没有反馈。

　　假定网络在经过适当的训练后,得到了满意的函数拟合(即获得 $y_m \approx y_p$),那么网络的训练则完成,并在网络以后的工作中,可以将网络自身的输出反馈回来作为网络输入的一部分,以这种方法使网络能够独立地使用,如图 2.61 所示。

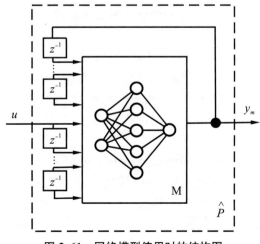

图 2.61　网络模型使用时的结构图

由图 2.61 可以得到网络模型的输入/输出关系式：

$$y_m(k+1)=\hat{f}(y_m(k),\cdots,y_m(k-n+1),u(k),\cdots,u(k-m+1)) \tag{2.39}$$

由于系统建模的需要,网络在结构上将其输出经过延时,处理作为网络输入的一部分,所以,控制系统中用于建模的网络可以被称为"带有反馈变量的前向网络",它与霍普菲尔德型的反馈网络是两种截然不同的网络。

【例 2.20】 构造非线性函数对象：

$$y(k)=\frac{y(k-1)}{1+y^2(k-1)}+u^3(k-1) \tag{2.40}$$

训练用输入信号取为

$$u(k)=0.2\sin(2\pi k/25)+0.3\sin(\pi k/15)+0.3\sin(\pi k/75) \tag{2.41}$$

将信号(2.41)作为非线性对象(2.40)的输入信号,取 k 从 0 到 200 的输入/输出作为训练样本,网络训练样本的输入/输出关系如图 2.62 所示。

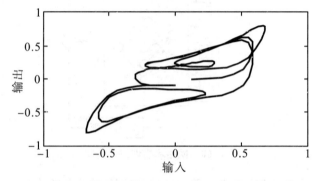

图 2.62　输入/输出关系曲线图

在 MATLAB 6.1 中,如果要一个网络完成某种功能,设计者可以通过调用函数 newff 实现网络的创建,然后再调用函数 train 对所建网络进行训练。

函数 newff 带有四个参数:对于一个输入节点数为 R 的网络,第一个参数是一个 $R*2$ 的矩阵,其中,第 i 行的两个元素依次为所有输入样本中对应于第 i 个输入的最小与最大值;第二个参数是一个给出各层神经元个数的数组;第三个参数是各层采用的激活函数的名称;第四个输入参数是所选用的网络训练算法的名称。newff 的返回值是一个经过初始化后的网络对象。本例中,用于对非线性函数的逼近的网络可创建如下：

$$p=[u;y_d]; \tag{2.42}$$
$$net=newff(minmax(p),[5,1],\{'tansig','purelin'\},'traingd');$$

在神经网络工具箱中,前述各种训练算法已经编制成 .m 文件,设计者只要在 newff 的第四个参数中选用希望采用的算法名称,就可调用函数 train 进行网络的训练。函数 train 有三个参数:第一个参数是由 newff 创建的网络名;第二个参数是输入矩阵;第三个参数是期望输出矩阵。

$$net=train(net,p,y); \tag{2.43}$$

在式(2.42)和式(2.43)中,u 为所有 200 个样本输入组成的行向量;y_d 为 200 个样本输出 y 经一阶延时组成的行向量。即网络的输入向量有两个,分别为 u 与 y_d,它们组成输入矩阵 p。网络的期望输出为 y(200 个样本输出组成的行向量)。minmax(p)意为取得输入向量的最小到最大的范围。[5,1]意为网络的第一层(即隐含层)包含有 5 个节点,第二层(即输出层)包含有 1 个节点。隐含层采用 tan-Sigmoid 函数;输出层采用线性函数 purelin。所选训练算法 traingd 为标准的梯度下降法。

作为对比,我们始终采用式(2.42)中的网络结构,而只改变最后的算法参数,采用式(2.43)对网络进行训练,以此来观察各种训练算法的收敛速度。

值得注意的是,开始训练之前,必须对网络的权值与偏差进行初始化。好在函数 newff 自动调用缺省值,这只是一种初始化方法。

我们把标准梯度下降法、附加动量的 BP 算法、学习速率可变的 BP 算法放在一起进行比较。训练中,以固定最大迭代次数 20000 为标准。网络的初始化采用 Nguyen 与 Widrow 提出的名为 initnw 的初始化函数,它可以使每一层神经元的激活区域大致均匀分布在输入空间。考虑到每次对网络的权值与偏置值的初始化结果不完全相同,因此对每种算法应进行多次训练。表 2.3 给出了三种算法收敛速度的比较,表中的数据均为五次训练的平均值。

表 2.3 三种算法收敛速度的比较

函数	算法描述	时间(秒)	均方误差
traingda	可变学习速率的 BP 算法	448.30	0.000265963
traingdm	附加动量的 BP 算法,动量因子 $mc=0.9$	457.75	0.00219000
traingd	标准梯度下降法(标准 BP 算法)	446.38	0.00383469

由表 2.3 可见,三种方法所用时间都在 400 秒以上,不过在误差的变化上,学习速率可变的 BP 算法的收敛速度明显比另两种快,它达到了 0.0001 的数量级。

鉴于弹性 BP 算法及基于数值优化的算法收敛速度很快,可用固定目标函数(均方误差) $mse=0.00001$ 来进行性能的对比实验,使各算法一直迭代到满足目标要求才停止。五次成功训练的平均值记录如表 2.4 所示,表中给出了 MATLAB 6.1 中所有的四种不同的共轭梯度法和两种不同的拟牛顿法的训练结果。

表 2.4 快速训练算法的收敛速度对比

函数	算法描述	时间(秒)	迭代次数
traincgf	Fletcher-Powell 共轭梯度法,其中 $\beta^{(k)}=\dfrac{g_k^T g_k}{g_{k-1}^T g_{k-1}}$	14.34	238
traincgp	Polak-Ribiere 共轭梯度法,其中 $\beta^{(k)}=\dfrac{\Delta g_{k-1}^T g_k}{g_{k-1}^T g_{k-1}}$	12.32	216
traincgb	Powell-Beale 共轭梯度法,当前梯度与前一梯度正交性很小时,将搜索方向复位到负梯度方向	10.11	167
trainscg	Scaled 共轭梯度法,一种无需进行线搜索的方法	11.76	263
trainbfg	BFGS 拟牛顿法	4.34	71
trainoss	One-Step-Secant,正割拟牛顿法	22.50	437
trainlm	Levenberg-Marquardt 法	0.77	7
trainrp	弹性 BP 算法	50.20	2239

对照以上两表可以看出,表 2.4 列出的八种算法比表 2.3 中的三种算法,无论在运算时间,还是在收敛精度上,都有着绝对的优势,两者不在同一个数量级上。由此可见,在标准梯度下降法基础上进行改进的算法,所取得的进步是很有限的。要想有数量级上的突破,必须转变思路。基于数值优化的方法就是一个极好的尝试。我们应当在今后的研究与应用中,采用这些现成的软件编制好的训练网络的算法,以提高网络设计的精度,灵活地应用于实际问题中。

2.3.9　本节小结

① 反向传播法可以用来训练具有可微激活函数的多层前向网络以进行函数逼近、模式分类等工作。

② 反向传播网络的结构不完全受所要解决的问题限制。网络的输入神经元数目及输出层神经元的数目是由问题的要求所决定的,而输入和输出层之间的隐含层数以及每层的神经元数是由设计者来决定的。

③ 已证明,两层 S 型/线性网络,如果 S 型层有足够的神经元,则能够训练出任意输入和输出之间的有理函数关系。

④ 反向传播法沿着误差表面的梯度下降,使网络误差最小,网络有可能陷入局部极小值。

⑤ 附加动量法使反向传播减少了网络在误差表面陷入低谷的可能性,并有助于减少训练时间。

⑥ 太大的学习速率导致学习的不稳定,太小又导致极长的训练时间。自适应学习速率在保证稳定训练的前提下,达到了合理的高速率,可以减少训练时间。

⑦ $80\%\sim90\%$ 的实际应用都是采用反向传播网络的,改进技术可以用来使反向传播法更加容易实现并需要更少的训练时间。

习　　题

【2.1】　设计感知器实现英文字母的识别。利用感知器的设计方法,设计、编写并实现英文 26 个字母的识别网络,实现训练和测试步骤。训练包括无噪声的理想字母识别网络和含有不同噪声的识别网络,使网络具有"理想＋噪声"的抗噪能力。在测试步骤中,分别测试在随机加噪声逐步增加的情况下,测试数据为 100 组的网络的平均误差,与理想样本值进行比较,得到不同噪声水平下的误差值,作图进行性能对比。

【2.2】　根据所学过的 BP 网络设计及改进方案设计实现模糊控制规则为 $T=\text{int}(\frac{e+ec}{2})$ 的模糊神经网络控制器。其中输入变量 e 和输出变量 ec 的变化范围分别是:$e=\{-2,2\}$,$ec=\{-2,2\}$。网络设计的目标误差 $e_{\min}=0.001$。试给出:

(1) 输入、输出矢量及问题的阐述。

(2) 网络结构。

(3) 学习方法(包括所采用的改进方法)。

(4) 初始化及必要的参数选取。

（5）最后的结果、循环次数及训练时间。其中着重讨论：

① 不同隐含层 S1 时的收敛速度与误差精度的对比分析；

② 在 S1 设置为较好的情况下，对固定学习速率 lr 取不同值时的训练时间，包括稳定性进行观察比较；

③ 采用自适应学习速率，与单一固定的学习速率 lr 中最好的情况进行对比；

④ 结论或体会。

（6）采用插值法选取多于训练时的输入，对所设计的网络进行验证，给出验证的 A 与 T 值。

【2.3】　利用 MATLAB 对下列具有突变的矢量进行编程以观察其对收敛速度的影响。

$$P=\begin{bmatrix} -0.5 & -0.5 & +0.3 & -0.1 & -80; \\ -0.5 & +0.5 & -0.5 & +1.0 & 100 \end{bmatrix};$$

$$T=\begin{bmatrix} 1 & 1 & 0 & 0 & 1 \end{bmatrix};$$

【2.4】　采用单层感知器的权值训练公式，通过固定隐含层的目标输出为线性可分矢量，设计一个两层感知器来解决"异或"问题，隐含层用两个神经元。

【2.5】　试用 MATLAB 编写对例 2.7 进行网络设计的程序，使期望误差和 err_goal＝0.001，并观察训练次数达到 50 次后的网络误差结果，判断是否适用于用自适应线性网络来解决此问题。

【2.6】　设计一个具有单元输入和单元输出的线性网络，注意观察其解的特性：

$$P=1,\quad T=0.5$$

【2.7】　用函数 trainbpx.m（附加动量法和自适应学习速率技术相结合）训练例 2.10，并与其他方法的训练结果相比较。

第 3 章　递归神经网络

人工神经网络以其自身的自组织、自适应和自学习的特点,被广泛应用于各个领域,在控制领域对非线性系统建模与控制的应用中也发挥着越来越大的作用。不过,一般采用的前向网络所建立的输入/输出之间的关系式往往是静态的,而实际应用中的被控对象通常都是时变的,因此,采用静态神经网络建模就不能准确地描述系统的动态性能。描述系统动态性能的神经网络应当具有可以反映系统动态特性和存储信息的能力。能够完成这些功能的网络要求网络中存在信息的延时,并具有延时信息的反馈。有别于前向网络,这类网络被人们称为递归神经网络或反馈神经网络。递归网络存储信息的特性正是来源于网络信号的反馈,信号递归使得网络在某时刻 k 的输出状态不仅与 k 时刻的输入状态有关,而且还与 k 时刻以前的信号有关,从而表现出网络系统的动态特性。

由于网络中存在着递归信号,网络的状态是随时间的变化而变化的,其运动轨迹必然存在着稳定性的问题,这就是递归网络与前向网络在网络性能分析上最大的区别之一。在使用递归网络时,必须对其稳定性进行专门的分析与讨论,合理选择网络的参数变化范围,才能确保递归网络的正常工作。本章从递归神经网络的各种不同结构的描述和分析入手,然后针对几种典型递归神经网络的特性、算法及其应用进行重点介绍,同时对其稳定性进行分析,最后介绍一种局部递归神经网络及其应用。

3.1　各种递归神经网络

在介绍不同递归神经网络的结构之前,作为与前向网络的对比和过渡,首先介绍一下由前向网络构成的非递归的单步延时动态神经网络结构。

非递归动态神经网络为一种前向网络。因为当网络为多层线性网络时,可以等效为单层线性网络,所以,最简单的非递归动态神经网络就是在单层自适应线性网络的基础上,在网络的输入端,除了输入矢量外,再加上一组单步延时线(TDL),它的作用是将输入信号经过一步(或多步)的时间延迟后,作为网络的输入信号,从而使网络具有了线性动态特性。具有 n 个输入节点和 r 个输出节点的单步延时线性动态网络的结构图如图 3.1 所示。

由于单位延时线的作用,使得网络输入状态变为

$$x_1(k)=x(k);$$
$$x_2(k)=x(k-1);$$
$$\vdots$$
$$x_n(k)=x(k-n+1);$$

其中，$k=1,2,\cdots,q$。

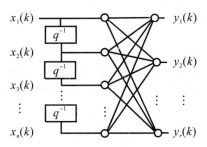

图 3.1　单步延时线性动态网络

整个网络的输入矢量 X 为

$$X=\begin{bmatrix} x(1) & x(2) & \cdots & x(q) \\ x(0) & x(1) & \cdots & x(q-1) \\ \vdots & \vdots & & \vdots \\ x(-n) & x(1-n) & \cdots & x(q-1-n) \end{bmatrix}$$

网络的输入/输出关系为

$$Y(k)=W\times X+B$$

即

$$y_i(k)=\sum_{j=1}^{n}w_{ij}x(k-j-1)+b_i,\quad i=1,2,\cdots,r$$

单步延时线性动态网络可以作为线性滤波器，训练线性滤波器参数的网络结构图如图 3.2 所示。

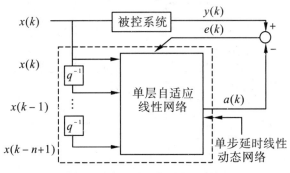

图 3.2　线性滤波器训练结构图

网络训练的目的是为了使误差 $e(k)=y(k)-a(k)$ 趋于 0，即使网络的输入/输出满足关系式：

$$y(k)\approx c_1 x(k)+c_2 x(k-1)+\cdots+c_{n-1}x(k-n+1) \tag{3.1}$$

有些国外的文献将式(3.1)所表示的网络称为有限脉冲响应神经网络(Finite Impulse Response Neural Networks,FIRNN)。单步延时线性动态网络除了可以作为线性滤波器使用之外，还可以用于线性建模、预测和去噪中。

3.1.1 全局反馈型递归神经网络

为了适应多种不同动态性能的要求,人们已经发展出几十种类型的递归神经网络结构。各种网络由于结构上的不同,必然导致输入/输出关系式的相异,因而表现出不同的动态变化性能。由于递归网络变化众多,给学习和掌握此类网络带来了一定的难度。本节的目的在于试图对递归网络进行归类和分析,在重点指出各自结构不同之处的基础上,点明各自的实际功能和用途,为掌握和应用递归网络打好基础。

1. ARX 网络和 NARX 网络

对于一般多层前向网络,将网络输出反馈到网络输入端,并加上单步延时因子 q^{-1},即可得到所谓的自反馈单步延时动态网络,如图 3.3 所示。相对于 ARX(自回归外变数,AutoRegressive with eXogeneous variable)模型,该类网络也被称为 ARX 网络。当多层前向网络的激活函数都是线性函数时,网络的输入/输出表达式为

$$y(k) = a_1 y(k-1) + a_2 y(k-2) + \cdots + a_{m-1} y(k-m+1)$$
$$+ b_1 x(k-1) + \cdots + b_{n-1} x(k-n+1)$$

而当使用 S 型非线性函数时,网络的输入/输出关系式变为

$$y(k) = f(y(k-1), y(k-2), \cdots, y(k-m+1), x(k-1), x(k-2), \cdots, x(k-n+1))$$

此时的网络被称为 NARX 网络。很显然,ARX 网络可以用于线性系统的建模,而 NARX 网络可用于非线性系统的建模。

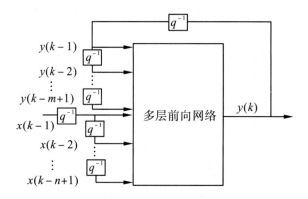

图 3.3 ARX 和 NARX 的网络结构

2. Hopfield 网络

Hopfield 网络是人们最熟悉的全反馈网络,在一般的意义下,可以说它在人们的心目中就是递归神经网络的典型代表。实际上,Hopfield 网络应当是最简单的全反馈网络,它只有一层网络,其激活函数为阈值函数,将 k 时刻的网络输出反馈到对应的网络输入端,并直接作为下一个时刻网络的输入,组成动态系统,所以网络具有相同的输入和输出节点。Hopfield 网络已经被广泛地应用于联想记忆和优化计算中。Hopfield 网络结构如图 3.4 所示。

图 3.4　Hopfield 网络结构图

3. 约旦网络

取 NARX 网络的特殊形式,令其为只含一个隐含层的 NARX 网络,该网络被称为约旦(Jordan)网络。这里,我们引入关联层的概念。需要注意的是,这个关联层是想象中的神经元层,它的结构图如图 3.5 所示。约旦网络适用于一阶系统的动态建模。

图 3.5　约旦网络

3.1.2　前向递归神经网络

1. 局部联结递归神经网络

此类网络的特点是:神经元的反馈仅作用在自身,不会作用到其他神经元上。常见局部递归网络的结构如图 3.6 所示。

图 3.6　局部联结递归神经网络

图 3.6 中只有一个隐含层,实际上根据需要,隐含层可以有多层。不论何种局部联结递归网络,从外部看,都符合这一结构形式,只是在反馈位置的细节上有所不同,使具体结构及

输入/输出关系式各有不同。一般而言，一个神经元由输入、激活、突触及输出等部分组成，所以在某一具体的局部联结递归网络中，常见的有四类反馈形式：激活反馈，突触反馈，输出反馈及其混合形式。对于图 3.6 所示只有一个隐含层的局部联结递归神经网络，当反馈权值为单位延时因子 q^{-1} 时，构成最简单的局部联结输出反馈型递归网络——对角型递归网络。图 3.7 给出了前三种反馈形式神经元的图形，图中只画出网络其中一层的详细内容，其中的反馈为权值矩阵，$H_i^{l-1}(q^{-1})$ 表示第 $l-1$ 层中第 i 个神经元的反馈矩阵，其形式为 q^{-1} 的多项式；$G^{l-1}(q^{-1})$ 的形式为含有 q^{-1} 多项式含零极点的线性函数。

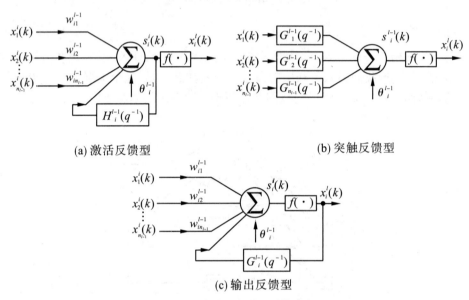

(a) 激活反馈型   (b) 突触反馈型

(c) 输出反馈型

图 3.7　典型局部联结递归网络

从图 3.7(a) 中可以看出，激活反馈是由激活函数的输入端反馈到加权输入和的节点处，它的输入/输出关系式为

$$x_i^l(k) = f(s_i^l(k))$$

$$s_i^l(k) = \sum_{j=1}^{n^{l-1}} w_{ij}^{l-1}(k) x_j^{l-1}(k) + \theta_i^{l-1} + H_i^{l-1}(q^{-1}) s_i^l(k)$$

$$H_i^{l-1}(q^{-1}) = \sum_{n_i=0}^{n_{Z_i}^{l-1}} b_{n_i}^{l-1} q^{-n_i}$$

此外，激活反馈网络又被称为 Frasconi-Bengio-Gori-Mori 网络。

突触反馈的特点是，神经元的输入来自前层各个神经元的输出，但用一类突触来代替原来前向网络的恒定权值。这样得到的输入/输出关系式为

$$x_i^l(k) = f(s_i^l(k))$$

$$s_i^l(k) = \sum_{j=1}^{n^{l-1}} G_{ij}^{l-1}(q^{-1}) x_j^{l-1}(k) + \theta_i^{l-1}$$

其中，突触的表达式为

$$G_{ij}^{l-1}(q^{-1}) = \frac{\sum_{n_{ij}=0}^{n_{Z_{ij}}^{l-1}} b_{n_{ij}}^{l-1} q^{-n_{ij}}}{\sum_{m_{ij}=0}^{m_{P_{ij}}^{l-1}} a_{m_{ij}}^{l-1} q^{-m_{ij}}} \tag{3.2}$$

这是一个含有零极点的线性传递函数。由上式得到,它有 $n_{Z_{ij}}^{l-1}$ 个零点,$m_{P_{ij}}^{l-1}$ 个极点(零极点的个数都不为 0)。当取 $m_{P_{ij}}^{l-1}=0$ 且 $n_{Z_{ij}}^{l-1}=0$ 时,就变成了多层感知器(Multilayer Perceptron,MLP)。当它只含有零点时,就变为时延神经网络(Time Delay Neural Networks,TDNN)。图 3.7(b)所示的突触反馈又被称为 BACK-TSOI 网络,它是一种无限脉冲响应神经网络(Infinite Impulse Response Neural Networks,IIRNN)。比较 IIRNN 和 FIRNN,可以发现两者的不同点在于神经元突触的传递函数不同。前者的传递函数具有极点和零点,而后者只具有零点。这就使前者结构上有反馈存在,形成递归的形式。

局部联结递归神经网络中的输出反馈,是从神经元的输出端将反馈引到自身非线性激活函数的输入端。此时,网络的输入/输出表达式为

$$x_i^l(k) = f(s_i^l(k))$$

$$s_i^l(k) = \sum_{j=1}^{n^{l-1}} w_{ij}^{l-1}(k) x_j^{l-1}(k) + \theta_i^{l-1} + G_i^{l-1}(q^{-1}) x_i^l(k)$$

这里,$G_i^{l-1}(q^{-1})$ 的表达式同式(3.2)。

特别地,当 $a_i^{l-1}(i=0,1,\cdots,m)$ 时,有

$$G_i^{l-1}(q^{-1}) = H_i^{l-1}(q^{-1}) = \sum_{n_i=0}^{n_{Z_i}^{l-1}} b_{n_i}^{l-1} q^{-n_i}$$

更简单的有 $G_i^{l-1}(q^{-1})=q^{-1}$,$G_i^{l-1}(q^{-1})$ 就变为单位延时线。

图 3.7(c)所示的反馈网络又被称为 Frasconi-Gori-Soda 网络。当取 $G_i^{l-1}(q^{-1}) = \sum_{n_i=0}^{n_{Z_i}^{l-1}} b_n^{l-1}\left(\frac{q^{-n_i}}{1-\mu q^{-n_i}}\right)$ 时,递归网络有更广义意义上的时延因子 $\frac{q^{-n}}{1-\mu q^{-n}}$,这种网络又被称为 De Vries-Principe 网络。

最简单的输出反馈型局部递归神经网络是只有一个隐含层的对角递归网络。此类网络结构中的单个递归神经元的联结形式如图 3.8(a)所示,图 3.8(b)为网络的结构图。

整个网络的输入/输出关系式为

$$x_i^1(k) = f(s_i^1(k))$$

$$s_i^1(k) = \sum_{j=1}^{n^0} w_{ij}^0 x_j^0(k) + \theta_i^0 + x_i^1(k-1)$$

$$y_i(k) = \sum_{j=1}^{n^1} w_{ij}^1 x_j^1(k) + \theta_i^1$$

为了分析问题的方便,常常把递归信号层称为关联层,在这里,关联层的输出 $c_i(k) = x_i^1(k-1)$。

同样是输出反馈型网络,其反馈不是落到激活函数之前,而是落到激活函数之后,便又得到一种新的递归网络,叫作自回归神经网络(Auto Regressive Neural Networks),结构如

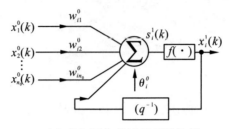

(a) 对角递归网络的神经元结构图

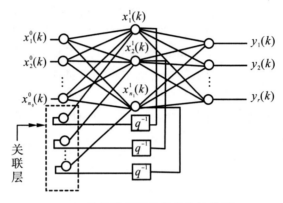

(b) 对角递归网络的总体结构图

图 3.8　对角递归网络

图 3.9 所示。该网络的输入/输出表达式是

$$x_i^l(k) = f(s_i^l(k)) + H_i^{l-1}(q^{-1})x_i^l(k)$$

$$s_i^l(k) = \sum_{j=1}^{n^{l-1}} w_{ij}^{l-1}(k)x_j^{l-1}(k) + \theta_i^{l-1}$$

该表达式又可变为

$$x_i^l(k) = G_i^{l-1}(q^{-1})f(s_i^l(k))$$

$$s_i^l(k) = \sum_{j=1}^{n^{l-1}} w_{ij}^{l-1}(k)x_j^{l-1}(k) + \theta_i^{l-1}$$

$$G_i^{l-1}(q^{-1}) = \cfrac{1}{1 - \sum_{n_i=0}^{n_{Z_i}^{l-1}} b_{n_i}^{l-1}q^{-n_i}}$$

由图 3.9(a)可以看出,这也是一种无限脉冲响应神经网络。图 3.9(b)所示的网络又被称为 Mozer-Leighton-Conrath 网络。

由这三种不同的局部联结递归神经网络,还可以相互组合,派生出多种其他类型的网络。图 3.10 所示混合形式的局部递归神经网络,其表达式为

$$x_i^l(k) = f(s_i^l(k))$$

$$s_i^l(k) = \sum_{j=1}^{n^{l-1}} s_{ij}^l(k) + \theta_i^{l-1}$$

$$s_{ij}^l(k) = w_{ij}^{l-1}x_j^{l-1}(k) + H_{ij}^{l-1}(q^{-1})s_{ij}^l(k)$$

$$H_{ij}^{l-1}(q^{-1}) = \sum_{n_{ij}=0}^{n_{Z_{ij}}^{l-1}} b_{n_{ij}}^{l-1} q^{-n_{ij}}$$

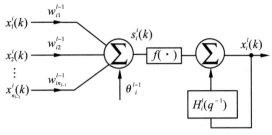

(a) 自回归神经网络

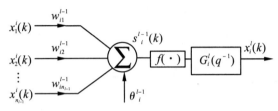

(b) 自回归神经网络的等价形式

图 3.9　另一种输出反馈型网络

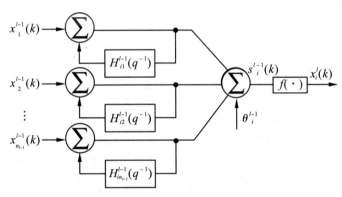

图 3.10　混合形式的局部递归神经网络

更一般的情况是三种网络的结合,如图 3.11 所示,其输入/输出表达式为

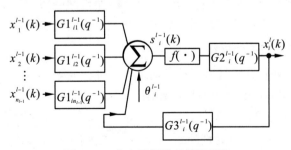

图 3.11　广义局部递归神经网络

$$x_i^l(k) = G2_i^{l-1}(q^{-1}) f(s_i^l(k))$$

$$s_i^l(k) = \sum_{j=1}^{n^{l-1}} G1_{ij}^{l-1}(q^{-1}) x_j^{l-1}(k) + \theta_i^{l-1} + G3_i^{l-1}(q^{-1}) x_j^l(k)$$

$$G1_{ij}^{l-1}(q^{-1}) = \frac{\displaystyle\sum_{n1_{ij}=0}^{n1_{Z_{ij}}^{l-1}} b1_{n1_{ij}}^{l-1} q^{-n1_{ij}}}{\displaystyle\sum_{m1_{ij}=0}^{m1_{P_{ij}}^{l-1}} a1_{m1_{ij}}^{l-1} q^{-m1_{ij}}}$$

$$G2_i^{l-1}(q^{-1}) = \frac{\displaystyle\sum_{n2_i=0}^{n2_{Z_i}^{l-1}} b2_{n2_i}^{l-1} q^{-n2_i}}{\displaystyle\sum_{m2_i=0}^{m2_{P_i}^{l-1}} a2_{m2_i}^{l-1} q^{-m2_i}}$$

$$G3_i^{l-1}(q^{-1}) = \frac{\displaystyle\sum_{n3_i=0}^{n3_{Z_i}^{l-1}} b3_{n3_i}^{l-1} q^{-n3_i}}{\displaystyle\sum_{m3_i=0}^{m3_{P_i}^{l-1}} a3_{m3_i}^{l-1} q^{-m3_i}}$$

当 $G2_i^{l-1}(q^{-1})$ 且 $G3_i^{l-1}(q^{-1}) = 0$ 时，它是局部突触递归网络。当 $G1_i^{l-1}(q^{-1}) = w_{ij}^{l-1}$ 时，它是输出反馈递归网络。当 $G2_i^{l-1}(q^{-1}) = 1$ 且 $G3_i^{l-1}(q^{-1}) = 0$ 时，对于 $G1_{ij}^{l-1}(q^{-1})$，有关系：

$$G_{1ij}^{l-1}(q^{-1}) = 0 \quad (i \neq j)$$

$$G_{ij}^{l-1}(q^{-1}) = \frac{1}{1 - \displaystyle\sum_{n_{ij}=0}^{n_{Z_{ij}}^{l-1}} b_{n_{ij}}^{l-1} q^{-n_{ij}}} \quad (i = j)$$

则它是激活反馈型局部递归网络。

以上各种网络，除去广义局部递归神经网络外，其他网络都属于局部激活反馈网络、局部突触反馈网络或局部输出反馈网络中的一种，或者进一步说，只是后两种网络中的一种。在前面我们已经分析了，局部激活反馈网络只是一类特殊的局部突触反馈网络。至于如何区别局部突触反馈网络及局部输出反馈网络，主要看反馈传递函数的位置。如果反馈开始的位置位于激活函数之前，则属于局部突触反馈网络，反之则属于局部输出反馈网络。

由于局部联结递归神经网络反馈形式的多样性，使得网络所表现出的输入/输出关系式有很大的不同，因而可以表达各种不同的需求以及完成不同的功能。

2. 全联结型前向递归神经网络

与局部递归网络不同，全联结递归神经网络本层神经元除了对自身有反馈之外，对本层其他神经元或者其他层的神经元也有反馈作用。

（1）Elman 网络

1990 年，Elman 为解决语音处理问题，提出了一类递归网络，称为 Elman 网络。它是在对角递归神经网络的基础上，在隐含层上的神经元对自身和同层的其他神经元都有相互的反馈作用。所以，在输入/输出关系式上，Elman 网络比普通对角递归网络多了一组关联权矩阵，其表示如下：

$$y_i(k) = \sum_{j=1}^{n^1} w_{ij}^1 f(\sum_{j=1}^{n^0} w_{ij}^0 x_j^0(k) + \theta_i^0 + \sum_{j=1}^{n^1} w_{ij}^2 c_i(k)) + \theta_i^1$$

其中，$c_j(k) = x_j^1(k-1)$。

另外，对 Elman 网络还可以进行改进。第一种是在关联层加上自身反馈，即

$$c_j(k) = x_j^1(k-1) - \alpha c_j(k-1)$$

另一种改进是关联层中的神经元不仅反馈到隐含层，而且同时反馈到输出节点上。此时，网络的输出为

$$y_i(k) = \sum_{j=1}^{n^1} w_{ij}^1 f(\sum_{j=1}^{n^0} w_{ij}^0 x_j^0(k) + \theta_j^0 + \sum_{j=1}^{n^1} w_{ij}^2 c_j(k)) + \theta_j^1 + \sum_{j=1}^{n^1} w_{ij}^3 c_j(k)$$

Elman 网络的另一种结构形式是在隐含层上的各个神经元对各自所对应的输入层神经元存在全联结反馈作用。与 Jordan 网络不同点在于，Elman 网络是在隐含层进行全联结反馈，而 Jordan 网络是在输出层进行全联结反馈。

（2）记忆递归神经网络

在记忆递归神经网络中，不仅有普通神经元（Normal Neuron，NN），还有特殊的记忆神经元（Memory Neuron，MN），而且它还可以同时存储网络中两种神经元过去时刻的所有信息。网络结构图如图 3.12 所示。

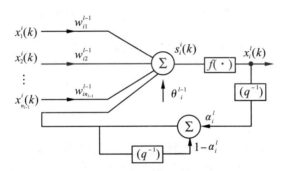

图 3.12　记忆递归神经网络

对于一般的网络神经元，有输入/输出关系式

$$x_i^l(k) = f(s_i^l(k))$$

$$s_i^l(k) = \sum_{j=1}^{n^{l-1}} w_{ij}^{l-1}(k) x_j^{l-1}(k) + \theta_i^{l-1} + k_i^{l-1} z_i^{l-1}(k)$$

对于记忆神经元，则有表达式

$$z_i^{l-1}(k) = (1-\alpha_i^{l-1}) z_i^{l-1}(k-1) + \alpha_i^{l-1} x_i^l(k-1)$$

该网络又称为 Poddar-Unnikrishnan 网络。它实际上是图 3.7(c) 所示的局部联结输出反馈型网络的一个特例，其中

$$z_i^{l-1}(k) = G_i^{l-1}(q^{-1}) x_i^l(k)$$

$$G_i^{l-1}(q^{-1}) = \frac{\alpha_i^{l-1} q^{-1}}{1-(1-\alpha_i^{l-1}) q^{-1}}$$

将其扩展，就可以得到广义意义上的记忆递归神经网络。网络结构如图 3.13 所示。网络隐含层的输入/输出关系式为

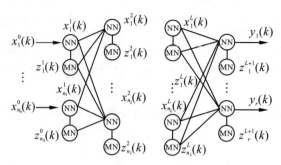

图 3.13 广义记忆递归神经网络

NN: $x_i^l(k) = f1(s_i^l(k))$

$$s_i^l(k) = \sum_{j=1}^{n^{l-1}} w_{ij}^{l-1}(k) x_j^{l-1}(k) + \theta_i^{l-1} + \sum_{j=1}^{n^{l-1}} k_{ij}^{l-1} z_j^{l-1}(k)$$

MN: $z_i^{l-1}(k) = (1-\alpha_i^{l-1}) z_i^{l-1}(k-1) + \alpha_i^{l-1} x_i^l(k-1)$

它的输出层关系式为

NN: $y_i(k) = f2(s_i^{L+1}(k))$

$$s_i^{L+1}(k) = \sum_{j=1}^{n^L} w_{ij}^L(k) x_j^L(k) + \theta_i^L + \sum_{j=1}^{n^L} k_{ij}^L z_j^L(k) + \beta_i^{L+1} z_j^{L+1}(k)$$

MN: $z_i^L(k) = (1-\alpha_i^L) z_i^L(k-1) + \alpha_i^L y_i(k-1)$

从其结构可以看出,记忆递归神经网络实际上就是在多层前向网络中引入记忆神经元。与 Elman 网络相比,记忆递归神经网络中神经元的递归位于记忆神经元和普通神经元中,而 Elman 网络则仅位于普通神经元中。

(3) 交叉联结型神经网络

与一般网络不同,交叉联结型神经网络在其相邻的网络隐含层的神经元之间,存在着正向和反向的输入,它们是交叉联结的,其网络结构如图 3.14 所示。其输入/输出表达式,对于 $l \in [1, L-1]$,有:

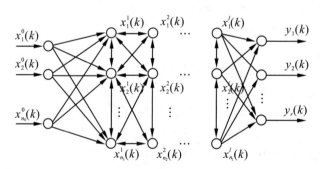

图 3.14 交叉联结型神经网络

$$x_i^l(k) = f(s_i^l(k))$$

$$s_i^l(k) = \sum_{j=1}^{n^{l-1}} w_{ij}^{l-1}(k) x_j^{l-1}(k) + \sum_{j=1,j\neq i}^{n^l} w_{ij}^l(k) x_j^l(k) + \sum_{j=1}^{n^{l+1}} w_{ij}^{l+1}(k) x_j^{l+1}(k) + \theta_i^{l-1}$$

当 $l=L$ 时,有

$$x_i^L(k) = f(s_i^L(k))$$

$$s_i^L(k) = \sum_{j=1}^{n^{L-1}} w_{ij}^{L-1}(k) x_j^{L-1}(k) + \sum_{j=1, j \neq i}^{n^L} w_{ij}^L(k) x_j^L(k) + \theta_i^{l-1}$$

当 $l = L+1$ 时，即输出层，有

$$y_i(k) = f(s_i^{L+1}(k))$$

$$s_i^{L+1}(k) = \sum_{j=1}^{r} w_{ij}^{L+1}(k) x_j^L(k) + \theta_i^l$$

这里值得注意的是，各个隐含层的神经元对自身没有反馈。与前面的网络相比，交叉联结型神经网络中隐含层的神经元可以同时存储当前层、前一层及后一层共三个层的信息，而前面的网络只能存储两个层的信息。相对来说，交叉联结型神经网络存储信息的能力是最强的。

由此可以看出，全联结型递归神经网络与局部联结型递归网络不同，其神经元接收到一个或多个神经元的反馈。此类网络可以分为两种：一种是在局部联结型递归网络每一个隐含层单个神经元有自反馈的基础上，同层内的神经元又有两两的相互反馈；另一种是在两层或多层间有反馈。

3.1.3　混合型网络

将全局反馈递归网络和全局前向递归网络结合，我们可以得到一种混合型的网络。这里只举一类简单的混合型网络，它是由 Jordan 网络和标准 Elman 网络混合而成的，其结构如图 3.15 所示。目前对此类递归网络的研究还不多。

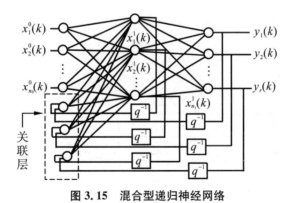

图 3.15　混合型递归神经网络

3.1.4　本节小结

本节对各类递归神经网络进行了综述。下面我们对几类网络做一个比较，看一下各种网络的优缺点。为讨论方便起见，我们选取几种最简单的网络：BP 网络，对角递归网络和 Elman 网络，它们的结构如图 3.16 所示。

BP 网络的输入/输出表达式为

$$y(k) = f1(x(k))$$

对角递归网络的输入/输出表达式为

$$y(k)=f2(y(k-1),y(k-2),\cdots,y(k-m+1),x(k-1),x(k-2),\cdots,x(k-n+1))$$

Elman 网络的输入/输出表达式为

$$y(k)=f3(y(k-1),y(k-2),\cdots,y(k-m+1),x(k-1),x(k-2),\cdots,x(k-n+1))$$

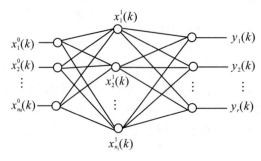

(a) BP网络

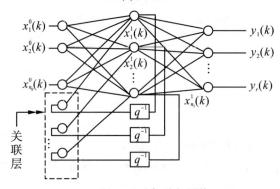

(b) 对角递归网络

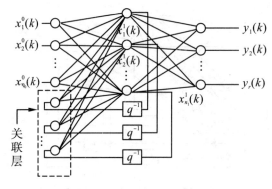

(c) Elman网络

图 3.16　三种简单的网络

　　显然,BP 网络是静态网络,而对角递归网络和 Elman 网络都是动态网络。它们所需的权值参数,对于 BP 网络为

$$W1=(n_0+r)n_1$$

对于对角递归网络为

$$W2=(n_0+r+1)n_1$$

对于 Elman 网络为

$$W3=(n_0+r+n_1)n_1$$

可以看出,BP 网络的参数最少,对角递归网络次之,Elman 网络最多。所以从结构上来说,Elman 网络是最复杂的。

通过这几种简单网络的比较,我们再来系统地分析一下局部联结型递归神经网络和全联结型递归神经网络之间的区别。

两者最本质的区别在网络结构的复杂程度上。正因为如此,一方面,由于全联结型递归神经网络内的参数过多,使得此类网络有以下缺点:① 网络不够稳定,网络的输出在有限的输入下可能趋向于发散;② 收敛时间过长,它可能要很长时间进行学习,输出才能达到稳定值,在处理非线性系统的在线辨识和控制问题时,此类网络就不能很好地完成任务了;③ 在学习过程中,会随机出现很多毛刺,影响系统的学习。对于这些问题,局部联结型递归神经网络就要好很多。

另一方面,也正是由于全联结型递归神经网络内的参数众多,它可以存储更多的历史数据,还可以用来辨识和控制更为复杂的非线性动态系统。

在本节中,针对非线性动态系统,先提出了几种非递归动态网络,而后引出递归动态网络,对此类网络做了系统而又详尽的描述。将递归动态网络分为三大类:全局反馈递归网络,全局前向递归网络和混合型递归网络,每类网络又分几种网络。每种网络都给出了结构图和表达式。还对多种网络进行了比较,分析各种网络的异同点,有助于进一步把握各种网络的特性。总结本节所给出的递归神经网络,可以归纳成图 3.17 所示。

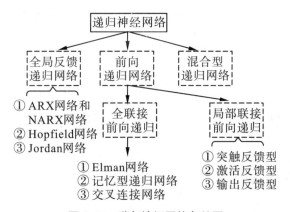

图 3.17　递归神经网络归纳图

3.2　全局反馈递归网络

反馈网络(Recurrent Network),又称全局反馈递归网络,其目的是为了设计一组网络储存平衡点,使得当给网络一组初始值时,网络通过自主运行后最终收敛到所储存的某个平衡点上。

1982 年,美国加州工学院物理学家霍普菲尔德(J. Hopfield)发表了一篇对人工神经网络研究颇有影响的论文。他提出了一种具有相互联结的反馈型人工神经网络模型,并将"能量函数"的概念引入到对称霍普菲尔德网络的研究中,给出了网络的稳定性判据,并用来求解约束优化问题,如 TSP 的求解,实现 A/D 转换等。他利用多元霍普菲尔德网络的多吸引子及其吸引域,实现了信息的联想记忆(associative memory)功能。另外,霍普菲尔德网络与电子模拟线路之间存在着明显的对应关系,使得该网络易于理解且便于实现。而它所执行的运算在本质上不同于布尔代数运算,对新一代电子神经计算机具有很大的吸引力。

反馈网络能够表现出非线性动力学系统的动态特性。它所具有的主要特性为以下两点:第一,网络系统具有若干个稳定的平衡状态,当网络系统从某一初始状态开始运动时,网络系统总可以收敛到某一个稳定的平衡状态;第二,系统稳定的平衡状态可以通过设计网络的权值而被存贮到网络中。

如果将反馈网络稳定的平衡状态看作一种记忆,那么网络由任一初始状态向稳态的转化过程,实质上是一种寻找记忆的过程。网络所具有的稳定平衡点是实现联想记忆的基础。所以对反馈网络的设计和应用必须建立在对其系统所具有的动力学特性理解的基础上,这其中包括网络的稳定性,稳定的平衡状态,以及判定其稳定的能量函数等基本概念。在前面的章节里,主要介绍了前向网络,通过许多具有简单处理能力的神经元的相互组合作用,使整个网络具有复杂的非线性逼近能力。在那里,着重分析的是网络的学习规则和训练过程,并研究如何提高网络整体非线性处理能力。在本章中,所讨论的反馈网络,主要是通过网络神经元状态的变迁而最终稳定于平衡状态,得到联想存储或优化计算的结果。在这里,着重关心的是网络的稳定性问题,研究的重点是怎样得到和利用稳定的反馈网络。

霍普菲尔德网络是单层对称全反馈网络,根据其激活函数选取的不同,可分为离散型霍普菲尔德网络(Discrete Hopfield Neural Network,DHNN)和连续型霍普菲尔德网络(Continuous Hopfield Neural Network,CHNN)。DHNN 的激活函数为二值型,其输入、输出为{0,1}的反馈网络,主要用于联想记忆;CHNN 的激活函数的输入与输出之间的关系为连续可微的单调上升函数,主要用于优化计算。

霍普菲尔德网络已经成功地应用于多种场合,现在仍常有新的应用的报道。具体的应用方向主要集中在图像处理、语音处理、信号处理、数据查询、容错计算、模式分类、模式识别等方面。

3.2.1　霍普菲尔德网络模型

霍普菲尔德网络的网络结构如图 3.18 所示。

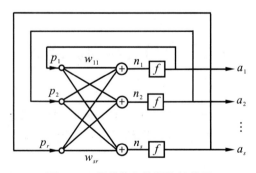

图 3.18　霍普菲尔德网络结构图

该网络为单层全反馈网络,其中的每个神经元的输出都是与其他神经元的输入相连的。所以其输入数目与输出层神经元的数目是相等的,有 $r=s$。

在霍普菲尔德网络中,如果其激活函数 $f(\cdot)$ 是一个二值型的硬函数,如图3.19所示,即 $a_i = \mathrm{sgn}(n_i)$, $i = 1, 2, \cdots, r$ 则称此网络为离散型霍普菲尔德网络(DHNN);如果 $a_i = f(n_i)$ 中的 $f(\cdot)$ 为一个连续单调上升的有界函数,则这类网络被称为连续型霍普菲尔德网络(CHNN),如图 3.20 所示为一个具有饱和线性激活函数,它满足连续单调上升的有界函数的条件,常作为连续型的激活函数。

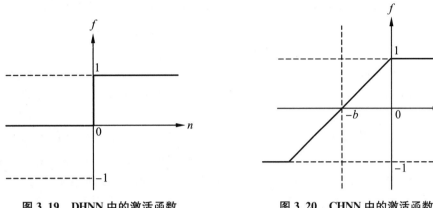

图 3.19　DHNN 中的激活函数　　　　　　图 3.20　CHNN 中的激活函数

3.2.2　状态轨迹

对于一个由 r 个神经元组成的反馈网络,若将加权输入和 n 视作网络的状态,则状态矢量 $N = (n_1, n_2, \cdots, n_r)^\mathrm{T}$,网络的输出矢量为 $A = (a_1, a_2, \cdots, a_s)^\mathrm{T}$。在某一时刻 t,分别用 $N(t)$ 和 $A(t)$ 来表示各自的矢量。在下一时刻 $t+1$,可得到 $N(t+1)$,而 $N(t+1)$ 又引起 $A(t+1)$ 的变化,这种反馈演化的过程,使状态矢量 $N(t)$ 随时间发生变化。在一个 r 维状态空间上,可以用一条轨迹来描述状态变化情况。从初始值 $N(t_0)$ 出发,$N(t_0 + \Delta t) \to N(t_0 + 2\Delta t) \to \cdots \to N(t_0 + m\Delta t)$,这些空间上的点组成的确定轨迹,是演化过程中所有可能状态的集合,我们称这个状态空间为相空间。图 3.21 描述了一个三维相空间上三条不同的轨迹,对于 DHNN,因为 $N(t)$ 中每个值只可能为 ± 1 或 $\{0, 1\}$,对于确定的权值 w_{ij},其轨迹是跳跃的阶梯式,如图中轨迹 A 所示;对于 CHNN,因为 $f(\cdot)$ 是连续的,因而其轨迹也是连续的,如图中轨迹 B、C 所示。

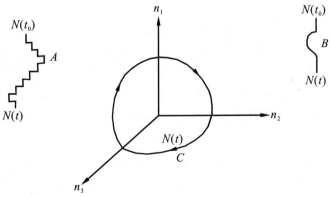

图 3.21　三维空间中的状态轨迹

对于不同的连接权值 w_{ij} 和输入 $P_j(i,j=1,2,\cdots,r)$，反馈网络状态轨迹可能出现以下几种情况：

1. 状态轨迹为稳定点

状态轨迹从系统在 t_0 时状态的初值 $N(t_0)$ 开始，经过一定的时间 $t(t>0)$ 后，到达 $N(t_0+t)$。如果 $N(t_0+t+\Delta t)=N(t_0+t)$，$\Delta t>0$，则状态 $N(t_0+t)$ 称为网络的稳定点或平衡点。由于 $N(t_0+t)$ 不再变化，对于 $P(t_0+t)$ 也达到了稳定值。即反馈网络从任一初始态 $P(0)$ 开始运动，若存在某一有限时刻 t，从 t 以后的网络状态不再发生变化：$P(t+\Delta t)=P(t)$，$\Delta t>0$，则称该网络是稳定的。处于稳定时的网络状态叫作稳定状态，又称为定点吸引子。

对于非线性系统来说，不同的初始值 $N(t_0)$，可能有不同的轨迹，到达不同的稳定点，这些稳定点，也可以认为是人工神经网络的解。在一个反馈网络中，存在很多稳定点，根据不同情况，这些稳定点可以分为：

① 渐近稳定点。如果在稳定点 N_e 周围的 $N(\sigma)$ 区域内，从任一个初始状态 $N(t_0)$ 出发的每个运动，当 $t\to\infty$ 时都收敛于 N_e，则称 N_e 为渐近稳定点。此时，不仅存在一个稳定点 N_e，而且存在一个稳定域。有时称此稳定点为吸引子，其对应的稳定域为吸引域。

② 不稳定平衡点。在某些特定的轨迹演化过程中，网络能够到达稳定点 N_{en}，但对于其他方向上的任意一个小的区域 $N(\sigma)$，不管 $N(\sigma)$ 取多么小，其轨迹在时间 t 以后总是偏离 N_{en}，则称 N_{en} 为不稳定平衡点。

③ 网络的解。如果网络最后稳定到设计人员期望的稳定点，且该稳定点又是渐近稳定点，那么这个点称为网络的解。

④ 网络的伪稳定点。网络最终稳定到一个渐近稳定点上，但这个稳定点不是网络设计所要求的解，这个稳定点称为伪稳定点。

在一个非线性的反馈网络中，存在着这些不同类型的稳定点，而网络设计的目的是希望网络最终收敛到所要求的稳定点上，并且还要有一定的稳定域。

2. 状态轨迹为极限环

如果在某些参数的情况下，状态 $N(t)$ 的轨迹是一个圆或一个环，状态 $N(t)$ 沿着圆（或环）重复旋转，永不停止，此时的输出 $A(t)$ 也出现周期变化，即出现振荡，如图 3.15 中 C 轨迹即是极限环出现的情形。对于 DHNN，轨迹变化可能在两种状态下来回跳动，其极限环为 2。如果在 r 种状态下循环变化，称其极限环为 r。

3. 混沌现象

如果状态 $N(t)$ 的轨迹在某个确定的范围内运动，但既不重复，又不能停下来，状态变化为无穷多个，而轨迹也不能发散到无穷远，这种现象称为混沌（chaos）。在出现混沌的情况下，系统输出变化为无穷多个，并且随时间推移不能趋向稳定，但又不发散。这种现象越来越引起人们的重视，因为在脑电波的测试中已发现这种现象，而在真正的神经网络中存在这种现象，也应在人工神经网络中加以考虑。

4. 状态轨迹发散

如果状态 $N(t)$ 的轨迹随时间一直延伸到无穷远，此时状态发散，系统的输出也发散。在人工神经网络中，由于输入、输出激活函数是一个有界函数，虽然状态 $N(t)$ 是发散的，但其输出 $A(t)$ 还是稳定的，而 $A(t)$ 的稳定反过来又限制了状态的发散。一般非线性人工神经网络中是不会发生发散现象的,除非神经元的输入/输出激活函数是线性的。

对于一个由 r 个神经元组成的反馈系统,它的行为就是由这些状态轨迹的情况来决定的。目前的人工神经网络是利用第一种情况即稳定的专门轨迹来解决某些问题的。如果把系统的稳定点视做一个记忆的话,那么从初始状态朝这个稳定点移动的过程就是寻找该记忆的过程。状态的初始值可以认为是给定的有关该记忆的部分信息,状态 $N(t)$ 移动的过程,是从部分信息去寻找全部信息,这就是联想记忆的过程。如果把系统的稳定点考虑为一个能量函数的极小点,在状态空间中,从初始状态 $N(t_0)=N(t_0+t)$ 最后到达 N^*。若 N^* 为稳定点,则可以看作是 N^* 把 $N(t_0)$ 吸引了过去,在 $N(t_0)$ 时能量比较大,而吸引到 N^* 时能量已为极小了。根据这个道理,可以把这个能量的极小点作为一个优化目标函数的极小点,把状态变化的过程看成是优化某一个目标函数的过程。因此反馈网络的状态移动的过程实际上是一种寻找联想记忆或设计优化计算的过程。它的解并不需要真的去计算,只需要去选择一类反馈神经网络,适当地讨论其权重值 w_{ij},使其初始输入 $A(t_0)$ 向稳定吸引子状态移动就可以达到这个目的。

霍普菲尔德网络是利用稳定吸引子来对信息进行储存的,利用从初始状态到稳定状态中吸引子的运行过程来实现对信息的联想存取。通过对神经元之间的权和阀值的设计,要求单层的反馈网络达到下列目标:

(1) 网络系统能够达到稳定收敛

研究系统在什么条件下不会出现振荡和混沌现象。

(2) 网络的稳定点

一个非线性网络能够有很多个稳定点,对权值的设计,要求其中的某些稳定点是所要求的解。对于用做联想记忆的反馈型网络,希望稳定点就是一个记忆,那么记忆容量就与稳定点的数量有关,希望记忆的容量越大,那么稳定点的数目也越大,但稳定点数目的增加可能会引起吸引域的减小,从而使联想功能减弱。对于用做优化的反馈网络,由于目标函数(即系统中的能量函数)往往要求只有一个全局最小,而稳定点越多,陷入局部最小的可能性就越大,因而要求系统的稳定点越少越好。

(3) 吸引域的设计

希望的稳定点有尽可能大的吸引域,而非希望的稳定点的吸引域要尽可能地小。因为状态空间是一个多维空间,状态随时间的变化轨迹可能是多种形状,吸引域就很难用一个明确的解析式来表达,这在设计时要尽可能考虑。

3.2.3　离散型霍普菲尔德网络

1. DHNN 模型结构

在 DHNN 模型中,每个神经元节点的输出可以有两值状态,-1 或 $1(0$ 或 $1)$,其输出类似于 MP 神经元,可表示为

$$a_i = \begin{cases} 1, & \sum_{j \neq i} w_{ij} a_i \geq 0 \\ -1, & \sum_{j \neq i} w_{ij} a_i < 0 \end{cases}$$

上式同时满足:偏差 $b=0$,权矩阵 $w_{ij}=w_{ji}$,且 $w_{ii}=0$,即 DHNN 采用对称联结。因此,其网

络结构可以用一个加权无向量图表示。图 3.16(a) 为一个 3 节点 DHNN 结构，其中每个输入神经元节点除了不与具有相同节点号的输出相连外，与其他节点两两相连，每个输出信号又反馈到相同的输入节点。

由图 3.22(a)，考虑到 DHNN 的权值特性 $w_{ij}=w_{ji}$，网络各节点加权输入和分别为

$$s_1 = w_{12}a_2 + w_{13}a_3$$
$$s_2 = w_{21}a_1 + w_{23}a_3$$
$$s_3 = w_{31}a_1 + w_{13}a_2$$

由此可得简化后等效的网络结构如图 3.22(b) 所示。

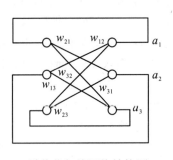

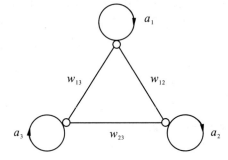

(a) 霍普菲尔德网络结构图　　　　　(b) 等价的霍普菲尔德网络图

图 3.22　霍普菲尔德网络图

对于以符号函数为激活函数的网络，网络的方程可写为

$$n_j(t) = \sum_{\substack{i=1 \\ j \neq j}}^{r} w_{ij}a_j$$

$$a_j(t+1) = \text{sgn}[n_j(t)]$$
$$= \begin{cases} 1, & n_j(t) \geqslant 0 \\ -1, & n_j(t) < 0 \end{cases}$$

2. 联想记忆

联想记忆功能是 DHNN 的一个重要应用范围。要想实现联想记忆，反馈网络必须具有两个基本条件：① 网络能收敛到稳定的平衡状态，并以其作为样本的记忆信息；② 具有回忆能力，能够从某一残缺的信息回忆起所属的完整的记忆信息。

DHNN 实现联想记忆的过程分为两个阶段：学习记忆阶段和联想回忆阶段。在学习记忆阶段中，设计者通过某一设计方法确定一组合适的权值，使网络记忆期望的稳定平衡点。而联想回忆阶段则是网络的工作过程，此时，给定网络某一输入模式，网络能够通过自身的动力学状态演化过程最终达到稳定的平衡点，从而实现自联想或异联想回忆。

反馈网络有两种基本的工作方式：串行异步和并行同步方式。

① 串行异步方式：任意时刻随机地或确定性地选择网络中的一个神经元进行状态更新，而其余神经元的状态保持不变。

② 并行同步方式：任意时刻网络中部分神经元（比如同一层的神经元）的状态同时更新。如果任意时刻网络中全部神经元同时进行状态更新，那么称之为全并行同步方式。

对于 s 个神经元的反馈网络 DHNN，有 2^s 个状态的可能性。其输出状态是一个包含 -1 或 $1(0$ 或 $1)$ 的矢量，每一时刻网络将处于某一种状态下。当网络状态的更新变化采用随机

异步策略,即随机地选择下一个要更新的神经元,且允许所有神经元具有相同的平均变化概率。在状态更新过程中,包括三种情况:由−1变为1;由1变为−1;状态保持不变。在任一时刻,网络中只有一个神经元被选择进行状态更新或保持,所以异步状态更新的网络从某一初态开始需经过多次更新状态后才可以达到某种稳态。这种更新方式的特点是:实现上容易,每个神经元有自己的状态更新时刻,不需要同步机制;另外,功能上的串行状态更新可以限制网络的输出状态,避免不同稳态等概率地出现;再者,异步状态更新更接近实际的生物神经系统的表现。

3. DHNN 的海布学习规则

在 DHNN 的网络训练过程中,运用的是海布调节规则:当神经元输入与输出节点的状态相同(即同时兴奋或抑制)时,从第 j 个到第 i 个神经元之间的连接强度增强,否则减弱。海布规则是一种无指导的死记式学习算法。

离散型霍普菲尔德网络的学习目的,是对 q 个不同的输入样本组 $P_{r \times q} = [P^1 P^2 \cdots P^q]$,希望通过调节计算有限的权值矩阵 W,使得当每一组输入样本 $P^k(k=1,2,\cdots,q)$ 作为系统的初始值,经过网络的工作运行后,系统能够收敛到各自输入样本矢量本身,当 $k=1$ 时,对于第 i 个神经元,由海布学习规则可得网络权值对输入矢量的学习关系式为

$$w_{ij} = \alpha p_j^1 p_i^1 \tag{3.3}$$

其中,$\alpha > 0$;$i = 1,2,\cdots,r$;$j = 1,2,\cdots,r$。在实际学习规则的运用中,一般取 $\alpha = 1$ 或 $\alpha = \frac{1}{4}$。

式(3.3)表明海布调节规则:神经元输入 P 与输出 A 的状态相同(即同时为正或为负)时,从第 j 个到第 i 个神经元之间的连接强度 w_{ij} 增强(即为正),否则 w_{ij} 减弱(为负)。

那么由(3.3)式求出的权值 w_{ij} 是否能够保证 $a_i = p_i$? 取 $\alpha = 1$,我们来验证一下,对于第 i 个输出节点,有

$$a_j^1 = \text{sgn}\left(\sum_{j=1}^{r} w_{ij} p_j^1\right) = \text{sgn}\left(\sum_{j=1}^{r} p_j^1 p_i^1 p_j^1\right) = \text{sgn}(p_i^1) = p_i^1$$

因为 p_i 和 a_i 均取二值 $\{-1,1\}$,所以当其为正值时,即为 1;其值为负值时,即为 −1。同符号值相乘时,输出必为 1。而且由 $\text{sgn}(p_i^1)$ 可以看出,不一定需要 $\text{sgn}(p_i^1)$ 的值,只要符号函数 $\text{sgn}(\cdot)$ 中的变量符号与 p_i^1 的符号相同,即能保证 $\text{sgn}(\cdot) = p_i^1$。这个符号相同的范围就是一个稳定域。

当 $k=1$ 时,海布规则能够保证 $a_i^1 = p_i^1$ 成立,使网络收敛到自己。现在的问题是:对于同一权矢量 W,网络不仅要能够使一组输入状态收敛到其稳态值,而且要能够同时记住多个稳态值,即同一个网络权矢量必须能够记住多组输入样本,使其同时收敛到不同对应的稳态值。所以,根据海布规则的权值设计方法,当 k 由 1 增加到 2 直至 q 时,则是在原有已设计出的权值的基础上,增加一个新量 $p_j^k p_i^k$,$k = 2,\cdots,q$,所以对网络所有输入样本记忆权值的设计公式为

$$w_{ij} = \alpha \sum_{k=1}^{q} t_j^k t_i^k \tag{3.4}$$

式中,矢量 T 为记忆样本,$T = P$。

上式称为推广的学习调节规则。当系数 $\alpha = 1$ 时,称(3.4)式为 T 的外积和公式。

DHNN 的设计目的是使任意输入矢量经过网络循环最终收敛到网络所记忆的某个样本上。

因为霍普菲尔德网络有 $w_{ij}=w_{ji}$，所以完整的霍普菲尔德网络权值设计公式应当为

$$w_{ij}=\alpha\sum_{\substack{k=1\\i\neq j}}^{q}t_j^k t_i^k$$

用向量形式表示为

$$W=\alpha\sum_{k=1}^{q}\left[T^k(T^k)^T-I\right] \tag{3.5}$$

当 $\alpha=1$ 时，有

$$W=\sum_{k=1}^{q}T^k(T^k)^T-qI \tag{3.6}$$

其中，I 为单位对角矩阵。

由式(3.5)和(3.6)所形成的网络权值矩阵为零对角阵。

采用海布学习规则来设计记忆权值，是因为设计简单，并可以满足 $w_{ij}=w_{ji}$ 的对称条件，从而可以保证网络在异步工作时收敛。在同步工作时，网络或收敛或出现极限环为 2。在设计网络权值时，与前向网络不同的是令初始权值 $w_{ij}=0$，每当一个样本出现时，都在原权值上加上一个修正量，即 $w_{ij}=w_{ij}+t_j^k t_i^k$，对于第 k 个样本，当第 i 个神经元输出与第 j 个神经元输入同时兴奋或同时抑制时，$t_j^k t_i^k\geqslant0$；当 t_j^k、t_i^k 中一个兴奋一个抑制时，$t_j^k t_i^k<0$。这就和海布提出的生物神经细胞之间的作用规律相同。

下面给出一个 DHNN 在联想记忆上的应用例子。

【例 3.1】 模式的记忆与联想(hop1.m)。

用海布学习规则对下列模式学习记忆问题设计 DHNN 网络，并考察其联想性能。

$$P=T=\begin{bmatrix}1 & -1 & 1\\1 & -1 & -1\\-1 & 1 & 1\end{bmatrix}$$

解 由题意可得记忆矢量为

$$T=\begin{bmatrix}T^1 & T^2 & T^3\end{bmatrix}=\begin{bmatrix}1 & -1 & 1\\1 & -1 & -1\\-1 & 1 & 1\end{bmatrix}$$

根据海布学习规则的外积和 DHNN 权值设计公式：

$$\begin{aligned}W&=\sum_{k=1}^{3}\left[T^k(T^k)^T-I\right]\\&=T^1T^{1T}+T^2T^{2T}+T^3T^{3T}-3I\\&=\begin{bmatrix}0 & 1 & -1\\1 & 0 & -3\\-1 & -3 & 0\end{bmatrix}\end{aligned}$$

验证 将目标矢量作为输入矢量代入网络中可得

$$A^1=\mathrm{sgn}(WP^1)=T^1$$

$$A^2=\mathrm{sgn}(WP^2)=T^2$$

$$A^3=\mathrm{sgn}(WP^3)=\begin{bmatrix}-1\\-1\\1\end{bmatrix}=T^2\neq T^3$$

由此可见,采用海布学习规则设计出的离散型霍普菲尔德记忆网络,并没有准确地记忆所有期望的模式。这个情况是如何发生的呢?

4. 影响记忆容量的因素

设计 DHNN 网络的目的,是希望通过所设计的权值矩阵 W 储存多个期望模式。从海布学习公式的推导过程中可以看出:当网络只记忆一个稳定模式时,该模式肯定被网络准确无误地记忆住,即所设计的 W 值一定能够满足正比于输入和输出矢量的乘积关系。但当需要记忆的模式增多时,情况则发生了变化,主要表现在下面两点上:

(1) 权值移动

在网络的学习过程中,网络对记忆样本输入 $T^1,T^2,\cdots,T^q$ 的权值学习记忆实际上是逐个实现的。即对权值 W,有程序:

W=0

for　k=1,q

W=W+T^{k}T^{kT}-I

end

由此过程可知:当 $k=1$ 时,有

$$w_{ij}=t_j^1 t_i^1, \quad i\neq j$$

$$a_i^1=\text{sgn}(\sum_{j=1}^r w_{ij}t_j^1)=\text{sgn}(\sum_{j=1}^r t_j^1 t_i^1 t_j^1)=t_i^1$$

此时,网络准确地记住了样本 T^1。当 $k=2$ 时,为了记忆样本 T^2,需要在记忆了样本 T^1 的权值基础上加上对样本 T^2 的记忆项 $T^2 T^{2T}-I$,将权值在原来值的基础上产生了移动。在此情况下,所求出的新的 W 为:$w_{ij}=t_j^1 t_i^1+t_j^2 t_i^2$,对于样本 T^1 来说,网络的输出为

$$a_i^1 = \text{sgn}(\sum_{j=1}^r w_{ij}t_j^1) = \text{sgn}[t_i^1 + \sum_{j=1}^r (t_j^2 t_i^2 t_j^1)]$$

此输出有可能不再对所有的 s 个输出均满足加权输入和与输出符号一致的条件。网络有可能部分地遗忘了以前已记忆住的模式。

另一方面,由于在学习样本 T^2 时,权矩阵 W 是在已学习了 T^1 的基础上进行修正的,此时,因 W 起始值不再为零,所以由此调整得出的新的 W 值,对记忆样本 T^2 来说,也未必对所有的 s 个输出同时满足符号函数的条件,即难以保证网络对 T^2 的精确的记忆。

随着学习样本数 k 的增加,权值移动现象将进一步发生,当学习了第 q 个样本 T^q 后,权值又在前 $q-1$ 个样本修正的基础上产生了移动,这也是网络在精确地学习了第一个样本后的第 $q-1$ 次移动。不难想象,此时的权矩阵 W 对于 P^1 来说,使每个输出继续能够同时满足符号条件的可能性有多大?同样,对于其他模式 $T^k(k=2,\cdots,q-1)$,也存在着同样的问题。很有可能出现的情况是:网络部分甚至全部地遗忘了先前已学习过的样本。即使对于刚刚进入网络的样本 T^q,由于前 $q-1$ 个样本所形成的记忆权值难以预先保证其可靠性,因而也无法保证修正后所得到的最终权值矩阵 W 满足其符号条件,这也就无法保证网络能够记住该样本 T^q。

从动力学的角度来看,k 值较小时,网络的海布学习规则可以使输入学习样本成为其吸引子;随着 k 值的增大,不但难以使后来的样本成为网络的吸引子,而且有可能使已记忆住的吸引子的吸引域变小,使原来处于吸引子位置上的样本从吸引子的位置发生移动。对已记忆的样本发生遗忘,这种现象称为"疲劳"。

（2）交叉干扰

设网络的权矩阵已经设计完成，网络的输入矢量为 P，并希望其成为网络的稳定矢量 $T = P$，按同步更新规则，状态演变方程为

$$A = P = \text{sng}(N) = \text{sgn}(WP)$$

实际上，上式就是 P 成为稳定矢量的条件，式中 N 为神经网络的加权输入和矢量。

设输入矢量 P 维数为 $r \times q$，取 $\alpha = \dfrac{1}{r}$，因为对于 DHNN 有 $P^k \in \{-1, 1\}$，$k = 1, 2, \cdots, q$，所以有 $p_i^k \cdot p_i^k = p_j^k p_j^k = 1$。当网络某个矢量 $P^l (l \in [1, q])$ 作为网络的输入矢量时，可得网络的加权输入和 n_i^l 为

$$
\begin{aligned}
n_i^l &= \sum_{\substack{j=1 \\ j \neq i}}^{r} w_{ij} p_j^l \\
&= \frac{1}{r} \sum_{\substack{j=1 \\ j \neq i}}^{r} \sum_{k=1}^{q} p_i^k p_j^k \cdot p_j^l \\
&= \frac{1}{r} \sum_{\substack{j=1 \\ j \neq i}}^{r} \left[p_i^l \cdot p_j^l \cdot p_j^l + \sum_{\substack{k=1 \\ k \neq l}}^{q} p_i^k p_j^k \cdot p_j^l \right] \\
&= p_i^l + \frac{1}{r} \sum_{\substack{j=1 \\ j \neq i}}^{r} \sum_{\substack{k=1 \\ k \neq l}}^{q} p_i^k p_j^k \cdot p_j^l
\end{aligned}
\tag{3.7}
$$

上式右边第一项为期望记忆的样本，而第二项则是当网络学习多个样本时，在回忆阶段即验证该记忆样本时，所产生的相互干扰，称为交叉干扰项。由 sgn 函数的符号性质可知，式（3.7）中第一项可使网络产生正确的输出，而第二项可能对第一项造成扰动，网络对于所学习过的某个样本能否正确地回忆，完全取决于（3.7）式中第一项与第二项的符号关系及数值大小。

下面我们来分析式（3.7）中第二项对网络的影响。令

$$
C_i^l = \frac{p_i^l}{\dfrac{1}{r} \sum_{\substack{j \neq i}}^{r} \sum_{\substack{k=1 \\ k \neq l}}^{q} p_i^k p_j^k \cdot p_j^l}
\tag{3.8}
$$

① $C_i^l \geqslant 0$。此时，交叉干扰项与 p_i^l 符号一致，因此能够在网络的输出端得到正确的结果，即有 $a_i^l = p_i^l$。

② $C_i^l \leqslant -1$。此时，交叉干扰项与 p_i^l 符号相反，对正确记忆出 p_i^l 造成不利影响，但因为干扰幅度较小，而不至于使状态 n_i^l 的符号翻转，因而输出仍然正确，可得到 $a_i^l = p_i^l$。

③ $-1 < C_i^l < 0$。此时，交叉干扰项与 p_i^l 不仅符号相反，而且其值幅度大于正确的输出信号值 p_i^l，从而造成状态 n_i^l 的符号翻转，导致网络的第 i 个神经元输出错误的信息：$a_i^l = -p_i^l$。

5. 网络记忆容量的确定

从对网络的记忆容量产生影响的权值移动和交叉干扰上看，采用海布学习规则对网络记忆样本的数量是有限制的，通过上面的分析已经很清楚地得知，当交叉干扰项幅值大于正确记忆值时，将产生错误输出。那么，在什么情况下能够保证记忆住所有样本？答案是有的。当所期望记忆的样本两两正交时，能够准确得到一个可记忆数量的上限值。

在神经元为二值输出的情况下,即 $p_j \in \{-1, 1\}$,当两个 r 维样本矢量的各个分量中,有 $\frac{r}{2}$ 是相同的 1,有 $\frac{r}{2}$ 是相反的 -1,对于任意一个数 l,有 $l \in [1, r]$;有 $P^l (P^k)^T = 0, l \neq k$; $p^l (P^k)^T = 1, l = k$ 的正交特性。下面用外积和公式所得到的权矩阵进行迭代计算,在输入样本 $P^k (k = 1, 2, \cdots, q)$ 中任取一个 P^l 作为初始输入,求网络的加权输入和 N^l:

$$N^l = WP^l$$

$$= [P^1 P^2 \cdots P^l \cdots P^q] \begin{bmatrix} P^{1T} \\ P^{2T} \\ \vdots \\ P^{lT} \\ \vdots \\ P^{nT} \end{bmatrix} P^l - qP^l$$

$$= [P^1 P^2 \cdots P^l \cdots P^q] \begin{bmatrix} 0 \\ 0 \\ \vdots \\ P^{lT} \cdot P^l \\ 0 \end{bmatrix} - qP^l$$

$$= P^l P^{lT} P^l - qP^l$$

$$= (r - q)P^l \tag{3.9}$$

由上式结果可知,只要满足 $r > q$,则有 $\mathrm{sgn}(N^l) = P^l$,保证 P^l 为网络的稳定解。

但对于一般的非正交的记忆样本,从前面的交叉干扰的分析过程中已经得知,网络不能保证收敛到所希望的记忆样本上。

【例 3.2】　(hop2. m)采用外积和记忆公式设计 DHNN 的权值,希望记忆的样本为

$$T = \begin{bmatrix} 1 & 1 & -1 \\ 1 & -1 & 1 \\ 1 & -1 & -1 \\ 1 & 1 & -1 \\ 1 & -1 & -1 \end{bmatrix} = [T^1 \quad T^2 \quad T^3]$$

解　由外积和权值设计公式,可得权矩阵为

$$W = \sum_{k=1}^{3} T^k T^{kT} - 3I$$

$$= \begin{bmatrix} 0 & -1 & 1 & 3 & 1 \\ -1 & 0 & 1 & -1 & 1 \\ 1 & 1 & 0 & 1 & 3 \\ 3 & -1 & 1 & 0 & 1 \\ 1 & 1 & 3 & 1 & 0 \end{bmatrix}$$

经验证,所设计的网络能够准确地回忆出记忆的全部三个模式。实际上,该网络可能的输入状态有 $2^r = 2^5 = 32$ 种,分析一下其稳定点的情况可知,系统共有 4 个稳定点,分别为

$$T = \begin{bmatrix} 1 & 1 & -1 & -1 \\ 1 & -1 & 1 & 1 \\ 1 & -1 & -1 & 1 \\ 1 & 1 & -1 & -1 \\ 1 & -1 & -1 & 1 \end{bmatrix} = \begin{bmatrix} T^1 & T^2 & T^3 & T^4 \end{bmatrix}$$

四个稳定点都是渐近稳定点,其中 T^1、T^2 和 T^3 为要求的稳定点,即网络的解。而 T^4 为伪稳定点,有 $T^4 = -T^2$。在用串行方式工作的情况下,在 32 种输入状态中,有 8 个初始态收敛到 T^1,9 个初始态收敛到 T^2,5 个初始态收敛到 T^3,10 个初始态收敛到 T^4。在用并行方式工作的情况下,有 10 个初始态收敛到 T^1,1 个初始态收敛到 T^2,2 个初始态收敛到 T^3,1 个初始态收敛到 T^4,而另外 18 个初始态均陷入到极限环,其收敛域明显减少。

DHNN 用于联想记忆有两个突出的特点:① 记忆是分布式的;② 联想是动态的。这与人脑的联想记忆实现机理相类似。利用网络稳定的平衡点来存储记忆样本,按照反馈动力学运动规律唤起记忆,显示了 DHNN 联想记忆实现方法的重要价值。然而,DHNN 也存在有其局限性,主要表现在以下几点:① 记忆容量的有限性;② 伪稳定点的联想与记忆;③ 当记忆样本较接近时,网络不能始终回忆出正确的记忆等。

另外,网络的平衡稳定点并不是可以任意设置的,也没有一个通用的方式来预判平衡稳定点。换句话说,并没有一个简便的方法来求网络的平衡稳定点,只有靠一个一个样本去测试寻找。所以真正想利用好霍普菲尔德网络并不是一件容易的事情。

6. 正交化的权值设计方法

这一方法的基本思想和出发点是为了满足下面四个要求:

① 保证系统在异步工作时的稳定性,即它的权值是对称的,满足 $w_{ij} = w_{ji}$,$i, j = 1, 2, \cdots, s$;

② 保证所有要求记忆的稳定平衡点都能收敛到自己;

③ 使伪稳定点的数目尽可能地少;

④ 使稳定点的吸引域尽可能地大。

正交化权值计算公式推导如下:

① 已知有 q 个需要存储的稳定平衡点 $T^1, T^2, \cdots, T^q, T \in R^s$,计算 $s \times (q-1)$ 阶矩阵 $Y \in R^{s \times (q-1)}$:

$$Y = \begin{bmatrix} T^1 - T^q & T^2 - T^q & \cdots & T^{q-1} - T^q \end{bmatrix}^{\mathrm{T}}$$

② 对 Y 进行奇异值及酉矩阵分解,如存在两个正交矩阵 U 和 V 以及一个对角值为 Y 的奇异值的对角矩阵 A,满足:

$$Y = UAV$$
$$Y = \begin{bmatrix} T^1 T^2 \cdots T^{q-1} \end{bmatrix}^{\mathrm{T}}$$
$$U = \begin{bmatrix} U^1 U^2 \cdots U^s \end{bmatrix}^{\mathrm{T}}$$
$$V = \begin{bmatrix} V^1 V^2 \cdots V^{q-1} \end{bmatrix}^{\mathrm{T}}$$
$$A = \begin{bmatrix} \lambda_1 & \cdots & 0 \\ \vdots & \lambda_k & \vdots \\ 0 & \cdots & 0 \end{bmatrix}$$

k 维空间为 s 维空间的子空间,它由 k 个独立基组成:

$$k = \text{rank}(A)$$

设 $\{U^1 U^2 \cdots U^k\}$ 为 Y 的正交基,而 $\{U^{k+1} U^{k+2} \cdots U^s\}$ 为 s 维空间中的补充正交基。下面利用 U 矩阵来设计权值。

③ 定义:

$$W^+ = \sum_{i=1}^k U^i (U^i)^T, \quad W^- = \sum_{i=k+1}^s U^i (U^i)^T$$

总的联结权值为

$$W_\tau = W^+ - \tau W^-$$

其中,τ 为大于 -1 的参数。

④ 网络的阀值定义为

$$B_\tau = T^q - W_\tau T^q$$

由此可见,网络的权矩阵是由两部分权矩阵 W^+ 和 W^- 相加而成的,每一部分权所采用的都是类似于外积型法得到的,只是用的不是原始要求记忆的样本,而是分解后正交矩阵的分量。这两部分权矩阵均满足对称条件,即有下式成立:

$$w_{ij}^+ = w_{ji}^+, w_{ij}^- = w_{ji}^-$$

因而 w^τ 中分量也满足对称条件。这就保证了系统在异步时能够收敛并且不会出现极限环。

下面我们来推导记忆样本能够收敛到自己的有效性。

① 对于输入样本中的任意目标矢量 T^i,$i=1,2,\cdots,q$,因为 $T^i - T^q$ 是 Y 中的一个矢量,它属于 A 的秩所定义的 k 个基空间中的矢量,所以必存在一些系数 $\alpha_1, \alpha_2, \cdots, \alpha_k$,使

$$T^i - T^q = \alpha_1 U^1 + \alpha_2 U^2 + \cdots + \alpha_k U^k$$

即

$$T^i = \alpha_1 U^1 + \alpha_2 U^2 + \cdots + \alpha_k U^k + T^q$$

对于 U 中任意一个 U^l,有

$$W_\tau U^l = W^+ U^l - \tau W^- U^l$$
$$= \sum_{i=1}^k U^i (U^i)^T U^l - \tau \sum_{i=k+1}^s U^i (U^i)^T U^l$$
$$= U^l$$

由正交性质:$U^i (U^j)^T = 1 (i=j)$,$U^i (U^j)^T = 0 (i \neq j)$ 可知,上式中,只有 $i=l$ 那一项与 U^l 相乘后结果为 1,其余项均有 $U^i (U^l)^T = 0$。

对于样本输入 T^i,其网络输出为

$$A^i = \text{sgn}(W_\tau T^i + B_\tau)$$
$$= \text{sgn}(W^+ T^i - \tau W^- T^i + T^m - W^+ T^q + \tau W^- T^q)$$
$$= \text{sgn}[W^+ (T^i - T^m) - \tau W^- (T^i - T^q) + T^q]$$
$$= \text{sgn}[(T^i - T^q) + T^q]$$
$$= T^i$$

② 当选择第 q 个样本 T^q 作为输入时,有

$$A^q = \text{sgn}(W_\tau T^q + B_\tau)$$
$$= \text{sgn}(W_\tau T^q + T^q - W_\tau T^q)$$
$$= \text{sgn}(T^q)$$
$$= T^q$$

③ 如果输入一个不是记忆样本的 P,则网络输出为

$$A=\text{sgn}(W_\tau P+B_\tau)=\text{sgn}\left[(W^+-\tau W^-)(P-T^q)+T^q\right]$$

因为 P 不是已学习过的记忆样本,$P-T^q$ 不是 Y 中的矢量,则必然有 $W_\tau(P-T^q)\neq P-T^q$,并且在设计过程中可以通过调节 $W_\tau=W^+-\tau W^-$ 中参数 τ 的大小,来控制 $P-T^q$ 与 T^q 的符号,以保证输入矢量 P 与记忆样本之间存在足够的大小余额,从而使 $\text{sgn}(W_\tau P+B_\tau)\neq P$,使 P 不能收敛到自身。

利用参数 τ 的调节可以改变伪稳定点的数目。在串行工作的情况下,伪稳定点数目的减少意味着每个期望稳定点的稳定域的扩大。对于任意一个不在记忆中的样本 P,总可以设计一个 τ 把 P 排除在外。

表 3.1 给出的是一个 $\tau=10$,学习记忆 5 个稳定样本的系统,采用上面的方法进行权的设计,以及在不同的 τ 时的稳定点数目。同时给出了正交化设计方法与外积和网络权值设计法的比较。

表 3.1　不同的 τ 时的稳定点数目

	$\tau=1$	$\tau=10$	外积和公式设计
稳定点数	8	5	4
错误稳定点数	0	0	5

虽然正交化设计方法的数学设计较为复杂,但与外积和法相比较,所设计出的平衡稳定点能够保证收敛到自己并且有较大的稳定域。MATLAB 工具箱中已将此设计方法写进了函数 newhop.m 中,可按如下方式调用:

net＝newhop(T);

w＝net.lw{1,1},b＝net.b{1}

用目标矢量给出一组目标平衡点,由函数 newhop.m 可以设计出对应反馈网络,保证网络对给定的目标矢量的输入能收敛到稳定的平衡点。但网络可能也包括其他伪平衡点,这些不希望点的数目通过选择 τ 值(缺省值为 10)已经做了尽可能的限制。

一旦设计好网络,可以用一个或多个输入矢量对其进行测试。这些输入将趋近目标平衡点,最终找到它们的目标矢量。下面给出一个用正交化方法设计权值的例子。

【例 3.3】 考虑一个具有两个神经元的霍普菲尔德网络,每个神经元具有两个权值和一个偏差(hop3.m)。网络结构图如图 3.23 所示。

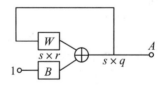

图 3.23　正交化方法设计的霍普菲尔德网络结构图

网络所要存储的目标平衡点为一个列矢量 T:

$$T=\begin{bmatrix}1 & -1;\\ -1 & 1\end{bmatrix};$$

T 将被用在设计函数 newhop.m 中以求出网络:

net＝newhop(T);

newhop. m 函数返回网络的权值与偏差为

W＝net. lw{1,1},b＝net. b{1}

W＝[0. 6925 −0. 4694;

　　−0. 4694 0. 6925]

b＝[0; 0]

可以看出其权值是对称的。

下面用目标矢量作为网络输入来测试其是否已被存储到网络中。取输入为

Ptest＝[1 −1; −1 1];　　　　　　　　　%输入矢量

用来进行测试的函数为 sim. m:

[Y,Pf,Af]＝sim(net,{2,3},[],Ptest);　　%计算其网络循环结束后的输出

A1＝Y{1},A2＝Y{2},A3＝Y{3}　　　　　　%给出三次循环的结果

函数的第二个参数{2,3}中的第一个数字表示输入组数 Q＝2 的网络,第二个数字为循环的次数。经过 3 次的运行,如同所希望的那样,网络的结果为目标矢量 Ptest。实际上,对于简单的问题,如本例题所示,网络在第一次循环后即达到目标。

现在我们想知道所设计的网络对任意输入矢量的收敛结果。我们首先给出六组输入矢量:

P＝ [0. 5621　0. 3577　　0. 8694　0. 0388　−0. 9309　0. 0594;

　　　−0. 9059　0. 3586　−0. 2330　0. 6619　　0. 8931　0. 3423]

经过 25 次循环运行后,得到输出为

A＝ [1. 0000　−0. 0191　　1. 0000　−1. 0000　−1. 0000　−1. 0000;

　　　−1. 0000　　0. 0191　−1. 0000　1. 0000　　1. 0000　1. 0000]

运行结果中,第 2 组输入矢量没有能够收敛到目标平衡点上。然而,如果让网络运行 60次,则能够收敛到第 2 个目标矢量上。

另外,当取其他随机初始值时,在 25 次循环后均能够收敛到所设计的平衡点上。一般情况下,此网络对任意初始随机值,运行 60 次左右均能够收敛到网络所储存的某个平衡点上。

【例 3. 4】　观察不稳定平衡点的位置(hop4. m)。

同样采用例 3.3 的网络,使网络存储的平衡点为

$$T＝[1 −1; −1 1]$$

由例 3.3 已知,当我们用任意随机输入矢量去对网络进行测试时,在 60 次循环以内均能够使其收敛到所设计的平衡点上,如图 3.24 所示,图中任意随机输入矢量"＋"最终都收敛到网络的稳定平衡点"＊"上。

然而这些并不能保证网络没有其他平衡点了,让我们来尝试一下。例如,取所给目标矢量连线的垂直平分线上的点作为输入矢量:

$$P＝[−1　−0.5　0　0.5　1.0;$$
$$−1　−0.5　0　0.5　1.0];$$

首先采用与例 3.3 相同的步骤设计出网络。然后将上述 P 作为网络输入,通过循环可以看到所有的输出最终趋于原点。它是一个不稳定的平衡点,因为任何一个不在以(−1,−1)到(1,1)点所连成的直线上的点作为网络的初始输入矢量,经过循环都将最终收敛到所设计的稳定平衡点上。网络输出平面上的点的收敛走向如图 3.25 所示。

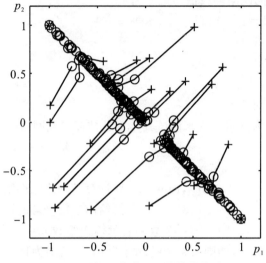

图 3.24   网络任意输入矢量的收敛过程

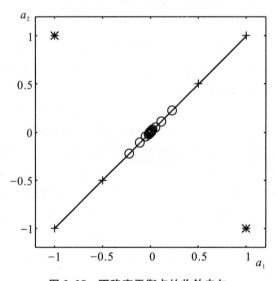

图 3.25   不稳定平衡点的收敛走向

【**例 3.5**】 （hop5.m）设计一个三元的霍普菲尔德网络，使网络存储的目标平衡点为

$$T=\begin{bmatrix} 1 & 1; \\ -1 & 1; \\ -1 & -1; \end{bmatrix}$$

同样只要采用函数 newhop.m 即可求出所要设计网络的权值为

$$W=\begin{bmatrix} 0.2231 & 0 & 0; \\ 0 & 1.1618 & 0; \\ 0 & 0 & 0.2231; \end{bmatrix}$$
$$B=\begin{bmatrix} 0.8546; 0; -0.8546 \end{bmatrix};$$

用目标矢量作为输入矢量，用函数 sim.m 运行网络，可以看到网络确实能够使其收敛到自己本身。同样的问题是，网络是否还有其他的平衡点：可以通过取任意初始值的方式对

其进行测试。取循环次数为 50,其结果是:一般情况下总能够收敛到某个目标矢量上,如图 3.26 所示。

然后,再尝试用两目标矢量点连线的平分面上的点作为初始矢量,如

$$
P=\begin{bmatrix} 1 & -1 & -0.5 & 1 & 1 & 0; \\ 0 & 0 & 0 & 0 & 0.01 & -0.2; \\ -1 & 1 & 0.5 & -1.01 & -1 & 0 \end{bmatrix};
$$

网络经过 5 次循环后得输出为

$$
A=\begin{bmatrix} 1 & 1 & 1 & 1 & 1 & 1; \\ 0 & 0 & 0 & 0 & 0.0212 & -0.4234; \\ -1 & -1 & -1 & -1 & -1 & -1 \end{bmatrix};
$$

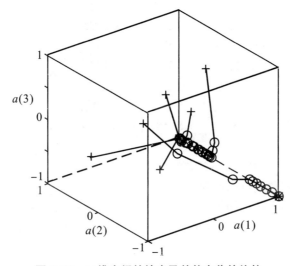

图 3.26　三维空间的输出及其状态收敛趋势

前四个矢量全都收敛到不稳定的平衡点(1　0　-1)上。然而,即使第五和第六个矢量起始于非常接近于不稳定的平衡点,它们仍然能够以自己的方式逐步趋于所设计的平衡点。由此可见,非常简单的例子也存在不稳定的平衡点。如图 3.27 所示。

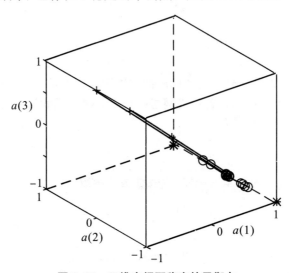

图 3.27　三维空间不稳定的平衡点

【例 3.6】 伪稳定平衡点(hop6. m)。

设计一个存储下面 4 组 5 神经元平衡点的神经网络:

$$T=\begin{bmatrix} 1 & 1 & -1 & 1; \\ -1 & 1 & 1 & -1; \\ -1 & -1 & -1 & 1; \\ 1 & 1 & 1 & 1; \\ -1 & -1 & 1 & 1 \end{bmatrix};$$

执行程序:

net＝newhop(T);

W＝net. lw{1,1},B＝net. b{1}

得网络设计结果为:

$$W=\begin{bmatrix} 0.8489 & -0.0 & 0.3129 & 0.0 & -0.3129; \\ -0.0 & 1.1618 & 0 & 0 & -0.0; \\ 0.3129 & 0.0 & 0.8489 & 0 & 0.3129; \\ 0 & 0 & 0 & 0.223 & 0; \\ -0.3129 & -0.0 & 0.3129 & 0 & 0.8489 \end{bmatrix};$$

B＝[0.2849; 0; -0.2849; 0.8546; 0.2849];

通过检验程序:

A＝hardlims(W * T＋B * ones(1,4))

可证实它们确实能够收敛到自己本身。

然后我们向网络输入随机初始矢量。结论是,偶尔有些状态稳定到伪渐近稳定点上,如下面所示结果中的第二列和第三列,此网络除了具有所设计的稳定平衡点外,还有另外两个伪稳定点:

$$A=\begin{bmatrix} -1 & 1 & -1 & 1 & 1 & -1; \\ 1 & 1 & -1 & -1 & -1 & 1; \\ -1 & 1 & -1 & -1 & 1 & -1; \\ 1 & 1 & 1 & 1 & 1 & 1; \\ 1 & 1 & 1 & -1 & 1 & 1 \end{bmatrix};$$

3.2.4 连续型霍普菲尔德网络

霍普菲尔德网络可以推广到输入和输出都取连续数值的情形。这时网络的基本结构不变,状态输出方程形式上也相同。若定义网络中第 i 个神经元的输入总和为 n_i,输出状态为 a_i,则网络的状态转移方程可写为

$$a_i = f(\sum_{j=1}^{r} w_{ij} p_j + b_i)$$

其中神经元的激活函数 f 为 S 型的函数(或线性饱和函数):

$$f1=\frac{1}{1+e^{-\lambda \cdot n_i}}$$

或

$$f2=\tanh(\lambda \cdot n_i)$$

两个函数共同的特点:当 $n_i \rightarrow +\infty$ 或 $n_i \rightarrow -\infty$ 时,函数值饱和于两极,从而限制了神经

网络中输出状态 a_i 的增长范围。显然，若使用函数 $f1(\cdot)$，则 $a_i \in [0,1]$；若使用 $f2(\cdot)$，则 $a_i \in [-1,1]$。如图 3.28 所示。函数 $f1(\cdot)$ 和 $f2(\cdot)$ 中的参数 λ 用于控制 S 型函数在 0 点附近的变化数。

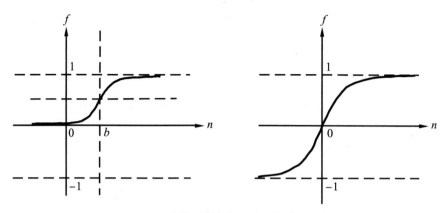

图 3.28　连续型霍普菲尔德网络激活函数

在连续网络的整个运行过程中，所有神经元状态的改变具有三种形式：异步更新，同步更新，连续更新。与离散的网络相比，连续更新是一种新的方式，表示网络所有神经元都随连续时间 t 并行更新，就像用电子元件实现的霍普菲尔德网络神经元状态随电路参量改变一样。下面将要讲到网络模型及运行过程，可以很清楚地理解这一点。另外，离散型霍普菲尔德网络的输出是在"1"与"—1"之间翻转，而这里，网络状态是在一定范围内连续变化的。

1. 对应于电子电路的网络结构

电子电路与 CHNN 之间存在直接的对应关系。第 i 个输出神经元的模型如图 3.29 所示，其中，运算放大器模拟神经元的激活函数；电压 u_i 为激活函数的输入，也称为网络的状态；各并联的电阻 R_{ij} 值决定各神经元之间的连接强度；电容 C 和电阻 r 模拟生物神经元的输出时间常数；电流 I_i 模拟阀值。以上 i，$j=1,2,\cdots,r$。整个网络由 r 个同样的模型并联组成，每个模型都具有相同的输入矢量 $V=[v_1,v_2,\cdots,v_r]$，状态矢量和 u_i 由每个模型的输出 v_i 组合而成。电路状态与输出之间的关系图如图 3.30 所示。图 3.30 也是放大器的特性图。

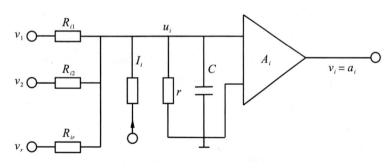

图 3.29　第 i 个输出神经元电路模式

对于图 3.29 所示的电路图，根据基尔霍夫电流定律，有下列方程成立：

$$C\frac{\mathrm{d}u_i}{\mathrm{d}t}+\frac{u_i}{r}=\sum_{j=1}^{r}\frac{1}{R_{ij}}(v_j-u_i)+I_i$$

对上式进行移项及合并，可得

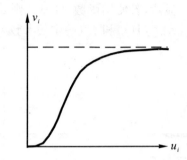

图 3.30　网络输出 v_i 与状态 u_i 的关系图

$$C\frac{\mathrm{d}u_i}{\mathrm{d}t} = -(\frac{1}{r} + \sum_{j=1}^{r}\frac{1}{R_{ij}})u_i + \sum_{j=1}^{r}\frac{1}{R_{ij}}v_j + I_i$$

若令

$$\frac{1}{R} = \frac{1}{r} + \sum_{j=1}^{r}\frac{1}{R_{ij}}$$

$$w_{ij} = \frac{1}{R_{ij}}$$

则可得

$$C\frac{\mathrm{d}u_i}{\mathrm{d}t} = -\frac{1}{R}u_i + \sum_{j=1}^{r}w_{ij}v_i + I_i$$

由此可得电路输入的累加值为

$$s_i = \sum_{j=1}^{r}w_{ij}v_j + I_i \tag{3.10}$$

式(3.10)与人工神经网络模型的加权值一致。

电路状态值与加权输入值之间的关系可用一阶微分方程式表示：

$$C\frac{\mathrm{d}u_i}{\mathrm{d}t} = -\frac{1}{R}u_i + s_i \tag{3.11}$$

而电路输出与状态之间的关系为一个单调上升的有界函数：

$$v_i = f(u_i) \tag{3.12}$$

式(3.11)反映了网络状态连续更新的意义，它与离散形式是不同的。式(3.10)～(3.12)结合在一起描述了 CHNN 的动态过程，随着时间的流逝，网络趋于稳定状态，可以在输出端得到稳定的输出矢量。对于由相互连接的电路模型组成的网络，每个模型均满足式(3.10)～(3.12)，可将其写成矩阵形式，为了简便起见，令 $C=1$。

$$\begin{bmatrix} \dot{u}_1(t) \\ \dot{u}_2(t) \\ \vdots \\ \dot{u}_r(t) \end{bmatrix} = -\frac{1}{R}\begin{bmatrix} u_1(t) \\ u_2(t) \\ \vdots \\ u_{r_1}(t) \end{bmatrix} + \begin{bmatrix} w_{11} & w_{12} & \cdots & w_{1r} \\ w_{21} & w_{22} & \cdots & w_{2r} \\ \vdots & \vdots & & \vdots \\ w_{r1} & w_{r2} & \cdots & w_{rr} \end{bmatrix}\begin{bmatrix} v_1(t) \\ v_2(t) \\ \vdots \\ v_{r1}(t) \end{bmatrix} + \begin{bmatrix} I_1 \\ I_2 \\ \vdots \\ I_r \end{bmatrix}$$

或

$$\dot{U} = -\frac{1}{R}U + WV + I \tag{3.13}$$

这是一个 r 维的线性微分方程。当 $\dot{u}_i(t)=0(i=1,2,\cdots,r)$ 时，上式变为

$$U = R(WV + I)$$

若把 $I = [I_1 I_2 \cdots I_r]^{\mathrm{T}}$ 看作阀值，那么上式就与线性函数的加权输入和 $W * P + B$ 形式

相似。如果此时代表激活函数 $F(U)$ 的运算放大器的放大倍数足够大到可视为二值型的硬函数,连续型反馈网络即变为离散型的反馈网络。所以也可以说,DHNN 是 CHNN 的一个特例。

2. CHNN 方程的解及稳定性分析

对于 CHNN 来说,我们关心的同样是稳定性问题。由于与实际电子电路有明确的对应关系,所以可以通过选择合适的电路参数来设计出稳定的 CHNN 电路,以达到一定的目的。在所有影响电路系统稳定的参数中,一个比较特殊的参数值是放大器的放大倍数。从前面的分析中我们已经知道,当放大器的放大倍数足够大时,网络将由连续型转化为离散型,状态与输出之间的关系表现了激活函数的形状,而正是激活函数代表了一个网络的特点,所以,下面我们着重分析不同 $V=F(U)$ 之间的激活函数关系对系统稳定性的影响。

(1) 当 $v_i=\beta u_i (i=1,2,\cdots,r)$ 时

即输出 v_i 与状态 u_i 之间呈线性关系时,此时,系统的状态方程由(3.13)式可写成标准形式:

$$\dot{U}=AU+B \tag{3.14}$$

其中,$A=-\dfrac{1}{R}+W\beta$。

此系统的特征方程为

$$|A-\lambda I|=0$$

其中,I 为单位对角矩阵。针对解出的特征值 $\lambda_1,\lambda_2,\cdots,\lambda_r$ 的不同情况,可以得到以下几种系统解的情况:

① 若 $\lambda_1,\lambda_2,\cdots,\lambda_r$ 的实部均小于 0,则系统稳定,此时,若给定系统初始值,经过运行,系统的状态最终能够收敛到各自的稳定点上。

② $\lambda_1,\lambda_2,\cdots,\lambda_r$ 中若出现异号同值实根(即相同实根),系统则出现鞍点,即系统状态随时间变化的轨迹在某些方向上是向着平衡点靠近,而在另一些方向上是远离平衡点的,因而此时系统不能稳定到稳定点上,如图 3.31(d)所示。

③ $\lambda_1,\lambda_2,\cdots,\lambda_r$ 中若有零实部,且有零虚部,则系统在其状态空间上出现极限环。

④ $\lambda_1,\lambda_2,\cdots,\lambda_r$ 中若有大于零的实部,则系统发散。在二维状态情况下,不同的特征根对应的状态轨迹如图 3.31(f)、图 3.31(g)所示,令平衡点为 $u_1=u_2=0$。

(2) 对于 $v_i=F(u_i)$ 为非线性的情况

此时状态方程(3.14)可写为

$$\dot{U}=-\frac{1}{R}U+WF(U)+I=G(U,t)$$

为了对此非线性系统进行稳定性分析,方法之一就是在系统的平衡点附近对系统进行线性化处理。设平衡点为 U_e,如果 $G(U,t)$ 在 U_e 附近连续可微,且存在多阶导数,那么状态矢量中的任意元素 $u_i(i=1,2,\cdots,r)$ 满足:

$$\dot{u}_i=g_i(u_e)+\sum_{j=1}^{r}\frac{\partial g_i}{\partial u_j}(u_j-u_{ej})+O_n,\quad i=1,2,\cdots,r$$

若忽略高次微分项 O_n,因 $g_i(u_e)=0$,则上式可写为

$$\dot{u}_i=\sum_{j=1}^{r}\frac{\partial g_i}{\partial u_j}\bigg|(u_j-u_{ej}),\quad i=1,2,\cdots,r$$

$\dfrac{\partial g_i}{\partial u_j}\bigg|_{u_j = u_{ej}}$ 为雅可比行列式的一个元。由此将非线性方程线性化后,则可用线性方法来分析其稳定性。

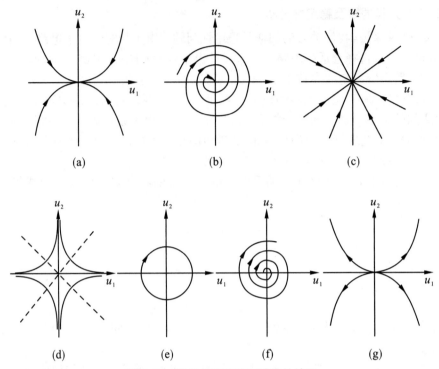

图 3.31 线性反馈网络系统解的情况

下面举一个实际电路的例子来分析其稳定性。

【例 3.7】 图 3.32 为由两个运算放大器组成的人工神经网络的互联网电路,其中

$$v_1 = \tanh(\beta u_1)$$
$$v_2 = \tanh(\beta u_2)$$

分析网络在不同情况下的稳定性。

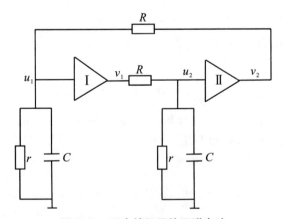

图 3.32 两个神经元的互联电路

解 由网络结构图,可得其状态方程为

$$C\frac{\mathrm{d}u_1}{\mathrm{d}t}=\frac{1}{R}(v_2-v_1)-\frac{u_1}{r}$$

$$C\frac{\mathrm{d}u_2}{\mathrm{d}t}=\frac{1}{R}(v_1-v_2)-\frac{u_2}{r}$$

当 β 很小时,可近似为 $v_i=\beta u_i$,β 为放大器增益,因网络完全相同,有 $\beta_1=\beta_2=\beta$。将 $v_i=\beta u_i$ 代入上式,整理可得

$$C\begin{bmatrix}\dot{u}_1\\\dot{u}_2\end{bmatrix}=\frac{1}{R}\begin{bmatrix}-1-\dfrac{R}{r}&\beta\\[2mm]\beta&-1-\dfrac{R}{r}\end{bmatrix}\begin{bmatrix}u_1\\u_2\end{bmatrix}$$

若取 $RC=1$,$r=\infty$,则上式的特征方程为

$$(\lambda+1)^2-\beta^2=0$$

$$\lambda=\pm\beta-1$$

根据 β 的不同值,系统状态轨迹可有下列几种情况:

① 当 $\beta>1$ 或 $\beta<-1$ 时,有 $\lambda_1>0$,$\lambda_2<0$,系统的状态轨迹为鞍点。点 $(0,0)$ 为系统的一个平衡点。只有当初始值处于 $u_1=-u_2$ 直线上时,才能使系统最终收敛到平衡点上。如图 3.33(a)所示。

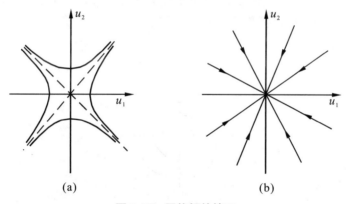

$$(a) \qquad\qquad\qquad (b)$$

图 3.33　网络解的情况

② 当 $-1<\beta<1$ 时,有 $\lambda_1<0$,$\lambda_2<0$,此时不论系统的初始状态为何值,均能收敛到唯一的平衡点 $(0,0)$ 上。状态空间上的轨迹如图 3.33(b)所示。

从例 3.7 可以看出,只有当 $-1<\beta<1$ 时系统才能稳定,否则系统很难稳定。为了保证系统的稳定性,使无论对什么样的初始条件,都能收敛到系统的稳定点上,我们对例 3.7 的电路图结构进行改进。

【例 3.8】　将例 3.7 中的第二个运算放大器的输出取反,即有 $v_2=-\beta u_2$,如图 3.34 所示,重新分析系统的稳定性。

解　状态方程为

$$C\begin{bmatrix}\dot{u}_1\\\dot{u}_2\end{bmatrix}=\begin{bmatrix}-\dfrac{1}{R}-\dfrac{1}{r}&-\dfrac{\beta}{R}\\[2mm]\dfrac{\beta}{R}&-\dfrac{1}{R}-\dfrac{1}{r}\end{bmatrix}\begin{bmatrix}u_1\\u_2\end{bmatrix}$$

其特征方程为

$$\lambda^2+2\frac{R+r}{RCr}\lambda+\left(\frac{R+r}{RCr}\right)^2+\frac{\beta^2}{R^2r^2}=0$$

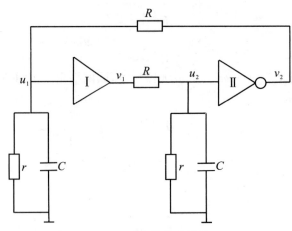

图 3.34 稳定的网络结构图

解上述方程得

$$\lambda_{1,2} = -\frac{R+r}{RCr} \pm \sqrt{\left(\frac{R+r}{RCr}\right)^2 - \left(\frac{\beta^2}{R^2 r^2}\right)} = -\frac{R+r}{RCr} \pm \mathrm{i}\frac{\beta}{RC}$$

特征根具有负实部和非零虚部,所以该系统的状态轨迹是一个螺旋递减直至为 0 的曲线,如图 3.35 所示,任何初始状态经过系统的运行后,最终趋于稳定的平衡点。

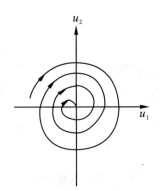

图 3.35 稳定网络状态轨迹图

3. 霍普菲尔德能量函数及其稳定性分析

霍普菲尔德在 20 世纪 80 年代初提出了一个对单层反馈动态网络的稳定性进行判别的函数,这个函数有明确的物理意义,是建立在能量基础上的,同李雅普诺夫函数一样,霍普菲尔德认为:在系统的运动过程中,其内部储存的能量随着时间的增加而逐渐减少,当运动到平衡状态时,系统的能量耗尽或变得最小,那么系统自然将在此平衡状态处渐近稳定,即有 $\lim\limits_{t\to\infty} U(t) = U_e$,因此,若能找到一个可以完全描述上述过程的所谓能量函数,那么系统的稳定性问题就可解决。为此对霍普菲尔德反馈网络定义了一种能量函数 E,称为霍普菲尔德能量函数,这个 E 可正可负,但负向有界。它是李雅普诺夫函数的一种推广,是广义的李雅普诺夫函数。对于连续反馈网络的电路实现,其状态方程组为

$$\begin{cases} C\dfrac{\mathrm{d}u_i}{\mathrm{d}t} = -\dfrac{u_i}{R} + \sum_{j=1}^{r} w_{ij}v_j + I_i \\ v_i = f_i(u_i) \end{cases} \tag{3.15}$$

当系统达到稳定输出时,霍普菲尔德能量函数定义为

$$E = -\frac{1}{2}\sum_{i=1}^{r}\sum_{j=1}^{r}w_{ij}v_iv_j - \sum_{i=1}^{r}v_iI_i + \sum_{i=1}^{r}\frac{1}{R}\int_0^{v_i}F^{-1}(\eta)\mathrm{d}\eta \tag{3.16}$$

其中,$\dfrac{1}{R} = \dfrac{1}{r} + \sum_{j=1}^{r}w_{ij}$,$w_{ij}$ 为第 j 个输入与第 i 个输入之间的连接导纳,$w_{ij} = \dfrac{1}{R_{ij}}$;$r$ 与 C 分别为第 i 个运算放大器的电阻和输入电容;I_i 为外加电流;u_i 和 v_i 分别为第 i 个运算放大器的输入与输出,它们之间的关系为一个单调上升的函数关系,如图 3.36(a)所示,其中 β 表示运算放大器的放大倍数,图中给出了不同 β 下输入与输出之间的关系。

在能量函数(3.16)式中,函数 $F^{-1}(v_i)$ 为 u_i 的逆函数,其函数关系如图 3.36(b)所示;能量函数中的积分项表示了输入状态与输出之间关系的能量项,其积分结果如图 3.36(c)所示。

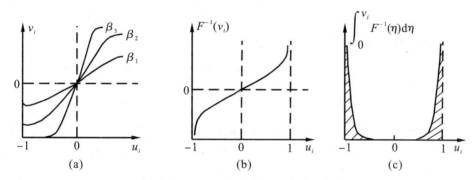

(a)　　　　　　　　　　(b)　　　　　　　　　　(c)

图 3.36　能量函数中的函数关系式

对于理想放大器,式(3.16)所定义的能量函数可以被简化为

$$E = -\frac{1}{2}\sum_{i=1}^{r}\sum_{j=1}^{r}w_{ij}v_iv_j - \sum_{i=1}^{r}v_iI_i$$

这也就成了离散网络的霍普菲尔德能量函数。

对于所定义的霍普菲尔德能量函数式(3.16)有以下结论:对于式(3.14)定义的 CHNN 模型系统,若函数 $v_i = f(u_i)$ 单调递增且连续可微,则能量函数式(3.16)单调递减且有界。

下面首先分析一下能量函数的单调递减。

已知:① $w_{ij} = w_{ji}$;

② $f(u_i)$ 为单调递增连续函数。

$$\begin{aligned}
\frac{\mathrm{d}E}{\mathrm{d}t} &= \sum_{i=1}^{r}\frac{\mathrm{d}E}{\mathrm{d}v_i}\cdot\frac{\mathrm{d}v_i}{\mathrm{d}t} \\
&= \sum_i\frac{\mathrm{d}v_i}{\mathrm{d}t}\sum_i\Big[-\sum_jw_{ij}v_j - I_i + \frac{1}{R}\cdot f^{-1}(v_1)\Big] \\
&= -\sum_i\frac{\mathrm{d}v_i}{\mathrm{d}t}\sum_i\Big[\sum_jw_{ij}v_j + I_i - \frac{u_i}{R}\Big] \\
&= -\sum_iC\cdot\frac{\mathrm{d}v_i}{\mathrm{d}t}\cdot\frac{\mathrm{d}u_i}{\mathrm{d}t} \\
&= -\sum_iC\cdot\Big(\frac{\mathrm{d}v_i}{\mathrm{d}u_i}\cdot\frac{\mathrm{d}u_i}{\mathrm{d}t}\Big)\cdot\frac{\mathrm{d}u_i}{\mathrm{d}t} \\
&= -\sum_iC\cdot\frac{\mathrm{d}v_i}{\mathrm{d}u_i}\cdot\Big(\frac{\mathrm{d}u_i}{\mathrm{d}t}\Big)^2
\end{aligned}$$

$$=-\sum_i C \cdot f'(u_i) \cdot \left(\frac{\mathrm{d}u_i}{\mathrm{d}t}\right)^2$$

由已知条件②可得 $f'(u_i)\geqslant0$。又因为 $C>0$，所以有 $\frac{\mathrm{d}E}{\mathrm{d}t}\leqslant0$。

当 $\frac{\mathrm{d}E}{\mathrm{d}t}=0$ 时，有 $\frac{\mathrm{d}u_i}{\mathrm{d}t}=0$，$i=1,2,\cdots,r$，这表明，能量函数 E 的极小点与 $\frac{\mathrm{d}u_i}{\mathrm{d}t}=0$ 的平衡点是一致的。

下面讨论 E 的有界性。这里最主要的是 E 不能下降到负无穷大，E 在负方向要有界，只有这样，E 随着时间的增加必定会达到一个极限值，而此极限值正是系统的稳定点。

① 因为对于状态和输出，有 $|v_i|\leqslant1$，w_{ij} 是由电子元器件的有界数组成的，所以 E 中第一项是有界的。

② 因为外加电流 I_i 也是有限值，所以 E 中第二项也是有界的。

③ 对于 E 中第三项，式中 $F^{-1}(\cdot)$ 反映了神经网络的状态与输出之间的关系，也是运算放大器的输入与输出之间的函数关系。若用 β 代表运算放大器的增益，那么 u_i 与 v_i 的关系可用 $v_i=f(u_i,\beta)$ 来代替 $v_i=f(u_i)$，并由此可得 $u_i=\frac{1}{\beta}F^{-1}(v_i)$，第三项为 $\frac{1}{\beta}\sum_{i=1}^r\frac{1}{r}\int_0^{v_i}F^{-1}(\eta)\mathrm{d}\eta$。从图 3.26(c) 中可以看出，上式的积分对一个 i 来说，在 $v_i=0$ 时为 0，而在其他情况下为正。当 $\beta\to\infty$ 时，$v_i(u_i)$ 趋向一个符号函数，此时，积分项的作用很小而可以忽略不计，能量函数就由第一、二两项的和决定，成为离散时的情况，E 有界。如果 β 比较小，第三项为正，它的贡献主要在靠近 $v_i\approx\pm1$ 的边缘，其值总是小于 $2|v_i||u_i|$，所以也是有界的。

当我们对反馈网络应用霍普菲尔德能量函数后，从任意一个初始状态开始，因为在每次迭代后都能满足 $\Delta E\leqslant0$，所以网络的能量将会越来越小，最后趋于稳定点 $\Delta E=0$。霍普菲尔德能量函数的物理意义是：在那些渐进稳定点的吸引域内，离吸引点越远的状态，所具有的能量越大，由于能量函数的单调下降特性，保证状态的运动方向能从远离吸引点处不断地趋于吸引点，直到达到稳定点。

几点说明：

① 能量函数是反馈网络中一个很重要的概念。根据能量函数，可以很方便地判定系统的稳定性。网络的能量值与其状态存在着一定的联系，即能量的改变对应着状态的变迁，网络的稳定状态对应于能量函数的极小点。正是这种对应关系为网络进行优化计算奠定了基础。

② 能量函数与李雅普诺夫函数的区别在于：李氏函数被限定在大于零的范围内，而能量函数无此要求，但要求负向有界；李氏函数要求在零点值为 0，即 $v(0)=0$，而能量函数无此要求，所以，当能量函数 E 满足 $E(v)<0$，$E(0)=0$ 和 $\frac{\mathrm{d}E}{\mathrm{d}t}\leqslant0$ 时，霍普菲尔德能量函数就是李雅普诺夫函数了。

③ 霍普菲尔德选择的能量函数只是保证系统稳定和渐近稳定的充分条件，而不是必要条件，其能量函数也不是唯一的。为了能够使 $\frac{\mathrm{d}E}{\mathrm{d}t}\leqslant0$，霍普菲尔德对设计权 w_{ij} 有一个对称性的要求，即 $w_{ij}=w_{ji}$ 和 $\frac{\mathrm{d}v_i}{\mathrm{d}u_i}>0$ 的要求。不少文章阐述了即使不满足连接权矩阵对称的条件，仍然可以达到系统的稳定。

4. 能量函数与优化计算

所谓优化问题,是求解满足一定约束条件下的目标函数的极小值问题。有关优化的传统算法很多,如梯度法、单纯型法等,由于在某些情况下,约束条件的过于复杂,加上变量维数较多等诸多原因,使得采用传统算法进行的优化工作耗时过多,有的甚至达不到预期的优化结果。

霍普菲尔德能量函数是一个反映了多维神经元状态的标量函数,而且可以用简单的电路形成人工神经网络,它们的互联形成了并联计算的机制。当各参数设计合理时,由电路组成的系统的状态,可以随时间的变化,最终收敛到渐近稳定点上,并在这些稳定点上使能量函数达到极小值。以此为基础,可以人为地设计出与人工神经网络相对应的电路中的参数,把优化问题中的目标函数、约束条件与霍普菲尔德能量函数联系起来。这样,电路运行后达到的平衡点,就是能量函数的极小点,其系统状态满足了约束条件下的目标函数的极小值,在此方式下,利用人工神经网络来解决优化问题。由于人工神经网络是并行计算的,其计算量不随维数的增加而发生指数性质的"爆炸",因而特别适用于解决此类别的优化问题。

(1) 能量函数设计的一般方法

设优化目标函数为 $f(u)$,$u \in R^r$,为人工神经网络的状态,也是目标函数中的变量。优化的约束条件为:$g(u)=0$。优化问题归结为:在满足约束的条件下,使目标函数最小。可以设计出等价最小的能量函数 E 为

$$E = f(u) + \sum |g_i(u)|$$

这里 $\sum |g_i(u)|$ 也称为惩罚函数,因为在约束条件 $g_i(u)=0$ 不能满足时,$\sum |g_i(u)|$ 的值总是大于 0,造成 E 不是最小。

对于目标函数 $f(u)$,一般总是取一个期望值与实际值之差的平方或绝对值的标量函数,这样能够保证 $f(u)$ 总是大于 0。根据霍普菲尔德能量函数的要求,只有 E 在负的方向上有界,即 $|E| < E_{max}$,同时 $\dfrac{dE}{dt} \leqslant 0$,则系统最后总能达到 E 的最小且 $\dfrac{dE}{dt}=0$ 的点,此点同时又是系统稳定点,即 $\dfrac{du_i}{dt}=0$ 的点。由于求解优化问题的 E 往往是状态 u 的函数,所以,为了求解方便,常常将 $\dfrac{dE}{dt} \leqslant 0$ 的条件转化为对状态求导的条件:

$$\frac{\partial E(u_i, v_i)}{\partial u_i} = -\frac{du_i}{dt} \tag{3.17}$$

这是因为,当 $\dfrac{du_i}{dt} = -\dfrac{\partial E}{\partial u_i}$ 时,有 $\dfrac{dE}{dt} = \sum\limits_i \dfrac{dE}{du_i} \cdot \dfrac{du_i}{dt} = -\sum\limits_i \left(\dfrac{du_i}{dt}\right)^2 \leqslant 0$。

可以说(3.17)式是 $\dfrac{dE}{dt} \leqslant 0$ 的另一种表达形式。

同理可得另一个等价的条件:

$$\frac{\partial E(u_i, v_i)}{\partial v_i} = -\frac{dv_i}{dt}$$

所以在用霍普菲尔德能量函数求解优化问题时,首先应把问题转化为目标函数和约束条件,然后构造出能量函数,并利用条件式求出能量函数中的参数,由此得到人工神经网络的连接权值。

(2) 具体设计步骤

① 根据要求的目标函数,写出能量函数的第一项 $f(u)$。

② 根据约束条件 $g(u)=0$，写出惩罚函数，使其在满足约束条件时为最小，作为能量函数的第二项。

③ 加上一项 $\sum_i \frac{1}{R} \int_0^{v_1} F^{-1}(\eta)\,\mathrm{d}\eta$。此项是人为加上的，因为在神经元状态方程中，存在一项 $-\frac{u_i}{R}$，它是在人工神经网络的电路实现中产生的，为了使设计出的优化结果能够在电路中得以实现而加上此项。它是一个正值函数，在运行放大增益足够大时，此项可以忽略。

④ 根据能量函数 E 求出状态方程，并使下式成立：

$$\frac{\partial E}{\partial u_i} = -\frac{\mathrm{d}u_i}{\mathrm{d}t}$$

⑤ 根据条件与参数之间的关系，求出 w_{ij} 和 $b_i(i=1,2,\cdots,r)$。

⑥ 求出对应的电路参数，进行模拟电路的实现。

下面举例说明求解优化问题的模拟人工神经网络的电路实现的过程。

【例 3.9】 用人工神经网络设计一个 4 位 A/D 转换器，要求将一个从 0 到 15 连续变化的模拟量 u 转换输出为 0 或 1 的二进制数字量，即 $v_i \in \{0,1\}$，v_i 代表第 i 个神经元的输出，$v_i = F(u)$，F 为单调上升有限函数。

解 A/D 转换器的实质是对于给定的模拟量输入，寻找一个二进制数字量输出，使输出值与输入模拟量之间的差为最小。传统的转换方式，只要对模拟输入量用 2 辗转相除，记录余数，就可得到二进制的变换值。采用人工神经网络进行转换，首先需定义能量函数。一个 4 位 A/D 转换器可以用具有 4 个输出节点的 CHNN 来实现。

假定神经元的输出电压 $v_i(i=0,1,2,3)$ 可在 0 与 1 之间连续变化，当网络达到稳态时，各节点的输出为 0 或 1，若此时的输出状态所表示的二进制值与模拟输入量相等，则表明此人工神经网络实现了 A/D 转换器的功能，输入与输出之间的关系则满足下式：

$$\sum_{i=0}^{3} v_i 2^i = u$$

由此可见，要使 A/D 转换器的结果 $v_3 v_2 v_1 v_0$ 为输入 u 的最佳数字表示，必须满足两点：

① 每个输出 v_i 必须趋于 0 值或 1 值，至少比较接近这两个数；

② $v_3 v_2 v_1 v_0$ 的加权和值应尽量接近值 u。

为此，利用最小方差的概念，对输出 v_i 按下列指标来选取 $f(u)$：

$$f(u) = \frac{1}{2}\left(u - \sum_{i=0}^{3} v_i 2^i\right)^2 > 0$$

其中，u 为输入的模拟量；v_i 为数字量，对于 $i=0,1,2,3$，$v_i \in \{0,1\}$；2^i 表示对应二进制位的权。此目标函数大于 0，所以 $f(u)$ 存在极小值，且当 $f(u) = f_{\min}(u)$ 时，v_i 为 u 的正确转换。

将 $f(u)$ 展开，整理后得

$$f(u) = \frac{1}{2} \sum_{i=0}^{3} \sum_{j=0}^{3} (2^{i+j} v_i v_j) - \sum_{i=0}^{3} 2^i u v_i + \frac{1}{2} u^2$$

仅用一项 $f(u)$ 并不能保证 v_i 的值充分接近逻辑值 0 或 1，因为可能存在其他 v_i 值(v_i 可以在 $[0,1]$ 中连续变化)使 $f(u)$ 为最小，为此，增加一个约束条件：

$$g(u) = -\frac{1}{2} \sum_{i=0}^{3} (2^i)^2 (v_i - 1) v_i$$

u_i 取 0 或 1 时 $g(u)$ 取最小值 0；v_i 为 0 与 1 之间的实数时，$g(u) \neq 0$。所以此约束条件保证了输出为数字量 0 或 1。

① 写出能量函数 E：

$$E = F(u) + g(u) + \sum_{i=1}^{3} \frac{1}{R_i} \int_0^{V_i} F^{-1}(\eta) \mathrm{d}\eta$$

$$= \frac{1}{2}\left(u - \sum_{i=0}^{3} v_i 2^i\right)^2 - \frac{1}{2} \sum_{i=1}^{3} (2^i)^2 (v_i - 1) v_i + \sum_{i=0}^{3} \frac{1}{R_i} \int_0^{v_i} F^{-1}(\eta) \mathrm{d}\eta$$

如前所述,考虑到电路的具体实现,在 E 上加了一个大于 0 的分项。十分明显,E 是大于 0 的,即有下界。

② 计算 $\dfrac{\mathrm{d}u_i}{\mathrm{d}t}$。

因为

$$\frac{\mathrm{d}v_i}{\mathrm{d}t} = F(u_i) \frac{\mathrm{d}u_i}{\mathrm{d}t}$$

而 $F(u_i) > 0$,在放大区内可以近似为一个常数 C,即 $F(u_i) = C$,所以有

$$\frac{\partial E}{\partial V_i} = -\frac{\mathrm{d}v_i}{\mathrm{d}t} = -C \frac{\mathrm{d}u_i}{\mathrm{d}t}$$

而

$$\frac{\partial E}{\partial v_i} = \sum_{\substack{j=0 \\ j \neq i}}^{3} 2^{i+j} v_j - 2^i u + 2^{2i-1} + \frac{u_i}{R} = -C \frac{\mathrm{d}u_i}{\mathrm{d}t}$$

重写上式,得

$$C \frac{\mathrm{d}u_i}{\mathrm{d}t} = -\frac{u_i}{R} + \sum_{\substack{j=0 \\ j \neq i}}^{3} (-2^{i+j}) v_j + (-2^{2i-1} + 2^i u)$$

③ 将上式与实现电路的状态方程组相比较,可得

$$w_{ij} = \begin{cases} -2^{i+j}, & i \neq j \\ 0, & i = j \end{cases}$$

$$I_i = -2^{2i-1} + 2^i u$$

即

$$w_{01} = w_{10} = -2, \quad w_{02} = w_{20} = -4, \quad w_{03} = w_{30} = -8, \quad w_{12} = w_{21} = -8$$

$$w_{13} = w_{31} = -16, \quad w_{23} = w_{32} = -32, \quad w_{00} = w_{11} = w_{22} = w_{33} = 0$$

$$I_0 = -0.5 + u, \quad I_1 = -2 + 2u, \quad I_2 = -8 + 4u, \quad I_3 = -32 + 8u$$

根据上面的推导,可以设计出完成优化求解的模拟电路人工神经网络系统,如图 3.37 所示。权的负值是通过倒相运算放大器来完成的,所得到的负输出再用一次倒相变正,图中标出的数据是以导纳表示 w_{ij} 的值。

每次运行网络之前,应使状态复位为零,这样,当给网络输入 u 值时,网络运行后的稳定输出即为 u 的正确二进制表示。若运行前没有进行复位,那么在进行转换时,状态仍停留在上次转换的输出状态,即局部极小值上,因而难以跳出,可能造成错误的转换。

当输入 u 为 0～15 V 时,网络对应可转换为 0000～1111 之间的数,输入模拟量与输出数字量之间具有如图 3.38 所示的关系。

从这个例子可以看出,优化问题的求解是设法将问题转化为能量函数的构造,一旦对应的能量函数构造成功,人工神经网络电路也就设计出来了,最优解随之可以解出。但这种能量函数的构造没有现成的公式,而是一种技能,凭经验而熟能生巧,为此下面再举一个利用能量函数求解优化问题的例子。

【例 3.10】 TSP 问题。

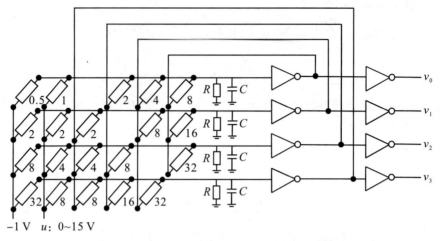

图 3.37 固定导纳矩阵的 4 位 A/D 转换实现电路

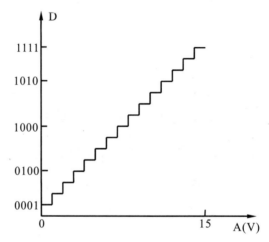

图 3.38 A/D 转换输入/输出关系图

所谓 TSP(Travelling Saleman Problem)问题,即"旅行商问题",是一个十分有名的难以求解的优化问题,其要求很简单:在 n 个城市的集合中,找出一条经过每个城市各一次,最终回到起点的最短路径。

如果已知城市 A,B,C,D…之间的距离为 d_{AB},d_{BC},d_{CD}…,那么总的距离 $d=d_{AB}+d_{BC}+d_{CD}+\cdots$,对于这种动态规划问题,要去求其 $\min(d)$ 的解。因为对于 n 个城市的全排列共有 n 种,而 TSP 并没有限定路径的方向,即为全组合,所以在固定城市数 n 的条件下,其路径总数 S_n 为 $S_n=n!/(2n)$ $(n\geqslant4)$,例如 $n=4$ 时,$S_n=3$,即有三种方式,如图 3.39 所示。

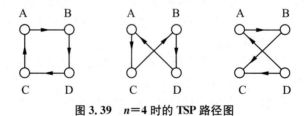

图 3.39 $n=4$ 时的 TSP 路径图

由斯特林(Stirlin)公式,路径总数可写为

$$S_n = \frac{1}{2n}\left[\sqrt{2\pi n}\cdot e^{n(\ln n-1)}\right]$$

若采用穷举搜索法,则需要考虑所有可能的情况,找出所有的路径,再分别对其进行比较,以找出最佳路径,因其计算复杂程度随城市数目的增加呈指数增长,可能达到无法进行的地步。从表 3.2 中可以看到,当城市数为 16 时,旅行方案数已超过 6×10^{11} 种。而每增加一个城市,所增加的方案数为

$$\frac{\dfrac{(n+1)!}{2(n+1)}}{\dfrac{n!}{2n}}=n$$

这类问题称为完全非确定性多项式问题(Nondeterministic Polynomial Complete,简称 NP 完全问题)。由于求解最优解的负担太重,通常比较现实的做法是求其次优解。霍普菲尔德网络正是一种合适的方法,因为它可以保证其解向能量函数的最小值方向收敛,但不能确保达到全局最小值点。

表 3.2　城市数和对应的旅行方案数

城市数 n	旅行方案数 $=\dfrac{n!}{2n}$
3	1
4	3
5	12
6	60
7	360
8	2520
9	20160
10	181440
11	1814400
12	19958400
13	239500800
14	3113510400
15	4.3589145×10^{10}
16	6.5383718×10^{11}
17	1.0461394×10^{13}
18	1.7784371×10^{14}

采用连续时间的霍普菲尔德网络模型来求解 TSP,开辟了一条解决这一问题的新途径。其基本思想是把 TSP 映射到 CHNN 上,通过网络状态的动态演化逐步趋向稳态而自动地搜索出优化解。为了便于神经模型的实现,必须首先找到过程的一个合适的表达方法。TSP 的解是若干城市的有序排列,任何一个城市在最终路径上的位置可用一个 n 维的 0、1 矢量表示,对于所有 n 个城市,则需要一个 $n\times n$ 维矩阵,以五个城市为例,一种可能的排列矩阵为

	1	2	3	4	5
A	0	1	0	0	0
B	0	0	0	1	0
C	1	0	0	0	0
D	0	0	1	0	0
E	0	0	0	0	1

其中,行矢量表示城市,列矢量表示城市在旅行中排的序号。该矩阵唯一地确定了一条有效的行程路径:

$$C \rightarrow A \rightarrow D \rightarrow B \rightarrow E$$

很明显,为了满足约束条件,该矩阵每一行及每一列中只能有一个元素为 1,其余元素均为零。这个矩阵称为关联阵。若用 d_{xy} 表示从城市 x 到城市 y 的距离,则上面路径的总长度为

$$d_{xy} = d_{CE} + d_{AD} + d_{DB} + d_{BE}$$

TSP 的最优解是求长度 d_{xy} 为最短的一条有效的路径。为了求解 TSP,必须构造这样一个网络:在网络运行时,其能量能不断降低;在运行稳定后,网络输出能代表城市被访问的次序,即构成上述的关联矩阵;网络能量的最小值对应于最佳(或次最佳)的路径距离。所以解决问题的关键,仍然是构造合适的能量函数。

① 目标函数 $f(V)$。

对于一个 n 城市的 TSP,需要 $n \times n$ 节点的 CHNN。假设每个神经元的输出为 V_{xi}、V_{yi},行下标 x 和 y 表示不同的城市,列下标 i 和 j 表示城市在路径中所处的次序位置,通过 V_{xi}、V_{yi} 取 0 或 1,可以通过关联矩阵确定出不同的访问路径。用 d_{xy} 表示两个不同的城市之间的距离,对于选定的任一 V_{xi},和它相邻的另一个城市 y 的状态可以有 $V_{y(i+1)}$ 和 $V_{y(i-1)}$ 两种。那么,目标函数 $f(V)$ 可选为

$$f(V) = \frac{P}{2} \sum_{\substack{x \\ x \neq y}} \sum_{y} \sum_{i} d_{xy} V_{xi} (V_{y(i+1)} + V_{y(i-1)})$$

这里所选择的 $f(V)$ 表示的是对应于所经过的所有路径长度的总量,其数值为一次有效路径总长度的倍数,当路径为最佳时,$f(V)$ 达到最小值,它是输出的函数。

当 $V_{xi} = 0$ 时,则有 $f(V) = 0$,此输出对 $f(V)$ 没有贡献;当 $V_{xi} = 1$ 时,则通过与 i 相邻位置的城市 $i+1$ 和 $i-1$ 的距离,如在关联矩阵中 $V_{D3} = 1$,那么与 $i = 3$ 相邻位置上的两个城市分别为 V_{A2} 和 V_{B4},此时在 $f(V)$ 中可得到 d_{AD} 和 d_{DB} 两个相加的量,依此类推,把走过的全部距离加起来,即得 $f(V)$。

② 约束条件 $g(V)$。

约束条件要保证关联矩阵的每一行每一列中只有一个值为 1,其他值均为零,用三项表示:

$$g(V) = \frac{Q}{2} \sum_{\substack{x \\ x \neq y}} \sum_{y} \sum_{i} V_{xi} V_{yi} + \frac{S}{2} \sum_{x} \sum_{j} \sum_{\substack{i \\ i \neq j}} V_{xi} V_{xj} + \frac{T}{2} \left(\sum_{x} \sum_{i} V_{xi} - n \right)^2$$

其中,第一项,当且仅当关联矩阵每一列包含不多于一个 1 元素时,此项为最小;第二项,当且仅当关联矩阵每一行包含不多于一个 1 元素时,此项为最小;第三项,当且仅当关联矩阵

中元素为 1 的个数为 n 时,此项为最小。即 $g(V)$ 保证满足了所有三项要求,收敛到有效解时其值为 0。

③ 总的能量函数 E:

$$E = f(V) + g(V)$$

选择使用高增益放大器,这样能量函数中的积分分项可以忽略不计,求解得网络的联结权值为

$$
\begin{aligned}
w_{xi,yi} = & -S\delta_{xy}(1-\delta_{ij}) \quad &\text{行抑制} \\
& -Q\delta_{ij}(1-\delta_{xy}) \quad &\text{列抑制} \\
& -T \quad &\text{全局抵制} \\
& -Pd_{xy}(\delta_{j(i+1)} + \delta_{j(i-1)}) \quad &\text{路径长度}
\end{aligned}
$$

式中

$$\delta_{ij} \begin{cases} 1, & i=j \\ 0, & i \neq j \end{cases}$$

外部输入偏置电流为

$$I_{xi} = C$$

求解 TSP 的神经网络模型的运动方程可表示为

$$
\begin{cases}
\mathrm{d}U_{xi} = -S \displaystyle\sum_{j\neq i} V_{xj} - Q\sum_{y\neq x} V_{yj} - T\left(\sum_x \sum_j V_{xj} - n\right) \\
\quad - P \displaystyle\sum_y d_{xy}(V_{y(i+1)} + V_{y(i-1)}) - \frac{U_{xi}}{R_{xi}C_{xi}} \\
V_{xi} = f(U_{xi}) = \dfrac{1}{2}\left[1 + \tanh\left(\dfrac{U_{xi}}{U_0}\right)\right]
\end{cases}
$$

式中,U_0 为初始值,非线性函数取近似于 S 型的双曲正切函数。霍普菲尔德和泰克(Tank)经过实验,认为取初始值 $S=Q=P=500$,$T=200$,$RC=1$,$U_0=0.02$ 时,求解 10 个城市的 TSP 可得到良好的效果。人们后来发现,用连续型霍普菲尔德网络求解像 TSP 这样的约束优化问题时,系统 S、Q、P、T 的取值对求解过程有很大影响。

3.2.5　本节小结

对于联想记忆问题,动态网络比前向网络有更强的适应性。一般来讲,联想记忆不仅要求把需存储的输入样本存储起来并能予以恢复,而且要求网络对所存样本中的每一个样本有足够大的吸引域,以便对模糊、畸变、缺损信息能予以复原和补全。在反馈网络的设计中,系统分析是网络设计的基础。系统分析工作可使人们对网络模型有更清楚、更全面的认识,包括特性分析和功能分析两个方面。特性分析包括拓扑结构、网络容量、算法、求解稳定性、收敛性、计算复杂性等的分析;功能分析包括联想记忆能力,自组织、自学习和自适应能力,处理模糊、随机、缺损信息能力,识别各类模式的能力等的分析。

对离散的反馈网络,若 $w_{ij} = w_{ji}$(系统对称联结),则在网络演化过程中能量函数 E 必然单调下降。由于 E 有界,网络必然趋于某个稳态,能量 E 达局部极小值对应于系统的某个定点吸引子。若将定点吸引子作为所存样本,则能量 E 的各极值点代表一系列存储内容,网络的初态(包括各不稳定状态点)可视作某记忆事物的已知部分,能量函数的变化则对应于

存储内容的联想过程。网络状态从非稳态点向稳态点的演化过程相当于由事物的部分信息自动联想出事物的全部整体的过程。离网络初态最近的那个吸引子是网络所复原的某存储内容,一般这类网络具有多个定点吸引子,各自具有一定的吸引域。系统能量空间好似一个坑坑洼洼的大盆,坑底为定点吸引子,坑的大小为吸引域范围,坑越多,定点吸引子也越多。选定网络初态恰似丢一个小球至某坑的边缘,小球落在哪个坑的边缘就掉向那个坑的坑底。坑越大,即吸引域越大,越容易接纳小球至坑底,故联想范围就越广。因此,联想存储器的定点吸引子越多,吸引域越大,可存储的内容就越多,联想范围(即抗噪声畸变能力)也越大。

若网络联结矩阵中各元素 w_{ij} 不对称,那么情况就比较复杂,除了定点吸引子外,还会有极限环吸引子,甚至会有小范围的混沌吸引子。因此,需就此对系统做进一步的分析。对于给定的网络,系统分析所涉及的工作是研究相空间随时间增长而不断收缩的过程,包括终态集的大小(吸引子数目)、吸引子类型、吸引域大小及其形状等。

令 A_e 代表定点吸引子,A_m 代表 m 周期吸引子,有下述结论成立:

① 如权矩阵对称且正定,则反馈网络同步运行收敛,只有 A_e 解;

② 如权矩阵对称且为零对角阵,则网络异步运行收敛,只有 A_e 解;

③ 如权矩阵对称且负定,则网络同步运行只有 A_m 解;

④ 如权矩阵对称,则网络同步运行只可能有 A_e 或 A_m 解,或 A_e 和 A_m 解同时存在。

上述这些结论是动态网络系统分析的基础。由于人工神经网络系统理论尚不完善,还不可能对所有动态网络的动态学性质给出结论,故在实际的系统分析工作中还存在较大的理论困难,亟待人们去探索。事实上,根据上述结论设计的网络,适用范围很小。而且上述判据仅是充分条件而非必要条件。除了定点吸引子(对应网络收敛性)性质,即存储状态点的稳定性外,联想存储网络的存储容量、伪吸引子以及存储定点吸引子的吸引域形状也是系统分析的重要内容。网络存储容量与定点吸引子数目有关,但单纯讨论存储容量是没有意义的,还需考虑吸引域的大小和形态以及伪吸引子的数量,只有这样才能对网络模型做全面的评估。而随着网络存储容量的增加,存储吸引子的吸引域很快缩小,而无存储内容的伪吸引子数量及其吸引域范围会很快地增加。当网络存储容量增大到一定程度时,相空间绝大部分区域成为伪吸引子区域,此时,存储样本的网络稳态点吸引域极小,在某种意义上已失去联想功能。另外,在网络存储容量增加的情况下,不但存储态吸引子的吸引域缩小,而且其吸引域形状变得复杂,各向同性程度明显变差,故联想能力下降。通过上述系统分析可见,霍普菲尔德网络用于联想存储时性能较差,网络容量小,不适宜做大规模内容的联想记忆存储器。

3.3　Elman 网络

人工神经网络以其自身的自组织、自适应和自学习的特点,广泛地被应用于各个领域。在控制领域中,人工神经网络在非线性系统建模与控制的应用中也发挥着越来越大的作用。由于实际中希望建立的被控对象的模型能够反映出系统的动态特性,而能描述系统动态性能的神经网络应当具有可以反映系统随时间变化的动态特性以及存储信息的能力。能够完成这些功能的网络要求网络中存在信息的延时,并具有延时信息的反馈。具有这类特性的网络被人们称为递归神经网络或反馈神经网络。这类网络在控制系统的应用中适合于系统的动态建模。

递归神经网络善于进行动态建模的特性正是来源于网络信号的延时递归,信号的延时递归使得网络在某时刻 k 的输出状态不仅与 k 时刻的输入状态有关,而且还与 k 时刻以前的递归信号有关,从而表现出网络系统的动态特性。由于网络自身的特殊性,递归神经网络在算法上显示出复杂性和多样性。另一方面,由于网络中存在着递归信号,网络的状态随时间而不断地变化,从而使网络输出状态的运动轨迹必然存在着稳定性的问题:网络的权值设计不合适,就可能导致网络系统工作的不稳定。因此,不同于前向网络的应用,对于递归网络的设计与应用,必须对其进行网络稳定性的分析,只有这样才能保证网络的正常使用。

人们最熟悉的递归网络就是 Hopfield 网络,它已广泛地用于联想记忆和优化计算上。其他典型的递归神经网络还有 Jordan 网络、Elman 网络以及对角网络,各有其自身独有的网络结构。其中 Elman 网络作为一种典型的动态递归神经网络很早就被提出,也得到了广泛的应用。不过人们一般还只是侧重于对该网络结构及其算法的分析,在稳定性的研究与分析上,只对其特殊形式的对角递归网络的稳定性有过一定的分析。本节的目的是在阐述 Elman 网络结构及其在线算法的基础上,重点对其稳定性进行分析与讨论,以期获得合理的网络参数变化范围,来确保网络的收敛。由于网络的稳定性与学习速率有关,所以落实到具体的情况,考虑稳定性的问题就变为选取一个合适的学习速率的范围,使该网络能迅速收敛,同时又能保证该网络稳定性的问题。本节通过具体的推导来给出明确的答案。最后,利用 Elman 稳定性分析的结论,给出一个具体的对角递归网络应用。本节所推导出的结论也适用于一般的递归神经网络。

3.3.1　网络结构及其输入输出关系式

1990 年,Elman 为解决语音处理问题,提出了一类递归网络,称为 Elman 网络。它与对角递归神经网络的不同主要表现在隐含层与关联层的连接上:Elman 网络隐含层中的每个神经元都与关联层的所有神经元相连接,而对角递归神经网络隐含层的神经元与关联层的神经元一一相连。图 3.40 给出了 Elman 网络与对角递归神经网络的网络结构图。

由图 3.40(a)可以写出 Elman 网络的各层关系式:

输入层
$$x_i^0(k) = x_i(k), \quad i = 1,2,\cdots,n_0 \tag{3.18}$$

隐含层
$$\begin{cases} s_i^1(k) = \sum_{j=1}^{n^0} w_{ij}^0 x_j^0(k) + \sum_{j=1}^{n_1} w_{ij}^2 c_j(k) \\ x_i^1(k) = f1(s_i^1(k)) \end{cases}, \quad i = 1,2,\cdots,n_1 \tag{3.19}$$

关联层
$$\begin{cases} s_i^2(k) = x_i^1(k-1) \\ c_i(k) = s_i^2(k) \end{cases}, \quad i = 1,2,\cdots,n_1 \tag{3.20}$$

输出层

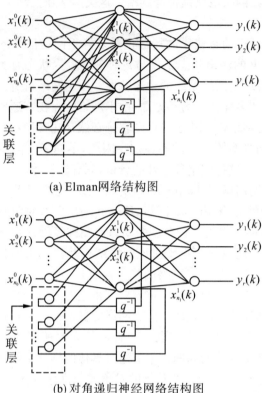

(a) Elman网络结构图

(b) 对角递归神经网络结构图

图 3.40　Elman 网络和对角递归神经网络

$$\begin{cases} s_i^3(k) = \displaystyle\sum_{j=1}^{n_1} w_{ij}^1 x_j^1(k) \\ y_i(k) = f2(s_i^3(k)) \end{cases}, \quad i = 1, 2, \cdots, r \tag{3.21}$$

其中,$x_i^0(k)$ 为 Elman 网络第 i 个节点的输入;$s_i^1(k)$,$x_i^1(k)$ 表示隐含层第 i 个节点的输入及输出;$s_i^2(k)$,$c_i(k)$ 分别表示关联层第 i 个节点的输入及输出;$s_i^3(k)$,$y_i(k)$ 分别表示输出层第 i 个节点的输入和输出;$f1(\bullet)$,$f2(\bullet)$ 分别表示隐含层和输出层的激活函数;w_{ij}^0,w_{ij}^2,w_{ij}^1 分别表示隐含层、关联层和输出层的联结权值。

3.3.2　修正网络权值的学习算法

对于递归网络,有时为了计算的简便,在修正权值时可以采用静态的 BP 算法。但由于网络的输出不仅与 k 时刻的输入有关,而且还与 k 以前时刻的输入信号有关,所以涉及精确计算时,必须采用动态的学习规则。

在前向 BP 网络中,对学习算法推导时,采用的是链式法则的算法。而在对递归网络算法的研究中,则有所不同,一般采用有序链式法则的算法。此外,对递归网络进行训练时,一共有两种方法:一种是批处理模式,另一种是在线模式,本节采用后者,即在线训练规则。

定义 k 时刻网络权值调整的误差函数 E:

$$E(k) = \frac{1}{2} \sum_{i=1}^{r} (d_i(k) - y_i(k))^2 \tag{3.22}$$

其中 $d_i(k)$ 为 k 时刻第 i 个输出节点的期望输出。

令 $e_i(k)$ 为 k 时刻第 i 个输出节点期望输出与实际输出的误差，即

$$e_i(k) = d_i(k) - y_i(k) \tag{3.23}$$

网络的权值变化由文献可得：

$$w(k+1) = w(k) + \eta(-\frac{\partial E(k)}{\partial w}) + \alpha \Delta w(k) \tag{3.24}$$

其中 w 可代表输入层、隐含层或输出层的权值。

对于输出层的权值，采用有序链式法则，有

$$
\begin{aligned}
-\frac{\partial E(k)}{\partial w_{ij}^1} &= -\frac{\partial E(k)}{\partial y_i(k)} \cdot \frac{\partial y_i(k)}{\partial w_{ij}^1} \\
&= -\frac{\partial E(k)}{\partial y_i(k)} \cdot \frac{\partial y_i(k)}{\partial s_i^3(k)} \cdot \frac{\partial s_i^3(k)}{\partial w_{ij}^1} \\
&= e_i(k) \cdot f2'(s_i^3(k)) \cdot x_j^1(k)
\end{aligned} \tag{3.25}
$$

对于隐含层的权值，同理有

$$
\begin{aligned}
-\frac{\partial E(k)}{\partial w_{ij}^0} &= -\sum_{l=1}^{r} \frac{\partial E(k)}{\partial y_l(k)} \cdot \frac{\partial y_l(k)}{\partial w_{ij}^0} \\
&= -\sum_{l=1}^{r} \frac{\partial E(k)}{\partial y_l(k)} \cdot \frac{\partial y_l(k)}{\partial s_l^3(k)} \cdot \frac{\partial s_l^3(k)}{\partial x_i^1(k)} \cdot \frac{\partial x_i^1(k)}{\partial w_{ij}^0} \\
&= \sum_{l=1}^{r} e_l(k) \cdot f2'(s_l^3(k)) \cdot w_{li}^1(k) \cdot \frac{\partial x_i^1(k)}{\partial w_{ij}^0}
\end{aligned}
$$

若令 $\beta_{ij}^i(k) = \dfrac{\partial x_i^1(k)}{\partial w_{ij}^0}$，则有

$$
\begin{aligned}
\beta_{ij}^i(k) &= \frac{\partial x_i^1(k)}{\partial w_{ij}^0} = \frac{\partial x_i^1(k)}{\partial s_i^1(k)} \cdot \frac{\partial s_i^1(k)}{\partial w_{ij}^0} \\
&= f1'(s_i^1(k)) \cdot (x_j^0(k) + \sum_{m=1}^{n^1} w_{im}^2 \cdot \frac{\partial c_m(k)}{\partial w_{ij}^0}) \\
&= f1'(s_i^1(k)) \cdot (x_j^0(k) + \sum_{m=1}^{n^1} w_{im}^2 \cdot \frac{\partial x_m^1(k-1)}{\partial w_{ij}^0}) \\
&= f1'(s_i^1(k)) \cdot (x_j^0(k) + \sum_{m=1}^{n^1} w_{im}^2 \cdot \beta_{ij}^m(k-1))
\end{aligned}
$$

那么可以得到

$$
\begin{cases}
-\dfrac{\partial E(k)}{\partial w_{ij}^0} = \displaystyle\sum_{l=1}^{r} e_l(k) \cdot f2'(s_l^3(k)) \cdot w_{li}^1(k) \cdot \beta_{ij}^i(k) \\
\beta_{ij}^i(k) = f1'(s_i^1(k)) \cdot (x_j^0(k) + \displaystyle\sum_{m=1}^{n^1} w_{im}^2 \cdot \beta_{ij}^m(k-1))
\end{cases} \tag{3.26}
$$

其中，$\beta_{ij}^m(0) = 0$；$m, i, j = 1, 2, \cdots, n$。

同理，对关联层的权值，我们有

$$
\begin{cases}
-\dfrac{\partial E(k)}{\partial w_{ij}^2} = \displaystyle\sum_{l=1}^{r} e_l(k) \cdot f2'(s_l^3(k)) \cdot w_{li}^1(k) \cdot \delta_{ij}^i(k) \\
\delta_{ij}^i(k) = f1'(s_i^1(k)) \cdot (x_j^1(k-1) + \displaystyle\sum_{m=1}^{n^1} w_{im}^2 \cdot \delta_{ij}^m(k-1))
\end{cases} \tag{3.27}
$$

其中，$\delta_{ij}^m(0)=0$；$m,i,j=1,2,\cdots,n$。

3.3.3 稳定性推导

我们将采用 Lyapunov 稳定性理论来分析所研究的 Elman 网络的稳定性。采用全局误差函数的定义式(3.23)作为李氏函数，将式(3.23)代入式(3.22)，有

$$E(k) = \frac{1}{2}\sum_{i=1}^{r}e_i^2(k) \tag{3.28}$$

要保证系统的稳定性，必须要有

$$\Delta E(k+1)=E(k+1)-E(k)<0$$

即

$$\frac{1}{2}\sum_{i=1}^{r}(e_i^2(k+1)-e_i^2(k))<0 \tag{3.29}$$

当网络权值变化较小时，对 $e_i(k+1)$ 进行 Tayor 展开，有

$$e_i(k+1) = e_i(k)+\frac{\partial e_i(k)}{\partial w}\cdot\Delta w+\cdots\approx e_i(k)+\frac{\partial e_i(k)}{\partial w}\cdot\Delta w \tag{3.30}$$

将式(3.30)代入式(3.29)，则有

$$\begin{aligned}
\Delta E(k+1)&=\frac{1}{2}\sum_{i=1}^{r}\left(e_i^2(k)+2\frac{\partial e_i(k)}{\partial w}\cdot\Delta w\cdot e_i(k)+\left(\frac{\partial e_i(k)}{\partial w}\cdot\Delta w\right)^2-e_i^2(k)\right)\\
&=\frac{1}{2}\sum_{i=1}^{r}\frac{\partial e_i(k)}{\partial w}\cdot\Delta w\cdot(2e_i(k)+\frac{\partial e_i(k)}{\partial w}\cdot\Delta w)
\end{aligned} \tag{3.31}$$

在权值变化较小的情况下，我们可以对式(3.24)进行近似：

$$\Delta w\approx\eta(-\frac{\partial E(k)}{\partial w})=-\eta\sum_{j=1}^{r}\frac{\partial E(k)}{\partial e_j(k)}\cdot\frac{\partial e_j(k)}{\partial w}=-\eta\sum_{j=1}^{r}e_j(k)\cdot\frac{\partial e_j(k)}{\partial w} \tag{3.32}$$

把式(3.32)代入式(3.31)，可得

$$\begin{aligned}
\Delta E(k+1)&=-\frac{1}{2}\sum_{i=1}^{r}\frac{\partial e_i(k)}{\partial w}\cdot\Delta w\cdot(2e_i(k)+\frac{\partial e_i(k)}{\partial w}\cdot(-\eta\sum_{j=1}^{r}e_j(k)\cdot\frac{\partial e_j(k)}{\partial w}))\\
&=-\frac{1}{2}\sum_{i=1}^{r}\frac{\partial e_i(k)}{\partial w}\cdot(-\eta\sum_{j=1}^{r}e_j(k)\cdot\frac{\partial e_j(k)}{\partial w})\cdot\\
&\quad(2e_i(k)+\frac{\partial e_i(k)}{\partial w}\cdot(-\eta\sum_{j=1}^{r}e_j(k)\cdot\frac{\partial e_j(k)}{\partial w}))\\
&=\frac{1}{2}\eta\sum_{i=1}^{r}\sum_{j=1}^{r}e_j(k)\cdot\frac{\partial e_i(k)}{\partial w}\cdot\frac{\partial e_j(k)}{\partial w}\cdot\\
&\quad(2e_i(k)-\eta\cdot(\sum_{j=1}^{r}e_j(k)\cdot\frac{\partial e_j(k)}{\partial w}\cdot\frac{\partial e_j(k)}{\partial w}))\\
&=-\frac{1}{2}\eta(\eta\cdot\sum_{i=1}^{r}\sum_{j=1}^{r}(e_j(k)\cdot\frac{\partial e_i(k)}{\partial w}\cdot\frac{\partial e_j(k)}{\partial w})^2\\
&\quad-2\sum_{i=1}^{r}\sum_{j=1}^{r}e_i(k)\cdot e_j(k)\cdot\frac{\partial e_i(k)}{\partial w}\cdot\frac{\partial e_j(k)}{\partial w})
\end{aligned}$$

根据式(3.29)，得

$$0 < \eta < \frac{2\sum\limits_{i=1}^{r}\sum\limits_{j=1}^{r} e_i(k) \cdot e_j(k) \cdot \dfrac{\partial e_i(k)}{\partial w} \cdot \dfrac{\partial e_j(k)}{\partial w}}{\sum\limits_{i=1}^{r}\sum\limits_{j=1}^{r} (e_i(k) \cdot \dfrac{\partial e_i(k)}{\partial w} \cdot \dfrac{\partial e_j(k)}{\partial w})^2} \tag{3.33}$$

令

$$g_{\max} = \max \left\| \frac{\sum\limits_{i=1}^{r}\sum\limits_{j=1}^{r} (e_j(k) \cdot \dfrac{\partial e_i(k)}{\partial w} \cdot \dfrac{\partial e_j(k)}{\partial w})^2}{\sum\limits_{i=1}^{r}\sum\limits_{j=1}^{r} e_i(k) \cdot e_j(k) \cdot \dfrac{\partial e_i(k)}{\partial w} \cdot \dfrac{\partial e_j(k)}{\partial w}} \right\|$$

于是有

$$0 < \eta < \frac{2}{g_{\max}} \tag{3.34}$$

式(3.33)或式(3.34)就是保证 Elman 网络稳定的学习速率的取值范围。

3.3.4　对稳定性结论的分析

为了计算的简便,我们还可以对(3.33)式做进一步的近似简化。

若取:

$$\eta^{\mathrm{up}} = \frac{2\sum\limits_{i=1}^{r}\sum\limits_{j=1}^{r} e_i(k) \cdot e_j(k) \cdot \dfrac{\partial e_i(k)}{\partial w} \cdot \dfrac{\partial e_j(k)}{\partial w}}{\sum\limits_{i=1}^{r}\sum\limits_{j=1}^{r} (e_j(k) \cdot \dfrac{\partial e_i(k)}{\partial w} \cdot \dfrac{\partial e_j(k)}{\partial w})^2} \tag{3.35}$$

再令

$$c_i(k) = \frac{1}{e_i^2(k)}$$

$$t_{i+j}(k) = e_i(k) \cdot e_j(k) \cdot \frac{\partial e_i(k)}{\partial w} \cdot \frac{\partial e_j(k)}{\partial w}$$

则式(3.35)可化为

$$\eta^{\mathrm{up}} = \frac{2\sum\limits_{i=1}^{r^2} t_i(k)}{\sum\limits_{i=1}^{r^2} c_i(k)t_i^2(k)} \tag{3.36}$$

取$\|\cdot\|$表示 Euclidean 范数。令

$$c_{\min}(k) = \min_i \left\| \frac{1}{e_i^2(k)} \right\|$$

同时令

$$t_{\max}(k) = \max_{i,j} \left\| e_i(k) \cdot e_j(k) \cdot \frac{\partial e_i(k)}{\partial w} \cdot \frac{\partial e_j(k)}{\partial w} \right\|$$

$$= \max_i \left\| e_i^2(k) \cdot (\frac{\partial e_i(k)}{\partial w})^2 \right\|$$

则对式(3.36),有

$$\eta^{up} = \frac{2\sum\limits_{i=1}^{r^2} t_i(k)}{\sum\limits_{i=1}^{r^2} c_i(k)t_i^2(k)}$$

$$\leqslant \frac{2r^2 t_{max}(k)}{r^2 c_{min}(k)t_{max}^2(k)}$$

$$= \frac{2}{c_{min}(k)t_{max}(k)}$$

$$= \frac{2}{\min\limits_i \left\| \dfrac{1}{e_i^2(k)} \right\| \cdot \max \left\| e_i^2(k) \cdot \left(\dfrac{\partial e_i(k)}{\partial w}\right)^2 \right\|}$$

$$= \frac{2\max\limits_i \|e_i^2(k)\|}{\max \left\| e_i^2(k) \cdot \left(\dfrac{\partial e_i(k)}{\partial w}\right)^2 \right\|}$$

$$= \frac{2}{\max\limits_i \left\| \left(\dfrac{\partial e_i(k)}{\partial w}\right)^2 \right\|}$$

$$\leqslant \frac{2}{\max\limits_{i,k} \left\| \left(\dfrac{\partial e_i(k)}{\partial w}\right)^2 \right\|} \tag{3.37}$$

所以有

$$0 < \eta < \frac{2}{\max\limits_i \left\| \left(\dfrac{\partial e_i(k)}{\partial w}\right)^2 \right\|} \tag{3.38}$$

可以看到,相对于式(3.33),式(3.38)结果比较简单。在对精度要求不高的情况下,这种近似是合理的。

这里虽然是以 Elman 网络作为主要的研究对象,但在其推导过程中并没有涉及 Elman 网络具体的网络结构。上节所用到的 $w, e_i(k), E(k)$ 等变量,对一般的网络都是适用的。对于不同的网络结构,只是需要具体展开(3.33)式中的 $\dfrac{\partial e_i(k)}{\partial w}$ 这一项时,才可能会有不同的取值。因此,本节中有关递归网络稳定性的取值范围的结论同样适用于其他递归神经网络,如对角递归神经网络、记忆递归神经网络、有限脉冲响应神经网络等。所以说,式(3.33)就是一般递归神经网络稳定时学习速率的取值范围。在此基础之上,若要得到具体的学习速率,则要根据各个递归网络不同的网络结构、算法来求得。

学习速率在一般的神经网络中用来控制网络的学习速度,但在此处又与网络的稳定性有关。如果网络的学习速率满足条件式(3.33),则可以保证网络的稳定性;当稳定性条件不满足时,将导致系统不能正常地工作。在满足式(3.33)的情况下,我们还可以采取不同的方法来获得最佳学习速率。一种方法,我们可以选取的最佳学习速率为 $\eta^* = \dfrac{1}{g_{max}}$。有些文献中,对最佳学习速率的取值为 $\eta^* = \dfrac{\beta}{g_{max}+1}$,$0 < \beta < 2$。另外,还可以采用自适应学习速率:首先选定 $\eta(0)$,使其满足式(3.33),然后对于 k 时刻的学习速率的调整公式为:

$$\eta(k+1)=\begin{cases}1.05\eta(k), & E(k)\leqslant 0.99E(k-1)\\ 0.85\eta(k), & E(k)\geqslant 1.02E(k-1)\\ \eta(k), & 其他情况\end{cases}$$

如果一个递归网络有 k 层，已经取得 k 时刻各层的学习速率 $\eta^1(k),\eta^2(k),\cdots,\eta^n(k)$，要计算 $k+1$ 时刻网络各层的学习速率时，一共有两种方法。一种方法是按照上面所说，重新计算各层的学习速率：$\eta^1(k+1),\eta^2(k+1),\cdots,\eta^n(k+1)$。这种方法的优点是在保证网络稳定的情况下，能使网络迅速达到收敛，缺点是计算量较大。还有一种方法是取 k 时刻最小的学习速率，令 $\eta_{min}(k)=\min\{\eta^1(k),\eta^2(k),\cdots,\eta^n(k)\}$，在 $k+1$ 时刻，只对 k 时刻最小的学习速率重新计算，使 $\eta^1(k+1)=\eta^2(k+1)=\cdots=\eta^n(k+1)=\eta_{min}(k+1)$。这种方法的优点是计算简便，缺点是网络收敛速度较慢。所以采用何种改进方法需要视情况而定。

3.3.5　对角递归网络稳定时学习速率的确定

根据式(3.33)，对角网络是取 $i=1,j=1$ 的情况，此时可以得到网络稳定的学习速率的取值范围

$$0<\eta<\frac{2}{(\frac{\partial e(k)}{\partial w})^2}$$

① 如果令 $g_{max}^D=\max_k\left\|\frac{\partial e(k)}{\partial w}\right\|$，则有

$$0<\eta<\frac{2}{(g_{max}^D)^2}$$

这就是式(3.38)进一步的简化结论。

② 若令 $f1(x)=\frac{1-e^{-x}}{1+e^{-x}}$，$f2(x)=x$，可以求得输出层、关联层及隐含层的学习速率取值范围分别为

$$0<\eta^O<\frac{2}{n^1}$$

$$0<\eta^D<\frac{2}{n^1(w_{max}^1)^2}$$

$$0<\eta^I<\frac{2}{n^1(w_{max}^1 x_{max}^0)^2}$$

之所以得到这样的结果，与 $\frac{\partial e(k)}{\partial w}$ 的取值有关。限于篇幅，详细的推导请查阅相关文献。实际应用中，各层的学习速率分别取最佳值为

$$\eta_{opt}^O=\frac{1}{n^1}$$

$$\eta_{opt}^D=\frac{1}{n^1(w_{max}^1)^2}$$

$$\eta_{opt}^I=\frac{1}{n^1(w_{max}^1 x_{max}^0)^2}$$

3.3.6　本节小结

本节对 Elman 网络进行了在线学习算法的推导,重点对该网络的稳定性进行了详尽的分析,得到了网络稳定时学习速率的取值范围。在此基础之上,对所得结论进行了简化。同时,由式(3.33)还可以得到最佳的学习速率,更重要的是,式(3.33)的结论可以推广到一般的递归神经网络。所以,虽然是对 Elman 网络稳定性的推导,但其实质就是对一般递归神经网络稳定性的分析。

3.4　对角递归神经网络

已有的研究表明,递归神经网络的稳定性与其学习速率有关。而有关递归神经网络学习速率的选择至今没有一个实用的公式,文献中一般只是给出一个复杂的理论结果。本节将通过理论推导,并与实验分析相结合,力图通过对一类典型的递归神经网络——对角递归神经网络的分析与研究,来揭示一般递归神经网络的动态特性,推导网络在不同情况下的学习速率的确切取值范围。

由于网络的稳定性与学习速率有关,所以落实到具体的情况,就变为选取一个合适的学习速率的范围,使该网络能迅速收敛,同时又能保证该网络稳定性。本节所做的研究立足于实用性和可操作性:使设计者对于给定的建模系统,采用本节所提出的设计方法,可以根据从具体系统中获得的数据,来确保网络稳定的学习速率的取值范围。

3.4.1　网络结构及其输入输出关系式

对角递归神经网络(Diagonal Recurrent Neural Networks)是一种结构最简单的局部递归型网络,或者更具体地说,它是一种最简单的局部输出反馈型前向递归神经网络,它只有一个隐含层。一个多输入单输出对角递归神经网络的结构图如图 3.41 所示。

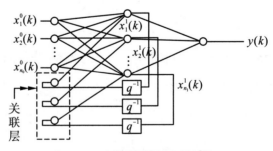

图 3.41　对角递归神经网络结构图

对角递归网络结构表达式为

输入层

$$x_j^0(k) = x_j(k), \quad j = 1, 2, \cdots, n_0 \tag{3.39}$$

隐含层

$$\begin{cases} s_i^1(k) = \sum_{j=1}^{n_0} w_{ij}^0 x_j^0(k) + w_i^2 c_i(k) \\ x_i^1(k) = f(s_i^1(k)) \end{cases}, \quad i = 1, 2, \cdots, n_1 \tag{3.40}$$

关联层

$$\begin{cases} s_i^2(k) = x_i^1(k-1) \\ c_i(k) = s_i^2(k) \end{cases}, \quad i = 1, 2, \cdots, n_1 \tag{3.41}$$

输出层

$$y(k) = \sum_{i=1}^{n_1} w_i^1 x_j^1(k) \tag{3.42}$$

其中，$x_i^0(k)$ 为递归网络第 i 个节点的输入；$s_i^1(k)$，$x_i^1(k)$ 分别表示隐含层第 i 个节点的输入及输出；$s_i^2(k)$，$c_i(k)$ 分别表示关联层第 i 个节点的输入及输出；n_0 为输入层节点数；n_1 为隐含层节点数；$y(k)$ 表示输出层节点的输出；$f(\cdot)$ 表示隐含层的激活函数；w_{ij}^0，w_i^2，w_i^1 分别表示隐含层、关联层和输出层的连接权值。

对角递归网络进行训练一般可采用基于梯度下降法的在线训练算法。令网络输出层节点误差为

$$e(k) = d(k) - y(k) \tag{3.43}$$

其中，$d(k)$ 为网络的期望输出，$y(k)$ 为网络实际输出。

通过计算，可得对角递归网络输出层节点误差 $e(k)$ 对各层的权值的变化率为

$$-\frac{\partial e(k)}{\partial w_i^1} = x_i^1(k) \tag{3.44}$$

$$\begin{cases} -\dfrac{\partial e(k)}{\partial w_{ij}^0} = w_i^1 \cdot f'(s_i^1(k)) \cdot \beta_{ij}(k) \\ \beta_{ij}(k) = x_j^0(k) + w_i^2 \cdot f'(s_i^1(k-1)) \cdot \beta_{ij}(k-1) \end{cases} \tag{3.45}$$

其中，$\beta_{ij}(0) = 0$；$i = 1, 2, \cdots, n_1$；$j = 1, 2, \cdots, n_0$。

$$\begin{cases} -\dfrac{\partial e(k)}{\partial w_i^2} = w_i^1 \cdot f'(s_i^1(k)) \cdot \delta_i(k) \\ \delta_i(k) = x_i^1(k-1) + w_i^2 \cdot f'(s_i^1(k-1)) \cdot \delta_i(k-1) \end{cases} \tag{3.46}$$

其中，$\delta_i(0) = 0$；$i = 1, 2, \cdots, n_1$。

网络权值的修正公式为：

$$w(k+1) = w(k) + \eta \cdot e(k) \cdot \left(-\frac{\partial e(k)}{\partial w} \right) \tag{3.47}$$

其中，$w(k)$ 可为 w_{ij}^0、w_i^1 或 w_i^2。

3.4.2　网络的稳定性分析

1. 已有的网络稳定性结论

一般而言，通过推导可以得到递归神经网络稳定时学习速率的取值范围：

$$0 < \eta < \frac{2}{\max\limits_k \left\| \left(\dfrac{\partial e(k)}{\partial w} \right)^2 \right\|} \tag{3.48}$$

如果令 $\eta_{\max} = \dfrac{2}{\max\limits_{k}\left\|(\frac{\partial e(k)}{\partial w})^2\right\|}$，由于网络的 $\dfrac{\partial e(k)}{\partial w}$ 是随 k 值变化而动态变化的一个值，一般只有在每一个 k 的过程中获得所有值之后，通过比较才可能计算出学习速率的最大值 $\eta_{\max}$，所以，要想具体确定网络的 $\eta_{\max}$ 值是一件非常麻烦的事。但是在网络工作之前，设计者必须确定网络的学习速率：网络的学习速率定得太小，可能导致太长的训练时间；太大又可能导致系统的不稳定而不能正常训练，达不到期望的训练精度，甚至不能正常工作。尤其是对于递归网络，不稳定问题显得特别地突出：只要设计者所选择的学习速率不合适，就有可能使得网络在工作过程中不满足网络的稳定性条件，从而导致不能令人满意的工作结果。

以往的研究工作中，人们通常凭经验来选取学习速率以保证其稳定性。虽然已有人利用式(3.48)来获得网络稳定情况下的自适应学习速率，但对其初始学习速率的选取仍无理论依据。

我们的研究目标就是在式(3.48)结论的基础上，推导出易于操作和确定的 $\eta_{\max}$ 值。具体方法是将网络稳定性的条件转化为网络输入、网络层输出、隐含层节点数与隐含层输出的取值范围来确定。这里取 $\|\cdot\|$ 表示欧几里得(Euclidean)范数。令：$w_{\max}^2 = \max\limits_{i}\|w_i^2\|$，$x_{j,\max}^0 = \max\limits_{k}\|x_j^0(k)\|$，$x_{\max}^0 = \max\limits_{j}\|x_{j,\max}^0\|$，$s_{i,\max}^1 = \max\limits_{k}\|s_i^1(k)\|$，$s_{\max}^1 = \max\limits_{i}\|s_{i,\max}^1\|$，$x_{i,\max}^1 = \max\limits_{k}\|x_i^1(k)\|$，$x_{\max}^1 = \max\limits_{i}\|x_{i,\max}^1\|$。分别令输出层、关联层及隐含层的学习速率为 η^O, η^D, η^I。同时根据已有的研究结果，假设 $w_{\max}^2 \leqslant 1$。

2. 输出层学习速率取值范围的确定

首先，将式(3.44)代入式(3.48)，可以得到网络输出层权值 w_i^1 更新时，学习速率的取值范围为

$$0 < \eta_i^O < \frac{2}{(x_{i,\max}^1)^2} \tag{3.49}$$

则得到输出层的学习速率：

$$0 < \eta^O < \frac{2}{(x_{\max}^1)^2}$$

令 $p = (x_{\max}^1)^2$，由于 $x_i^1(k)$ 是具有 S 型激活函数的网络隐含层的输出，所以有 $0 \leqslant p \leqslant 1$。令

$$g(p) = \frac{1}{p} \tag{3.50}$$

由式(3.50)，可以取输出层学习速率最大值 $\eta_{\max}^O$ 为

$$\eta_{\max}^O = 2g(p) \tag{3.51}$$

最后得到网络输出层的学习速率的取值范围：

$$0 < \eta^O < \eta_{\max}^O \tag{3.52}$$

式(3.52)就是能够保证网络稳定的输出层学习速率 η^O 的条件，换句话说，当 $\eta^O \geqslant \eta_{\max}^O$ 时，网络发散。

3. 隐含层学习速率取值范围的确定

由于表示网络隐含层输入、输出关系的(3.45)式中存在递归形式，首先需将式(3.45)进行迭代：

$$\beta_{ij}(k) = x_j^0(k) + w_i^2 \cdot f'(s_i^1(k-1)) \cdot \beta_{ij}(k-1)$$
$$= x_j^0(k) + w_i^2 \cdot f'(s_i^1(k-1)) \cdot x_j^0(k-1) + (w_i^2)^2$$
$$\cdot f'(s_i^1(k-1)) \cdot f'(s_i^1(k-2)) \cdot \beta_{ij}(k-2)$$
$$\cdots\cdots$$
$$= \sum_{m=0}^{k-1} (x_j^0(k-m) \cdot (w_i^2)^m \cdot \prod_{l=1}^{m} f'(s_i^1(k-l)))$$

令 $f'_{i,\max} = \max_{k} \| f'(s_i^1(k)) \|$，则有

$$\beta_{ij}(k) \leqslant \sum_{m=0}^{k-1} x_{j,\max}^0 \cdot (w_i^2)^m \cdot (f'_{i,\max})^m$$

因为 $f'_{i,\max} \leqslant \dfrac{1}{2}$，$w_i^2 \leqslant 1$，所以 $w_i^2 \cdot f'_{i,\max} \leqslant \dfrac{1}{2} < 1$，因而当 k 较大时，等比数列求和的近似结果为

$$\sum_{m=0}^{k-1} x_{j,\max}^0 \cdot (w_i^2)^m \cdot (f'_{i,\max})^m \approx \frac{x_{j,\max}^0}{1 - w_i^2 \cdot f'_{i,\max}}$$

由此可得

$$\beta_{ij}(k) \leqslant \frac{x_{j,\max}^0}{1 - w_i^2 \cdot f'_{i,\max}} \tag{3.53}$$

将(3.53)式代入(3.45)式，可得

$$-\frac{\partial e(k)}{\partial w_{ij}^0} \leqslant w_i^1(k) \cdot f'(s_i^1(k)) \cdot \frac{x_{j,\max}^0}{1 - w_i^2 \cdot f'_{i,\max}} \tag{3.54}$$

此时，再将(3.54)式代入(3.48)式，可以得到隐含层权值 w_{ij}^0 更新时该层学习速率的稳定范围为

$$0 < \eta_{ij}^1 < \frac{2}{\max_{k} \left\| (w_i^1 \cdot f'(s_i^1(k)) \cdot \dfrac{x_{j,\max}^1}{1 - w_i^2 \cdot f'_{i,\max}})^2 \right\|}$$

取 $w_{i,\max}^1 = \| w_i^1 \|$，则有

$$0 < n_{ij}^1 < \frac{2(1 - w_i^2 \cdot f'_{i,\max})^2}{(w_{i,\max}^1 \cdot x_{j,\max}^0 \cdot f'_{i,\max})^2} \tag{3.55}$$

令 $f'_{\max} = \max_{i} \| f'_{i,\max} \|$，$w_{\max}^1 = \max_{i} \| w_{i,\max}^1 \|$，则隐含层学习速率取值范围为

$$0 < \eta^1 < \frac{2(1 - w_{\max}^2 \cdot f'_{\max})^2}{(x_{\max}^0 \cdot w_{\max}^1 \cdot f'_{\max})^2}$$

取

$$\eta_{\max}^1 = \frac{2(1 - w_{\max}^2 \cdot f'_{\max})^2}{(x_{\max}^0 \cdot w_{\max}^1 \cdot f'_{\max})^2} \tag{3.56}$$

在 $\eta_{\max}^1$ 中，$x_{\max}^0$，$f'_{\max}$，$w_{\max}^2$ 的取值范围均已知，只有 $w_{\max}^1$ 未知。可以通过求取 $w_{\max}^1$ 的边界，来得到 $\eta_{\max}^1$ 的上界 $\overline{\eta_{\max}^1}$ 与下界 $\underline{\eta_{\max}^1}$。

(1) 隐含层学习速率最大值上界 $\overline{\eta_{\max}^1}$ 的确定

由网络输出层的输入/输出表达式(3.42)式可知，若输出层任意权值 $w_i^1 (i = 1, 2, \cdots, n_1)$ 同号，则可以得到

$$\sum_{i=1}^{n_1} \| w_i^1 \| \cdot \| x_i^1(k) \| \geqslant \| y(k) \|$$

若令 $y_{max} = \max\limits_k \|y(k)\|$，则有 $\sum\limits_{i=1}^{n_1} w_{i,max}^1 x_{i,max}^1 \geqslant y_{max}$，进一步有 $\sum\limits_{i=1}^{n_1} w_{max}^1 x_{max}^1 \geqslant y_{max}$，可得

$$w_{max}^1 \geqslant \frac{y_{max}}{n_1 \cdot x_{max}^1} \tag{3.57}$$

将式(3.57)代入式(3.56)，有

$$\eta_{max}^{\mathrm{I}} \leqslant \frac{2(1 - w_{max}^2 \cdot f_{max}')^2}{\left(x_{max}^0 \cdot \dfrac{y_{max}}{n_1 \cdot x_{max}^1} \cdot f_{max}'\right)^2}$$

$$\leqslant \frac{8(n_1)^2}{(x_{max}^0 \cdot y_{max})^2} \cdot \frac{(x_{max}^1)^2}{(1 - (x_{max}^1)^2)^2}$$

$$= \frac{8(n_1)^2}{(x_{max}^0 \cdot y_{max})^2} \cdot \frac{p}{(1-p)^2}$$

令 $h(p) = \dfrac{p}{(1-p)^2}$，则有

$$\eta_{max}^{\mathrm{I}} \leqslant \frac{8(n_1)^2}{(x_{max}^0 \cdot y_{max})^2} \cdot h(p)$$

取：

$$\overline{\eta_{max}^{\mathrm{I}}} \leqslant \frac{8(n^1)^2}{(x_{max}^0 \cdot y_{max})^2} \cdot h(p) \tag{3.58}$$

如此，得到了 η_{max}^{I} 的上界 $\overline{\eta_{max}^{\mathrm{I}}}$。

（2）隐含层学习速率最大值下界 $\underline{\eta_{max}^{\mathrm{I}}}$ 的确定

同理，根据式(3.42)，若输出层中的权值不全部同号，假定只有一个节点（第 i 个）的权值 w_i^1 与同层中的其他任意节点权值 $w_j^1 (j=1,2,\cdots,i-1,i+1,\cdots,n_1)$ 是异号的情况，我们可以得到

$$\|w_i^1\| \cdot \|x_j^1(k)\| - \sum\limits_{j=1,j\neq i}^{n_1} \|w_i^1\| \cdot \|x_j^1(k)\| \leqslant \|y(k)\|$$

当出现多个异号的情况时，上式同样成立。进一步的，此时可以有

$$w_{i,max}^1 x_{i,max}^1 - \sum\limits_{j=1,j\neq i}^{n_1} w_{j,max}^1 x_{j,max}^1 \leqslant y_{max}$$

设当 $j \neq i$ 时，有 $w_{j,max}^1 x_{j,max}^1 \leqslant y_{max}$，那么 $w_{i,max}^1 x_{i,max}^1 \leqslant y_{max} + (n^1 - 1) \cdot y_{max}$，所以近似有：

$$w_{max}^1 \leqslant \frac{n_1 \cdot y_{max}}{x_{max}^1} \tag{3.59}$$

将式(3.59)代入式(3.56)，有

$$\underline{\eta_{max}^1} = \frac{2}{(n_1)^2 \cdot (x_{max}^0 \cdot y_{max})^2} \cdot h(t)$$

$$\geqslant \frac{2}{(n_1 \cdot (x_{max}^0 \cdot y_{max}))^2} \cdot \frac{(x_{max}^1)^2}{(1 - (x_{max}^1)^2)^2} \tag{3.60}$$

$$= \frac{2}{(n_1)^2 \cdot (x_{max}^0 \cdot y_{max})^2} \cdot \frac{p}{(1-p)^2}$$

$$= \frac{2}{(n^1)^2 \cdot (x_{max}^0 \cdot y_{max})^2} \cdot h(p)$$

取

$$\eta^{\mathrm{I}}_{\max} = \frac{2}{(n_1)^2 \cdot (x^0_{\max} \cdot y_{\max})^2} \cdot h(p)$$

综合式(3.58)和式(3.60),有

$$\underline{\eta^{\mathrm{I}}_{\max}} \leqslant \eta^{\mathrm{I}}_{\max} \leqslant \overline{\eta^{\mathrm{I}}_{\max}} \qquad (3.61)$$

其中,$\underline{\eta^{\mathrm{I}}_{\max}}$、$\overline{\eta^{\mathrm{I}}_{\max}}$分别是$\eta^{\mathrm{I}}_{\max}$的下界和上界。

4. 关联层学习速率的取值范围

关联层学习速率的推导与隐含层学习速率的推导类似。

首先是对式(3.47)进行迭代,有

$$\delta_i(k) = \sum_{m=0}^{k-1} (x^1_i(k-1-m) \cdot (w^2_i)^m \cdot \prod_{l=1}^{m} f'(s^1_i(k-l)))$$

类似地,可以推导出$\delta_i \leqslant \dfrac{x^1_{i,\max}}{1 - w^2_i \cdot f'_{i,\max}}$,则有

$$-\frac{\partial e(k)}{\partial w^2_i} \leqslant w^1_i(k) \cdot f'(s^1_i(k)) \cdot \frac{x^1_{i,\max}}{1 - w^2_i \cdot f'_{i,\max}} \qquad (3.62)$$

将式(3.62)代入式(3.48),得

$$0 < \eta^{\mathrm{D}}_i < \frac{2}{\max\limits_{k} \left\| (w^1_i \cdot f'(s^1_i(k)) \cdot \dfrac{x^1_{i,\max}}{1 - w^2_i \cdot f'_{i,\max}})^2 \right\|}$$

于是有

$$0 < \eta^{\mathrm{D}}_i < \frac{2(1 - w^2_i \cdot f'_{i,\max})^2}{(w^1_{i,\max} \cdot x^1_{i,\max} \cdot f'_{i,\max})^2} \qquad (3.63)$$

则关联层学习速率的取值范围为

$$0 < \eta^{\mathrm{D}} < \frac{2(1 - w^2_{\max} \cdot f'_{\max})^2}{(x^1_{\max} \cdot w^1_{\max} \cdot f'_{\max})^2}$$

取:

$$\eta^{\mathrm{D}}_{\max} = \frac{2(1 - w^2_{\max} \cdot f'_{\max})^2}{(x^1_{\max} \cdot w^1_{\max} \cdot f'_{\max})^2} \qquad (3.64)$$

同样的,我们来求$\eta^{\mathrm{D}}_{\max}$的上界$\overline{\eta^{\mathrm{D}}_{\max}}$与下界$\underline{\eta^{\mathrm{D}}_{\max}}$。

(1) 关联层学习速率最大值上界$\overline{\eta^{\mathrm{D}}_{\max}}$的确定

将式(3.57)代入式(3.64),有

$$\eta^{\mathrm{D}}_{\max} \leqslant \frac{2(1 - w^2_{\max} \cdot f'_{\max})^2}{(x^1_{\max} \cdot \dfrac{y_{\max}}{n_1 \cdot x^1_{\max}} f'_{\max})^2}$$

$$\leqslant \frac{8(n_1)^2}{(y_{\max})^2} \cdot \frac{1}{(1 - (x^1_{\max})^2)^2}$$

$$= \frac{8(n_1)^2}{(y_{\max})^2} \cdot \frac{p}{(1-p)^2} \cdot \frac{1}{p}$$

$$= \frac{8(n_1)^2}{(y_{\max})^2} \cdot g(p) \cdot h(p)$$

类似地,我们取

$$\overline{\eta^{\mathrm{D}}_{\max}} = \frac{8(n_1)^2}{(y_{\max})^2} \cdot g(p) \cdot h(p) \qquad (3.65)$$

（2）关联层学习速率最大值下界 $\overline{\eta^{\mathrm{D}}_{\max}}$ 的确定

将式（3.59）代入式（3.64），有

$$\overline{\eta^{\mathrm{D}}_{\max}} \geqslant \frac{2(1-w^2_{\max} \cdot f'_{\max})^2}{(x^1_{\max} \cdot \dfrac{n_1 \cdot y_{\max}}{x^1_{\max}} \cdot f'_{\max})^2}$$

$$\geqslant \frac{2}{(n_1)^2 \cdot (y_{\max})^2} \cdot \frac{(x^1_{\max})^2}{(x^1_{\max})^2(1-(x^1_{\max})^2)^2}$$

$$= \frac{2}{(n_1)^2 \cdot (y_{\max})^2} \cdot \frac{1}{(1-p)^2}$$

$$\geqslant \frac{2}{(n_1)^2 \cdot (y_{\max})^2}$$

我们可以取

$$\eta^{\mathrm{D}}_{\max} = \frac{2}{(n_1)^2 \cdot (y_{\max})^2} \tag{3.66}$$

综合式（3.64）和式（3.66），有

$$\eta^{\mathrm{D}}_{\max} \leqslant \eta^{\mathrm{D}}_{\max} \leqslant \overline{\eta^{\mathrm{D}}_{\max}} \tag{3.67}$$

3.4.3　进一步的讨论

1. 对于变量 p 的说明

在上一节中，我们定义 $p=(x^1_{\max})^2$，并有关于 p 的两个函数：$g(p)=\dfrac{1}{p}$，$h(p)=\dfrac{p}{(1-p)^2}$，$p \in [0,1]$，现在分别讨论两种极端的情况：

① 如果 $p \to 0$，此时有 $\lim\limits_{p \to 0} g(p)=\infty$，结合式（3.52），得到 η^{O} 取值范围为：$0 < \eta^{\mathrm{O}} < +\infty$。

实际上，当 $p=0$ 时，隐含层输出为 0，我们在前面定义 $p=(x^1_{\max})^2$，由此，对于任意 k，有 $x^0_j(k) \equiv 0$。此时不论输出层权值如何变化，网络输出总为 0，权值大小不起作用，从而学习速率对权值的调节失去意义。事实上，在实际的网络训练中，总存在 $\varepsilon > 0$，使得 $p \geqslant \varepsilon$。

② 如果 $p \to 1$，此时有 $\lim\limits_{p \to 1} h(p)=+\infty$，易得：$0 < \eta^{\mathrm{I}} < +\infty$ 和 $0 < \eta^{\mathrm{D}} < +\infty$，即隐含层与关联层的学习速率不受大小限制。考虑到递归网络的实际含义，此时，隐含层的节点输出趋近于饱和，隐含层的激活函数丧失非线性特性，网络训练过程变得十分缓慢。这种情况下，学习速率的调节不起作用。

为了避免这一现象的发生，我们可以对输出期望做出调整，当存在 $\varepsilon' > 0$ 时，使得网络隐含层的神经元输出不为饱和：$p \leqslant 1-\varepsilon'$。

综合①、②，在递归网络的训练中，总是有

$$0 < p < 1 \tag{3.68}$$

对递归网络的训练而言，一旦给定网络随机初始权值，对应的 $x^1_{\max}$ 也固定，此时，网络有唯一确定的 p，结合式（3.68），它的取值为

$$p=C \tag{3.69}$$

其中，C 为常数，且有 $0 < C < 1$。

2. 学习速率与网络稳定性关系的总结

（1）学习速率对网络稳定性的影响

综合式（3.48）、（3.52）、（3.61）和（3.67），我们可以总结出递归神经网络各层学习速率与网络稳定性之间的关系，如表 3.3 所示。

表 3.3　学习速率取值对网络稳定性的影响

	网络一定稳定	网络可能稳定	网络趋于发散
输出层学习速率	$(0, \eta_{max}^O)$	—	$(\eta_{max}^O, +\infty)$
隐含层学习速率	$(0, \eta_{max}^I)$	$(\eta_{max}^I, \overline{\eta_{max}^I})$	$(\overline{\eta_{max}^I}, +\infty)$
关联层学习速率	$(0, \eta_{max}^D)$	$(\eta_{max}^D, \overline{\eta_{max}^D})$	$(\overline{\eta_{max}^D}, +\infty)$

由表 3.3 可知：

① 当输出层、隐含层和关联层学习速率分别在下列范围内选取时，即 $0 < \eta^O < \eta_{max}^O$，$0 < \eta^I < \eta_{max}^I$，$0 < \eta^D < \eta_{max}^D$，网络是稳定的。

② 当取 $\overline{\eta_{max}^I} < \eta^I < +\infty$，$\overline{\eta_{max}^D} < \eta^D < +\infty$ 及 $\eta_{max}^O < \eta^O < +\infty$ 时，网络是发散的。

③ 当取 $\eta_{max}^I \leqslant \eta^I \leqslant \overline{\eta_{max}^I}$ 或 $\eta_{max}^D \leqslant \eta^D \leqslant \overline{\eta_{max}^D}$ 时，网络可能稳定也可能发散。

（2）学习速率极限值的具体取法

表 3.3 中的 η_{max}^O、η_{max}^I、$\overline{\eta_{max}^I}$、η_{max}^D 和 $\overline{\eta_{max}^D}$ 可分别由式（3.51）、（3.58）、（3.60）、（3.64）、（3.66）计算。其中用到的参量有 n_1、x_{max}、y_{max} 及 p，根据前面的定义，它们分别指网络隐含层节点数、网络输入的上限值、网络所有输出的上限值及隐含层输出的上限值。

由于在训练网络前，网络结构已确定，所以 n_1 自然可确定。而一般的非线性动态系统都为有界输入和输出系统，在运用递归网络对其进行建模时，x_{max}^0 可根据动态系统的输入获得。在训练充分的情况下，y_{max} 可近似为动态系统输出的上限值。p 的取值可由式（3.69）所确定。

（3）学习速率取值区间的意义

情况①中的学习速率，固然能保证网络的稳定性，但学习速率的数值较小，使得网络训练速度较慢。

情况②中的学习速率，可以使网络训练速度加快，但网络迅速趋于发散。

情况③中的学习速率，则有可能在保证网络稳定性的前提下，使网络迅速收敛。网络最优的学习速率应该是满足情况③中的学习速率要求。

3. 自适应学习速率

以上的推导过程，都是对固定学习速率而言，可将其推广到自适应学习速率的取值范围中去。为简单起见，这里的 η 指上一节中的 η^O、η^D 和 η^I。

（1）初始值 $\eta(0)$ 的选择

自适应学习速率的初始值 $\eta(0)$ 应满足表 3.3 中第一列——网络一定稳定情况下的要求。分别根据式（3.51）、（3.60）和（3.66），在 0 到所得到的各层最大下限学习速率之间进行取值：$0 < \eta(0) < \eta_{max}$。

（2）学习速率的调整公式

选择好学习速率的初始值后，如何选择学习速率的调整公式，有各种各样的方法。结合

已有自适应学习速率的调节方法,我们可以做进一步的推导:

$$
\eta(n+1)=\begin{cases} \min(1.05\eta(n),\kappa\overline{\eta_{\max}}), & avE(n)\leqslant avE(n-1) \\ 0.85\eta(n), & avE(n)\geqslant 1.02E(n-1) \\ \eta(n), & \text{其他情况} \end{cases} \tag{3.70}
$$

其中,$0<\kappa<1$,n 为样本集的训练次数,avE 指一次训练中的平均误差。实际中,根据学习算法的要求,隐含层与关联层学习速率不能过大,所以 κ 取较小值。

（3）学习速率的调整次序

由于需调节的学习速率有 3 个,若我们采用式(3.70)同时对 η^{O}、η^{D} 和 η^{I} 进行调节,三者只能同时增大或减小,而实际上 η^{O}、η^{D} 和 η^{I} 的调节应是相互独立的。所以,当采用式(3.70)同时对三层不同学习速率进行调节时,网络训练结果必然不理想。

一种可行的解决方法就是对各层学习速率按照次序分时段进行自适应调节,此时,各个学习速率的调节就相对独立。当训练次数较多时,自适应学习速率可接近最佳学习速率。

3.4.4　数值实例

【例 3.11】　考虑一个非线性动态系统模型:

$$
\begin{cases} d(k+1)=1.532d(k)-0.845d(k-1)+0.24r(k)+\dfrac{0.04r^2(k)}{1+d^2(k)} \\ r(k)=0.3\sin(\dfrac{2\pi k}{15})+0.5\sin(\dfrac{2\pi k}{25})+0.23\sin(\dfrac{2\pi k}{50}) \end{cases}
$$

其中,r 为系统的输入变量,d 为输出变量。

我们采用对角递归神经网络对此系统进行动态建模,网络结构为 2-5-1。取网络输入为 $r(k)$ 和 $d(k)$,隐含层节点数为 5 个,网络输出为 $y(k)$。如此,得 $n_0=2$,$n_1=5$。由给定的系统得到输入输出的上限值:

$$
r_{\max}=\max_{k}\left\|r(k)\right\|=1, \quad d_{\max}=\max_{k}\left\|d(k)\right\|=1.5
$$

则对应的递归网络的输入输出的上限值为

$$
x_{\max}^{0}=\max(r_{\max},d_{\max})=1.5, \quad y_{\max}\approx d_{\max}=1.5
$$

网络隐含层输出绝对值的上限值 $x_{\max}^{1}$ 与网络的初始权值有关。考虑极端情况:$x_{\max}^{1}=0.3$ 和 $x_{\max}^{1}=0.9$。对应的 p 值 0.09 和 0.81,满足式(3.69)要求。根据前面所给出的方法进行计算,可得与表 3.3 对应的两张不同表格。然后根据交并集原则,再将两个表格合并,便可得到各层学习速率的上下界取值范围以及学习速率取值与网络稳定性的关系,如表 3.4 所示。

表 3.4　仿真实验中学习速率取值与网络稳定性的关系

	网络一定稳定	网络可能稳定	网络趋于发散
输出层学习速率	$(0,2.47)$	$[2.47,22.22)$	$[22.22,+\infty)$
隐含层学习速率	$(0,1.7\times10^{-3})$	$[1.7\times10^{-3},886)$	$[886,+\infty)$
关联层学习速率	$(0,0.036)$	$[0.036,2.5\times10^{3})$	$[2.5\times10^{3},+\infty)$

对理论分析所得到的稳定的学习速率的取值进行网络的实际训练,训练样本取为 100,

训练次数 $epoch=150$。

① 分别在表 3.4 所确定的 3 种不同的范围内选定符合要求的学习速率：

a. 一定稳定，$\{\eta^O, \eta^I, \eta^D\} = \{0.5, 0.0015, 0.03\}$；

b. 可能稳定，$\{\eta^O, \eta^I, \eta^D\} = \{3.0, 0.05, 0.1\}$；

c. 趋于发散，$\{\eta^O, \eta^I, \eta^D\} = \{25, 0.05, 0.1\}$。

设计 3 个网络，各层学习速率按以上三种情况依次选取，分别命名为网络Ⅰ、网络Ⅱ、网络Ⅲ。

分别对网络Ⅰ、Ⅱ、Ⅲ进行训练，各取 3 组 ±1 之间的随机初始权值。图 3.42(a)给出了网络Ⅰ在 3 组不同随机初始权值下训练获得的 3 组平均误差曲线 avEa1、avEa2、avEa3，从图中可以看出，3 个任意初始权值的网络均能够得到收敛的结果，即此时任意给定递归网络的初始权值，网络都是稳定的。对网络Ⅱ，同样任意选取 3 组初始权值对网络进行训练，得到的网络误差曲线如图 3.42(b)所示，从中可以看出，其中两次训练的误差曲线 avEb1 和 avEb3 是收敛的，而 avEb2 表现出发散的趋势。对网络Ⅲ，任意给定网络的初始权值，网络误差在几个训练次数内迅速发散到无穷大，这里就不再给出图表。

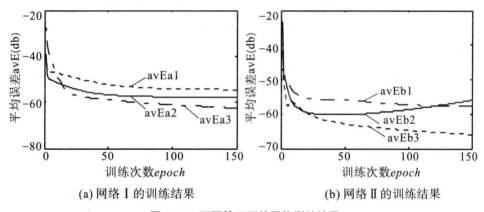

(a) 网络Ⅰ的训练结果　　　　　　(b) 网络Ⅱ的训练结果

图 3.42　不同情况下的网络训练结果

② 选定图 3.42(a)中最优曲线 avEa3 的初始权值，采用自适应学习速率 η_a 重新对网络进行训练。自适应学习速率的初始值与固定学习速率相同，取 $\kappa=0.001$，在训练次数 $epoch=1\sim50$ 内自适应调节 η^O，在训练次数 $epoch=51\sim100$ 内自适应调节 η^I，最后在训练次数 $epoch=101\sim105$ 内自适应调节 η^D。训练结果如图 3.43 所示，其中，avEc1(也就是 avEa3)为固定学习速率的误差曲线；avEc2 为训练后所得的误差曲线。从图 3.43 中可见，采用自适应学习速率后，误差明显降低了。

③ 同样选定图 3.42(a)中最优曲线 avEa3 的初始权值，人工按照首先调节 η^O，再调节 η^I，最后调节 η^D 的顺序对网络进行训练，可以得到网络稳定时的最优学习速率，分别为：$\eta^O_{\text{opt}}=3.8, \eta^I_{\text{opt}}=0.001, \eta^D_{\text{opt}}=0.028$。其平均误差曲线为图 3.43 中的 avEc3。由图 3.43 可见，采用人工调节最佳学习速率，比未调节前的曲线 avEc1 在精度上大大提高了。而曲线 avEc2 和 avEc3 的最后精度相当，在过程上有些差别，这是因为自动调节的过程是在训练过程中进行，并在本例中所给的 150 次训练时完成；而 avEc3 是人工调节完成后的误差曲线。

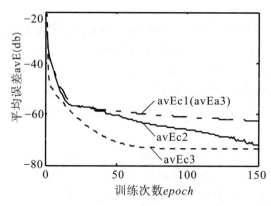

图 3.43　学习速率分别为固定、人工调节、自适应调节的网络训练结果

3.4.5　本节小结

本节根据对角递归神经网络中学习速率与网络稳定性的关系,推导出神经网络输出层、隐含层及关联层学习速率具体的取值区间,共分为三种情况:网络一定稳定、网络可能稳定、网络一定发散。这样做的意义在于:如果给定某一动态系统,需用递归神经网络对其进行系统辨识与控制时,可以在保证网络稳定的前提下,确定网络各层学习速率的确切范围。在此基础之上,给出了自适应学习速率及手工调节最优学习速率的有效调整方法。

3.5　局部递归神经网络

PID 控制器是自动控制领域中应用时间最长、范围最广、对线性系统控制效果较好且设计也相对简单的一种深受多领域普遍接受和使用的控制器。由于实际被控系统所存在(或具有)的复杂性和不可知性,使得固定参数的 PID 控制器在很多情况下不能令人十分满意。结合多种先进控制策略与控制器,各种在线调节 PID 参数的控制方法不断被提出来,使用人工神经网络调节 PID 参数就是其中的一种可行方案。神经网络以其自身的自调整、自适应的能力而被人们应用于不同的场合,用神经网络进行参数辨识和建模以及控制器的设计已比较普遍。与一般控制器的设计方法不同,神经网络的参数通常不是通过计算,而是通过对样本的训练而获得。尽管神经网络有诸多优点,但它却存在着网络结构较复杂、没有明确的物理意义、初始权值对结果影响较大以及需要确定包括学习速率在内的众多参数等不利因素,这些都使得真正设计出一个令人满意的神经网络并不是一件容易的事情。如何能够设计出网络结构简单且具有明确物理意义的神经网络一直是具有挑战性的课题。本节我们将把 PID 控制器的优点与神经网络的优点相结合,创建一个 PID 型神经网络控制器(简称 PIDNNC),具体地说,所创建的控制器是一个神经网络,因此它具有自适应地调整网络权值的功能,而且该网络的结构由多变量输入的 PID 功能组成:网络隐含层为混合的局部递归网络结构;网络权值具有明确的比例、微分和积分计算的意义,设计者只要根据被控变量的数目就可以设计出网络的结构,并通过对网络权值的在线修正来自动调整由系统参数和环境变化所引起的控制器参数的变化。

3.5.1　PIDNNC 的设计

1. PIDNNC 的结构图

通过深入分析 PID 控制器的算式及其功能,以及各种递归神经网络的结构特点,我们综合了两者的优点,创建了一种具有 PID 结构的神经网络控制器,网络结构如图 3.44 所示。该控制器由 s 个输入节点 $e_j(j=1,2,\cdots,s)$,1 个输出节点 y 和 3 个隐含层节点组成。隐含层与输出层的激活函数均为线性函数,在隐含层的输入端和输出端分别存在部分自递归回路,其中,隐含层的第一个节点 a_1 具有输出反馈,它是通过将节点的输出进行单位延时反馈到该节点的加权求和节点 n_1 实现的;隐含层的第三个节点 a_3 带有激活反馈,它是通过将该节点的加权求和节点 n_3 的输出进行负单位延时再反馈到该加权求和节点 n_3 的输入实现的;隐含层的第二个节点 a_2 为不带有任何反馈的常规节点。

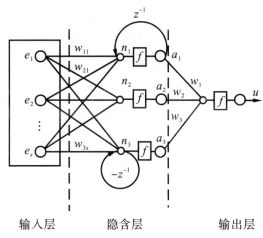

图 3.44　PIDNNC 结构图

2. PIDNNC 的输入/输出关系式

由图 3.44 所示的 PIDNNC 结构图,可得隐含层各节点在 k 时刻的输出 $a_i(k)(i=1,2,3)$ 分别为

$$a_1(k) = \sum_{j=1}^{s} w_{1j}(k)e_j(k) + a_1(k-1) \tag{3.71}$$

$$a_2(k) = \sum_{j=1}^{s} w_{2j}(k)e_j(k) \tag{3.72}$$

$$a_3(k) = \sum_{j=1}^{s} w_{3j}(k)e_j(k) - \sum_{j=1}^{s} w_{3j}(k-1)e_j(k-1) \tag{3.73}$$

网络的最终输出为

$$u(k) = \sum_{i=1}^{3} w_i(k)a_i(k) \tag{3.74}$$

由网络结构图及网络输入/输出关系式可以看出:由于带有输出反馈,隐含层第一个神经元节点的输入/输出关系式(3.71)式等价于 $a_1(k) = \dfrac{\sum\limits_{j=1}^{s} w_{1j}(k)e_j(k)}{1-z^{-1}}$,呈现出积分特性;而由于带有激活反馈,隐含层第三个神经元节点的输入/输出关系式(3.73)式等价于 $a_3(k) = (\sum\limits_{j=1}^{s} w_{3j}(k)e_j(k))(1-z^{-1})$,呈现出微分特性;隐含层第二个神经元节点的输入/输出关系式(3.72)本身就呈现出比例特性,因而称之为比例节点。所以,整个网络在对输入/输出关系的调整上,表现出的是比例(第二个节点)+微分(第三个节点)+积分(第一个节点)的特性。

由此可见,不同于以往人们提出的采用神经网络调整 PID 参数的做法,所创建的控制器是由一种带有混合局部连接递归的神经网络组成的,其结构简单,便于网络设计;隐含层的 3 组权值 w_{2j}、w_{3j} 和 $w_{1j}(j=1,2,\cdots,s)$ 分别起着比例因子 k_P、微分因子 k_D 和积分因子 k_I 的作用,网络参数物理意义明确;与一般只适用于单变量的 PID 控制器情况不同,所创建的控制器可以很自然地进行多变量控制器的设计。

3. PIDNNC 参数的计算公式

这里将利用弹性 BP 算法中的符号函数来推导网络权值在线修正公式。作为一般控制器的设计原则,我们的控制目标确定为使被控系统在 PIDNNC 作用后的闭环系统参考输入与系统输出之间的误差平方为最小。

设系统的输出变量为 $y_j(k)(j=1,2,\cdots,s)$,j 为可测输出变量的数目;系统参考输入为 $r_j(k)(j=1,2,\cdots,s)$,见图 3.45,则 k 时刻任意参考输入 $r_{j(k)}$ 与输出 $y_{j(k)}$ 之间的系统输出误差为

$$e_{j(k)} = r_{j(k)} - y_{j(k)} \tag{3.75}$$

误差函数为

$$J_j(k) = \frac{1}{2}(r_j(k) - y_j(k))^2$$

k 时刻系统的总误差函数为

$$J(k) = \sum_{j=1}^{s} J_j(k) \tag{3.76}$$

采用所定义的误差函数 $J(k)$ 作为控制器设计的性能指标,这意味着:所设计的 PIDNNC 为负反馈闭环控制器,整个控制系统的结构如图 3.45 所示。

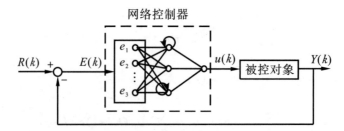

图 3.45 采用局部连接递归神经网络控制器的系统结构图

在所创建的网络控制器中,需要在第 k 次周期里先修正隐含层中的网络权值参数 $w_{ij}(k)(i=1,2,3;j=1,2,\cdots,s)$,然后计算出控制律 $u(k)$。

在第 k 次获得系统输出值 $y(k)$、误差 $e(k)$ 以及性能指标 $J(k)$ 后,可得

$$\frac{\partial J(k)}{\partial w_{ij}(k)} = \left(\sum_{j=1}^{s}\left(\frac{\partial J_j(k)}{\partial y_j(k)}\frac{\partial y_j(k)}{\partial u(k)}\right)\right)\frac{\partial u(k)}{\partial w_{ij}(k)} = -\left(\sum_{j=1}^{s} e_j(k)\frac{\partial y_j(k)}{\partial u(k)}\right)e_j(k)$$

在权值修正公式的计算中,考虑到系统输出 $y_j(k)$ 与输入 $u(k)$ 之间函数关系的复杂性和未知性,我们用差分概念来近似求解 $y_j(k)$ 对 $u(k)$ 的一阶偏导数,因此 $\frac{\partial y_j(k)}{\partial u(k)} \approx \frac{\Delta y_j(k)}{\Delta u(k)} = \frac{y_j(k)-y_j(k-1)}{u(k)-u(k-1)}$;并借用弹性 BP 算法的概念,对其使用符号函数,不考虑计算结果的大小,只根据其结果的正负取 ± 1,这样不仅可以避免由于梯度太小所导致的停止修正权值的问题,还可以大大地简化计算,满足实时在线修正和控制的要求。

由此可得隐含层权值修正公式为

$$\Delta w_{ij}(k) = -\eta_{ij}(k)\frac{\partial J(k)}{\partial w_{ij}(k)} = \eta_{ij}(k)\sum_{j=1}^{s}\left(e_j(k)\mathrm{sgn}\left(\frac{\Delta y_j(k)}{\Delta u(k)}\right)\right)e_j(k)$$

其中,n_{ij} 为隐含层权值的学习速率,$i=1,2,3$,$j=1,2,\cdots,s$。由此可见,网络权值的变化,与系统控制误差 $e_j(k)$ 和符号函数 $\mathrm{sgn}\frac{\Delta y_j(k)}{\Delta u(k)}$ 乘积的求和成正比,与网络输入 $e_j(k)$ 成正比。隐含层在第 k 次周期里的权值计算公式为

$$w_{ij}(k) = w_{ij}(k-1) + \eta_{ij}\cdot\sum_{j=1}^{s}\left\{e_j(k)\cdot\mathrm{sgn}\frac{\Delta y_j(k)}{\Delta u(k)}\right\}\cdot e_j(k) \tag{3.77}$$

其中,$i=1,2,3$,$j=1,2,\cdots,s$。

由于所创建网络的隐含层和输出层的激活函数都是线性的,且 PIDNNC 的参数功能主要表现在隐含层,输出层只是起到一个多变量输出求和的目的,所以输出层的权值 w_i 没有必要再进行调整计算,因为从网络角度来看,两层线性网络等于一层线性网络,w_i 的变化可以由隐含层的 w_{ij} 来完成,为此我们取

$$w_i = 1, \quad i=1,2,3 \tag{3.78}$$

这也更加符合 PID 控制器的要求。

由此可见,不同于一般神经网络的参数是通过不断地训练获得的,PIDNNC 的参数是在每一个采样周期里进行计算。更重要的是,网络权值能够根据闭环系统误差性能指标进行在线调整,对被控对象提供非线性、自适应的实时在线控制。

4. PIDNNC 初始权值的设计与确定

PIDNNC 的初始权值起着稳定系统的作用。根据这一要求,我们对初始权值的设计本着只要使系统稳定即可的原则,可以由多种方法来确定初始权值。最直接的方法可以获取任意一组在某种策略稳定控制下的控制器的输入/输出数据,用此组数据对网络控制器进行适当的几千次的简单训练,以训练结束后的网络隐含层权值参数作为网络权值的初始值。在实际应用中,也可以根据实际被控系统参数的特点以及与 PIDNNC 参数之间的关系,利用一些已设计的常数控制器对 PIDNNC 的参数进行初始化,如已有一组 PID 控制器的参数,或一组稳定运行的 LQR 参数等,都可以直接用来作为 PIDNNC 的初始值。

PIDNNC 在已有的参数作为初始值的基础上,通过在线调整,则能够自适应由系统非线性以及未建模因素所造成的影响,使系统的控制效果更佳,使其对各种干扰具有更强的鲁棒性。由于网络初始权值能够与常规线性控制器的参数相对应,具有明确的物理意义,因而所提出的网络控制器不仅在内部结构上具有很好的透明性,而且在网络初始权值的设计与确

定上也有一定的方便之处。

3.5.2　闭环控制系统稳定性分析

本节将利用李雅普诺夫稳定性定理来分析闭环控制系统的稳定性。

定义李雅普诺夫函数为

$$V(k) = \frac{1}{2}\sum_{j=1}^{s} e_j^2(k)$$

李雅普诺夫函数的变化量为

$$\Delta V(k) = V(k+1) - V(k) = \frac{1}{2}\sum_{j=1}^{s}\left(e_j^2(k+1) - e_j^2(k)\right)$$

另一方面,由图 3.44 和图 3.45 可得

$$\Delta e_j(k) = \sum_{l=1}^{s}\left(\sum_{i=1}^{3}\left(\frac{\partial e_{j(k)}}{\partial w_{il}(k)}\Delta w_{il}(k)\right)\right) \tag{3.79}$$

由式(3.71)至式(3.73)可得

$$\frac{\partial e_j(k)}{\partial w_{il}(k)} = \frac{\dfrac{\partial a_i(k)}{\partial w_{il}(k)}}{\dfrac{\partial a_i(k)}{\partial e_j(k)}} = \frac{e_l(k)}{w_{ij}(k)} \tag{3.80}$$

由式(3.77)和式(3.80),式(3.79)可以重写为

$$\Delta e_j(k) = \sum_{l=1}^{s}\left(\sum_{i=1}^{3}\left(\frac{e_l(k)}{w_{ij}(k)}\eta_{il}(k)\left(\sum_{j=1}^{s}e_j(k)\mathrm{sgn}\left(\frac{\Delta y_j(k)}{\Delta u(k)}\right)\right)e_l(k)\right)\right) \tag{3.81}$$

令 $p(k) = \sum_{j=1}^{s}\left(e_j(k)\mathrm{sgn}\left(\frac{\Delta y_j(k)}{\Delta u(k)}\right)\right)$,式(3.81) 可以重写为

$$\Delta e_j(k) = \sum_{l=1}^{s}\left(\sum_{i=1}^{3}\left(\frac{p(k)e_l^2(k)}{w_{ij}(k)}\eta_{il}(k)\right)\right)$$

令所有的学习速率在同一采样周期里相等,为 $\eta(k)$,则有

$$\Delta e_j(k) = \sum_{i=1}^{3}\left(\frac{p(k)}{w_{ij}(k)}\sum_{l=1}^{s}(e_l^2(k))\right)\eta(k)$$
$$= \left(\sum_{i=1}^{3}\frac{1}{w_{ij}(k)}\right)\left(p(k)\sum_{j=1}^{s}(e_j^2(k))\right)\eta(k) \tag{3.82}$$

令 $q(k) = \left(p(k)\sum_{j=1}^{s}(e_j^2(k))\right)$,则有

$$\Delta e_j(k) = \left(\sum_{i=1}^{3}\frac{1}{w_{ij}(k)}\right)q(k)\eta(k) \tag{3.83}$$

既然

$$e_j(k+1) = e_j(k) + \Delta e_j(k)$$

则 $\Delta V(k)$ 可改写为

$$\Delta V(k) = \frac{1}{2}\sum_{j=1}^{s}\left((e_j(k+1) + e_j(k))(e_j(k+1) - e_j(k))\right)$$

$$= \frac{1}{2} \sum_{j=1}^{s} \left((2e_j(k) + \Delta e_j(k)) \Delta e_j(k) \right)$$

$$= \sum_{j=1}^{s} \left(e_j(k) \Delta e_j(k) + \frac{1}{2} (\Delta e_j(k))^2 \right)$$

$$= \sum_{j=1}^{s} \left(e_j(k) \left(\sum_{i=1}^{3} \frac{1}{w_{ij}(k)} \right) q(k) \eta(k) + \frac{1}{2} \left(\sum_{i=1}^{3} \frac{1}{w_{ij}(k)} \right)^2 q^2(k) \eta^2(k) \right)$$

$$= \left(\sum_{j=1}^{s} \left(\sum_{i=1}^{3} \frac{e_j(k)}{w_{ij}(k)} \right) \right) q(k) \eta(k) + \frac{1}{2} \left(\sum_{j=1}^{s} \left(\sum_{i=1}^{3} \frac{1}{w_{ij}(k)} \right)^2 \right) q^2(k) \eta^2(k) \tag{3.84}$$

所以,在控制律 $u(k)$ 的作用下,使闭环系统稳定的充分条件 $\Delta V(k) < 0$ 成立的情况为:如果 $\left(\sum_{j=1}^{s} \sum_{i=1}^{3} \frac{e_j(k)}{w_{ij}(k)} \right) q(k) < 0$,此时有

$$0 < \eta(k) \leqslant -2 \frac{\sum_{j=1}^{s} \sum_{i=1}^{3} \frac{e_j(k)}{w_{ij}(k)}}{\left(\sum_{j=1}^{s} \left(\sum_{i=1}^{3} \frac{1}{w_{ij}(k)} \right)^2 \right) q(k)} \tag{3.85a}$$

如果 $\left(\sum_{j=1}^{s} \sum_{i=1}^{3} \frac{e_j(k)}{w_{ij}(k)} \right) q(k) \geqslant 0$,则有

$$-2 \frac{\sum_{j=1}^{s} \sum_{i=1}^{3} \frac{e_j(k)}{w_{ij}(k)}}{\left(\sum_{j=1}^{s} \left(\sum_{i=1}^{3} \frac{1}{w_{ij}(k)} \right)^2 \right) q(k)} \leqslant \eta(k) \leqslant 0 \tag{3.85b}$$

3.5.3　实时在线控制策略的设计步骤

综上所述,所提出的网络控制器及其控制方法的设计以及其实时在线控制策略的具体实现步骤如下:

① 确定所要控制的被控对象的输出变量的数目,并以此来确定网络输入节点的数目 s。

② 根据常规控制方法在被控系统上的一般控制情况,确定隐含节点是采用一个、两个或三个。

③ 使用常规控制方法获得参数 K_P、K_I 或 K_D,或者通过实际运行一种稳定控制器获得一组控制器数据,用这些数据对网络进行几千次的训练,来获得网络隐含层权值的初始值 $w_{ij}(0)$;网络输出层权值 $w_i(k) = 1 (i = 1, 2, 3)$;计算 $u(0)$。

④ 根据式(3.85)以及仿真实验来确定合适的学习速率。

⑤ 将网络控制器与被控对象串联,并连接成闭环系统,如图 3.39 所示。

⑥ 运行系统,在每一个 k 采样周期内:

a. 读取系统输出变量 $y_j(k)$;

b. 根据式(3.75)计算所有变量的误差值 $e_j(k)$;

c. 根据式(3.77)计算 $w_{ij}(k)$;

d. 根据式(3.71)、(3.72)和(3.73)分别计算网络隐含层输出 $a_1(k)$、$a_2(k)$ 和 $a_3(k)$;

e. 根据式(3.74)计算控制量 $u(k)$;

f. 输出控制量 $u(k)$;

g. $k = k + 1$；

h. 返回到⑥中的第 a 步，实现实时在线的重复运行。

3.5.4　数值应用

为了验证所提出的 PIDNNC 的性能，我们将其应用于直线倒立摆的控制系统中。倒立摆以其自身的不稳定性和非线性成为验证新的控制理论公认的实验平台，虽然人们是通过对其线性化模型进行控制器设计，但其自身所存在的非线性以及外部扰动常常是倒立摆不能得到稳定控制的重要因素。实验所使用的直线倒立摆的数学模型是根据固高（深圳）科技有限公司生产的倒立摆系统建立的，系统包括：一个安装有小车、驱动器和摆杆的倒立摆本体，一个带有电机驱动器和各种接口电路的电控箱，一个安装在 PC 机中的通用 4 轴运动控制卡。

我们在实际的单级直线倒立摆上，采用 LQR 以及所提出的神经网络控制器，分别针对没有干扰和存在干扰的情况进行倒立摆系统的实际实验，以观察两种控制器在不同情况下的控制效果。

图 3.46 给出了不同情况下的实验结果纪录，实验中的采样周期为 0.005 秒。其中，图 3.46(a) 为没有外部干扰时单级倒立摆分别在神经网络控制器和 LQR 控制器作用下的小车位移情况。从中可以看出，在相同的无外界干扰情况下，采用 LQR 算法对倒立摆进行控制时，在系统保持平衡状态后，小车停留在 0.014 米处（小车是从中心点 0 米处开始被控制的），当采用神经网络控制系统时，在相同的情况下，小车在网络平衡时停留在 0.006 米处，神经网络控制器平衡小车位置的性能明显优于 LQR 控制器。

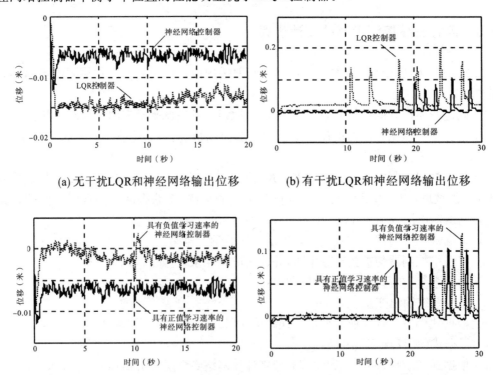

(a) 无干扰LQR和神经网络输出位移　　　(b) 有干扰LQR和神经网络输出位移

(c) 无干扰正负学习速率神经网络输出位移　(d) 有干扰正负学习速率神经网络输出位移

图 3.46　不同情况下的实验结果纪录

在抗干扰能力方面,图 3.46(b)给出了存在人为外加干扰时倒立摆小车在两种控制器下保持平衡性能的比较。从图 3.46(b)可以看出,在相同的外部干扰下,神经网络控制下的小车位移要小得多,并且反应更快,恢复也更迅速,花费的时间短。从外部干扰出现到恢复平衡的全过程中,可以明显地对比出神经网络控制器对干扰的抑制能力比 LQR 控制器更胜一筹。

图 3.46(c)和图 3.46(d)分别给出了神经网络控制器中学习速率取绝对值相同但符号相反的情况下,分别在无干扰和存在干扰情况下的小车位移结果。从图 3.46(c)可以看出,取负的学习速率时小车位移更小,这可能与初值的选取有关。图 3.46(d)说明两者在有人为干扰时表现相当。

3.5.5　本节小结

本节介绍了一种可用于非线性系统的多变量、自适应、PID 型神经网络控制器,给出了该神经网络控制器的网络结构和权值修正算法,并分析了修正网络权值的学习速率对被控系统稳定性的影响。通过将该控制器应用于直线倒立摆控制系统,将 PIDNNC 的控制效果与经典线性最优控制 LQR 的效果进行了比较,其结果显示,所提出的控制器在抗外部扰动等方面具有明显的优越性。

习　　题

【3.1】　试求出输入矢量为 4 个时的平衡点及不稳定平衡点的位置。

【3.2】　用于字符识别的三种神经网络的性能对比。实现感知器网络、BP 网络和 Hopfield 网络来识别字母,掌握其原理与设计方法;通过对比这三种神经网络的抗噪性能,了解其各自的优缺点和特性与功能;探究不同优化算法、学习率等因素对三种网络性能的影响。

【3.3】　试设计一个反馈网络,存储下列目标平衡点:
T＝[1　−1;−1　1];
并用 6 组任意随机初始列矢量,包括在目标平衡点连线的垂直平分线上的一点作为输入矢量对所设计网络的平衡点进行测试,观察 3 次循环每一次的输出结果,给出最后收敛到各自平衡点(或不稳定平衡点)结果的次数。

第4章 局部连接神经网络

4.1 径向基函数网络

4.1.1 径向基函数及其网络分析

径向基函数(Radial Basis Function,RBF)网络是在借鉴生物局部调节和交叠接受区域知识的基础上提出的一种采用局部接受域来执行函数映射的人工神经网络。RBF 网络属于前向网络,由一个隐含层(径向基层)和一个线性输出层组成,径向基层的结构如图 4.1 所示。隐含层采用径向基函数作为网络的激活函数,径向基函数是一个高斯型函数,它是将该层权值矢量 W 与输入矢量 P 之间的矢量距离与偏差 b 相乘后作为网络激活函数的输入。

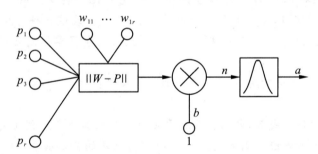

图 4.1 具有 R 个输入节点的径向基函数网络结构图

由图 4.1 可知,径向基层输入的数学表达式为 $n = \sqrt{\sum (w_i - p_i)^2} \cdot b$,径向基层输出的数学表达式为

$$a = \mathrm{e}^{-n^2} = \mathrm{e}^{-(\sqrt{\sum (w_i - p_i)^2} \cdot b)^2}$$
$$= \mathrm{e}^{-(\|W - P\| \cdot b)^2} \tag{4.1}$$

由式(4.1)可以看出,随着 W 和 P 之间距离的减少,径向基函数输出值增加,且在其输入为 0 时,即 W 和 P 之间的距离为 0 时,径向基函数输出为最大值 1。因此,可以将一个径向基层神经元作为一个当其输入矢量 P 与其权值矢量 W 相同时输出为 1 的探测器。

径向基层中的偏差 b 可以用来调节其函数的灵敏度,不过在实际应用中,更直接使用的是另一个称之为伸展常数 C 的参数。用它来确定每一个径向基层神经元对其输入矢量,也

就是 P 与 W 之间距离响应的面积宽度。C 值(或 b 值)在实际应用中有多种确定方式。

径向基层的工作原理采用的是聚类功能。不失一般性,考虑 R 维空间中的 q 个数据点 $(X^1, X^2, \cdots, X^q)$,假定数据已归一化到一个超立方体中。由于每个数据点都是聚类中心的候选者,因此,数据点 X^i 处的密度指标定义为

$$D_i = \sum_{j=1}^{q} \exp\left(-\frac{\left\| X^i - X^j \right\|^2}{(A/2)^2}\right) \tag{4.2}$$

这里 A 是一个正数。显然,如果一组数据点具有多个临近的数据点,则该数据点具有高密度值。半径 A 定义了该点的一个邻域,半径以外的数据点对该点的密度指标贡献甚微。

在计算每个数据点的密度指标后,选择具有最高密度指标的数据点为第一个聚类中心,令 X_{c1} 为选中的点,D_{c1} 为其密度指标,那么每个数据点 X^i 的密度指标可用公式

$$D_i = D_i - D_{c1} \sum_{j=1}^{q} \exp\left(-\frac{\left\| X^i - X^j \right\|^2}{(C/2)^2}\right) \tag{4.3}$$

来修正。其中 C 是一个正数。显然,靠近第一个聚类中心 X_{c1} 的数据点的密度指标将显著减小,这样就使得这些点不太可能成为下一个聚类中心。常数 C 定义了一个密度指标显著减小的邻域。常数 C 通常大于 A,以避免出现相距很近的聚类中心,一般可选 $C=1.5A$。此方法可称为减法聚类法。

径向基函数网络中的径向基层就是利用以上的聚类方法来作为径向基函数的中心计算函数的输出的。在 MATLAB 神经网络工具箱中,b 和 C 之间的关系为 $b=0.8326/C$,将 b 值代入式(4.1),有

$$a = e^{-\left(\frac{\|W-P\|}{C} \cdot 0.8326\right)^2} = e^{-0.8326^2 \left(\frac{\|W-P\|}{C}\right)^2} \tag{4.4}$$

此种参数选法使得当 $\|W-P\|=C$ 时,有 $a=e^{-0.8326^2}=0.5$。

由此可见,当取 $b=0.8326/C$ 时,对任意给定的一个 C 值,可使激活层在加权输入的 $\pm C$ 处 RBF 的输出为 0.5;而通过调整 C 值,可使当 $\|W-P\| \leqslant C$ 时,RBF 的输出大于或等于 0.5,从而直观地达到了调整 RBF 曲线宽度的目的。

C 与 $\|W-P\|$ 以及 RBF 输出之间的关系如图 4.2 所示,其中图 4.2(b)表示中心为 W、宽度为 C 的 RBF 曲线图。RBF 网络结构图如图 4.3 所示,它由一个径向基层和一个线性输出层组成。

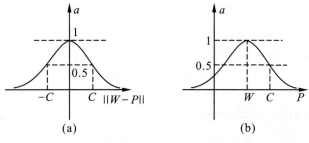

图 4.2　径向基函数输入/输出/面积宽度关系图

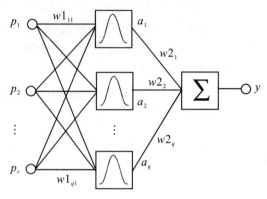

图 4.3　径向基函数网络结构图

4.1.2　网络的训练与设计

RBF 网络的训练与设计分为两步,第一步是采用非监督式的学习训练 RBF 层的权值,第二步是采用监督式的学习训练线性输出层的权值,网络设计仍需要用于训练的输入矢量矩阵 P 以及目标矢量矩阵 T,另外还需要给出 RBF 层的伸展常数 C。训练的目的是为了求得两层网络的权值 $W1$ 和 $W2$ 及偏差 $b1$ 和 $b2$。

RBF 层的权值训练是通过不断地使 $w1_{ij} \to p_j^q$ 的训练方式,使该层在每个 $w1_{ij} \to p_j^q$ 处 RBF 的输出为 1,从而当网络工作时,将任一输入送到这样一个网络中,RBF 层中的每个神经元都将按照输入矢量接近每个神经元的权值矢量的程度来输出其值。结果是,与权值相离很远的输入矢量,使 RBF 层的输出接近 0,这些很小的输出对后面的线性层的影响可以忽略。另一方面,任意非常接近权值的输入矢量,RBF 层将输出接近 1 的值。此值将与第二层的权值加权求和后作为网络的输出,而整个输出层是 RBF 层输出的加权求和。理论证明,只要 RBF 层有足够的神经元,一个 RBF 网络可以任意期望的精度逼近任何函数。

通常 RBF 网络隐含层的节点数设定为与输入 P 中的样本组数 q 相同,即取 $s1=q$,且每个 RBF 层中的权值 $W1$ 被赋予一个不同输入矢量的转置,以使得每个 RBF 神经元都作为不同 p_j^q 的探测器。$b1$ 中的每个偏差都被置为 $0.8326/C$,由此来确定输入空间中每个 RBF 响应的面积宽度。例如,C 取 4,那么每个 RBF 神经元对任何输入矢量与其对应的权值矢量之间的距离小于 4 的响应为 0.5 以上。一般而言,在 RBF 网络设计中,随着 C 值的增大,RBF 的响应范围随之扩大,且各神经元函数之间的平滑度也较好;C 值取得较小,则使得函数形状较窄,使得与权值矢量距离较近的输入才有可能接近 1 的输出,而对其他输入的响应不敏感。所以,当采用与输入数组相同数目的 RBF 层神经元时,C 值可以取得较小(比如 $C<1$);但当希望用较少的神经元数去逼近较多输入数组(即较大输入范围)时,应当取较大的 C 值(比如 $C=1\sim4$),以保证能使每个神经元可同时对几个输入组都有较好的响应。

在确定了 $W1$ 和 $b1$ 后,RBF 层的输出 a_i 则可求出。此时,可以根据第二层的输入 a_i 以及网络输出的目标 T,通过使网络输出 y 与目标输出 T 的误差平方和最小来求线性输出层的权值 $W2$ 及其偏差 $b2$,不过 $b2=0$。这是因为,我们所求解的是一个具有 Q 个限制(输入/输出目标对)的解,而每个神经元有 $Q+1$ 个变量(来自 Q 个神经元的权值以及一个偏差 $b2$),一个具有 Q 个限制和多于 Q 个变量的线性方程组将有无穷多个非零解。

上述设计过程的缺点是:设计出的 RBF 网络产生的隐含层网络所具有的神经元数目与输入矢量组数相同,当需要许多组矢量来定义一个网络时,用此方法设计的网络可能是不可接受的。对此采用的改进思想是:在满足目标误差的前提下,尽量减少 RBF 层中的神经元数。其具体做法是:从一个节点开始训练,通过检查误差目标使网络自动增加节点。每次循环用使网络产生最大误差所对应的输入矢量产生一个新的 RBF 层节点,然后检察新网络的误差,重复此过程,直到达到目标误差或达到最大神经元数为止。

从结构上看,RBF 网络似乎就是一个具有径向基函数的 BP 网络,它们有着同样的两层网络:隐含层具有径向基函数——一种高斯型指数函数;输出层具有线性激活函数。但是,RBF 网络不是 BP 网络,其原因是:① 它不是采用 BP 算法来训练网络权值的。② 其训练算法不是梯度下降法。虽然是两层网络,但 RBF 网络的权值训练是一层一层进行的。在对隐含层中径向基函数权值进行训练时,网络训练的目的是使 $w1_{qj} = p_j^q$。由于径向基函数在将其输入放置在原点时输出为 1,而对其他不同的输入值的响应均小于 1,所以设计将每一组输入值 p_j^q 作为一个径向基函数的原点,而权值 $w1_{ij}$ 代表中心的位置,通过令 $w1_{qj} = p_j^q$ 使每一个径向基函数只对一组 p_j^q 响应,从而迅速辨识出 p_j^q 的大小。对输出层进行权值设计时,由于输出层是线性函数,网络输出是径向基网络输出的线性组合,从而可很容易地达到从非线性输入空间向输出空间映射的目的。

从功能上看,和 BP 网络一样,RBF 网络可以用来进行函数逼近,并且训练 RBF 网络要比训练 BP 网络所花费的时间少得多。这是该网络最突出的优点。不过,如前所述,RBF 网络也有自身的缺点。一般而言,即使采用改进的方法来设计,RBF 网络隐含层节点数也比采用 S 型转移函数的前向网络要多许多。这是因为 S 型神经元有一个较大范围的输入空间,而 RBF 网络只对输入空间中一个较小的范围产生响应,结果是:输入空间越大(即输入的数组以及输入的变化范围越大),所需要的 RBF 神经元数越多。

4.1.3　广义径向基函数网络

广义径向基函数(General Radial Basis Function,GRBF)网络具有一个径向基层和一个特殊的线性层,如图 4.4 所示。

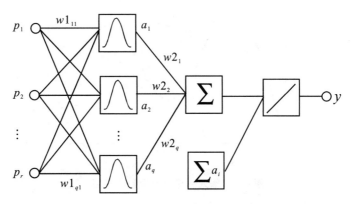

图 4.4　广义径向基函数网络结构图

和普通 RBF 网络一样,在径向基层,神经元的每个激活函数加权输入是输入矢量和各自权值的距离,即 $\|W1-P\|$,每个神经元的输入是加权输入与其偏差的点积。

与普通 RBF 网络不同的是,GRBF 网络的 RBF 层输出后,不是立刻进行线性网络的计算,而是将 RBF 层的输出 a_i 加权求平均值后作为线性函数的输入。RBF 层的输出 a_i 为通过高斯型径向基函数的输出:

$$a_i = \exp(-\frac{\|w1_i - P\|^2 \cdot 0.8326^2}{C_i^2}) \tag{4.5}$$

整个网络的输出 y 为

$$y = \frac{\sum a_i \cdot W2_i}{\sum a_i} \tag{4.6}$$

4.1.4　数字应用对比及性能分析

前向网络中,不论 BP 网络还是 RBF 网络,不论它们是用于建模还是控制,或是其他领域,所利用网络的最基本的功能始终只有一条,那就是函数逼近。下面将给出一个函数逼近的应用实例,对两者的性能进行对比分析。

【例 4.1】　用于曲线逼近的输入/输出数组为

$P = -1 : 0.1 : 1;$

$T = [-0.9602 \quad -0.5770 \quad -0.0729 \quad 0.3771 \quad 0.6405 \quad 0.6600 \quad 0.4609\cdots$
　　　$0.1336 \quad -0.2013 \quad -0.4344 \quad -0.5000 \quad -0.3930 \quad -0.1647 \quad 0.0988\cdots$
　　　$0.3072 \quad 0.3960 \quad 0.3449 \quad 0.1816 \quad -0.0312 \quad -0.2189 \quad -0.3201];$

输入和输出函数之间的关系如图 4.5 所示。作为对比,首先对这 21 组输入/输出对,构造一个隐含层含有 10 个神经元,采用对数 S 型激活函数,输出层采用线性函数的前向网络,然后分别采用标准的误差反向传播法、改进的带有附加动量法和自适应学习速率相结合的快速算法、Levenberg-Marquardt 算法进行网络的训练。而 RBF 网络的训练采用的是自动确定所需要的隐含层节点数的方法。整个设计与训练是在 MATLAB 环境下,用 PII400 计算机进行的,期望误差取 0.01。

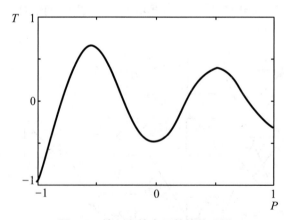

图 4.5　输入和输出函数的关系图

表 4.1 给出了在不同网络结构及不同算法下,解决问题所花费的时间、循环次数以及浮点操作次数,从中可以看出,不论从哪个指标看,标准 BP 算法比最好的性能指标要差 1~2 个数量级。BP 网络中 L-M 算法最快,它几乎可以和 RBF 网络的指标相当。从整体情况看,

RBF 网络显示出快速省时的优点。将 RBF 和 GRBF 网络相比,GRBF 所花费的浮点计算数要明显少于 RBF 网络,这是因为 GRBF 的隐含层神经元数是与训练用的输入组数相等的缘故。不过 RBF 网络通过自动寻优,最终隐含层的神经元数只有 6 个,比 BP 网络的 10 个还要少。实验表明,对于周期变化次数不太多的函数逼近问题,RBF 网络也可以用较少的节点达到较高的逼近精度。

表 4.1　实验对比结果

算法/网络	时间(秒)	循环次数	浮点操作次数
标准 BP 法	14.44	1100	5756585
快速 BP 法	0.82	33	183706
L-M 算法	0.44	2	229663
RBF 网络	0.44	1	32577
GRBF 网络	0.44	1	17741

4.1.5　本节小结

采用 RBF 网络进行函数逼近,与采用 BP 网络相比,前者更容易逼近函数的局部特性,而后者由于是用一个全局函数来逼近函数,因此对于某些具体问题,收敛速度会慢一些。从实用角度上看,对于函数逼近问题,用 RBF 网络来解决可能更为合适。

4.2　B 样条基函数及其网络

B 样条是基本样条(Basic Spline)的简称。B 样条算法最重要的特性是由其函数的形状而能够产生光滑的输出。另外,B 样条基函数是所有样条基函数中具有最小局部支撑的样条基函数,所以 B 样条基函数可以精确多项式分段插值的方式,对给定的输入/输出数据进行光滑的曲线拟合。1972 年,德布尔(De Boor)和考克斯(Cox)分别独立地给出了关于 B 样条计算的标准方法,证明 B 样条网络可以任意精度逼近一个连续的函数。

B 样条基函数用精确多项式插值的形式,能够对给定的数据点进行光滑的拟合,并以其易于局部调整、计算简便、容易在计算机上实现而广为图形设计和工程领域应用。单变量 B 样条基函数由一组基函数线性组合而成,具有局部正支撑性、单位分割性、最小支撑性等优良的性质。多变量 B 样条基函数由单变量 B 样条基函数的张量积构成,形成一个 B 样条网络。

给定一组单变量 x 的节点序列:$x_1 < x_2 < \cdots < x_{N+m}$,那么在区间 $[x_m, x_{N+1}]$ 上就可以唯一确定 $N+m$ 个 m 阶线性不相关的 B 样条基函数,一个连续函数 $y(x)$ 就可以用 $l=N+m$ 个 B 样条基函数的线性组合来近似地表示为

$$y(x) \approx \sum_{i=1}^{l} \omega_i B_{i,m}(x), \quad x \in [x_m, x_{N+1}] \tag{4.7}$$

其中，ω_i 为第 i 个 k 阶 B 样条基函数 $B_{i,k}(x)$ 的权值，N 为拟合点的顶点数。当具体计算其函数值时，这些权值必须被估值。

B 样条基函数满足以下迭代关系式：

$$\begin{cases} B_{i,1}(x) = \begin{cases} 1, & x \in (x_i, x_{i+1}] \\ 0, & x \notin (x_i, x_{i+1}] \end{cases} \\ B_{i,k}(x) = \dfrac{x-x_i}{x_{i+k-1}-x_i} B_{i,k-1}(x) + \dfrac{x_{i+k}-x}{x_{i+k}-x_{i+1}} B_{i+1,k-1}(x), \quad k=2,\cdots,m+1 \end{cases} \tag{4.8}$$

由式(4.8)可以看出，一个 k 阶 B 样条基函数是通过比它低一阶次的 $k-1$ 次多项式曲线拟合获得的。

B 样条基函数是非负且局部支撑的，即

$$B_{i,k}(x) \begin{cases} >0, & x \in [x_i, x_{i+m}) \\ =0, & \text{其他} \end{cases} \tag{4.9}$$

它们形成一个单份分割，即

$$\sum_{i=1}^{N} B_{i,m}(x) = 1, \quad x \in [x_m, x_{N+1}] \tag{4.10}$$

多项式阶次 m 为 0、1、2、3 时的单变量 B 样条基函数曲线如图 4.6 所示。

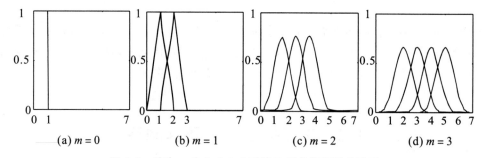

$$(a)\ m=0 \qquad (b)\ m=1 \qquad (c)\ m=2 \qquad (d)\ m=3$$

图 4.6   阶次 m 为 0、1、2、3 时的 B 样条基函数曲线图

由此可见，B 样条的阶次总是比用来表示此阶 B 样条的多项式曲线的阶次高一阶，如一阶 B 样条是由 $m=0$ 阶曲线表示的，二阶 B 样条是由 $m=1$ 阶曲线表示的。

对于多变量 B 样条，可以假定 n 维输入矢量 $x=[x_1,x_2,\cdots,x_n]^{\mathrm{T}}$，在每个输入轴上定义单变量 B 样条基函数 $B_{i;m_i}^{k_i}(x_i)$，$k_i=1,2,\cdots,m_i$；$i=1,2,\cdots,n$，那么，第 k 个多变量 B 样条基函数 $M_k(k)$ 由 n 个单变量 B 样条基函数 $B_{i,m_i}^{k_i}(x_i)$ 的乘积(张积)组成：

$$M_k(x) = B_{1,m_1}^{k_1}(x_1) B_{2,m_2}^{k_2}(x_2) \cdots B_{n,m_n}^{k_n}(x_n) = \prod_{i=1}^{n} B_{i,m_i}^{k_i}(x_i) \tag{4.11}$$

$M_k(x)$ 的总数为 $p=m_1 m_2 \cdots m_n$，所以 $k=1,2,\cdots,p$。

张积 B 样条基函数仍然保留式(4.9)和式(4.10)的特性。

那么一个多变量函数 $y(x)$ 可以用多变量 B 样条基函数的线性组合来逼近：

$$y(x) \approx \sum_{k=1}^{p} M_k(x) w_k = \sum_{k=1}^{p} \prod_{i=1}^{n} B_{i,m_i}^{k_i}(x_i) w_k \tag{4.12}$$

对于其输入变量可为误差 e 和误差的变化 ec 的 B 样条神经网络，若取阶数 $m_e = m_{ec} = 3$，顶点数 $N_e = N_{ec} = 5$，则节点数 $p_e = p_{ec} = 3+5=8$，在 $[-1,1]$ 内等距离取值，由此可得网络输出 $u(e,ec)$ 的计算公式为

$$u(e,ec) = \sum_{k=1}^{N_e \cdot N_{ec}} N_k(e,ec) \cdot w_k = \sum_{k=1}^{N_e \cdot N_{ec}} B_{e,k_e}(e) B_{ec,k_{ec}}(ec) w_k \qquad (4.13)$$

其中, $k_e = 1, 2, \cdots, m_e, k_{ec} = 1, 2, \cdots, m_{ec}$。网络结构如图 4.7 所示。

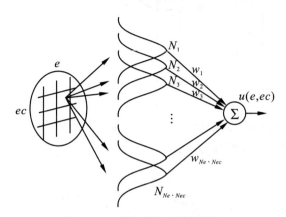

图 4.7　B 样条神经网络结构图

有关 B 样条神经网络的应用及其性能情况,我们将在 4.4 节进行介绍。

4.3　CMAC 神经网络

4.3.1　CMAC 网络基本结构

CMAC(Cerebellar Model Articulation Controller)是 J. Albus 在小脑模型的基础上,于 1975 年提出的一种模拟人类小脑连接结构的小脑模型关节控制器。它是一种基于表格查询式输入/输出技术的局部连接网络,其基本结构如图 4.8 所示,主要由矢量输入层 S、概念映射层 A(conceptual mapping)、实际映射层 A_p(practical mapping)和网络输出层四部分组成。

在图 4.8 中, S 空间代表存储所有输入矢量的矢量场,概念映射层 A 由一族量化感知器组成, S 中的每一个矢量都同 A 中的 C 个感知器相对应,其中 C 称为感知野,是 CMAC 网络的一个重要参数,并且输入矢量在 S 中的相似度越高,其对应的感知器在 A 中的重合程度越高。然后,CMAC 网络再利用所谓的"杂散技术"对概念映射层的感知器进行压缩,即将 A 这个概念映射空间中的分布稀疏、占用较大存储空间的数据作为一个伪随机发生器的变量,然后再利用这个伪随机发生器产生一个占用空间较小的随机地址,并在这个随机地址内存放占用大量内存空间地址的概念映射层 A 内的数据。于是网络就完成了由多到少的映射,即利用杂散技术把概念映射空间 A 映射到了实际空间 A_p。

杂散技术可以对分散的数据进行压缩、集中,但却可能把 A 中不同的地址映射到 A_p 中相同的地址,从而引起地址冲撞现象。但这种冲撞几率会随着 C 的增大而减小,因此可以通过选择合适的 C 和 $|A_p|$ 来使冲撞的概率变得很小。

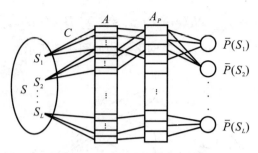

图 4.8　CMAC 网络基本结构图

把 S 中的矢量映射到实际映射层 A_p 空间后,网络就可以通过对权值进行叠加求和来产生相应的输出,参加求和的权值分别为输入矢量在实际空间 A_p 中的 C 个"表格"所对应的权值:

$$p_i = \sum_{j \in Ap} w_{ij}, \quad i = 1, 2, \cdots, L \tag{4.14}$$

设网络输出是 L 维矢量,则 p_i 表示网络第 i 个输出节点的输出,w_{ij} 为网络第 i 个输出节点同 A_p 空间中第 j 个感知器之间的连接权值。

4.3.2　CMAC 的学习算法

CMAC 的学习算法采用了 δ 法,并且它还具有自适应作用,虽然初始权值不同,会影响最后所得到的权值,但并不影响其收敛性。CMAC 网络具体的学习公式如下:

$$w_{jk}(t+1) = w_{jk}(t) + \beta \cdot [p_j - \overline{p_j}]/C, \quad k \in A_p; j = 1, 2, \cdots, L \tag{4.15}$$

其中,β 为学习速率,t 为学习次数,p_j 和 $\overline{p_j}$ 分别是系统的期望输出和实际输出。

经过反复的迭代学习,CMAC 逐步使系统的输出接近期望输出。

4.4　局部神经网络的性能对比分析

20 世纪 80 年代以来,人们对人工神经网络的研究在理论上取得了重大进展,并把它应用在智能系统中的非线性建模、控制器设计、模式分类与模式识别、联想记忆和优化计算等方面。从总体结构来分,人工神经网络可以分为前馈网络和反馈网络,BP 网络和 Hopfield 网络分别是它们的典型代表。从网络连接方式来看,人工神经网络可分为全连接神经网络与局部连接神经网络。在控制领域中被广泛应用的 BP 网络就是全连接的一个典型例子,此种网络的优点是可以对函数进行全局逼近,但由于对每一组输入/输出数据,网络的每一个连接权值均需进行调整,从而导致网络的学习速度较慢。局部连接网络则对于每组输入/输出数据只需要调整少数甚至一个权值,网络的训练速度和工作响应必然较全局网络要快,这一点对于实时控制来说至关重要。因此,在具有实时快速控制要求的系统中,局部连接网络以其具有较快训练速度的优点得到了广泛的应用。

常用的局部连接神经网络有 CMAC(小脑模型关节控制器)、B 样条、RBF(径向基函数),它们各具特点。

4.4.1　CMAC、B 样条和 RBF 共有的结构特点

CMAC、B 样条和 RBF 神经网络具有大体相似的如图 4.9 所示的结构。这是一种三层结构网络，q 组 r 维输入向量 $\overline{X}_l = [x_1, x_2, x_3, \cdots, x_r](l=1,2,\cdots,q)$ 通过输入层后进入含有 m 个节点的隐含层，通过与某种基函数相作用（视具体网络而定）形成隐含层的输出，然后通过与训练后的权值相乘得到网络最终的 s 维输出：

$$y_k = \sum_{j=1}^{m} w_{kj}\alpha_j(x_j), \quad k=1,\cdots,s; i=1,\cdots,r \tag{4.16}$$

其中，y_k 表示网络输出层第 k 个节点的输出，$\alpha_j(x)$ 表示隐含层第 j 个节点所对应的基函数，w_{kj} 表示隐含层第 j 个节点同输出层第 i 个节点间的连接权值。

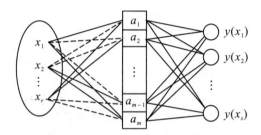

图 4.9　局部连接神经网络结构图

由式（4.16）可以看出，隐含层的所有节点对输出层的每个节点都有影响。但通过适当地选取基函数或不同的网络连接形式，对于某一输入，可以使 $\alpha_j(x)$ 中只有少数元素非零而大部分元素为零。因此，网络在实际运行中，对于任意输入，其输出往往只是对隐含层中少数非零节点的输出进行加权求和获得，所以网络实际上是局部连接。图 4.9 中用实线表示局部非零元素的实际连接，用虚线表示虚联结。各种局部连接网络的区别则是按不同基函数来划分的。

4.4.2　CMAC、B 样条和 RBF 的不同之处

1. CMAC 方形基函数

CMAC 基本结构如图 4.9 所示，分为输入层、隐含层和输出层。其中隐含层到输出层是一个线性映射，连接权值是可以调整的参数 $w_{kj}(k=1,2,\cdots,s; j=1,2,\cdots,m)$。

CMAC 网络的输入层和隐含层之间是一个类似于查表结构的特定映射结构，其对应关系在具体设计网络时确定，其作用是将输入层中的输入矢量根据相互距离的远近映射到隐含层中。隐含层由一族量化感知器组成，输入层中的每一个矢量都同隐含层中被称为感知野的 C 个感知器相对应，每一个输入矢量只影响隐含层中的 C 个感知器并使其输出为 1，而其他感知器输出为 0，因此，相应输出也只需考虑和 C 个感知器相对应的权值。由此可以看出，CMAC 采用的是一种简单的方形基函数，如下式所示：

$$\alpha_j(x_i) = \begin{cases} 1, & j \in \phi \\ 0, & j \in \phi \end{cases} \tag{4.17}$$

其中，$\alpha_j(x_i)$ 表示第 j 个感知器对应的基函数，ϕ 表示第 i 个输入向量 x 对应的 C 个感知器

的集合。网络训练时,只需局部地调整输出层的连接权值。同其他局部连接网络相比,CMAC 网络具有较快的学习收敛速度,尤其适用于自适应建模与控制。另一方面,由于 CMAC 采用简单的方形基函数,其网络输出只能用方形函数来逼近一个光滑函数,所以其逼近精度不高,如果希望提高分辨率就必须增大 C 值,从而需要增加存储容量,这是 CMAC 网络的局限所在。但 CMAC 基函数最为简单,最适用于实时应用。

2. B 样条神经网络

与 CMAC 网络不同,B 样条神经网络采用了所有样条基函数中具有最小局部支撑的 B 样条基函数,以多项式分段插值的方式,对给定的输入/输出数据进行曲线拟合。单变量 B 样条网络由一组 B 样条基函数线性组合而成,多变量 B 样条网络则由多组单变量 B 样条基函数组成。B 样条基函数满足以下递推关系:

$$B_{i,0}(x) = \begin{cases} 1, & x_i < x \leqslant x_{i+1} \\ 0, & \text{其他} \end{cases} \tag{4.18}$$

$$B_{i,k}(x) = \frac{x - x_i}{x_{i+k} - x_i} \cdot B_{i,k-1}(x) + \frac{x_{i+k+1} - x}{x_{i+k+1} - x_{i+1}} \cdot B_{i+1,k-1}(x), \quad k = 1, 2, \cdots, m \tag{4.19}$$

其中,x_i 为节点序列,k 为 B 样条的阶次。

已经证明,利用多项式的插值原理,B 样条网络可以作为函数的万能逼近器。从以上公式还可以看出,B 样条网络利用 B 样条作为基函数改进了 CMAC 网络精度不高的缺点。不过由于 B 样条只是利用多项式的插值对特定输入/输出点进行逼近,曲线不具有光滑性,虽然利用插值原理提高了对相应输入/输出对的逼近精度,但其泛化能力却没有得到相应的提高,使 B 样条神经网络应用受到一些限制。

3. RBF 神经网络

RBF 神经网络也就是径向基函数神经网络,它采用高斯(Gaussian)型基函数来实现输出层同隐含层之间的映射,高斯型基函数具体如(4.20)式所示:

$$\sigma_j(x) = \frac{\left\| x - c_j^2 \right\|}{\delta_j^2} \tag{4.20}$$

其中,c_j 是第 j 个基函数的中心点;δ_j 称为伸展常数,用它来确定每一个径向基层神经元与其输入矢量,也就是 X 与 c_j 之间距离对应的面积宽度。值得指出的是,由于径向基网络的权值算法是逐层进行的,并且使每一组隐含层权值等于输入矢量,所以虽然从网络结构图中看上去网络是全联结,但实际工作时网络是局部工作的,即对每一组输入,网络只有一个隐含层的神经元被激活,其他神经元的输出值可以被忽略。所以,径向基网络是一个局部连接的神经网络。

相对于 B 样条基函数来说,高斯型基函数光滑性好,任意阶导数均存在,因此,RBF 进一步增强了网络对函数的逼近能力,同时具有很强的泛化能力。而且高斯型基函数在形式上也比较简单,解析性也较好,适合于对多变量系统进行理论分析。所以基于 RBF 神经网络的直接自适应控制法在有关非线性动态系统的神经网络控制方法中,是一种便于分析、逼近程度最高的方法。但是相对于 CMAC 和 B 样条网络来说,RBF 在网络训练时需要调整的连接权值会多一些,同时高斯型基函数需要的运算量也较大,网络的速度要略慢于前两种网络。

从上面对三种局部网络的基函数的分析可以看出,由于各自基函数的特点,CMAC、B

样条和 RBF 三种网络对函数的逼近精度依次增加,泛化能力也依次增强。随着精度的提高,它们的运算量和需要的存储空间也相应增加。在实际应用中,需要根据具体条件来选择应用以上网络。

4.5　K 型局部连接神经网络

人工神经网络是一个并行和分步式的信息处理网络结构,该网络结构一般由许多个神经元组成,每个神经元有一个单一的输出,然后通过各自不同的连接权系数来形成网络整体的输出。自 20 世纪 80 年代以来,人们对人工神经网络的研究在理论上取得了很大的进展,相继提出了多种网络类型并广泛应用于智能系统中的非线性建模、控制器设计、模式分类与模式识别、联想记忆和优化计算等方面。

本节针对常用局部网络自身所存在的逼近精度低、泛化能力差等缺点,提出了一种新型局部连接网络——K 型局部连接网络。在局部网络通用结构中采用所提出的 K 型函数,使局部连接网络既具有简单的结构和算法又能达到较高的精度。本节前半部分对所提网络的结构、算法及其特点进行分析,后半部分通过建模及函数逼近的应用对其性质进行进一步的验证。

4.5.1　网络结构与权值修正法

决定一个神经网络性质的关键内容主要有三部分:网络结构,网络中的激活函数及训练网络权值的算法。常用的几种局部连接网络在网络结构及权值修正算法上大致相同,都具有三层通用网络结构,采用 δ 算法来修正权值。局部连接网络所具有的特性主要由其隐含层的激活函数决定,在常用的局部网络中,小脑模型网络 CMAC 和 B 样条网络在形式上和运算量上花费的代价较小,但是它们所采用的非线性距离映射及 B 样条插值的方法使这两种网络对于非线性函数逼近的精度不高,同时泛化能力不强;径向基 RBF 网络虽然避免了上述的缺点,但是由于要进行复杂的指数运算,所以在运算量及运算时间上较以上两种网络花费的代价要高,因此使其在实时控制等邻域内的应用受到了一定的限制。为了使所设计的新网络同时具有以上各网络的优点,我们在网络隐含层的核函数(kernel function)中避免使用计算费时的指数型函数,而是采用了平方倒数形式作为新型网络激活函数的选择方案,并称其为 K 型函数,具体形式为

$$a_i(p) = \frac{1}{1+k \cdot (p_j - \omega_{ij})^2} = \frac{1}{1+b^2} = f(\sqrt{k} \cdot (p_j - \omega_{ij})) \tag{4.21}$$

其中,p_j 是网络的输入矢量,ω_{ij} 为第 j 个输入节点到第 i 个隐含层节点之间的权值,$a_i(p_j)$ 为第 i 个隐含层节点相对于输入 p_j 的输出,k 为代表函数广度的一个参数。

从(4.21)式可看出,对于 q 组 r 维输入矢量 $P_j^k(k=1,2,\cdots,q;j=1,2,\cdots,r)$,输入 K 型网络后,网络将该层权值矢量 ω_{ij} 与输入矢量 P_j^k 之间的矢量距离与参数 $\sqrt{k}$ 相乘后作为网络激活函数的输入 b,然后对输入计算平方后加 1 并求其倒数而获得 K 型网络的输出。

K 型函数具体的形状如图 4.10 所示。K 型函数与径向基函数虽然具有类似的图形和

特性:随着 W 和 P 之间距离的减少,输出值增加,且在其输入为 0 时,即 W 和 P 之间的距离为 0 时,输出为最大值 1。但是,K 型函数在网络设计及权值训练过程中采用简单的平方倒数运算,避免了需要进行多项式计算的指数运算,从而大大加快了网络的训练速度。

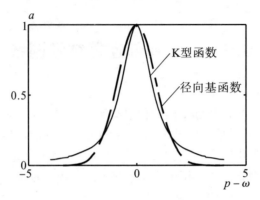

图 4.10　K 型函数与径向基函数

我们通过在局部连接网络通用结构中采用所提出的 K 型函数来创建出 K 型局部连接神经网络(KLCNN),其网络结构图如图 4.11 所示。网络采用三层前向结构,第一层是接受输入矢量的输入层,第二层是以 K 型函数为激活函数的隐含层,最后一层是线性输出层。K 型局部连接神经网络的最终输出 y_i 为

$$y_i = \sum_{i=1}^{s} w_i \alpha_i \qquad (4.22)$$

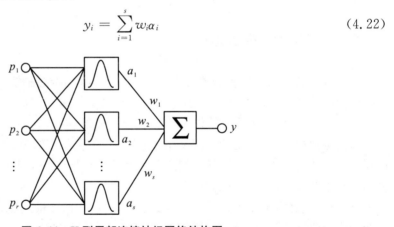

图 4.11　K 型局部连接神经网络结构图

KLCNN 的权值学习方式也是采用分层修正。隐含层网络权值的训练目的是使 ω_{ij} 等于输入矢量或其平均值。输出层的权值修正公式采用 δ 改进方法,具体形式为

$$w_i(k+1) = w_i(k) + \eta \cdot (p_j - \omega_{ij}) a_i / a^T a \qquad (4.23)$$

其中,η 为学习速率,k 为学习次数,a_i 为隐含层输出,a 为 α_i 的归一化矢量,p_j 和 ω_{ij} 分别是网络输入矢量和隐含层权值。

4.5.2　网络特性分析

K 型函数中,参数 k 为横向伸展参数,用来确定每一个 K 型神经元与其输入矢量,也就是 P 与 W 之间距离响应的面积宽度。只有当权值矢量 W 与输入矢量之间距离符合关系式

(4.24)时,输出层节点才能得到修正。

$$\left\| p_j - \omega_{ij} \right\| \leqslant \sqrt{\frac{1}{k}}, \quad k > 0 \tag{4.24}$$

由此可以看出,K 型函数中的伸展参数 k 类似于径向基函数的伸展常数:都是用来确定每一个神经元对其输入矢量的响应宽度。下面对 K 型函数的特性做进一步的分析。

1. 正定性及对称性

在系数 $k > 0$ 的情况下,可以看出 K 型函数显然恒大于 0,函数显然满足正定性。同时函数图像左右径向对称。

2. 归一有限性

归一有限性保证了函数的稳定性。对 K 型函数在整个实数域上求积分,可得

$$\begin{aligned}
\int_{-\infty}^{+\infty} a_j(x) &= \int_{-\infty}^{+\infty} \frac{1}{1 + k \cdot (X - C_j)^2} \mathrm{d}x \\
&= \frac{\arctan \sqrt{k}(X - C_j) \Big|_{-\infty}^{+\infty}}{\sqrt{k}} \\
&= \frac{\arctan \sqrt{k}X \Big|_{-\infty}^{+\infty}}{\sqrt{k}\pi / \sqrt{k}} \\
&< +\infty
\end{aligned} \tag{4.25}$$

其中,k 为大于 0 的常数。由此可以看出,K 型函数满足归一有限性,对有限输入的学习不会发散,同时通过调节伸展系数 k,K 型网络的积分值可以在正数域任意配置。

3. 连续解析性

从 K 型网络的表达式可以看出,K 型函数实际上为反正切函数的一阶导数,可以证明反正切函数的导数存在且连续,所以 K 型函数存在任意阶导数,具有与径向基函数同样的泛化能力强的优点。

4. 运算简单

相对于其他局部网络而言,K 型网络避免了高斯型函数复杂的指数运算,不像 B 样条基函数那样需要不断利用基本样条反复地迭代进行插值运算,也不像 CMAC 网络那样需要产生维数巨大的联想空间,所以 K 型局部连接神经网络在浮点运算次数及运算时间上体现出其优势。

从以上分析可以看出,K 型网络具有 CMAC、B 样条基函数形式简单、运算量小的优点,同时又具有径向基网络逼近精度高、泛化能力强的优点,是一个性能更加优越的局部神经网络。

4.5.3　数字应用对比及性能分析

1. K 型网络在函数逼近上的应用

下面将给出 K 型局部网络在函数逼近上的应用,并通过对比的方式,对 K 型网络的性能进行验证。

用于进行函数逼近的输入信号为间隔 0.1、在 [−4,4] 范围内的等距离数据，函数输出图形如图 4.12 所示。作为对比，首先对这 81 组输入/输出对，构造一个隐含层含有 10 个神经元，隐含层采用对数 S 型激活函数，输出层采用线性函数的前向 BP 网络，分别采用标准的误差反向传播法、改进的带有附加动量法和自适应学习速率相结合的快速算法、Levenberg-Marquardt 算法(L-M 算法)进行函数逼近。

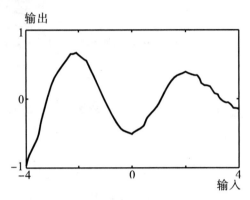

图 4.12　用于函数逼近的输入/输出图

K 型网络取 $k=2$ 和径向基网络(RBF)的训练采用的是自动确定所需要的隐含层节点数的方法。整个设计与训练是在 MATLAB 5.3 环境下，用 PII466 计算机(128M-ROM)进行的，期望均方误差为 0.04。获得的实验结果如表 4.2 所示，其中分别给出了在不同网络结构及不同算法下，解决问题所花费的时间、循环次数及浮点操作次数。从中可以看出：① BP 网络中 L-M 算法最快，它几乎可以和 RBF 网络的指标相当；② 径向基网络优于 BP 网络及其快速算法；③ 不论从哪个指标看，K 型网络的函数逼近效果最优。实验表明，随着要求逼近的精度的提高，K 型网络的优势会更加明显。为此，还是针对上面的例子，将期望均方误差设为 0.01，重新训练网络，其结果如表 4.3 所示。

表 4.2　均方误差为 0.04 时函数逼近结果对比表

Networks(网络类型)	*flops*	*time*	*nodes*	*epoch*
Ktype(K 型网络)	485320	0.3300	7	7
RBF(径向基网络)	593772	0.3900	8	8
BPLM(L-M 改进法)	3170383	0.3710	10	9
BPX(BP 快速算法)	90245686	1.1810	10	77
BP(标准 BP 网络)	219932519	123.8610	10	10000

表 4.3　均方误差为 0.01 时函数逼近结果对比表

Networks(网络类型)	*flops*	*time*	*nodes*	*epoch*
K-type(K 型网络)	2355696	0.4000	23	23
RBF(径向基网络)	7047863	0.9200	41	41
BPLM(L-M 改进法)	11761939	0.5510	30	66
BPX(BP 快速算法)	531631191	87.3679	30	10000
BP(标准 BP 网络)	219932519	146.1656	30	10000

比较表 4.2 和表 4.3 可以看出,给定均方误差越小,K 型网络相对于其他几种网络的优势越明显:当给定均方误差为 0.04 时,K 型网络相对于径向基网络在浮点运算次数上要少18.2%,在运算时间上要节省 15.3% 左右;当给定均方误差为 0.01 时,K 型网络在浮点运算次数上比径向基网络节省 66.6%,在运算时间上节省 56.5%,同时 K 型网络所花费的节点仅为 23 个,这是几种网络中最少的。径向基函数和 BP 网络 L-M 算法分别需要 41 个和 30个节点来达到给定的均方误差,BP 网络快速算法在 10000 次循环的情况下也没有达到预定的均方误差。

2. K 型网络在建模中的应用

我们使用 K 型网络对一个具有非线性摩擦力影响的直流电机速度控制系统进行建模。为了保证建模精度,采用具有 3 阶延时的网络模型结构:输入为 4 维矢量 $P=[u(k),y(k-1),y(k-2),y(k-3)]$,其 4 个分量分别是实际系统在 k、$k-1$、$k-2$ 和 $k-3$ 时刻的系统输入 $u(k)$ 及系统样本输出 $y(k-1)$、$y(k-2)$ 和 $y(k-3)$。用于建模的 K 型网络结构图如图 4.13 所示。

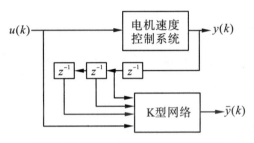

图 4.13   K 型网络建模系统结构图

用来采集输入输出信号的实际控制系统包括一台 Pentium 200 微机,一块内置于计算机中的 12 位 A/D、D/A 转换板,PWM 功率放大电路,直流力矩电动机以及用于速度反馈的直流测速发电机。在 10 毫秒的采样周期下,输入信号持续 5 秒,即 500 次采样。输入信号采用 PRBS 信号。实际系统的输出信号如图 4.14 所示。作为对比,分别采用 RBF、CMAC网络同样进行网络的建模应用,并将各自建模后所获得的网络结构(隐含层节点数)及对应的建模误差记录在表 4.5、表 4.6 中,表 4.4 是 K 型网络的建模结果。从中可以明显地看出,在所有 3 种局部网络的建模中,K 型网络的效果最好,径向基网络次之,最后为 CMAC网络。

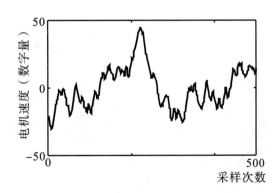

图 4.14   建模用的实际系统输出信号

表 4.4　K 型网络网络结构及建模误差

模型编号	1	2	3	4	5	6	7
节点数	15	18	24	27	30	35	38
网络误差	3.1616	2.5303	2.5106	2.4874	2.4545	1.5987	1.2300

表 4.5　径向基网络网络结构及建模误差

模型编号	1	2	3	4	5	6	7
节点数	19	24	26	29	34	46	52
网络误差	3.4547	3.1054	2.9411	2.7695	2.6985	2.4903	2.0578

表 4.6　利用 CMAC 网络对电机模型建模的结果

模型编号	1	2	3	4	5	6	7
感知野 C 值	15	20	25	30	40	50	70
网络误差	2.6922	2.6830	2.6792	2.6746	2.6718	2.6534	2.5747

由以上的函数逼近和建模的效果讨论中可以看出,K 型网络在几种常用的局部网络中的运算时间以及建模效果是最好的。

4.5.4　本节小结

本节创建了一种新型局部网络——K 型网络,从对网络的理论分析以及同其他局部网络的实际对比应用中可以看出 K 型网络吸取了其他几种常用局部网络的优点,花费很少的运算代价就可以达到很高的运算精度,同时网络还具有很好的泛化能力。为快速设计和高效应用局部网络提供了一种新的途径。

习　　题

总结和对比各种局部连接神经网络在结构、算法、特性、应用性能等方面的异同点,了解各自的适用范围。

第 5 章　自组织竞争神经网络

在实际的神经网络中,例如人的视网膜中,存在着一种"侧抑制"现象,即一个神经细胞兴奋后,通过它的分支会对周围其他神经细胞产生抑制。这种侧抑制使神经细胞之间出现竞争,虽然开始阶段各个神经细胞都处于程度不同的兴奋状态,由于侧抑制的作用,各细胞之间相互竞争的最终结果是:兴奋作用最强的神经细胞所产生的抑制作用战胜了其周围其他细胞的抑制作用而"赢"了,其周围的其他神经细胞则全"输"了。

自组织竞争人工神经网络正是基于上述生物结构和现象形成的。它能够对输入模式进行自组织训练和判断,并最终将其分为不同的类型。与 BP 网络相比,这种自组织自适应的学习能力进一步拓宽了人工神经网络在模式识别、分类方面的应用;另一方面,竞争学习网络的核心——竞争层,又是许多种其他神经网络模型的重要组成部分,例如科霍嫩(Kohonen)网络(又称特性图)、反传网络以及自适应共振理论网络等中均包含竞争层。

5.1　几种联想学习规则

格劳斯贝格(S. Grossberg)提出了两种类型的神经元模型:内星与外星,用以解释人类及动物的学习现象。一个内星可以被训练来识别一个矢量,而外星可以被训练来产生矢量。

由 r 个输入节点构成的格劳斯贝格内星模型如图 5.1 所示。

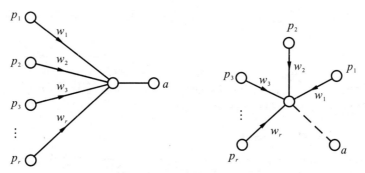

图 5.1　格劳斯贝格内星模型图

由 s 个输出节点构成的格劳斯贝格外星模型如图 5.2 所示。

从图 5.1 和图 5.2 中可以清楚地看出,内星是通过联结权矢量 W 接受一组输入信号 P;而外星则是通过联结权矢量向外输出一组信号 A。它们之所以被称为内星和外星,主要是因为其网络的结构像星形,且内星的信号流向星的内部,而外星的信号流向星的外部。下面分别详细讨论两种神经元模型的学习规则及其功效。

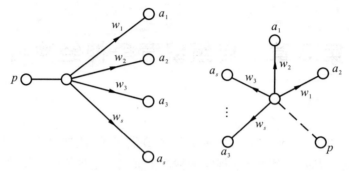

图 5.2 格劳斯贝格外星模型图

5.1.1 内星学习规则

实现内星输入/输出转换的激活函数是硬限制函数。可以通过内星及其学习规则来训练某一神经元节点只响应特定的输入矢量 P,它是借助于调节网络权矢量 W 近似于输入矢量 P 来实现的。

在图 5.1 所示的单内星中对权值修正的格劳斯贝格内星学习规则为

$$\Delta w_{1j} = lr \cdot (p_j - w_{1j}) \cdot a, \quad j = 1, 2, \cdots, r \tag{5.1}$$

由式(5.1)可见内星神经元联结强度的变化。Δw_{1j} 是与输出成正比的。如果内星输出 a 被某一外部方式而维持高值时,那么通过不断反复地学习,权值将能够逐渐趋近于输入矢量 p_j 的值,并驱使 Δw_{1j} 逐渐减少,直至最终达到 $w_{1j} = p_j$,从而使内星权矢量学习了输入矢量 P,达到了用内星来识别一个矢量的目的。另一方面,如果内星输出保持为低值时,网络权矢量被学习的可能性较小,甚至不能被学习。

现在来考虑当不同的输入矢量 p^1 和 p^2 分别出现在同一内星时的情况。首先,为了训练的需要,必须将每一输入矢量都进行单位归一化处理,即对每一个输入矢量 $p^q(q=1,2)$,用 $\dfrac{1}{\sqrt{\sum\limits_{j=1}^{r}(p_j^q)^2}}$ 去乘以每一个输入元素,因此所得的用来进行网络训练的新输入矢量具有单位 1 的模值。

当第一个矢量 p^1 输入给内星后,网络经过训练,最终达到 $W = (p^1)^T$。此后,给内星输入另一个输入矢量 p^2,此时内星的加权输入和为新矢量 p^2 与已学习过矢量 p^1 的点积,即

$$N = W \cdot P^2 = (P^1)^T \cdot P^2 = \left\| P^1 \right\| \left\| P^2 \right\| \cos\theta_{12} = \cos\theta_{12} \tag{5.2}$$

因为输入矢量的模已被单位化为 1,所以内星的加权输入和等于输入矢量 P^1 和 P^2 之间夹角的余弦。

根据不同的情况,内星的加权输入和可分为如下几种情况:

① P^2 等于 P^1,即有 $\theta_{12}=0$,此时,内星加权输入和为 1;

② P^2 不等于 P^1,随着 P^2 向着 P^1 离开方向的移动,内星加权输入和将逐渐减少,直到 P^2 与 P^1 垂直,即 $\theta_{12}=90°$时,内星加权输入和为 0;

③ 当 $P^2=-P^1$，即 $\theta_{12}=180°$ 时，内星加权输入和达到最小值 -1。

由此可见，对于一个已训练过的内星网络，当输入端再次出现该学习过的输入矢量时，内星产生 1 的加权输入和；而与学习过的矢量不相同的输入出现时，所产生的加权输入和总是小于 1。如果将内星的加权输入和送入到一个具有略大于 -1 偏差的二值型激活函数，对于一个已学习过或接近于已学习过的矢量输入，同样能够使内星的输出为 1，而其他情况下的输出均为 0。所以求内星加权输入和公式中的权值 W 与输入矢量 P 的点积，反映了输入矢量与网络权矢量之间的相似度，当相似度接近 1 时，表明输入矢量 P 与权矢量相似，并通过进一步学习，能够使权矢量对其输入矢量具有更大的相似度，当多个相似输入矢量输入内星，最终的训练结果是使网络的权矢量趋向于相似输入矢量的平均值。

内星网络中的相似度是由偏差 b 来控制的，由设计者在训练前选定。典型的相似度值为 $b=-0.95$，这意味着输入矢量与权矢量之间的夹角小于 $18°48'$。若选 $b=-0.9$，则其夹角扩大为 $25°48'$。

一层具有 s 个神经元的内星，可以用相似的方式进行训练，权值修正公式为

$$\Delta w_{ij}=lr \cdot (p_j-w_{ij}) \cdot a \qquad (5.3)$$

MATLAB 神经网络工具箱中内星学习规则的执行是用函数 learnis.m 来完成上述权矢量的修正过程：

lp. lr=0.7;

dW=learnis(W,P,[],[],A,[],[],[],[],[],lp,[]);

W=W+dW;

一层 s 个内星神经元可以作为一个 r 到 1 的解码器。另外，内星通常被嵌在具有外星或其他元件构成的大规模网络中以达到某种特殊的目的。

下面给出有关训练内星网络的例子。

【例 5.1】 设计内星网络进行以下矢量的分类辨识(is1.m)：

$$P=[0.1826 \quad 0.6325;$$
$$0.3651 \quad 0.3162;$$
$$0.5477 \quad 0.3162;$$
$$0.7303 \quad 0.6325];$$
$$T=[1 \quad 0];$$

与感知器分类功能不同，内星是根据期望输出值，在本例题中是通过迫使网络在第一个输入矢量出现时，输出为 1，同时迫使网络在第二个输入矢量出现时，输出为 0，而使网络的权矢量逼近期望输出为 1 的第一个输入矢量。

我们首先对网络进行初始化处理：

[R,Q]=size (P);

[S,Q]=size (T);

W=zeros (S,R);

B=− 0.95 ∗ ones (S,1);

max_epoch=10;

lp. lr=0.7;

注意权矢量在此是进行了零初始化，这里的学习速率的选择也具有任意性，当输入矢量较少时，学习速率可以选择较大以加快学习收敛速度。另外，因为所给例题中所给输入矢量

已是归一化后的值,所以不用再做处理。下面是设计训练内星网络的程序:

```
for epoch＝1：max＿epoch
    for q＝1：Q
    A＝T（:,q）;
    dW＝learnis(W,P(:,q),[],[],A,[],[],[],[],lp,[]);
    W＝W+dW;
    end
end
```

经过 10 次循环以及 480 次计算后,得到的权矢量为

W＝[0.1826　0.3651　0.5477　0.7303];

而当 lr＝0.3 时,其结果为

W＝[0.1774　0.3548　0.5322　0.7097];

由此可见,学习速率较低时,在相同循环次数下,其学习精度较低。但当输入矢量较多时,较大的学习速率可能产生波动,所以要根据具体情况来确定参数值。

在此例题中,因为只有一个输入矢量被置为 1,所以实际上所设置的偏差 $B＝-0.95$ 没有起到作用。内星网络常用在竞争网络以及后面所要介绍的自适应共振理论 ART 网络中。在那里,其网络的期望输出是通过竞争网络的竞争而得到的。在 ART 网络中,竞争获胜节点的有效性是通过所给的相似度 B 值来决定的。

5.1.2　外星学习规则

外星网络的激活函数是线性函数,它被用来学习回忆一个矢量,其网络输入 P 也可以是另一个神经元模型的输出。外星被训练在一层 s 个线性神经元的输出端产生一个特别的矢量 A。所采用的方法与内星识别矢量时的方法极其相似。

对于一个外星,其学习规则为

$$\Delta w_{il}＝lr \cdot (a_i - w_{il}) \cdot p_j \tag{5.4}$$

与内星不同,外星联结强度的变化 ΔW 是与输入矢量 P 成正比的。这意味着当输入矢量被保持高值,比如接近 1 时,每个权值 w_{il} 将趋于输出 a_i 值,若 $p_j＝1$,则外星使权值产生输出矢量。当输入矢量 p_j 为 0 时,网络权值得不到任何学习与修正。

当有 r 个外星相并联,每个外星与 s 个线性神经元相连组成一层外星时,每当某个外星的输入节点被置为 1,与其相连的权值到矢量 w_{ij} 就会被训练成对应的线性神经元的输出矢量 A,其权值修正方式为

$$\Delta W＝lr \cdot (A - W) \cdot P \tag{5.5}$$

其中,$W＝s \times r$,权值列矢量;$lr＝$学习速率;$A＝s \times q$,外星输出;$P＝r \times q$,外星输入。

MATLAB 工具箱中实现外星学习与设计的函数为 learnos.m,其调用过程如下:

dW＝learnos(W,P(:,q),[],[],A,[],[],[],[],lp,[]);

W＝W+dW;

在 MATLAB 6.1 里,自组织竞争网络的学习速率是通过变量 lp.lr 来赋值的,使用时,直接写 lp 即可。

下面给出外星的一个例题。

【**例 5.2**】 (os1.m)下面有两元素的输入矢量以及与它们相关的四元素目标矢量,试设计一个外星网络实现有效的矢量的获得,外星没有偏差。

$$P = [1 \quad 0];$$
$$T = [0.1826 \quad 0.6325;$$
$$0.3651 \quad 0.3162;$$
$$0.5477 \quad 0.3162;$$
$$0.7303 \quad 0.6325]$$

很显然,此例题为内星例 5.1 的反定义。

该网络的每个目标矢量强迫为网络的输出,而输入只有 0 或 1。网络训练的结果是使其权矩阵趋于所对应的输入为 1 时的目标矢量。

同样,网络被零权值初始化:

$[R,Q]$＝size (P);

$[S,Q]$＝size (T);

W＝zeros (S,R);

max _ epoch＝10;

lp. lr＝0.3;

下面根据外星学习规则进行训练:

```
for epoch=1 : max _ epoch
    for q=1 : Q
    A=T (:,q);
    dW=learnos(W,P(:,q),[],[],A,[],[],[],[],[],lp,[]);
    W=W+dW;
    end
end
```

一旦训练完成,当外星工作时,对设置于输入为 1 的矢量,将能够回忆起被记忆在网络中的第一个目标矢量的近似值:

》Ptest＝[1];

》A＝purelin (W * Ptest)

A＝

    0.1774

    0.3548

    0.5322

    0.7097

由此可见,此外星已被学习用来回忆第一个矢量。事实上,它被学习用来回忆例 5.1 中学习识别出的那个矢量。即上述外星的权值非常接近于例 5.1 中已被识别的矢量。

内星与外星之间的对称性是非常有用的。对一组输入和目标来训练一个内星层与将其输入与目标相对换来训练一个外星层的结果是相同的,即它们之间的权矩阵的结果是相互转置的。这一事实后来被应用到了 ART1 网络中。

5.1.3 科霍嫩学习规则

科霍嫩学习规则是由内星规则发展而来的。对于其值为 0 或 1 的内星输出,当只对输出为 1 的内星权矩阵进行修正,即学习规则只应用于输出为 1 的内星上,将内星学习规则中的 a_i 取值 1,则可导出科霍嫩规则:

$$\Delta w_{ij} = lr \cdot (p_j - w_{ij}) \tag{5.6}$$

科霍嫩学习规则实际上是内星学习规则的一个特例,但它比采用内星规则进行网络设计要节省更多的学习,因而常常用来替代内星学习规则。

在 MATLAB 工具箱中,调用科霍嫩学习规则的函数是 learnk. m,使用方法如下:

lp. lr=0.7;

dW=learnk(W,P,[],[],A,[],[],[],[],[],lp,[]);

W=W+dW;

【例 5.3】 用科霍嫩学习规则重新训练例 5.1,观察训练循环的次数(k1. m)。

例 5.1 中,采用内星学习规则使网络权矢量识别输入矢量,共经历 10 次循环,共 480 次运算。这并不算多,不过当采用科霍嫩学习规则对其进行设计时,其计算量更少。

采用与内星和外星类似的方式,可以非常简单迅速地写出主要的训练程序:

for epoch=1 : max _ epoch

    for q=1 : Q

    A=T (:,q);

    dW=learnk(W,P(:,q),[],[],A,[],[],[],[],[],lp,[]);

    W=W+dW;

    end

end

在 10 次循环中只用了 280 次运算就得到了相同的结果,看上去收敛速率不算太快,但这仅是一个内星,当网络变得较复杂时,其功效就更加明显了。一般情况下,科霍嫩学习规则比内星学习规则高出 1~2 个数量级。

5.2　自组织竞争网络

5.2.1　网络结构

竞争网络由单层神经元网络组成,其输入节点与输出节点之间为全互联结。因为网络在学习中的竞争特性也表现在输出层上,所以在竞争网络中把输出层又称为竞争层,而与输入节点相连的权值及其输入合称为输入层。实际上,在竞争网络中,输入层和竞争层的加权输入和共用同一个激活函数,如图 5.3 所示。竞争网络的激活函数为二值型{0,1}函数。

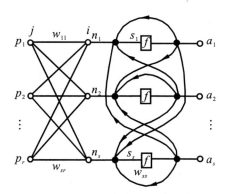

图 5.3 竞争网络结构图

从网络的结构图中可以看出,自组织竞争网络的权值有两类。一类是输入节点 j 到 i 的权值 $w_{ij}(i=1,2,\cdots,s;j=1,2,\cdots,r)$,这些权值通过训练是可以被调整的。另一类是竞争层中互相抑制的权值 $w_{ik}(k=1,2,\cdots,s)$,这类权值是固定不变的,且它满足一定的分布关系,如距离近的抑制强,距离远的抑制弱。另外,它们是一种对称权值,即有 $w_{ik}=w_{ki}$;同时相同神经元之间的权值起加强的作用,即满足 $w_{11}=w_{22}=\cdots=w_{kk}>0$,而不同神经元之间的权值相互抑制,对于 $k\neq i$ 有 $w_{ij}<0$。

下面来具体分析竞争网络的输出情况。

设网络的输入矢量为

$$P=[p_1 p_2 \cdots p_r]^{\mathrm{T}}$$

对应网络的输出矢量为

$$A=[a_1 a_2 \cdots a_s]^{\mathrm{T}}$$

由于竞争网络中含有两种权值,所以其激活函数的加权输入和也分为两部分:来自输入节点的加权输入和 N 与来自竞争层内互相抑制的加权输入和 G。具体地说,对于第 i 个神经元有:

① 来自输入节点的加权输入和为

$$n_i = \sum_{j=1}^{r} w_{ij} \cdot p_j$$

② 来自竞争层内互相抑制的加权输入和为

$$g_i = \sum_{k \in D} w_{ik} \cdot a_k$$

这里 D 表示竞争层中含有神经元节点的某个区域。如果 D 表示的是整个竞争层,竞争后只能有一个神经元兴奋而获胜;如果竞争层被分成若干个区域,则竞争后每个区域可产生一个获胜者。

由于 g_i 与网络的输出值 a_k 有关,而输出值又是由网络竞争后的结果所决定的,所以 g_i 的值也是由竞争结果确定的。为了方便起见,下面以 D 为整个网络输出节点的情况来分析竞争层内互相抑制的加权输入和 g_i 的可能结果。

① 如果在竞争后,第 i 个节点"赢"了,则有

$$a_k=1, \quad k=i$$

而其他所有节点的输出均为 0,即

$$a_k=0, \quad k=1,2,\cdots,s;k\neq i$$

此时

$$g_i = \sum_{k=1}^{s} w_{ik} \cdot a_k = w_{ii} > 0$$

② 如果在竞争后，第 i 个节点"输"了，而"赢"的节点为 l，则有

$$a_k = 1, \quad k = l$$
$$a_k = 0, \quad k = 1, 2, \cdots, s; k \neq l$$

此时

$$g_i = \sum_{k=1}^{s} w_{ik} \cdot a_k = w_{il} < 0$$

所以对整个网络的加权输入总和有下式成立：

$$s_l = n_l + w_{ll} \quad (\text{对于"赢"的节点 } l)$$
$$s_i = n_i - |w_{il}| \quad (\text{对于所有"输"的节点 } i = 1, 2, \cdots, s, i \neq l)$$

由此可以看出，经过竞争后只有获胜的那个节点的加权输入总和为最大。竞争网络的输出为：

$$a_k = \begin{cases} 1, & s_k = \max s_i, \text{其中 } i = 1, 2, \cdots, s \\ 0, & \text{其他} \end{cases}$$

因为在权值的修正过程中只修正输入层中的权值 w_{ij}，竞争层内的权值 w_{ik} 是固定不变的，它们对改善竞争的结果只起到了加强或削弱作用，即对获胜节点增加一个正值，使其更易获胜，对输出的节点增加一个负值，使其更不易获胜，而对改变节点竞争结果起决定性作用的还是输入层的加权和 n_i，所以在判断竞争网络节点胜负的结果时，可直接采用 n_i，即：

$$n_赢 = \max(\sum_{j=1}^{r} w_{ij} p_j)$$

取偏差 B 为零是判定竞争网络获胜节点时的典型情况，偶尔也采用下式进行竞争结果的判定：

$$n_赢 = \max(\sum_{j=1}^{r} w_{ij} p_j + b), \quad -1 < b < 0$$

典型的 b 值取 -0.95。加上 b 值意味着取 $b = -|w_{il}|$ 这一最坏的结果。

通过上面的分析，可以将竞争网络的工作原理总结如下：竞争网络的激活函数使加权输入和为最大的节点赢得输出为 1，而其他神经元的输出皆为 0。这个竞争过程可用 MATLAB 描述如下：

```
n = W * P;
[S, Q] = size (n);
x = n + b * ones (1, Q);
y = max (x);
for q = 1:Q
    z = find(x (:, q) == y(q));        %找出最大加权输入和 y(q) 所在的行；
    a(z(1), q) = 1;                    %令元素 a(z, q) = 1, 其他值为 0；
end
```

这个竞争过程的程序已被包含在竞争激活函数 compet. m 之中，用与其他函数一样简

单的方式调用它即可得到竞争网络的输出值：

A＝compet（W＊P＋B）；

5.2.2　竞争学习规则

竞争网络在通过竞争而求得获胜节点后，对获胜节点相连的权值进行调整，调整权值的目的是为了使权值与其输入矢量之间的差别越来越小，从而使训练后的竞争网络的权值能够代表对应输入矢量的特征，把相似的输入矢量分成同一类，并由输出来指示所代表的类别。

竞争网络修正权值的公式为

$$\Delta w_{ij} = lr \cdot (p_j - w_{ij})$$

式中，lr 为学习速率，且 $0 < lr < 1$，一般的取值范围为 $0.01 \sim 0.3$；p_j 为经过归一化处理后的输入。

用 MATLAB 工具箱来实现上述公式的过程可以用内星学习规则：

A＝compet（W＊P）；

dW＝learnis(W,P,[],[],A,[],[],[],[],[],lp,[])

W＝W＋dW；

更省时的是采用科霍嫩学习规则：

A＝compet（W＊P）；

dW＝learnk(W,P,[],[],A,[],[],[],[],[],lp,[])

W＝W＋dW；

不论采用哪种学习方法，层中每个最接近输入矢量的神经元，通过每次权值调整而使权值矢量逐渐趋于这些输入矢量，从而竞争网络通过学习而识别了在网络输入端所出现的矢量，并将其分为某一类。

5.2.3　竞争网络的训练过程

弄懂网络的训练过程是为了更好地设计网络。

因为只有与获胜节点相连的权值才能得到修正，通过其学习法则使修正后的权值更加接近其获胜输入矢量，结果是，获胜的节点对将来再次出现的相似矢量（能被偏差 b 所包容，或在偏差范围以内的）更加容易赢得该节点的胜利；而对于一个不同的矢量出现时，就更加不易取胜，但可能使其他某个节点获胜，归为另一类矢量群中。随着输入矢量的重复出现而不断地调整与胜者相连的权矢量，以使其更加接近于某一类输入矢量，最终，如果有足够的神经元节点，每一组输入矢量都能使某一节点的输出为 1 而聚为该类。通过重复训练，自组织竞争网络将所有输入矢量进行了分类。

所以竞争网络的学习和训练过程，实际上是对输入矢量的划分聚类过程，使得获胜节点与输入矢量之间的权矢量代表获胜输入矢量。

这样，当达到最大循环的值后，网络已重复多次训练了 P 中的所有矢量，训练结束后，对于用于训练的模式 P，其网络输出矢量中，其值为 1 的代表一种类型，而每类的典型模式值由该输出节点与输入节点相连的权矢量表示。

竞争网络的输入层节点 r 是由已知输入矢量决定的,而竞争层的神经元数 s 是由设计者确定的,它们代表输入矢量可能被划分的种类数,其值若被选得过少,则会出现有些输入矢量无法被分类的不良结果,但若被选得太大,竞争后可能有许多节点被空闲,而且在网络竞争过程中还占用了大量的设计量和时间,在一定程度上造成了浪费,所以一般情况下,可以根据输入矢量的维数及其估计情况,再适当地增加些数目来确定。

另外还要事先确定的参数有学习速率和最大循环次数。竞争网络的训练是在达到最大循环次数后停止,这个数一般可取输入矢量数组的 15～20 倍,即使每组输入矢量能够在网络中重复出现 15～20 次。

竞争网络的权值要进行随机归一化的初始化处理,这个过程在 MATLAB 中用函数 randnr.m 实现:

W＝randnr(S,R);

然后网络则可以进入竞争以及权值的调整阶段。

网络的训练全过程完全由计算机去做,工具箱中建立竞争网络的函数是 newc.m,竞争网络的训练函数同样为

net＝newc(minmax(P),S);

net＝train(net,P);

竞争网络比较适合用于具有大批相似数组的分类问题。下面通过例题来说明竞争网络的功效。

【例 5.4】 对下列模式 P 进行分类辨识(comp1.m)。

P＝[0.7071 0.6402   0.000   −0.1961   0.1961 −0.9285 −0.8762 −0.8192;

　　0.7071 0.7682 −1.000 −0.9806 −0.9806   0.3714   0.4819 0.5735];

解 输入模式 P 已经为归一化处理后的数据。对于网络结构,我们取 $S=4$。根据:

W0＝randnr(S,R);

随机取一组初始矩阵为

W0＝[−0.3347   −0.9413;

　　−0.5466   −0.8374;

　　−0.8690   −0.4948;

　　 0.4611   −0.8874];

另取

lp.lr＝0.05;

max_epoch＝320;

这里取了输入数据的 20 倍。最大循环数一般应根据输入数据的多少来决定。

(1) 训练竞争

为了能够更清楚地理解训练竞争过程,我们仍可以通过图解法来解释。和感知器的分类方式类似,二值型分类的实质是通过将输入矢量空间进行分割而达到分类目的。在此,我们用横、纵坐标分别表示 p_1 和 p_2 矢量。与感知器不同的是,竞争网络所用的矢量模为 1,所以矢量的变化,在坐标上形成的轨迹为以原点为中心的单位圆。网络竞争的目的,是使权值 W 经过竞争后逐渐移动到能够代表输入矢量类别的点上(也处于单位圆上)。

在训练过程中,当第一次出现输入矢量例如 P^1 时,有 $w_{lj}=p^1, l \in s, j=1,2,\cdots,r$。但当 P^2 出现时,若也具有与 W_{lj} 相似的特性,则通过对 W_{lj} 的修正,使 W_{lj} 倾向 P^2。当下一次 P^1

再次输入时,W_{lj} 又被修正得移向 P^1。这样,经过多次训练后,W_{lj} 所得的结果为几个相同类型输入模式的平均值,而对一个不同类型的模式输入,将使竞争网络中的其他节点获胜而得到一个新的权矩阵。如此重复,可以将所有的不同类型的模式都聚集到相同的权矩阵下,每个权矩阵代表一种类型,而输出矢量中的 1 的列位置则指出与此节点相连的权矢量所代表的输入矢量组的位置。图 5.4 为竞争前的权矢量位置图,图 5.5 给出了最后的训练结果,图中权矢量位置是用"○"来表示的。

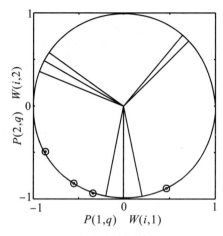

图 5.4　竞争前的权矢量位置图

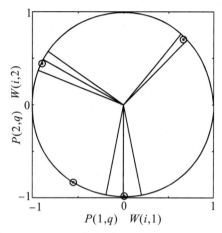

图 5.5　竞争结束后的权矢量位置图

本例题经过 320 次循环后得到最后结果为
$$W = \begin{bmatrix} -0.0460 & -0.9863; \\ -0.5466 & -0.8374; \\ -0.8748 & 0.4747; \\ 0.6684 & 0.7180 \end{bmatrix};$$

在输入模式 P 作用下的网络输出为
$$A = \begin{bmatrix} 0\,0\,1\,1\,1\,0\,0\,0; & \text{—1 类(第 3、4、5 列输入矢量组属于同一类)} \\ 0\,0\,0\,0\,0\,0\,0\,0; & \text{— 空缺} \\ 0\,0\,0\,0\,0\,1\,1\,1; & \text{—3 类(第 6、7、8 列输入矢量组属于同一类)} \\ 1\,1\,0\,0\,0\,0\,0\,0 \end{bmatrix}; & \text{—4 类(第 1、2 列输入矢量组属于同一类)}$$

将 W 值与前面的 $W0$ 值相比较可以看出,第二行的值与初始 $W0$ 值完全相同,即在整个竞争训练中,W_{2j} 从未获得过胜利,所以其权矩阵一次也没有得到过修正,这从 A 的输出值上看得很清楚:当 P^1、P^2 输入时,输出节点 4 获胜,即它们属于 W_{4j} 类;W_{4j} 可代表它们的值,P^3、P^4 和 P^5 属第一类,W_{1j} 是它们三个的代表,P^6、P^7 和 P^8 同属第三类,W_{3j} 反映了它们的特点。

(2) 竞争学习网络的局限性

竞争网络适用于具有典型聚类特性的大量数据的辨识,但当遇到大量的具有概率分布的输入矢量时,竞争网络就无能为力了,这时可以采用科霍嫩自组织映射网络(Self-Organizing Map,SOM)来解决。

5.3　科霍嫩自组织映射网络

神经细胞模型中还存在着一种细胞聚类的功能柱。它是由多个细胞聚合而成的，在接受外界刺激后，它们会自动形成。一个功能柱中的细胞具备同一种功能。

生物细胞中的这些现象在科霍嫩网络模型中有所反映。当外界输入不同的样本到科霍嫩自组织映射网络中，一开始输入样本引起输出兴奋的位置各不相同，但通过网络自组织后会形成一些输出群，它们分别代表了输入样本的分布，反映了输入样本的图形分布特征，所以科霍嫩网络常常被称为特性图。

科霍嫩网络使输入样本通过竞争学习后，功能相同的输入靠得比较近，不同的分得比较开，以此将一些无规则的输入自动排开，在联结权的调整过程中，权分布与输入样本的概率密度分布相似。所以科霍嫩网络可以作为一种样本特征检测器，在样本排序、样本分类以及样本检测方面有广泛的应用。

一般可以这样说，科霍嫩网络的权矢量收敛到所代表的输入矢量的平均值，它反映了输入数据的统计特性。再扩大一点，如果说一般的竞争学习网络能够训练识别出输入矢量的点特征，那么科霍嫩网络能够表现出输入矢量在线上或平面上的分布特征。

当随机样本输入到科霍嫩网络时，如果样本足够多，那么在权值分布上可近似于输入随机样本的概率密度分布，在输出神经元上也反映了这种分布，即概率大的样本集中在输出空间的某一个区域，如果输入的样本有几种分布类型，则它们各自会根据其概率分布集中到输出空间的各个不同的区域。每一个区域代表同一类的样本，这个区域可逐步缩小，使区域的划分越来越明显。在这种情况下，不论输入样本是多少维的，都可投影到低维的数据空间的某个区域上。这种形式也称为数据压缩。同时，高维空间中比较相近的样本在低维空间中的投影也比较相近，这样就可以从中取出样本空间中较多的信息。遗憾的是，网络在高维映射到低维时会出畸变，且压缩比越大，畸变越大；另外网络要求的输入节点数很大，因而科霍嫩网络比其他人工神经网络（如 BP 网络）的规模要大。

5.3.1　科霍嫩网络拓扑结构

科霍嫩网络结构也是两层：输入层和竞争层，与基本竞争网络不同之处是其竞争层可以由一维或二维网络矩阵方式组成，且权值修正的策略也不同。

① 一维网络结构与基本竞争学习网络相同；

② 二维网络结构如图 5.6 所示，网络上层有 s 个输出节点，按二维形式排成一个节点矩阵，输入节点处于下方，有 r 个矢量，即 r 个节点，所有输入节点到所有输出节点之间都有权值连接，而且在二维平面上的输出节点相互间也可能是局部连接的。

科霍嫩网络的激活函数为二值型函数。一般情况下 b 值固定，其学习方法与普通的竞争学习算法相同。在竞争层中，每个神经元都有自己的邻域，图 5.7 为一个在二维层中的主神经元。主神经元具有在其周围增加直径的邻域。一个直径为 1 的邻域包括主神经元及它的直接周围神经元所组成的区域，直径为 2 的邻域包括直径 1 的神经元以及它们的邻域。

图中主神经元的位置是通过从左上端第一列开始从左到右、从上到下顺序找到的。如图 5.7 中的 10×10 神经元层，其主神经元位于 65。

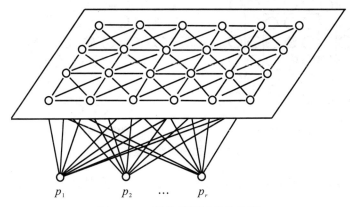

图 5.6　二维科霍嫩网络结构图

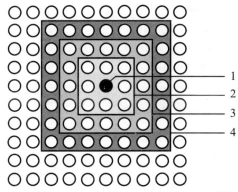

1—主神经元；2—邻层1；3—邻层2；4—邻层3

图 5.7　二维神经元层示意图

特性图的激活函数也是二值型函数，同竞争网络一样可以取偏置 b 为零或固定为一常数。竞争层的竞争结果，不仅使加权输入和为最大值者获胜而输出为 1，同时也使获胜节点周围的邻域也同时输出为 1。另外，在权值调整的方式上，特性图网络不仅调整与获胜节点相连的权值，而且对获胜节点邻域节点的权值也进行调整，即使其周围 D_k 的区域内神经元在不同程度上也得到兴奋，在 D_k 以外的神经元都被抑制，这个 D_k 区域可以是以获胜节点为中心的正方形，也可以为六角形，如图 5.8 所示。对于一维输出，D_k 则为以 k 为中心的下上邻点。

MATLAB 工具箱中创建自组织网络的函数是 newsom.m，其调用方式为

net＝newsom(pr,[d1,d2,$\cdots$],tfcn,dfcn,olr,osteps,tlr,tns)

其中，pr：$R \times 2$ 的矩阵，其第 j 行表示第 j 个输入的取值范围。

di：第 i 层神经元的维数，缺省值＝[5 8]。

tfcn：拓扑函数，缺省值＝hextop，另外可选参数还有方格形"gridtop"和任意拓扑结构形"randtop"。

dfcn：距离函数，缺省值＝linkdist，两矢量 Pi 和 Pj 之间距离一组矢量 S 的"linkdist"距离 D 为从最大距离 N 逐渐减小到 1。另外还有两个可选的距离函数分别为：

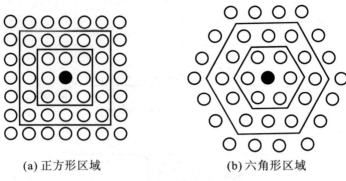

(a) 正方形区域　　　　　　　　(b) 六角形区域

图 5.8　二维网络邻域形状

① 欧几里得距离"dist",两矢量 X 和 Y 之间的欧几里得距离 D 的算法是 D＝sum((x－y).^2).^0.5;

② "mandist":两矢量 X 和 Y 之间的"mandist"是 D＝sum(abs(x－y))。

olr:定序阶段学习速率,缺省值＝0.9。

osteps:定序阶段学习步长,缺省值＝1000。

tlr:调整阶段学习速率,缺省值＝0.02。

tns:调整阶段近邻距离,缺省值＝1。

自组织网络函数返回的是一个新的自组织映射网络。

科霍嫩网络的初始权值如何? 请参照下例:

net＝newsom([0 2; 0 1],[2 3],'gridtop')

创建的网络神经元初始权值为

W0＝net. IW{1,1}

W0＝

$$
\begin{array}{ll}
1.0000 & 0.5000 \\
1.0000 & 0.5000 \\
1.0000 & 0.5000 \\
1.0000 & 0.5000 \\
1.0000 & 0.5000 \\
1.0000 & 0.5000
\end{array}
$$

即都是输入向量范围的中间值。

5.3.2　网络的训练过程

科霍嫩网络在训练开始时和普通的竞争网络一样,其输入节点竞争的胜利者代表某类模式。然后定义获胜节点的邻域节点,即以获胜节点为中心的某一半径内的所有节点,并对与其相似的权矩阵进行调整。随着训练的继续进行,获胜节点 k 的半径将逐渐变小,直到最后只包含获胜节点 k 本身。也就是说,在训练的初始阶段,不但对获胜的节点做权值的调整,而且对其周围较大范围内的几何邻接节点也做相应的调整,而随着训练过程的进行,与获胜输出节点相连的权矩阵就越来越接近其所代表的模式类,此时,需要对获胜节点进行较细致的权矩阵调整。同时,只对其几何邻接较接近的节点进行相应的调整。这样,在训练结束后,几何上相近的输出节点所连接的权矢量既有联系(即类似性),又相互有区别,保证了对于某一类输入模式,获胜节点能做出最大的响应,而相邻节点做出较少响应。几何上相邻的节点代表特征上相似的模式类别。

科霍嫩自组织映射网络权值训练过程分两个阶段:定序阶段和调整阶段。

第一阶段:定序阶段

这个阶段在给定的训练次数下运行。邻域距离始于两个神经元相距的最大距离,并线性地减少到调整阶段的距离。学习速率也从定序阶段的速率线性地减少到调整阶段的速率。随着定序阶段邻域距离和学习速率的减少,网络中的神经元在输入空间中按创建网络时给定的拓扑结构自我序化。

第二阶段:调整阶段

这个阶段在剩下的训练中运行。这时邻域距离只是停留在最靠近的调整距离(典型的距离为1);学习速率还要从调整阶段的速率继续减少,不过变得很慢。只要前一阶段定序学习时是稳定的,调整阶段中小的邻域距离以及缓慢减少的学习速率有助于微调网络的权值。调整阶段的训练次数(或自适应的时间)应当比定序阶段的数量大得多,因为调整阶段通常需要花费更长的训练时间。

下面是训练过程中一些参数的缺省值:

LP. order _ lr　　　　0.9　　　定序阶段学习速率
LP. order _ steps　　　1000　　定序阶段步长
LP. tune _ lr　　　　　0.02　　调整阶段学习速率
LP. tune _ nd　　　　　1　　　调整阶段邻域距离

自组织映射网络权值学习函数的学习规则如下:

对于输入向量 p、函数 a2 和学习速率 lr,有权值的改变量:

dw=lr * a2 * (p'−w)

这里的 a2 由层的输出 a、神经元之间的距离 D 和当前的学习邻域大小 nd 决定:

$$a2(i,q)=\begin{cases}1, & a(i,q)=1 \\ 0.5, & a(j,q)=1 \text{ 且 } D(i,j) \leqslant nd \\ 0, & \text{其他}\end{cases}$$

学习速率 lr 和邻域大小 nd 在两个阶段中是不断变化的。定序阶段是按 LP. order _ steps 的次数反复运行,学习速率 lr 从 LP. order _ lr 逐渐下降到 LP. tune _ lr,nd 值从最大神经元距离下降到1。此阶段的目的是使神经元权值在输入空间以相关的神经元位置进行自我定序。在调整阶段,lr 缓慢地从 LP. tune _ lr 逐渐减少,而 nd 总是保持 LP. tune _ nd 值不变。此阶段调整权值的目的是在输入空间里保持定序阶段所形成的拓扑结构并均匀地排列。因而,神经元权值最初在输入矢量出现的输入空间域花费较大的训练步长,然后当邻域大小减少到1时,特性图对于所给的输入矢量,趋向了自身有序的拓扑图,一旦邻域为1,网络已变得很有序,所以学习速率在较长的时间里缓慢减少以便给神经元一定的时间来在输入矢量的范围内进行均匀分布。

对于第 ls. step 次训练,邻域大小及学习速率在各阶段的计算公式分别如下。首先计算参数 $percent$:$percent=1−$ls. step/lp. order _ steps,然后的计算如表5.1所示。

表 5.1　邻域大小及学习速率在各阶段的计算公式

阶段＼类别	邻域大小(nd)	速率大小(lr)
定序阶段	$1.00001 +$ (ls. nd _ max $- 1$) $* percent$	lp. tune _ lr $+$ (lp. order _ lr $-$ lp. tune_ lr) $* percent$
调整阶段	lp. tune _ nd $+ 0.00001$	lp. tune _ lr $*$ lp. order _ steps/ ls. step

如上面所说,自组织映射网络和传统的竞争网络的权值学习规则是不一样的。第一,竞争网络仅能调整获胜节点的权值,但自组织映射网络可以调整获胜节点和它邻域节点的权值,这样邻域节点就有一个和获胜节点相似的权值,也就能对相似的输入向量有获胜的机会。第二,如果输入向量等概率出现在输入空间的任何区域,自组织映射网络定义相邻神经元之间有大约相等的权值距离(距离即两向量的点乘),也就是说如果输入空间中输入向量在各个区域出现的频率不同,那么在输入空间中一个区域的神经元个数和该区域中输入向量个数成正比。第三,自组织神经元网络还要学习输入向量的拓扑结构。神经元之间的结构和输入向量相似。第四,权值点的分布比竞争网络权值点的分布光滑。

特性图的初始权值一般被设置得很小,例如,用 R 个输入和 S 个神经元初始化一个特性图的过程可为

W＝randnr(S,R) $* 0.1$；

必要时对输入模式 P 作归一化处理：

P＝normc(P)；

由上可知,特性图不同于常规竞争学习网络那样修正其权值,除了修正获胜权值外,特性图还修正它的邻域权值。结果是邻域的神经元也逐渐趋于相似的权矢量,并对相似的输入矢量作出响应。

训练设计步骤(适用于输入矢量 P 具有某种概率分布的数组)：

net＝newsom(minmax(P),20)；

％创建科霍嫩网络

net. trainParam. epochs＝50；

％最大训练次数

net. trainParam. show＝5；

net＝train(net,P)；

％训练网络

plot(P(1,:),P(2,:),'. g','markersize',20)

％画输入点

hold on

plotsom(net. iw{1,1},net. layers{1}. distances)

％作训练后的权值点及其与相邻权值点的连线

hold off

在训练过程中,神经元参与彼此的竞争活动,而具有最大输出的神经元节点是获胜者。该获胜节点具有抑制其他竞争者和激活其邻近节点的能力,但是只有获胜节点才允许有输

出,也只有获胜者和其邻近节点的权值允许被调节。获胜者的邻近节点的范围在训练过程中是可变的。在训练开始时,一般将邻近范围取得较大,随着训练的进行,其邻近范围逐渐缩小。因为只有获胜节点是输入图形的最佳匹配,所以说科霍嫩网络模仿了输入图形的分布,或者说该网络能提取输入图形的特征,把输入图形特征相似的分到一类,由某一获胜节点表示。

如果输入矢量是以遍历整个输入空间的概率出现,特性图训练的最终结果将是以接近于输入矢量之间等距离的位置排列;如果输入矢量是以遍历输入空间的变化频率出现,特性图将趋于将神经元定位为一个正比于输入矢量频率的面积。由此,特性图通过被训练,能够学习输入矢量的类型与其贡献的大小而将其分类。

下面给出有关特性图的应用实例,从中可以看出特性图是如何被训练设计的。

【例 5.5】 有 100 个输入矢量均匀地分布在单位圆从 0°到 90°的圆周上(见图 5.9),试设计训练一个特性图将其取而代之(fmap1.m)。

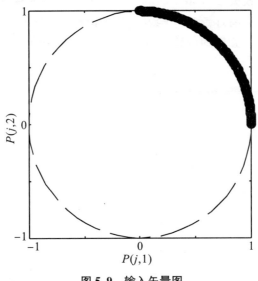

图 5.9 输入矢量图

解 根据题意,输入矢量可定义为

pi＝3.1416;

angles＝0:0.5 * pi/99:0.5 * pi;

P＝[sin(angles); cos(angles)];

plot(P(1,:),P(2,:),'b.');   ％画输入点图;输入矢量如图 5.9 所示

plot(P(1,:),P(2,:),'b.');   ％画输入点图

axis('equal')

[R,Q]＝size(P);

S＝20;

W0＝rands(S,R) * 0.1;   ％随机产生权值

hold on

plotsom(W0')   ％画权值点及其与相邻权值点的连线

hold off

```
net＝newsom(minmax(P),S);        ％创建科霍嫩网络
net.trainParam.epochs＝400;      ％最大训练次数
net.trainParam.show＝5;
net＝train(net,P);               ％训练网络
figure(2)
plot(P(1,:),P(2,:),'.g','markersize',20) ％画输入点
hold on
plotsom(net.iw{1,1},net.layers{1}.distances)
                                 ％作训练后的权值点及其与相邻权值点的连线
hold off
```

图 5.10 是原始随机权值的特性图,其中,每个神经元的权矢量被表示为单位圆中的一个点,每个点通过一条线与其邻域点相连,小的随机初始权矢量导致在圆中心附近出现无序的图形。当训练开始后,权矢量开始一起朝着输入矢量的位置移动,并随着邻域范围的减小,权矢量运动也逐渐变得有序起来。随着训练的继续,神经元层的权矢量变得越来越有序,且逐渐覆盖了整个输入矢量的位置。典型的训练 50 次和 100 次的结果图如图 5.11 和图 5.12 所示。

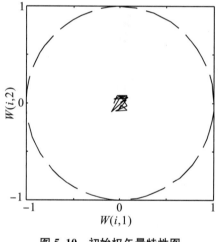

图 5.10　初始权矢量特性图

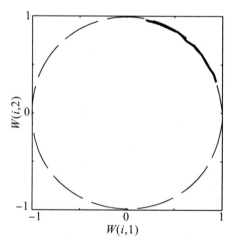

图 5.11　训练 50 次后的特性图

在训练 400 次后,神经元层已基本调整好了自身的权矢量,能够使每一个神经元响应输入的矢量所在的一个小区域,并通过邻域完成了用 20 个神经元联系 100 个元素的特性图功能。从最后的训练结果图 5.13 可以看出,由于输入矢量均匀分布,获胜节点输出 1 的分布也是随着输入矢量出现的先后顺序逐渐均匀变化的。经过网络训练和权矢量调整,随机的初始权矢量逐渐向第一象限的单位圆圆周上移动,最终 20 个权矢量均匀地分布在四分之一圆周上,替代了 100 个输入矢量。图 5.14 为在 MATLAB R2019b 环境下作出的 400 次训练结束后的结果图。实际上,当采用 MATLAB R2019b 环境下的程序设计此网络时,在 50 次训练次数下已经能够获得很好的输出效果。

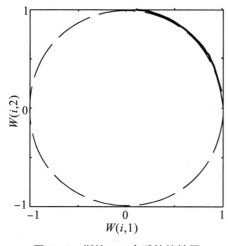

图 5.12　训练 100 次后的特性图

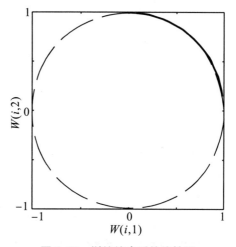

图 5.13　训练结束后的特性图

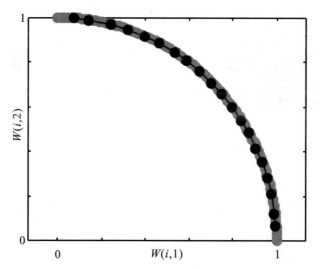

图 5.14　训练结束后 MATLAB R2019b 环境下做出的特性图

【例 5.6】　有 2000 个二元随机输入样本产生一个面积为 0.5×0.5 的覆盖区域,试用科霍嫩网络取代之(fmap2. m)。

解　根据题意,输入矢量可用下列函数产生:

P＝rands(2,2000)＊0.5;

但是,特性图中的输入矢量必须是单位长度,而现在所有的输入矢量的幅值均小于 1,所以可以通过对输入矢量再加上第三个元素,使之与原始的两个元素组成的新的输入矢量具有单位 1 的模值,这个过程可以用函数 pnormc. m 来完成:

P＝pnormc(P);

图 5.15 是由归一化后的输入矢量的前两个元素产生的输入图形,也是用我们感兴趣的输入矢量画出的输入矢量平面图。增加的一个元素已使输入变成了三维空间,但我们所感兴趣的仍然是二维平面里的输入矢量。

下面进行有关参数的选择和初始化工作:

```
[R,Q]=size(P);
net=newsom(minmax(P),[5,5]);
%创建科霍嫩网络
W0=rands(S,R) * 0.1;
plot(sin(x),cos(x));
axis('equal')
hold on
plotsom(W0')
%作神经元初始权矢量图
hold off
```

一个典型的初始权矢量图如图 5.16 所示。

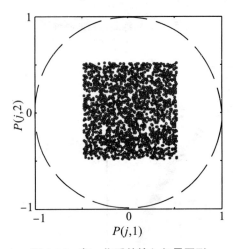

图 5.15　归一化后的输入矢量图形

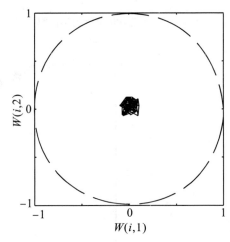

图 5.16　初始权矢量图

若取训练次数为 25 次,训练主程序如下:

```
net. trainParam. epochs=25;
%最大训练次数
net. trainParam. show=5;
%显示间隔次数
net. iw{1,1}=W0;
%赋权值
net=train(net,P);
```

随着训练的进行,所有神经元权矢量均朝着输入矢量的中心移动,并逐渐地在输入矢量的位置上排序,图 5.17 给出了 25 次训练后的特性图。

注意,最后的图形并不是特别光滑,如有需要可以通过更多的训练次数来更进一步训练网络。有时特性图在训练中也会出现麻烦,比如产生来回摆动而使其扩展延伸停止,这时也可以通过增加训练次数来加以避免。学习速率太小也可能是其原因之一,不过太大的学习速率可能导致不稳定。实际上,几乎所有可能出现的问题,均能够通过采用更多的训练次数来加以解决。

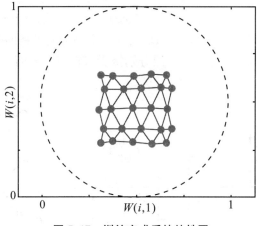

图 5.17 训练完成后的特性图

5.4 自适应共振理论

从对样本数据训练的过程中人们已经注意到,不论是监督式还是无监督式的训练,都会出现网络在对新模式的学习中伴随着对已经学习过模式的部分甚至全部的忘却现象。在监督式的训练情况下,通过对网络成千上万次的反复输入样本的训练,使网络逐渐达到稳定的记忆;在无监督式的训练情况下,对新数据的学习将会产生对某种已经记忆的典型矢量的修改,从而造成对已学习数据的部分忘却,控制不好将会使已记忆的矢量来回波动而变的没有代表意义。所以在神经网络的训练过程中,时刻面临着在对新知识学习记忆的同时对旧知识的退化忘却这个问题。人们希望:网络能够学会新的知识,而同时对已学过的知识毫无不利的影响。但是在输入矢量特别大的情况下,很难实现这种愿望。一般情况下,只能在新旧知识的取舍上进行某种折中,最大可能地接受新的知识而较少影响原有的知识。

ART 网络较好地解决了上述问题。该网络和算法能够根据需要自适应新输入的模式,可以避免对网络先前所学习过的模式的修改。它的记忆容量可以随样本种类的增加而自动增加,这样就可以在不破坏原记忆样本种类的情况下学习新的样本种类。ART 网络模型是由美国波士顿大学数学系自适应系统中心的 Grossberg 和 Carpenter 提出的。最先提出的只是适用于{0,1}二进制输入模式的 ART-1 网络模型;ART-2 型网络在 ART-1 的基础上经过改进,使网络适用于对任意模拟信号进行模式识别和分类。同样可以进行模式分类的自组织竞争网络,则必须由设计者预先确定对模式的分类种数,相比之下,ART-2 网络由于可依据设计者设置的不同的警戒常数来达到对模式的无监督自动分类而在理论和应用上具有明显的优势。

5.4.1 ART-1 网络结构

ART-1 的一种网络结构如图 5.18 所示,主要由两层神经元以及一些控制信号相互结合而成。为了方便起见，人们一般把从输入矢量 P 到输出矢量 A 的层称为识别层或 R(R-recognition)层，而把输出 A 作为输入再返回输入的层称为比较层或 C(C-comparison)层。

从层结构上讲，R 层为一个竞争网络；C 层为一个格劳斯贝格的外星网络。

由结构图 5.18 可以看出，R 层和 C 层分别接受来自三个方面的信号。

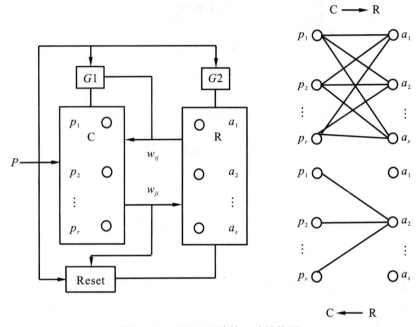

图 5.18　ART-1 系统的一种结构图

R 层：

① 加权输入经过竞争后所产生的输出 Y；

② 控制信号 $G2$；

③ 复原信号 Reset。

C 层：

① 输入矢量 P；

② R 层的返回信号；

③ 控制信号 $G1$。

控制信号 $G1$、$G2$ 和 Reset 的作用如下：

$G1$：设输入矢量各元素的逻辑"或"为 P_0，R 层输出元素的逻辑"或"为 A_0，则有 $G1 = P_0 \overline{A_0}$。换句话说，只有当 R 层输出元素全为 0，而输入元素不全为 0 时，$G1 = 1$，其他情况下 $G1 = 0$。

$G2$：等于输入元素的逻辑"或"，即只有在输入元素全为 0 时，$G2 = 0$，否则 $G2 = 1$。

Reset：Reset 平时等于 1，而当测试输入矢量与 R 层权值点各与预先设想的相似度 B 之和小于零时，以及在 R 层竞争获胜节点无效，表示此次选择的模式代表不能满足要求时，则发生 Reset = 0 的信号。

R 层输出有 s 个节点，它代表了 Q 组输入模式的分类，该节点数能够动态地增长，以满足设立新模式的需要。ART 网络作为模式分类器，其工作过程如下：

网络接受输入矢量，并按一定的规则来确定这个新输入是否属于网络中已记忆的模式类别,其判别的标准为新输入模式与所有已记忆模式之间的相似程度。按照事先设定的相似度来考察它们,从而决定对新输入矢量采取的处理方式。对大于预定相似度的输入模式,选择其中最为相似的记忆模式作为该输入的代表类,并按一定的规则修正相似权矢量以使该类权值更加接近于新输入模式。若该输入模式不与现记忆的任何类别相似,则在网络中设立一个新的模式,用以记忆新模式,并将其归为已有的代表类别,成为 R 层的一个新的输出节点,作为以后可能输入的代表模式。

在每一次网络接受新的输入时,都伴随着上面的运行过程,以决定本次输入模式是否应归并到已有的记忆类别中,归并到哪一类,还是应该新设立记忆节点。若已经确定输入模式与某一记忆类别相似,则调整与该类节点相连的权矢量,使以后该模式再次输入时,能够获得更大的相似度。对于其他权矢量,则不做任何变动。当设立一个新模式类时,同时建立与该模式相连的权矢量,以便记忆该模式并参与以后模式输入的运行过程。

5.4.2　ART-1 的运行过程

ART 网络最主要的特点是将网络的训练与工作运行过程有机地结合在一起,一般 ART-1 的工作过程分为以下三个阶段:

(1) 自 C 层流向 R 层的识别阶段

在输入一个模式 P 之前,C 层输入端的值均为 0,使 $G2=0$,$G1=0$,而 Reset$=1$,所以 R 层处于可运行的等待方式,因 R 层输入均为 0,令 P 输入可运行。

输入矢量 P 信号由左向右根据竞争层功能,首先计算输入加权总和,然后进行竞争,求出获胜竞争并进入比较阶段。

(2) 自 R 层流向 C 层的比较阶段

一旦 R 层有 1 输出,同时令 $G1=0$,从而使 C 层输入悬空等待。R 层输入所得输出信号返回 C 层,这将与 R 层输出为 1 的节点相连的外星权值 W_{ij} 相乘获得外星加权总和,加上预先设置的相似度 B,这个权值等于竞争网络中权值的 W_{ij} 的转置,R 层流向 C 层的最终端输出值,也是在 C 端获得的临时输入值为 C 外星网络饱和函数的输出:

$$C=F(W \cdot P+B)$$

若 C 值大于 0,使 $G2=1$,同时置 Reset$=1$,致使 R 层运算结果有效,表明竞争结果正确,输入矢量 P 也找到同类,此时可使竞争层权值得以修正:

$$\Delta W=lr \cdot (P-W),W=W+\Delta W$$

而大于 0 的 C 值,也使 $G1=1$,加上不为零的 Y,使 C 层进入输入下一个新的状态。

若 C 值等于 0,使 $G2=0$,同时发出 Reset$=0$ 信号,从而使 R 层此次结果无效,进而进入搜索阶段。与此同时,置 R 层输出 $Y=0$,并使 R 层获胜节点在后面的搜索阶段不能再获胜利。另一方面,$C=0$ 与 $Y=0$ 使 C 层处于仍输入现输入 P 的状态,而不输入新输入 P。

(3) 搜索阶段

由 Reset 信号置获胜节点无效开始,网络进入搜索阶段。一旦在网络输入端出现阶段输入 P,则使 $G1=1$,$G2=0$ 而使 C 层进入运行阶段。因此,整个网络又重新进入了识别和比较阶段,并可获得新的获胜节点。又因 Reset$=0$,所以前面的获胜节点不准许再参加竞争,这样重复直至搜索到某一个获胜节点 k 按外星网络返回的权矢量与输入 P 的相似度达到满意的要求为止。并把 P 归类为 R 层第 k 个节点所连接权矢量的类别中,即按一定的方

式修改与第 k 个节点相连的内、外星权矢量(如内星采用科霍嫩规则,外星权矢量为所求内星权矢量的转置),这样使网络以后再遇到 P 或 P 的相似模式时,R 层的 k 节点能更快地使其获得竞争的胜利。

若搜索了所有的 R 层输入节点而没有找到与输入矢量 P 充分接近的外星权矢量,则增设一个新的 R 层节点以代表输入 P 或与 P 相近的权矢量。

以上三个阶段表示了 ART-1 对一次外界输入网络的运行过程。当外界输入 P 与所激活的外星权矢量充分相似时,网络则发生"共振",运行过程结束,否则就进行特别的处理,直到"共振"现象发生时对本次输入的训练过程才最终结束,然后置 Reset $=1$,释放所有被 Reset 信号封住的节点,使之又可以对新的输入模式开始以上的训练过程。

R 层和 C 层运行的最终有效性是根据各层的"2/3 规则"来决定的。具体地说,对 R 层,层运行竞争结果的有效性由 G2 与 Reset 两信号是否一致来决定有效或无效;对 C 层,控制信号 G1 与 R 层返回信号同时为 0 或同时为 1 时,决定着该层输出矢量是原先输入矢量 P 还是下一个新输入矢量。表 5.2 表示一种可能的信号规则。

表 5.2　ART 网络运行的控制信号

R 层

Reset	1	1	0	0
G2	0	1	0	0
R 层	运行工作	结果有效	结果无效	锁住获胜节点

C 层

R 层输出 Y	0	1	1	0
G1	1	0	1	0
输入 P	P 输入运行	输入悬空等待	输入下一个新 P	仍输入旧 P

类似上述 ART-1 网络的工作过程已经由 MATLAB 编成了名为 sima1.m 的程序。它所需要的输入变量有 4 个:被学习的权值 $W1$,输入矢量 P,相似度 r 以及打印频率 pf。程序的输出为训练出的最新权矩阵 W,由训练权值所返回的网络输出矢量 $A1$,以及在竞争层所获胜的节点。

值得注意的是,对 ART-1 网络进行训练时,初始权矢量 W 必须全取 1。因为采用的是 0、1 输入,对输入矢量不进行归一化处理,但所采用的相似度是将竞争获胜后返回到输入层的矢量 $A1$ 与输入矢量 P 进行逻辑"与"处理,然后用两者元素之和的差值进行比较。当相似度 $r=1$ 时,表示 $A1$ 与 P 在相同输入元素上具有相同数字 1 的数目相等,这也是两个矢量为完全相同的情况。随着 r 的减小,有差异的相似输入分量就有更多的可能性被分成同类。工作时,设计者只要编写一个自己的应用程序对函数 sima1.m 进行调用,即可求得 ART-1 网络最后对输入矢量自动分类的结果。下面给出对一个具有 8 组 13 个元素的二进制输入矢量 P,采用 sima1.m 进行自动分类的典型应用程序,其中取 $r=0.85$,竞争层初始节点取 3 个。下面就是利用 sima1.m 程序对 ART-1 网络进行训练的程序:

```
%ART1.m
%
P=[1 1 0 1 0 1 1 0;          %待分类的输入样本
```

```
       0 1 1 0 1 1 1 0;
       1 0 0 0 0 0 0 1;
       1 1 1 0 1 1 1 0;
       0 1 1 1 0 1 1 0;
       1 1 0 1 0 1 1 1;
       0 0 1 0 1 0 1 1;
       0 0 1 0 1 0 0 0;
       1 1 1 0 1 0 0 1;
       0 1 0 1 0 1 1 0;
       1 1 0 0 0 1 1 1;
       0 0 1 0 1 0 0 0;
       0 0 1 0 1 1 0 0];
[R,Q]=size(P);
S=3;                        %选择初始输出节点
W0=ones(S,R);               %网络初始权值
lr=1;                       %选择学习速率
r=0.85;                     %选择相似度
disp('Pass 1');
W=sima1(W0,P,lr,r,1);       %第一次运行 ART-1 网络训练程序
disp('Pass 2');            %将运行结果 W 作为初始权值
W=sima1(W,P,lr,r,1);       %第二次运行 ART-1 网络训练程序
disp('Pass 3');
W=sima1(W,P,lr,r,1);       %第三次运行 ART-1 网络训练程序
W1=W'
```

运行此程序,可以看到三次重复训练中每一次对输入样本 P 中每一组矢量的处理结果。注意在下面的运行结果的显示中,将 ART-1 网络的竞争层,也就是 R 层称为第二层。

》ART1

Pass 1

Vector 1 resonates Layer-2 neuron 1.

Vector 2 resonates Layer-2 neuron 2.

Vector 3 resonates Layer-2 neuron 3.

Vector 4 resonates Layer-2 neuron 2.

Vector 5 resonates Layer-2 neuron 3.

Vector 6 resets Layer-2 neuron 2.

Vector 6 resets Layer-2 neuron 1.

Vector 6 resets Layer-2 neuron 3.

New Layer-2 neuron created.

Vector 6 resonates Layer-2 neuron 4.

Vector 7 resonates Layer-2 neuron 4.

Vector 8 resets Layer-2 neuron 1.

Vector 8 resets Layer-2 neuron 4.

Vector 8 resets Layer-2 neuron 3.

Vector 8 resets Layer-2 neuron 2.

New Layer-2 neuron created.

Vector 8 resonates Layer-2 neuron 5.

Pass 2

Vector 1 resonates Layer-2 neuron 1.

Vector 2 resonates Layer-2 neuron 4.

Vector 3 resonates Layer-2 neuron 3.

Vector 4 resonates Layer-2 neuron 2.

Vector 5 resonates Layer-2 neuron 3.

Vector 6 resonates Layer-2 neuron 4.

Vector 7 resonates Laycr-2 ncuron 4.

Vector 8 resonates Layer-2 neuron 5.

Pass 3

Vector 1 resonates Layer-2 neuron 1.

Vector 2 resonates Layer-2 neuron 4.

Vector 3 resonates Layer-2 neuron 3.

Vector 4 resonates Layer-2 neuron 2.

Vector 5 resonates Layer-2 neuron 3.

Vector 6 resonates Layer-2 neuron 4.

Vector 7 resonates Layer-2 neuron 4.

Vector 8 resonates Layer-2 neuron 5.

W1＝

1	1	0	1	0
0	0	1	1	0
1	0	0	0	1
1	0	1	1	0
0	1	0	1	0
1	1	0	1	1
0	0	1	1	1
0	0	1	0	0
1	0	1	0	1
0	1	0	1	0
1	0	0	1	1
0	0	1	0	0
0	0	1	0	0

》W2＝(normc(W1))′

W2＝

Columns 1 through 7

0.4082	0	0.4082	0.4082	0	0.4082	0
0.5000	0	0	0	0.5000	0.5000	0
0	0.3780	0	0.3780	0	0	0.3780
0.3536	0.3536	0	0.3536	0.3536	0.3536	0.3536
0	0	0.4472	0	0	0.4472	0.4472

Columns 8 through 13

0	0.4082	0	0.4082	0	0
0	0	0.5000	0	0	0
0.3780	0.3780	0	0	0.3780	0.3780
0	0	0.3536	0.3536	0	0
0	0.4472	0	0.4472	0	0

下面对运行结果记录的 ART-1 网络的工作过程进行解释。

在第一轮运行中：

第一个矢量与竞争层中第一个神经元"共振"。

第二个矢量与竞争层中第二个神经元"共振"。

第三个矢量与竞争层中第三个神经元"共振"。

第四个矢量与竞争层中第二个神经元"共振"。

第五个矢量与竞争层中第三个神经元"共振"。

第六个矢量虽然与竞争层中第二个神经元"共振"，但因不满足相似度的要求而被复位搁置。在继续的搜索中，虽然又与竞争层中第一个和第三个神经元分别有了"共振"，但均不满足相似度的要求。此后，ART-1 网络自动产生了一个新的竞争层（第四个）神经元作为第六个输入矢量的神经元的代表。

第七个矢量与竞争层中第四个神经元"共振"。

第八个矢量虽然与竞争层中第一个神经元"共振"，但因不满足相似度的要求而被复位搁置。在继续的搜索中，虽然又与竞争层中第四个、第三个以及第二个神经元分别有了"共振"，但均不满足相似度的要求。

此后，ART1 网络自动产生了一个新的竞争层（第五个）神经元作为第八个输入矢量的神经元的代表；

由于有相似神经元的存在，加之新的神经元的出现，使得修正后权矢量在进行第二次运行时，使原先相似的结果又产生了变化：

第一个矢量与竞争层中第一个神经元"共振"。

第二个矢量不再与竞争层中第二个神经元而是与第四个神经元"共振"。

第三个矢量仍然与竞争层中第三个神经元"共振"。

第四个矢量仍然与竞争层中第二个神经元"共振"。

第五个矢量仍然与竞争层中第三个神经元"共振"。

第六个矢量仍然与竞争层中第四个神经元"共振"。

第七个矢量仍然与竞争层中第四个神经元"共振"。

第八个矢量仍然与竞争层中第五个神经元"共振"。

第三次运行中没有再出现新的变动。

最终的结果是：八个输入矢量被分为五类，其中，属于第一类的是第一个输入矢量；属于第二类的是第四个输入矢量；属于第三类的是第三个和第五个输入矢量；属于第四类的是第二、六和七个输入矢量；属于第五类的是第八个输入矢量。结果中所给出的权矢量 $W1$ 为五组类型的代表矢量，权矢量 $W2$ 为 $W1$ 归一化处理后的转置矢量。

5.4.3 ART-2 神经网络

ART-2 神经网络是为任意模拟输入模式而设计的，它有十分宽广的应用范围。通过警戒值的调整，ART-2 神经网络可以按任意精度对输入的模拟样本进行分类。不过由于网络具有先入为主的特点，往往对一个具有渐变过程的输入样本敏感度较低，即初始输入网络的模式将起决定作用，后续输入的模式若与初始模式的相似度足够高，往往会被归为同一类，其与初始模式的微小差异只会引起记忆模式的少许改变，ART-2 网络一直将它们归为同类，这样记忆模式的不断微调，可能导致后来输入的模式与初始模式迥然不同时，仍被归为同一类，这样就出现了分类错误。这一点在 ART-2 用于动态系统建模应用时明显地表现了出来。因此，后面我们要讲到对传统的 ART-2 网络的改进。

1. 网络模型

图 5.19 中虚框所表示的为传统 ART-2 神经网络的结构图，它由底层 $F1$ 和顶层 $F2$ 组成。$F1$ 层为输入比较层（C 层），是整个系统的核心，分上、中、下三层，分别构成两个正反馈回路，用于抑制噪声并增强有用信号；$F2$ 层称为识别层（R 层），完成各神经元的竞争学习。

由图 5.19 所给出的 ART-2 网络结构可以写出 $F1$ 层第 i 个神经元节点的短期记忆（STM）方程：

$$W1_i = I_i + aU_i \tag{5.7}$$

$$X_i = W1_i/\|W1\| \tag{5.8}$$

$$V1_i = f(X_i) + bf(S_i) \tag{5.9}$$

其中，a、b 为反馈参量（contrast enhancement multiplier），反映 $F1$ 层内部的反馈大小，影响 U 让输入模式 I 靠近的快慢，保证系统的稳定性。$f(x)$ 为非线性变换函数，形式如下：

$$f(x) = \begin{cases} x, & x \geq \theta \\ 0, & \text{其他} \end{cases} \tag{5.10}$$

θ 为门限值（threshold），反映了信号处理函数 $f(\cdot)$ 的非线性程度，通常接近于 0。

$$U_i = V1_i/\|V1\| \tag{5.11}$$

$$P_i = \begin{cases} U_i, & F2 \text{ 不被激活} \\ U_i + dV_{ji}, & \text{第 } j \text{ 个 } F2 \text{ 被激活} \end{cases} \tag{5.12}$$

$$S_i = P_i/\|P\| \tag{5.13}$$

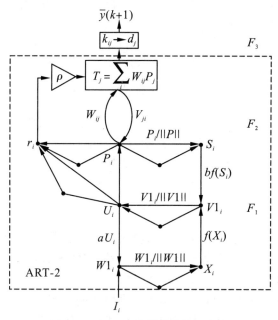

图 5.19　ART-2 网络的网络结构图

其中，$\|W1\|$、$\|V1\|$、$\|P\|$ 分别为 $W1$、$V1$、P 的 L2 范数；V_{ji} 是识别层 F2 中第 i 个神经元到 F1 层的上层神经元的连接矢量，即网络的长期记忆(LTM)；i 为 F2 层竞争获胜的神经元序号，即只有竞争获胜的神经元才会有输入并对 F1 层产生影响；d 为偶极场网络增益常量 (dipole field gain constant)，即体现这种影响的系数。

F2 层的第 i 个神经元的输入为

$$T_j = \sum_i W_{ij} P_i, \quad j = M+1, M+2, \cdots, M+N \tag{5.14}$$

W_{ij} 为自底向上的矢量，也是 ART-2 网络的长期记忆。若 $T_j = \max\{T_j : j = M+1, \cdots, M+N\}$，则 F2 层的 i 神经元竞争获胜。

$$r_i = \frac{U_i + cP_i}{\|U\| + \|cP\|} \tag{5.15}$$

其中，c 为灵敏度常数(monitoring sensitivity constant)；ρ 是相似度的警戒参数(vigilance value)，若满足 $\|r\| < \rho$，则 F2 层竞争获胜的神经元所对应的长期记忆矢量 V_{ji} 不能与输入矢量匹配，应取消该神经元的竞争资格，即重置。否则，W_{ij}、V_{ji} 按照以下公式进行调整：

$$\frac{\mathrm{d}}{\mathrm{d}t} V_{ji} = d(1-d)\left(\frac{U_j}{1-d} - V_{ji}\right) \tag{5.16}$$

$$\frac{\mathrm{d}}{\mathrm{d}t} W_{ij} = d(1-d)\left(\frac{U_j}{1-d} - W_{ij}\right) \tag{5.17}$$

经过以上过程，ART-2 网络便完成了对矢量 I_i 的识别。

2. ART-2 算法的不足及改进

就上述 ART-2 网络而言，虽然其具有快速学习的功能，但正如引言中所说的，ART-2 网络存在模式漂移现象，对渐变的过程是不敏感的，可能会出现分类错误或者无法分类的问题，所以其学习算法在大规模呈集群分布以及集群之间界限模糊的输入模式序列的识别问题上有很大的局限性。具体表现在 ART-2 网络的自学习过程中。

由 ART-2 的 W_{ij}、V_{ji} 调整方法可知,每当学习过程结束后,$F1$ 层节点 U 与长期记忆模式的两个权矢量 V_{ji} 和 W_{ij} 向量之间平行:

$$\begin{cases} V_{ji} = \dfrac{U_i}{1-d} \\ W_{ij} = \dfrac{U_i}{1-d} \end{cases} \tag{5.18}$$

现输入一个新的待检模式 I,其 $F1$ 层的中层节点稳定模式为 U',若竞争后匹配成功且 $\rho \neq 1.0$,即 $U' \neq U$,随后网络进行快速学习,学习结果为

$$\begin{cases} V_1 = \dfrac{U'}{1-d} \\ W_1 = \dfrac{U'}{1-d} \end{cases} \tag{5.19}$$

此时网络的长期记忆模式 (V_1, W_1) 就从模式 U 转移到模式 U' 上。这种模式转移现象称为模式漂移。也正是由于这种模式漂移现象,后输入的矢量相对于先输入的矢量对长期记忆模式有更大的影响。这显然不合理,需要改进。

正确的模式分类结构的形成应当依赖于各类模式的典型模式,而典型模式可以用模式向量的均值来求解。当网络中第 j 类长期记忆模式 (V_j, W_j) 第 k 次被 $F1$ 层的节点模式 U 激活后,由下式进行学习:

$$V_{ji}(k) = \frac{1}{k} \left[(k-1)V_{ji}(k-1) + \frac{U_i}{1-d} \right] \tag{5.20}$$

$$W_{ij}(k) = \frac{1}{k} \left[(k-1)W_{ij}(k-1) + \frac{U_i}{1-d} \right] \tag{5.21}$$

这也是无监督学习的一种,此处学习系数为 $1/k$。算法用模式的均值代表了典型模式,所以显然这种新的 W_{ij}、V_{ji} 调整方法能解决上面提出的模式漂移问题。

3. 利用 ATR-2 网络进行系统建模

ART-2 网络还可以用在函数的逼近上,不过与前几节所讨论的局部联结网络相比,不论在工作方式还是性能上都存在很大不同。实际上 ART-2 与用于函数逼近的局部网络在结构上就存在着很大的差别,必须对 ART-2 增加一个输出层方能将其应用于函数逼近。在工作方式上,局部联结网络的函数逼近是通过基函数来使某一输入矢量同隐含层中的几个节点相对应,而 ART-2 网络则仍然是以对输入矢量进行绝对分类的方式,以"胜者为王"的原则使输入节点只与最"相似"的隐含层节点发生"共振"并对其连接权值进行修改,而对其他节点的连接权值不做任何改变。在网络训练方面,ART-2 中的一个重要参数是警戒值,它代表了网络对矢量差别的容忍程度。其值越大,系统对输入矢量判别越严格,分类越多。当 ART-2 网络进行函数逼近应用时,往往需要把警戒值调得接近于 1,否则所获得的逼近精度不高。当然,此时网络的隐含层节点随着训练用样本的增加而变得非常多,这也是 ART-2 应用于函数逼近时存在的一个不足之处。

ART-2 网络具有对模式的快速学习功能,在此我们利用改进的 ART-2 网络对系统进行建模的应用,并称改进后的网络为 SMART-2 网络(the Supervised Mapping ART-2)。

(1) SMART-2 网络模型的建立

SMART-2 网络的整体结构同上一节讨论的 ART-2 网络类似。不同的是 SMART-2 实质上由三层构成(见图 5.19),前两层即原 ART-2 网络的 $F1$、$F2$ 层。$F1$ 层主要接受来自外

界的输入并利用两个反馈回路来对输入矢量规范化；F2 层主要接受来自 R 层的外星反馈输入，并对这两种输入进行相应的转换、比较和保存结果，最后把输出返回顶层节点以及底层节点。新加的 F3 层主要用于记录下分类结果并计算出各类别所对应的不同准则参数。

（2）SMART-2 运行过程

用来进行建模实验的是一个具有线性摩擦力影响的直流电机速度控制系统。为了保证建模精度，我们采用具有 3 阶延时的系统模型结构。此时 SMART-2 网络的结构应为：输入为 4 维矢量 $I(k) = [u(k), y(k-1), y(k-2), y(k-3)]$，其 4 个分量分别是实际系统在 k、$k-1$、$k-2$ 和 $k-3$ 时刻时的系统输入 $u(k)$ 以及系统样本输出的 $y(k-1)$、$y(k-2)$ 和 $y(k-3)$。开始时，矢量由 F1 层进入网络，SMART-2 网络对其进行识别分类，过程如上一节所述。然后与之不同的是，分类学习结束后，SMART-2 网络不只是简单地记录下分类结果和权值改变情况，而是把它们送到新增的 F3 层，并且还在 F3 层记录下 k 时刻的系统输入 $u(k)$ 所对应的标准系统输出 $y(k)$。当所有分类结束后，系统进入最后的传递运算过程。由于系统的分类是由 3 阶矢量的方向来分的，所以矢量的方向最能代表同一类的点的共同属性，于是我们可以计算出属于同一类的点的平均矢量方向，并把它和分类权值 V 作为分类传递数据，以此来完成整个模型的训练和分类建模过程。网络最后的输出由下式给出：

$$s_j = \sum_{i=1}^{n} k_{ij}, \quad j = 1, \cdots, m \tag{5.22}$$

$$d_j = \text{average}\{k_{ij} : i = 1, \cdots, n\} = s_j / m \tag{5.23}$$

$$\overline{y}(k+1) = y(k) \cdot d_j, \quad j = 1, \cdots, n-1 \tag{5.24}$$

其中，k_{ij} 为分在第 j 类的第 i 个节点的斜率值；d_j 为第 j 类所有输入点的平均斜率；$y(k)$ 为实际系统的输出；$\overline{y}(k)$ 为网络输出。

采用 SMART-2 网络进行建模的过程总结如下：

① 初始化 SMART-2 的权值和变量并将 F3 层的权值置为 0。

② 输入一个变量 $I(k) = [u(k), y(k-1), y(k-2), y(k-3)]$，$k = 1, 2, 3, \cdots, n$。

③ 规范化后进入 F2 层，按"胜者为王"原则决定其归属的类别。

④ 调整 F1 与 F2 之间的权值 V 以及 F2 与 F1 之间的权值 W。

⑤ F3 层记录下该时刻输入 $P(k)$ 中 $u(k)$ 所对应的 $y(k)$。

⑥ 返回②。若所有矢量 $I(k)$ 都完成了输入，则转入下一步。

⑦ 最后计算出所有分类传递的数据。

经过以上 7 步，完成建模过程，SMART-2 网络建模系统结构图如图 5.20 所示。由于建模时所采用的输入样本来自所测量的实际系统的输入和输出，所以常把这种网络的建模结构称为串并联模型。

4. SMART-2 网络建模特性测试

采用 SMART-2 网络建立模型后，本节将通过实际系统的输入/输出特性来进行对比分析和研究。用来进行建模实验的是一个具有线性摩擦力影响的直流电机速度控制系统；用来采集输入输出信号的实际控制系统包括一台 Pentium 200 微机，一块内置于计算机中的 12 位 A/D、D/A 转换板，PWM 功率放大电路，直流力矩电动机以及用于速度反馈的直流测速发电机。在 10 毫秒的采样周期下，输入信号持续 10 秒，即 1000 采样次数。

为了使所建模型适用于不同的频率，训练输入信号采用一个多频分量正弦信号的复合：

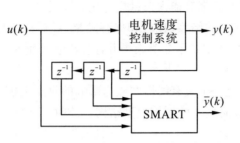

图 5.20　SMART-2 网络的建模的系统结构图

$$u(k) = 250\sin\frac{k\pi}{1000} + 400\sin\frac{3k\pi}{500} + 300\sin\frac{3k\pi}{200} + 240\sin\frac{k\pi}{40} + 530\sin\frac{3k\pi}{100} + 220\sin\frac{k\pi}{20}$$

为了同新算法对比,首先采用未改进的 SMART-2 网络进行建模。表 5.3 给出了分别取不同的警戒值所获得的不同网络结构及其网络建模误差。

表 5.3　不同警戒值下的 SMART-2 网络结构及其建模误差

模型编号	1	2	3	4	5	6	7
警戒值	0.97	0.985	0.99	0.995	0.9955	0.996	0.9974
规则数	10	15	20	31	35	36	48
网络误差	40.7646	32.8654	27.3347	23.5168	23.1194	22.2603	22.0731

从表 5.3 中可以看出,随着警戒值由 0.97 逐渐增大到 0.998,代表网络结构复杂度的规则数则相应地从 10 个节点扩大到 48 个节点,不过同时网络的建模误差从 40.7646 减少到 22.0731。这验证了网络的精度的提高与网络结构的复杂度成正比。

通过对比,我们可以看出 SMART-2 网络利用较少的网络节点数就可以达到相当小的误差,随着节点数的增加,其误差虽出现了一些波动,但在总体上是一个减少的趋势。不过也可以看出,随着网络节点数的增加,其误差减少的趋势相当缓慢。之所以出现此测试结果,主要是由 SMART-2 网络的算法特点和网络结构来决定的。因为 ART 网络的基本设计思想是采用竞争和自稳机制的原理,在我们输入一组矢量 $I(k)$ 后,网络根据其矢量方向把它同网络记忆的已有模式相比较,通过相似度的多少来决定其类属或产生新的模式。由于网络自身具有自学习功能,所以利用较少的准则就可以达到较小的误差,这是 ART-2 网络相对于其他网络的建模优越性,从上面的测试中可以很清楚地看到这一点。

不过正是由于 SMART-2 网络所具有的特殊自学习功能以及矢量分类方式,其每一条规则(在网络中就是每一个节点)始终对应于多个输入矢量,而规则方向代表着众多已归入本类的矢量的平均方向,这虽然减少了规则数,但也势必用其一致性抹杀了各同类矢量的差别性,这是模型误差产生的根本原因。而且因为模型误差的限制,再加上 F3 层的反馈记忆原理,最终使得 ART-2 网络的模型误差始终难以得到进一步的改善。误差产生的另一方面原因在于其算法本身。从实验结果中可以观察到系统的分类并不平均,很多的点都划分到少数几个类别中。这是因为算法引起的"模式漂移"所产生的后果,后输入的矢量相对于先输入的矢量,对标准矢量有更大的影响。我们应利用所提出的改进算法加以修正,得到的结果如表5.4所示。与改进前相比,在规则数相同(如 10 个)的情况下,所获得的网络建模误差要减少许多(由改进前的 40.7646 下降到 29.9859),并且整个误差都得到了进一步的减少。

由以上数据我们还可以看出,改进算法对实际电机模型的优化效果十分的明显,在使用相同数量的准则时,改进后的模型显然比改进前的误差要小,达到相同误差时,改进后的模型显然要比改进前模型需要更少的规则数。所以说改进算法应用到实际的模型中是相当成功的,在不改变网络任何结构的情况下,利用对算法的优化,网络的性能得到明显的改进。

表 5.4　利用改进算法对电机建模的 SMART-2 网络结构及其建模误差

模型编号	1	2	3	4	5	6	7
警戒值	0.955	0.965	0.97	0.975	0.98	0.985	0.998
规则数	10	13	14	17	24	30	41
网络误差	29.9859	31.6426	31.6426	27.5444	26.0077	24.8203	21.1673

5.5　本 章 小 结

采用自组织竞争学习规则可以对网络的输入向量进行归类,通过调节偏差值,使得相邻的神经元对相似的输入产生反应,最终可以使得网络的权值(行向量)成为某个特定矢量的代表。竞争网络通过学习将输入空间分成不同的类别,每类都由一组网络权矩阵的行向量所代表。

竞争网络对于任意的输入模式可能存在不稳定的学习过程。这种学习过程的不稳定性则源于网络的自适应性上。这种自适应性导致先前已经学习的内容被后面又学习的内容破坏掉。自适应共振理论很好地解决了这个问题,这主要是通过"相似度"的使用。当每个模式提供给该网络时,将其与该模式最接近的匹配向量相比较,如果该模式向量与最接近的匹配向量不"相似",那么它将作为一个新的向量而被选中。通过这种方式,原先已学习的记忆内容就不会被新的学习内容所破坏。

表 5.5 中是已经学过的各类神经网络及其功能的总结。

表 5.5　典型网络及其功能总结

名　称	功　能
BP 网络(反向传播网络)	非线性系统的建模与控制
感知器	样本的简单分类与模式识别
竞争网络	模式分类、样本的"点"特性检测
科霍嫩网络	模式分类、样本的"线"特性检测
特性图	模式分类、样本的"面"特性检测
自适应共振理论网络	样本种类的自动模式分类
反馈网络	联想记忆(离散型)和优化计算(连续型)

总而言之,神经网络已被人们应用到各个领域,并且每一种网络都可能有多种不同的应用,人们仍然在不断拓宽各种神经网络的实际应用范围。

习 题

试将下述定义的输入空间区域分成 10 个类：

$$0 \leqslant p_1 \leqslant 1$$

（1）用 MATLAB 随机产生在上述区域均匀分布的 100 随机值。

（2）平方每个值使其分布变成不均匀。

（3）对于平方后的值，设计一个具有 10 个神经元的竞争网络，直到网络权值完全稳定。

（4）观察训练后的网络权值的分布特性是否与输入值平方后的分布特性有关。

第6章 随机神经网络

6.1 引 言

6.1.1 随机神经网络的发展

按照神经生理学的观点,生物神经元本质上是随机的。因为神经网络重复地接受相同的刺激,其响应并不相同,这意味着随机性在生物神经网络中起着重要的作用。随机神经网络(Random Neural Network,RNN)正是仿照生物神经网络的这种机理进行设计和应用的。目前人们所说的随机神经网络一般有两种:一种是采用随机性神经元激活函数;另一种是采用随机型加权连接,即在普通人工神经网络中加入适当的随机噪声,例如在Hopfield网络中加入逐渐减少的白噪声。其中,第一种主要是指由美国佛罗里达大学教授Erol Gelenbe于1989年提出的一种随机神经网络,也是人们公认的Gelenbe随机神经网络(GNN)。

GNN最重要的地方在于:仿照实际的生物神经网络接收信号流激活而传导刺激的生理机制从而定义网络。对于实际的生物细胞来说,它们发射信号与否与自身存在的电势有关。历史上,曾经有著名的Hodgkin-Huxley方程描述过这一行为,但没有一个独立的数学模型能够准确地描述神经元发射信号这一特征。Gelenbe的RNN模型填补了这个空白。

1991年,Gelenbe等人提出了一种前向型二值随机神经网络(Bipolar Random Neural Network,BRNN)模型。BRNN由一对互补的标准的GNN构成,这对互补的GNN神经元节点的作用刚好相反:正神经元的运行机制与GNN初始定义相同,负神经元的运行机制与GNN初始定义对称相反。当负信号到来时,可以增加这个神经元的势,正信号到来时则抵消负信号的作用。已被证明BRNN可以作为连续函数的广义函数逼近器。

1994年,Gelenbe等人又提出了动态随机神经网络(Dynamical Random Neural Network,DRNN),它是建立在GNN基础上,通过设定初始值以及增加一个Cohen-Grossberg型的动态方程作为负反馈回路来提高网络性能解决问题的。DRNN和GNN的主要区别在于:GNN外界信号的输入在初始化以后就保持恒定不变,是一个开环系统,而DRNN是一个闭环负反馈系统。DRNN已被成功地应用于解最优化的标志性问题——旅行商问题(TSP)。

1999年,Gelenbe等人再次提出多类别随机神经网络(Multiple Class Random Neural

Networks,MCRNNs)。这个网络是 GNN 网络模型的一种合成,是为了建立一个神经网络的数学构架来同时处理不同种类的信息。不同的信号代表复合网络中的不同类别,可以表示声音处理网络中的不同频率、图像处理网络中的不同颜色或者多传感器信号中不同传感器的信号输入。

6.1.2 GNN 模型描述

GNN 是一种具有 n 个神经元的开放随机网络。在这个网络中,神经元 $i(i=1,2,\cdots,n)$ 的状态由其在 t 时刻的兴奋水平 $k_i(t) \in Z^+$ 来表示,它是一个非负整数,称之为"势"。GNN 中的正信号(+1)表示兴奋,负信号(-1)表示抑制。正信号到达第 i 个节点时,该神经元的势加 1,负信号到达使之减 1(到 0 时不再减)。同时,如果一个神经元的势是正值,它将不断地释放信号,释放信号的时间间隔服从均值为 $1/r_i(r_i>0)$ 的指数分布,并同时使自己的势减 1。

若神经元释放一个信号,它作为正、负信号被传递到神经元 j 的概率分别为 P_{ij}^+ 和 P_{ij}^-,这个信号也可能离开网络,此概率为 $d(i)$。神经元通过彼此发送和接受正或负信号来完成信息交换,而不自身传递信号,所以有 $P_{ii}^+ = P_{jj}^- = 0(1 \leqslant i,j \leqslant n)$。而信号在传递过程中存在损耗,即 $d(i)>0$,显然 $\sum_{j=1}^{n}(P_{ij}^+ + P_{ij}^-) + d(i) = 1(1 \leqslant i \leqslant n)$。

若令 $w_{ij}^+ = r_i P_{ij}^+$,$w_{ij}^- = r_i P_{ij}^-$,用来表示节点发射正、负信号的速率,则它们与一般神经网络模型中的连接权值相似,并且是非负的。从网络外部到达神经元 i 的正、负信号的强度分别服从参数为 Λ_i、λ_i 的 Poisson 过程。根据以上的描述,可以画出如图 6.1 所示的 GNN 随机神经网络结构图。图中只画出了第 i 个神经元在 t 时刻接受和发出信号的情形,网络中其他节点的状态与此点类似。

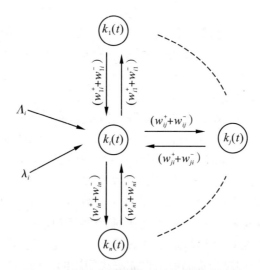

图 6.1 第 i 个随机神经元被作用的结构图

6.1.3　RNN 的学习算法

1. 随机神经网络标准学习算法

1993 年, Gelenbe 提出了随机神经网络的学习算法。其主要目的是为了得到一个适当的权值矩阵, 使得输入为一对兴奋和抑制的信号流速率的矢量时, 网络输出为期望值, 或者其与期望值的二次方差最小。即对于 Q 组输入输出对 $(P, Y)(P^k = (\Lambda_k, \lambda_k), k = 1, 2, \cdots, Q$ 为 n 对兴奋和抑制的信号流速率构成的矢量; Y^k 为 n 个网络节点的期望输出构成的矢量), 网络在训练过程中调整 $n \times n$ 的权值矩阵:

$$w = \frac{w^+(i, j) - w^-(i, j) q_j}{r(j) + \lambda^-(j)}$$

规则为

$$w^{\text{new}}(u, v) = w^{\text{old}}(u, v) - \eta \cdot \frac{\partial E}{\partial w(u, v)}$$

使得性能函数 $E_k = \frac{1}{2} \sum_{i=1}^{n} a_i (q_i - y_{ik})^2$ (q_i 为网络输出, $a_i \geqslant 0$) 为最小。这种算法每一步计算的复杂度为 $O(n^2)$, 小于梯度迭代法计算的复杂度 $O(n^3)$。

2. 随机神经网络强化学习算法

1996 年, Halici 提出了随机神经网络强化学习算法的概念。1997 年, Halici 又提出了基于"奖励"和基于"奖惩"两种 RNN 模型的线性权值更新规则。

（1）R 规则

"奖励"线性权值更新规则又称 R 规则:

$$P_{m+1}(i, j) = \begin{cases} P_m(i, k) + \eta^+ R_m^+(k)(1 - P_m(i, k)), & j = k \\ P_m(i, j) - \eta^+ R_m^+(k) P_m^+(k) P_m(i, j), & j \neq k, j = 1, \cdots, N_i \end{cases}$$

这里, m 表示尝试的次数; k 表示在第 m 次尝试时到达的某个节点; $R_m^+(a_m)$ 是从外界获得的强化, 即奖励; η^+ 为奖励的学习速率。这个算法有一个缺点: 强化 $R_m^+(a_m)$ 随着迭代步数的增加而日趋复杂, 并且这种算法不是各态遍历的, 另外, 网络的收敛和初始的条件有关。

（2）L 规则

"奖惩"线性权值更新规则（又称 L 规则）与 R 规则的不同之处在于, 第一种规则只有奖励, 而 L 规则奖励惩罚皆有:

$$P_{m+1}(i, j) = \begin{cases} P_m(i, k) + \eta^+ R_m^+(k)(1 - P_m(i, k)) - \eta^-(1 - R_m^+(k)) p_m(i, k), \\ \qquad j = k \\ P_m(i, j) - \eta^+ R_m^+(k) P_m(i, j) + \eta^-(1 - R_m^+(k))(\frac{1}{N_i - 1} - P_m(i, j)), \\ \qquad j \neq k; j = 1, \cdots, N_i \end{cases}$$

这里, η^- 为惩罚的学习速率, $(1 - R_m^+(k))$ 是从外界获得的惩罚。这种综合了奖励和惩罚的更新规则使得系统对于外界的变化更加敏感。可以看出, 当 $\eta^- = 0$ 时, L 规则退化为 R 规则。

（3）E 规则

前两种算法在静态情况下的训练效果很好, 但当处于动态时, 训练就会受到以前学习行为的干扰,而不能将其遗忘。2000 年,Halici 又提出了一种基于奖励的内部期望更新规则(又称 E 规则)对强化学习算法进行扩展:当学习行为的"奖励"不低于内部期望时,网络按照"奖励"的模式进行学习,否则按照惩罚的模式进行学习,以此来考虑所有其他可能的情况。

$$
P_{m+1}(i,j) =
\begin{cases}
P_m(i,k)+\eta^+(R_m^+(k)-R_{m,\beta}^+)(1-P_m(i,k)), & j=k, R_m^+(k)>R_{m,\beta}^+ \\
P_m(i,k)-\eta^-(R_{m,\beta}^+-R_m^+(k))P_m(i,k), & j=k, R_m^+(k)\leqslant R_{m,\beta}^+ \\
P_m(i,j)-\eta^+(R_m^+(k)-R_{m,\beta}^+)P_m(i,j), & j\neq k, R_m^+(k)>R_{m,\beta}^+ \\
P_m(i,j)+\eta^-(R_{m,\beta}^+-R_m^+(k))(\dfrac{1}{N_i-1}-P_m(i,j)), & j\neq k, R_m^+(k)\leqslant R_{m,\beta}^+
\end{cases}
$$

其中,当 $R_m^+(k)>R_{m,\beta}^+$(第 m 步的相关奖励期望)时,权值用奖励 $R_m^+(k)-R_{m,\beta}^+$ 来更新,否则用惩罚 $R_m^-(k)=R_{m,\beta}^+-R_m^+(k)$ 来更新。$R_{0,\beta}^+$ 的初值为 0,它的更新规则为

$$
R_{m+1,\beta}^+ = (1-\beta)R_{m,\beta}^+ + \beta R_m^+(k)
$$

其中,β 是一个小的正常数,并且有

$$
\min(\eta^+,\eta^-)\leqslant\beta\leqslant\max(\eta^+,\eta^-)
$$

仿真实验表明,E 规则明显优于前两种规则,系统对外界变化敏感,能更快、更准确地收敛到最优值,并且能够解决遗忘的问题,即网络能够丢弃已经无用的信息,只对有用的信息做出反映。

3. 多类别随机神经网络学习算法

2002 年,Gelenbe 提出了多类别随机神经网络(MCRNN)的学习算法。这种基于梯度下降法的学习算法同时适用于递归和前向 MCRNN 网络。其目的依然是为了得到一个适当的权值矩阵,使得输入为一对兴奋和抑制的信号流速率的矢量时,网络输出为期望值,或者与期望值的二次方差 $E_k=\dfrac{1}{2}\sum\limits_{(i,c)}a_{ic}(f_{ic}(q_{ic}^k)-y_{ic}(k))^2$(其中,$f_{ic}(q_{ic}^k)$ 为网络输出的函数,$a_{ic}\geqslant 0$)最小。与先前 RNN 的学习算法相比,不同之处在于这里输入的信号是多种类的,即对于 Q 组输入输出对$(P,Y)$$(P^k=(\Lambda_k,\lambda_k),k=1,2,\cdots,Q$ 为 nC 对兴奋和抑制的信号流速率构成的矢量;不同的是,$y_k=(y_{11}(k),\cdots,y_{1C}(k),\cdots,y_{n1}(k),\cdots,y_{nC}(k))$ 为 n 个网络节点的 C 种类别期望输出构成的矢量),网络在训练过程中调整 $nC\times nC$ 的权值矩阵,其权值更新规则为

$$
w^{\text{new}}(u,d;v,e) = w^{\text{old}}(u,d;v,e) - \eta\cdot\frac{\partial E_k}{\partial w(u,d;v,e)}
$$

可以看出与 GNN 学习算法不同之处在于:$\eta\cdot\dfrac{\partial E}{\partial w(u,d;v,e)}$ 是一个对不同类别信号的多变量微分。在这个算法中,需要求解 nC 个线性方程和 nC 个非线性方程。对于递归网络,其计算复杂度为 $O[nC]^3$;对于前向网络,其计算复杂度为 $O[nC]^2$。

6.1.4 RNN 的应用

随机神经网络与一般神经网络相比,具有以下特性:信号以脉冲形式传递,因而更加接近生物神经网络的实际情况。由于 RNN 的每个神经元可以用一个累加器来表示,所以硬件实现较方便。1996 年,Cerkez 提出了一种用 TTL IC 实现单个神经元的方法。1997 年,

Badaroglu 和 Halici 等人使用 CMOS 技术实现了一个有 16 个神经元的 RNN 芯片设计。随着 RNN 的不断扩展，随机神经网络模型已经被成功运用到很多领域。下面给出 RNN 一些具体的成功应用实例。

1. 人工纹理生成

人工纹理生成在图像合成系统中是一项很重要的功能。有文献将 RNN 用于各种不同性质的纹理生成。为了得到不同特征的纹理（例如粒度，倾角，随机性），有人提出了不同的迭代方程，这些迭代方程的初值均是随机生成的灰度图像。实验结果表明 RNN 能够得出好结果的同时，计算机资源的花费要小于 Markov Random Fields(MRF) 等方法。在 MCRNN 提出以后，Gelenbe E 等人又将 MCRNN 的学习算法应用于彩色纹理模型，设计出一个拓扑结构和图像像素直接对应的 MCRNN，直接从彩色纹理图像中提取纹理特征、信号类别对应色彩的类别，使用递归 MCRNN 的权值学习规则来生成一个合成的与原始纹理相似的纹理，并且对多个人工和自然纹理进行实验，最后通过一个表达原始纹理和基于 MCRNN 生成的纹理两者统计特征的同现矩阵（co-occurrence matrix）来检测这种实验方法的适用性。通过比较发现，虽然生成的纹理和原纹理并不完全相同，在很多细微的地方仍有差异，但是从直觉上判断已非常接近。实验还表明，MCRNN 可以有效地对彩色同类小纹理范畴内的图像进行建模，学习规则是有效的，而且计算时间短。

2. 磁共振图像特征信息抽取

有人将 RNN 用于从人脑的磁共振图像（Magnetic Resonance Imaging，MRI）扫描中抽取正确的形态特征信息，提出一种从磁共振图像中灰度分类的办法识别磁共振图像的不同部分，用定量估计来确定某一部分所占的大小，从而判断此部分图像是否指示了病理损伤。实验表明，使用 RNN 分类的结果与现在已知的人类专家对于大脑 MR 图像人工容量分析的结果十分接近。

3. 图像编码器

1996 年，Cramer 和 Gelenbe 等人首先提出了 RNN 的图像编码器，并且取得了较满意的结果。在图像压缩中训练 RNN 网络来对输入数据进行编码和解码，能够使输入/输出的图像之间差别减小。网络的输入和输出层神经元节点数相同，中间层神经元节点数较少。输入层和中间层的节点个数比为压缩比。网络通常训练很多个图像，这样图像压缩的结果不局限于某一个图像，而是适用于一类图像。有人采用含有一个中间层的前向 RNN，输入层和中间层之间的权值对应于压缩处理，中间层和输出层之间的权值对应于解压缩处理。通过权值的改变来检测静态图像压缩网络的鲁棒性。训练权值的一部分是随机选取的，其值在规定的范围内波动。鲁棒性分析表明了 RNN 的并行结构使得此图像压缩/解压缩器在硬件执行上有很强的适用性。结果表明，无论是在技术上还是在视觉上，这样使用 RNN 设定的输入/输出对处理静态图像压缩都有着满意的结果，与其他神经网络相比，使用 RNN 的编码解码时间快。一旦离线训练完成，压缩和解压缩过程也显著增快。另有人将神经网络编码和变换编码相结合，提出了一种基于离散余弦变换（Discrete Cosine Transform，DCT）的随机神经网络编码器。其思想为：针对输入图像先取均值，然后分块进行 DCT 变换。变换后的直流（DC）系数利用差分脉冲编码调制（DPCM）进行编码，而交流（AC）系数利用随机神经网络进行编码。实验获得了优于 Cramer 和 Gelenbe 等人的结果，同时利用一般 BP 神经网络、Cramer 和 Gelenbe 等人的随机神经网络和改进的编码器对标准测试图像 Lenna 的实验结果进行比较,在图像压缩中使用随机神经网络得到的结果优于一般 BP 神经网络。

4. 增强图像放大

增强图像放大(enhanced image enlargement)是将小的输入图像像素扩大 $R_x \times R_y$ 倍(通常 $R=R_x=R_y$,称扩大倍数 R^2 为放大率)输出新图像 φ。有人训练了一个 3 层的前向网络,对应于原图像中的像素点(u,v),新的图像由两部分构成:一部分是零阶内插值获得的放大图像 $S_{\text{int},i}(u,v)$,另一部分是此放大图像和假设放大图像 $\vartheta_i(u,v)$ 的区别 $T_{\text{diff},i}(u,v)$。作者使用 RNN 的学习算法使网络在输出端得到 $T_{\text{diff},i}(u,v)$,定义性能函数为期望图像与训练输出结果在每一个像素点的二次方差。实验结果表明,RNN 方法在数值计算结果上要比零阶内插值法好得多。

5. 其他应用

运用 RNN 在联想记忆方面的功能可以检验一个网络联想记忆的能力以及重组错乱模式的能力。有文献展示了在未知情况下利用分散的联想记忆进行决策的应用。

随机神经网络还被应用于矿藏探测。实验证明,使用一种无参数的鲁棒方法训练网络探测十分有效而且能够排除错误的警报。

在军事上,通过对雷达的特征分析数据训练 RNN 网络,能够成功地在干扰中准确地区分探测出目标。

MRCRNN 还可以用于多传感器的数据融合。

6.1.5 其他随机网络

随机神经网络仿照生物神经元细胞,表达神经元接受刺激产生兴奋或抑制的生理机制,第一次系统地引入了随机的概念建立细胞神经元数学模型。在此之前,1982 年美国加州工学院物理学家 Hopfield 提出的反馈网络中,也同样使用了神经元节点的输出来表达兴奋或抑制的状态,并将其成功地应用于联想记忆和优化计算中。对于 Hopfield 网络在解最优化问题时容易陷入局部极小点的问题,研究者们开始考虑将随机的概念引入神经元网络以改变神经元状态更新规则,首先引入的是模拟金属退火的算法——模拟退火算法(simulated annealing algorithm),它把神经网络的状态看作金属内部的"粒子",把网络在各个状态下的能量函数 E_i 看作是粒子所处的能态。在算法中设置一种控制参数 T,当 T 较大时,网络能量由低向高变化的可能性也较大;随着 T 的减小,这种可能性也减小。如果把这个参数看作温度,让其由高到低慢慢地下降,则整个网络状态变化过程就完全模拟了金属的退火过程。将模拟退火算法的公式反复进行,网络状态更新足够多的次数后,网络状态出现的概率将服从 Boltzmann 分布,并且满足 Boltzmann 分布的特点:最小能量状态以最大的概率出现,即 1985 年辛顿(Hinton)提出的 Boltzmann 机模型,简称 BM(Boltzmann Machine)网络。在模拟退火算法、Boltzmann 机模型中,神经元的输出不像 Hopfield 网络那样由激活函数来决定,而是随机改变的:由以能量函数 E_i 为变量的概率 $p_{ui}(0)$ 或 $p_{ui}(1)$ 来决定输出为兴奋或者抑制,其输出为简单的$\{1;0\}$。

Hopfield 网络、模拟退火算法、Boltzmann 机和 RNN 在网络结构上的区别在于,模拟退火算法仅仅是一种将能量函数跳出局部最小值的算法,而其他三种都有固定的网络结构。Hopfield 网络是一种单层全反馈网络;Boltzmann 机是一种双向联结网络,一般分为可视层与隐含层两大部分,可视层又可分为输入部分和输出部分,它与一般的多层网络结构不同之处在于网络没有明显的层次界限;RNN 是一种开放型的单层递归网络。三种网络节点之间都是双向联结,权值对称相等。所不同的是,在 Hopfield 网络和 Boltzmann 机中,权值连接代表神经元之间的连接强度,而 RNN 中权值连接引入了随机的概念,表示被激活的神经元之间发射信号的概率,更接近细胞的生理机制。

为了使网络输出达到期望值,Hopfield 网络、Boltzmann 机和 RNN 都能通过调整权值来达到联想记忆的功能。在 Hopfield 网络中,通常采用其离散型使任意输入矢量经过网络循环最终收敛到网络所记忆的某个稳定样本上。在网络训练过程中,运用的是海布(Hebb)调节规则:$w_{ij} = w_{ij} + t_i^k t_j^k$,即对于第 k 个样本,当第 i 个神经元输出与第 j 个神经元输出同时兴奋或同时抑制时,$t_i^k t_j^k \geqslant 0$,连接强度增强,否则减弱,这与海布提出的生物神经细胞之间的作用规律相同。Boltzmann 机的学习规则可以模拟学习样本的状态概率。网络训练过程中,权值调节规则为 $w_{ij}^{(t+1)} = w_{ij}^t - \eta \cdot \dfrac{\partial G}{\partial w_{ij}}$,其中 G 为一个交叉熵函数,当它为 0 时,表示无论外界是否有输入,可见神经元出现某状态的概率均是相同的,学习的目的是使 G 趋于 0。RNN 学习算法是为了得到一个适当的权值矩阵,使得输入为一对兴奋和抑制的信号流速率的矢量时,网络输出为期望值,或者其与期望值的二次方差($E_k = \dfrac{1}{2} \sum\limits_{i=1}^{n} a_i (q_i - y_{ik})^2, a_i \geqslant 0$)最小,这里权值的调整规则为 $w^{\text{new}}(u,v) = w^{\text{old}}(u,v) - \eta \dfrac{\partial E}{\partial w(u,v)}$。可以看出,三种网络调整权值时,都是在原权值上加上一个修正量。相比较而言,Hopfield 的学习速度快,Boltzmann 机计算工作量大且过程较慢,而 RNN 的计算复杂度较小。

Hopfield 网络、Boltzmann 机和 RNN 都可以解决最优化的问题。旅行商问题(TSP)一般被认为是复合最优化问题中使用启发式算法解决问题的基准。1985 年,Hopfield 和 Tank 两人用连续 Hopfield 网络(CHNN)为解决 TSP 难题开辟了一条崭新的途径,获得了巨大的成功。其基本思想是把 TSP 问题映射到 CHNN 网络中去,使用换位矩阵表示有效路径,并设法用网络能量代表路径总长作用于反馈回路调节输入变化,从而使得网络能量为最小——得到最短路径。由于 Hopfield 网络状态更新规则只能使能量函数往减小的这个方向变化,能量函数很容易陷入局部最小值,使得网络解不能够达到路径最优。因此,使用 Boltzmann 的工作规则,选择适当的温度 T 参数和能量函数的定义,按照交换两个城市位置或者改变一段路径顺序等规则更新网络状态后,按概率接受能量函数的小波动,从而使能量函数跳出局部最小点达到最优。不过当求解城市数量较大的 TSP 时,由于网络状态更新选择的新路径随机性增大,使得网络求解的时间很不稳定。

在解决 TSP 问题上,RNN 与 Hopfield 网络有很大的相似性,同样也是使用换位矩阵表示有效路径,定义适当的参数和能量函数。但是由于反馈回路方程的变化,使网络能在一定范围内接受能量函数的小波动,从而跳出局部最小值,克服了 Hopfield 解 TSP 的缺点。而且 RNN 网络输出是由一组无穷多个 Chapman-Kolmogorov 方程推出的严格的解,使得能量函数变化连续,不会出现城市数目多时类似 Boltzmann 机路径随机选择的求解时间不稳定的情况,因此采用 RNN 来解决 TSP 问题是一种有效途径。

6.1.6 本节小结

人们在随机神经网络的理论研究和应用上已经做了不少工作,并且提出了许多新的研究课题。例如利用 RNN 网络和 MCRNN 网络抓住人工神经网络信号发射的特征,对网络模型进行自然扩展而获得新的模型,对于所扩展的新的数学模型是否还拥有分析计算上的易操作性? 这个新模型是否能够发展出一个有效的学习算法来应用于工程? 这些都是值得考虑的问题。

RNN 网络曾被用于增强图像放大,实验表明 RNN 方法在数值计算结果上要比零阶内插值法好得多,一个可以研究的方向是将这种方法和高阶内插值法做比较。

RNN 网络已被证明可以作为连续函数的广义函数逼近器,考察 MCRNN 在这一领域是否能够有更强大的功能也是一个有趣的问题。

考虑到纹理生成方面的应用,我们注意到:某些动物在受到外界不同刺激的情况下能够改变皮肤的外观和颜色,可以仿照动物的这种颜色控制,为不同条件下纹理的外观和色彩变化建模。

RNN 作为一种分析计算上易操作的神经网络模型,如果继续更加细致的研究,相信会出现更多有前景的研究方向,从而在现实中得到有效的应用。

以上对 RNN 网络在网络结构、学习算法、状态更新规则以及应用等方面分别予以了详尽的阐述。随机神经网络模型信号以脉冲的形式传递更接近生物神经网络的实际,具有出色的仿生特点。用非负函数而非二值状态表示神经元的兴奋水平,对系统状态描述更为细致。作为前馈网络结构,随机神经网络比标准的网络算法计算简便,易于学习。此外,它易于硬件仿真,应用领域十分广泛。特别地,在组合优化的问题上的应用,将 RNN 分别与 Hopfield 网络、模拟退火算法、Boltzmann 机进行了分析对比,并指出了进一步的研究方向。RNN 作为与其他网络截然不同的仿生的神经元数学模型,它所具有的独特的学习算法和工作规则使得它在联想记忆、图像处理、组合优化问题上有着独特的优势。但是关于随机神经网络,还有很多理论问题需要解决,目前只对一些特殊网络有确定结论,还需要进一步去探索。

6.2 用 Boltzmann 机求解典型 NP 优化问题 TSP

6.2.1 Boltzmann 机网络模型及其权值修正规则

Boltzmann 机是 1984 年由辛顿、谢诺沃斯基(Sejnowski)和阿克利(Ackley)等人借助统计物理学的概念与方法,引入模拟退火算法提出来的一种随机型神经网络。通过将模拟退火算法的公式反复进行网络状态更新,网络状态出现的概率服从统计物理学中的 Boltzmann 分布特点:最小能量状态以最大的概率出现,因此人们将这种网络模型称为 Boltzmann 机。

Boltzmann 机网络由 N 个神经元组成,每个神经元的输出 $r_i(i=1,2,\cdots,n)$ 取 0、1 二

值,神经元之间是双向连接,因而连接权值相互对
称。Boltzmann 机网络一般把整个神经元分为可
视层与隐含层两大部分,可视层又分为输入部分和
输出部分,不过不同层之间没有明显的层次界限,
Boltzmann 机网络结构如图 6.2 所示。

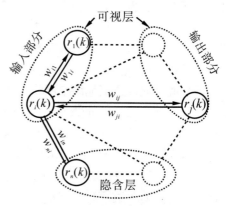

Boltzmann 机网络主要具有两大方面的应用,
一是用于优化组合;二是作为概率分布的模拟机。
Boltzmann 机网络的算法根据这两种不同的用途
可分为工作规则和学习规则:工作规则就是网络的
状态更新规则;学习规则就是网络连接权和输出阀
值的修正规则。

图 6.2　Boltzmann 机网络结构

Boltzmann 机网络工作规则是以概率方式,根
据网络内部其他神经元的输出状态来决定各个网络自身状态的更新。实际上,Boltzmann
网络工作规则就是模拟退火算法的具体体现。模拟退火算法是把神经网络的状态看作金属
内部的"粒子",把网络在各个状态下的能量函数 E_i 看作是粒子所处的能态。在算法中设置
一种控制参数 T,当 T 较大时,网络能量由低向高变化的可能性也较大;随着 T 的减小,这
种可能性逐渐减小。如果把这个参数看作温度,让其由高慢慢下降,则整个网络状态变化过
程就完全模拟了金属的退火过程。

对于一个有 N 个神经元的 Boltzmann 机网络,各神经元之间的连接权值为 $\{w_{ij}\}$,各神
经元的输出阀值为 $\{\theta_i\}$,输出为 $\{r_i\}$,神经元 i 的内部状态为 $\{E_i\}$(其中 $i,j=1,2,\cdots,N$)。取
$T|_{t=0}=T_0$,$\{w_{ij}\}$ 和 $\{\theta_i\}$ 为 $[-1,+1]$ 区间内的随机值,并且 $w_{ij}=w_{ji}$。Boltzmann 机网络工
作规则即为反复从 N 个神经元中随机选取一个神经元 i,对于第 k 次选取来说,计算来自所
有其他神经元输出状态 $r_j(k)$ 的输入总和获得该神经元的内部状态 E_i:

$$E_i(k) = \sum_{\substack{j=1 \\ j \neq i}}^{N} w_{ij} \cdot r_j(k) - \theta_i \tag{6.1}$$

此时,第 i 个神经元的输出状态 $r_i(k+1)$ 为 1 的概率为

$$P[r_i(k+1)=1] = \frac{1}{1+e^{-\frac{E_i(k)}{T}}} \tag{6.2}$$

当此概率大于事先给定的概率值 ε_0 时,更新此神经元的状态为 1,即有 $r_i(k+1)=1$;其
他神经元的输出状态保持不变。然后,按某一规律更新温度参数 T,重复上述操作,直到小
于预先给定的一个截止温度 T_d 为止。

由公式(6.1)和(6.2)可以看出,Boltzmann 机能量 $E_i(k)$ 越低,状态为 1 的概率则越大,
这使得各局部极小点的状态出现的概率大于周围状态出现的概率,而全局最小点的出现概
率又大于各局部极小点的概率。另一方面,温度 T 很高时,各状态出现概率的差异大大减
小,当然,全局最小点的概率仍是最大的;当温度 T 很低时,情况正好相反,这时各状态出现
概率的差异被加大,因此网络在搜索结束时停留在全局最小点的概率远大于局部最小点。
所以,网络在微观上有向附近极小点运动的趋势,而在宏观上有向能量最小点运动的趋势,
当陷入某个局部极小点后,有可能越过位垒穿越这个极小点,从而达到全局最小点。

Boltzmann 机网络除了可以解决优化组合问题外,还可以通过网络训练模拟外界给出
的概率分布,实现概率意义上的联想记忆。这时,网络所记忆的并不是模式本身,而是模式

出现的概率。联想记忆分为自联想记忆和互联想记忆。自联想记忆指网络学习后，各状态将按记忆学习模式的概率分布出现；互联想记忆的概率分布函数是输出模式相对于输入模式的条件概率分布。无论是自联想记忆还是互联想记忆，实质上都是网络通过学习目标概率分布函数，将其记忆并在以后的回想过程中将这一概率分布再现出来。而网络记忆目标分布函数就是通过适当地调整网络的连接权值和输出阀值。此时 Boltzmann 机网络的可视层主要作为网络记忆的外部表现，学习模式及用于回想的输入模式是通过可视层提供给网络的；隐含层主要用于网络记忆的内部计算。应该注意的是，由于 Boltzmann 机网络没有明显的层次界限，所以一般是根据问题的需要，在全互联结的各个神经元中选择一些神经元作为可视层，另一些神经元作为隐含层。可视层神经元的个数根据记忆模式的形式确定，隐含层神经元的个数一般凭经验确定。

对于一个具有 N 个神经元的 Boltzmann 机网络，设定可视层有 n 个神经元，隐含层有 m 个神经元（$m+n=N$）。这样，可视层就有 $2^n = p$ 个状态：$R_a = (r_1, r_2, \cdots, r_n), a = 1, 2, \cdots, p$；隐含层有 $2^m = q$ 个状态：$R_b = (r_1, r_2, \cdots, r_m), b = 1, 2, \cdots, q$。

网络状态的概率分布函数 $Q(R_a, R_b)$ 服从 Boltzmann 概率分布。为表示目标概率分布 $P(R_a)$ 与可视层实际概率分布 $Q(R_a)$ 的偏差，引入一个非负的交叉熵函数 $G(w_{ij})$：

$$G(w_{ij}) = \sum_{a=1}^{p} P(R_a) \ln \frac{P(R_a)}{Q(R_a)}$$

当且仅当 $P(R_a) = Q(R_b)$ 时，$G(w_{ij}) = 0$。显然，$G(w_{ij})$ 越小，实际输出状态概率分布就越接近目标状态概率分布 $P(R_a)$。因此，网络的学习过程也就是求 $G(w_{ij})$ 极小值的过程。网络所有权值的调节修正规则为

$$w_{ij} = w_{ij} + \Delta w_{ij}, \Delta w_{ij} = -\varepsilon \cdot \frac{\partial G(w_{ij})}{\partial w_{ij}} = \frac{\varepsilon}{T}(P_{ij}^+ - P_{ij}^-)$$

其中，

$$P_{ij}^+ = \sum_{a=1}^{p} P(R_a) \frac{\sum_{b=1}^{q} r_i r_j e^{-\frac{E_k(R_a, R_b)}{T}}}{\sum_{b=1}^{q} e^{-\frac{E_k(R_a, R_b)}{T}}}$$

$$P_{ij}^- = \frac{\sum_{k=1}^{M} r_i r_j e^{-\frac{E_k(R_a, R_b)}{T}}}{\sum_{k=1}^{M} e^{-E_k(R_a, R_b)}}$$

P_{ij}^+ 表示网络的可视层各神经元的输出按所希望的概率分布固定在某一状态下，仅让隐含层的各神经元按 Boltzmann 工作规则进行状态更新，当更新次数足够大并认为网络已达到平衡状态之后，神经元 i 和 j 同时输出为 1 的概率；P_{ij}^- 表示整个网络按 Boltzmann 工作规则进行状态更新并达到平衡状态之后，神经元 i 和 j 同时输出为 1 的概率。

Boltzmann 机的最基本功能是实现概率意义上的联想记忆，广泛地用于组合优化问题。目前，Boltzmann 机已被应用于解决各种实际问题。例如，视觉中的约束满足问题，编码器问题，统计模式识别，语音识别，组合优化等问题。虽然速度较慢，但实践说明 Boltzmann 机的性能一般是相当令人满意的。

有关 Boltzmann 机的研究也是十分广泛的。Derthic 已提出 Boltzmann 机的几种变形，Lutterell 曾分析过 Boltzmann 机与马尔可夫随机场的关系，Mazaika 提出一种允许几个单

元状态同时变化的方法。此外,谢诺沃斯基提出了高阶 Boltzmann 机的网络模型,Glorida 等人还提出了群体并行结构的 Boltzmann 机。

6.2.2　用 Boltzmann 机网络解 TSP

许多组合优化问题是 NP 问题类型的,这类问题可以多项式互换,理论上可证明能够采用 Boltzmann 机求解。然而,对于特定的问题,采用特定的 Boltzmann 机结构常常更加有效。目前常用 Boltzmann 机构造求解的组合优化问题有独立集问题、最大分割问题和 TSP 问题,其他一些问题可以转化为这几个问题中的一种。

旅行商问题(简称 TSP)是为找出从某一城市出发经过所有城市一次后回到出发点的最短路径。这一类问题在交通行业中经常遇到。TSP 是著名的组合优化问题,属于 NP 难题。解决此问题的常用方法有穷举搜索法、贪心法、动态规划法、分枝界定法。这些方法的计算时间在城市数目较多时,往往不可行。1985 年,Hopfield 等人使用 Hopfield 网络解 TSP,在时间上大大缩短,不过由于网络的不稳定性,使得路径结果往往不收敛或者能量函数收敛于局部极小值导致路径解非最优。

我们采用 Boltznmann 机网络求解 TSP,通过在 Boltzmann 机网络结构和 TSP 路径间建立对应关系,使能量函数最小值对应于最短路径。为了构造解 TSP 的 Boltzmann 机网络结构,必须把 TSP 描述为 0-1 规划问题。对于 n 城市的 TSP,构造一个 $n \times n$ 节点的 Boltzmann机,使用与其对应的换位矩阵来表征一条访问路径。每个神经元的状态 r_{ij}(其中,$i, j = 0, 1, \cdots, n-1$)为 0-1 变量,表示城市 i 是否第 p 个被访问。w_{ij} 为两节点之间的连接权值,TSP 的能量函数可定义为

$$E = \sum_{i, j, p, q=1}^{n} w_{ij} r_{ip} r_{jq} \tag{6.3}$$

这样的定义使得与能量函数局部极小值对应的结构必对应于路径,给定路径长度越短,相应结构的能量函数越小。这样求解 TSP 的过程就是 Boltzmann 机网络的收敛过程,从任一对应于 TSP 路径的 Boltzmann 结构开始,向网络结构能量函数减小的方向变化,当网络趋于稳定时,则所得的网络结构对应于 TSP 的路径等于或近似于最优解。

为保证每个结构对应于一条路径,当某个节点状态改变时,相应的另外几个节点亦同时做状态变化,使整个网络结构代表一条可行路径。网络在任一时刻,每行及每列只有一个节点的状态值为 1,禁止连接永不被激活,最终影响能量函数的仅是距离连接权值和自身连接权值。为此在算法中对连接权值做出规定,连接 C_c 分为距离连接 C_d、禁止连接 C_i 和自身连接 C_b,它们的定义分别为

$$C_d = \{(r_{ip}, r_{jq}) \mid i \neq j \, \& \, q = (p+1) \bmod n\}$$
$$C_i = \{(r_{ip}, r_{jq}) \mid (i = j \, \& \, p \neq q) \text{ 或 } (i \neq j \, \& \, p = q)\}$$
$$C_b = \{(r_{ip}, r_{jq}) \mid i = j \, \& \, p = q\}$$

距离连接权值取距离的负值,距离较短的连接其权值较大,易被激活,使得最小能量函数对应于最短路径。禁止连接把所有同行、同列的节点连接起来,把它们的权值设为一个较大的负数,保证在局部极小时,没有一个禁止连接被激活,每行、每列至多有一个节点的状态值为 1。自身连接为每个节点到自身的连接,设置其权值为正值,易被激活,使每行、每列至少有一个节点的状态值为 1。

取控制参数 T 的衰减函数为

$$T_{k+1} = \frac{T_k}{1 + \dfrac{T_k \ln(1+\delta)}{\sigma_k}}$$

其中,δ 是一个接近 0 的正的小量,σ_k 是第 k 个 Markov 链的目标函数值的方差。这种衰减函数的特点是,开始时 T 的下降很缓慢,越往后 T 的下降越快。这对于求得全局最小值是有利的,因为开始时,T 下降很缓慢,有利于算法尝试不同收敛域内的解;而越往后,T 下降越快,使得算法能以较快的速度收敛。初值 T_0 的选取采用 Aarts 等人提出的方法:

$$T_0 = \frac{\Delta f^+}{\ln \dfrac{m_2}{m_2 \chi - m_1(1-\chi)}}$$

其中,χ 为设置的初始接收率常数,实验中取 $\chi = 0.9$;m_1 和 m_2 分别为对控制参数 T 的某个确定的值产生 m 次(实验中取为 10)尝试时,目标函数减小和增大的变换数,Δf^+ 是 m_2 次目标函数增大变换的平均量。

以三种方式进行神经元对应路径的状态更新:① 逆:从路线图中去掉两个边,并替换为另一条可行路线,而代之以相同城市相反的访问次序。② 变换:取出路线的某一段,把它放在两个随机选取的连续城市之间。③ 互换:在路线中随机选择两个城市并互换。对于更新的神经元状态,网络按照模拟退火算法以一定的概率接受。

6.2.3 Boltzmann 机与 Hopfield 网络解 TSP 的对比

1. 理论分析

Boltzmann 机是一种有反馈的全互联网络,它与 Hopfield 网络有不少相同之处:各单元状态取 -1 或者 $+1$;所有权值连接为双向对称;各单元无自反馈;类似异步运行方式,每次有一个单元改变状态。但是在下述方面又有区别:Boltzmann 机具有隐单元;Boltzmann 机的单元为随机型神经元。对于一个具有 n 个神经元的连续性 Hopfield 网络,假设第 i 个神经元节点的输入为 u_i,输出为 v_i,网络能量函数为 E,则 Hopfield 网络的工作规则为

$$\begin{cases} \dfrac{\mathrm{d}u_i}{\mathrm{d}t} = -\dfrac{1}{C_i} \cdot \dfrac{\mathrm{d}E}{\mathrm{d}t} \\ v_i = f_i(u_i) \end{cases}$$

这样的工作规则使得网络的能量函数朝梯度下降的方向变化,使得网络往往陷入局部极小值;而 Boltzmann 机的状态更新以一定概率接受能量函数 $E_i(t)$ 的波动,使得网络有可能跳出局部极小值向全局最小点收敛,这是两种网络最大的区别。

使用 Hopfield 网络和 Boltzmann 机网络解 TSP,其基本思想都是把 TSP 映射到网络中去,使用换位矩阵表示有效路径,并设法用网络能量代表路径总长作用于反馈回路调节输入变化,从而使得网络能量为最小——得到最短路径。

不同之处在于,在 Hopfield 网络的收敛过程中,网络输出是在 $[0,1]$ 区间内连续变化的。在极差的情况下,网络训练结果得到的换位矩阵并不一定代表路径,需要从另一结构开始重新进行收敛过程。由于收敛过程可能要经过非路径结构,最终可能导致系统陷于局部最优结构。而 Boltzmann 机网络的算法为保证每个结构对应于一条路径,当某个节点状态改变

时，相应的另外几个节点亦同时做状态变化，即遵循逆、变换、互换的准则，使整个网络结构始终代表一条可行路径。也就是说，用 Boltzmann 机网络不会得到非有效解，而且总能得到最优及次优解；而用 Hopfield 网络则可能得到各种次优解甚至是无效解。

网络输出的不同定义在能量函数中也表现出来。在 Hopfield 网络中，为了保证输出换位矩阵代表一条有效且最优的路径，能量函数包括 4 项内容，分别对应于换位矩阵的行约束、列约束、全局约束和路径最短约束。

$$E = \frac{A}{2} \sum_{x=1}^{N} \sum_{i=1}^{N-1} \sum_{j=i+1}^{N} v_{xi} v_{xj} + \frac{B}{2} \sum_{i=1}^{N} \sum_{x=1}^{N-1} \sum_{y=x+1}^{N} v_{xi} v_{yi}$$

$$+ \frac{C}{2} \Big[\Big(\sum_{x=1}^{N} \sum_{i=1}^{N} v_{xi} \Big) - N \Big]^2 + \frac{D}{2} \sum_{x=1}^{N} \sum_{y=1}^{N} \sum_{i=1}^{N} d_{xy} v_{xi} \cdot (v_{yi+1} + v_{yi-1})$$

而在 Boltzmann 机网络中，由于神经元状态的更新准则，使得网络结构始终代表一条可行路径，能量函数只有简单的路径最短约束这一项，即方程(6.3)，从而降低了能量函数计算的复杂性。

由于 Hopfield 网络状态更新规则只能使能量函数往减小的方向变化，能量函数很容易陷入局部极小值，使得网络解不能够达到路径最优。使用 Boltzmann 的工作规则，采用模拟退火算法，按概率接受能量函数的小波动，使能量函数跳出局部极小点，从而使路径达到最优。

2. 实验对比

我们分别使用 Hopfield 网络和 Boltzmann 机网络对 10 城市 TSP 求解。运行环境：MATLAB 5. 3；操作系统：Windows 2000；硬件系统：赛扬 850 MHz，内存 128 MB。Hopfield 网络优化求解所得到的次优及最优的 3 个结果如图 6.3 所示；Boltzmann 机网络优化求解所得到的次优及最优的 2 个结果如图 6.4 所示。两种网络求解的实验数据如表 6.1 所示。

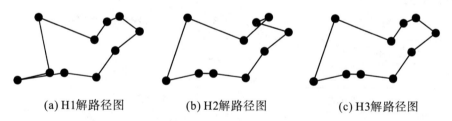

　(a) H1解路径图　　　　　　(b) H2解路径图　　　　　　(c) H3解路径图

图 6.3　采用 Hopfield 网络求解出的 3 个较优的路径图

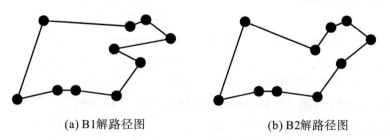

　　　(a) B1解路径图　　　　　　　　　(b) B2解路径图

图 6.4　采用 Boltzmann 机网络求解出的 2 个较优的路径图

实验表明，采用 Hopfield 网络解 TSP，经过 100 次重置初值的重复求解，其结果出现最优路径的次数只有 2 次，还多次出现非法路径和非最优路径，图 6.3 给出的是包括最优路径在内的 3 个较好的实验结果。采用 Boltzmann 机网络解 TSP 时,每一次都能获得有效解,并且对于所给定的问题仅有两组解。从表 6.1 中的数据来看,虽然 Boltzmann 机网络的求解时间不如 Hopfield 网络的零点几秒,但也只有几秒钟,而其求解效果要好得多,它的全局寻优能力要比 Hopfield 网络强得多。

表 6.1　两种网络求解的实验数据对比

网络求解图示		距离	时间(秒)
Hopfield	图 6.3(a)	33.1363	0.06
	图 6.3(b)	32.4351	0.07
	图 6.3(c)	30.9747(最优)	0.06
Boltzmann	图 6.4(a)	31.5272	1.0602
	图 6.4(b)	30.9747(最优)	3.1750

另外,通过观察网络运行中能量的变化可以看出,Hopfield 网络能量变化是单方向减小的而没有丝毫的上升趋势;而 Boltzmann 机在运行过程中,能量变化有很多波动。Boltzmann 机网络采用概率搜索机制,引入了模拟退火算法,具有全局寻优能力。

为了进一步进行对比,我们使用 Boltzmann 机网络来解 C-TSP(China-Traveling Salesman Problem),即中国 31 个省会城市的最佳路径问题。目前已知的 C-TSP 的计算方法有穷举法、贪心组合算法、Hopfield 经典方法、Hopfield 改进方法(在 Hopfield 方法的基础上加上三角形两边用一边替代的约束条件)。表 6.2 列出了以上算法和 Boltzmann 机方法得到的计算结果。

表 6.2　各种不同算法求解 C-TSP 的结果

算法	计算结果
穷举法	共有约 $\frac{1}{2}(31-1)! = 1.326 \times 10^{32}$ 条路径待比较
贪心组合算法	$L_{min} = 17102$(千米)
Hopfield 经典算法	$L_{min} = 21777$(千米)
Hopfield 改进方法	$L_{min} = 16262$(千米)
Boltzmann 机算法	$L_{min} = 16209$(千米)
	$L_{min} = 16402$(千米)
	$L_{min} = 16088$(千米)

C-TSP 的城市数目为 31,由于网络状态更新选择的新路径随机性增大,网络求解的时间很不稳定,运行一次的时间从几百秒到几个小时不等。观察表6.2中的结果可以看出,穷举法解 C-TSP 是不可行的,用 Boltzmann 机网络解 C-TSP 的结果优于贪心组合算法、Hopfield 经典算法以及 Hopfield 改进方法。虽然用 Boltzmann 机网络解 TSP 问题由于时间和运算的复杂度增加较大,但是不同于贪心组合算法和 Hopfield 神经网络的方法,它每次运行都可以搜索到接近最优的结果,这对要求不高的优化问题,可行性是很高的。

6.2.4　本节小结

本节对 Boltzmann 机网络的网络结构、工作规则、学习规则以及功能应用方面做了详尽的介绍。特别地，描述了 Boltzmann 解组合优化问题 TSP 的算法，并且将其与 Hopfield 网络进行了理论上的对比研究。最后在 10 城市 TSP 和 C-TSP 的实验上验证了 Boltzmann 机在解 TSP 时的全局寻优能力，指出 Boltzmann 机是解决 TSP 的有效途径。

6.3　随机神经网络算法改进及其应用

随机神经网络模仿实际生物细胞根据自身存在电势发射信号的生理行为，第一次使用独立的数学模型描述了生物神经网络接收信号流激活而传导刺激的生理机制。Gelenbe 等人提出的用于解决组合优化问题的动态随机神经网络通过内在连接即时接受输出向量控制的负反馈信号。DRNN 和 RNN 的区别在于，RNN 的外界信号的输入在初始化以后就保持恒定不变，是一个开环系统；而 DRNN 是一个闭环负反馈系统。旅行商问题（简称 TSP）是为找出从某一城市出发经过所有城市一次后回到出发点的最短路径，是著名的组合优化问题。解决此问题的常用方法有穷举搜索法、贪心法、动态规划法、分枝界定法。这些方法的计算时间在城市数目较多时，往往不可行。1985 年，Hopfield 等人使用 Hopfield 网络解 TSP，在时间上大大缩短，不过由于网络的不稳定性，使得路径结果往往不收敛或者能量函数收敛于局部极小值导致路径解非最优。此外，使用模拟退火算法和 Boltzmann 机网络也可以解决 TSP。本节的目的是通过利用 DRNN 作为动态网络优化求解来解决 TSP。

6.3.1　DRNN 解 TSP 的参数推导和改进方法

1. 参数推导和定义

首先需要对网络的参数进行定义和选取。采用 DRNN 网络求解 TSP，就是在 DRNN 的网络结构和 TSP 路径间建立对应关系，使能量函数最小值对应于最短路径。对于 n 城市的 TSP，构造一个 $n \times n$ 节点的 DRNN 网络，使用与其对应的换位输出矩阵 Q 来表征一条访问路径。第 (x, p) 个神经元的意义为：城市 x 被第 p 个拜访，相对应的 q_{xp} 也就是第 (x, p) 个神经元被激活的概率。TSP 的能量函数 $F(q)$ 可定义为

$$F(q) = \alpha \sum_{x,p} q_{x,p} \sum_{y \neq x} d_{xy} q_{y,p+1} + \beta \Big[\sum_p \Big(\sum_x q_{x,p} - 1 \Big)^2 + \sum_x \Big(\sum_p q_{x,p} - 1 \Big)^2 \Big]$$

其中，$\sum_p \Big(\sum_x q_{x,p} - 1 \Big)^2$ 为换位矩阵的列约束，表示一次只能访问一个城市；$\sum_x \Big(\sum_p q_{x,p} - 1 \Big)^2$ 为换位矩阵的行约束，表示一个城市只能被访问一次。这两项只有当满足问题的约束条件时才能为 0，保证所得路径的有效性，是针对优化组合问题约束条件而设置的，称为惩罚项。$\sum_{x,p} q_{x,p} \sum_{y \neq x} d_{xy} q_{y,p+1}$ 表示 N 个城市两两之间可能的访问路径的长度。这一项对应问题的目标，即优化要求，当此项最小时，则表示访问 N 个城市的距离最短。

为使网络能收敛到全局最小值,网络第 (x,p) 个神经元与第 (y,l) 个神经元之间的连接权值 $\omega_{\overline{xp},yl}$ 定义为强烈的抑制连接(这里 $\lambda_i=0$, $\omega_{xp,ul}^+=0$),则有

$$\omega_{\overline{xp},yl} = \underbrace{[\delta_{xy}(1-\delta_{pl})+\delta_{pl}(1-\delta_{xy})]d_{xx}}_{\text{(行约束)}} + \underbrace{(1-\delta_{xy})(\delta_{l,p+1}+\delta_{l,p-1})d_{xy}}_{\text{(路径长度约束)}}$$

$$= r_{xp} \cdot \left\{ [\delta_{xy}(1-\delta_{pl})+\delta_{pl}(1-\delta_{xy})]\frac{d_{xx}}{r_{xp}} \right.$$

$$\left. + (1-\delta_{xy})(\delta_{l,p+1}+\delta_{l,p-1})\frac{d_{xy}}{r_{xp}} \right\}$$

$$= r_{xp} \cdot P_{\overline{xp},yl}$$

其中, d_{xy} 表示城市 x 与城市 y 之间的欧氏距离; d_{xx} 是一个略大于 $\max\limits_{x\neq y} d_{xy}$ 的参数; $P_{\overline{xp},yl}^-$ 为负信号从第 i 个神经元发射到第 j 个神经元的概率; δ_{xy} 在 $x=y$ 时为 1,其余时候为 0; r_{xp} 为第 (x,p) 个神经元的发射速率参数(firing rate)。

由于 RNN 中需要满足条件 $d(i)+\sum\limits_{j=1}^{n} P_{ij}^+ + P_{ij}^- = 1$,则

$$d(i)+\sum_{j=1}^{n} P_{ij}^+ + P_{ij}^- = \sum_{y,l=1}^{N} P_{\overline{xp},yl} = \frac{1}{r_{xp}} \cdot \left[2(n-1)d_{xx} + 2\sum_{x\neq y}^{N} d_{xy} \right] \overset{\Delta}{=} 1$$

其中, $d(i)$、 $P_{ij}^+ = 0$。因此

$$r_{xp} \overset{\Delta}{=} 2 d_{xx}(n-1) + 2\sum_{x\neq y}^{n} d_{xy}$$

2. 优化求解算法的改进

为了构造 RNN 的动态结构,DRNN 定义一个类似于 Cohen-Grossberg 方程的时延反馈信号。这样系统在网络训练过程中,能量函数不断变小,从而求出最优解。在 DRNN 中,只用到了正的输入信号,神经元之间的概率连接均为抑制信号。即对于所有的 i 和 j, $\lambda_i=0$, $P_{ij}^+=0$,这样的连接使得整个网络成为一种负反馈系统。DRNN 的输入/输出关系式和反馈方程式为

$$q_i = \frac{\Lambda_i + \sum\limits_{j=1}^{N} q_j r_j P_{ji}^+}{r_i + \lambda_i + \sum\limits_{j=1}^{N} q_j r_j P_{ji}^-} = \frac{\Lambda_i}{r_i + \sum\limits_{j=1}^{N} q_j r_j P_{ji}^-}$$

$$\frac{\mathrm{d}\Lambda_i}{\mathrm{d}t} = A(q_i)\left[B(q_i) - \frac{\partial F(q)}{\partial q_i} \right]$$

其中, $i=1,\cdots,N$; $F(q)$ 是用于最优化的一个惩罚函数,这样引入惩罚函数梯度的定义使得 DRNN 在运行过程中,惩罚函数不断减小,从而达到解决组合优化问题的目的; $A(q_i)$ 是增益函数,用来控制收敛速率; $B(q_i)$ 为延时函数。

由此可得 DRNN 网络结构图如图 6.5 所示。

反馈方程的定义如下:

$$\frac{\mathrm{d}\Lambda_i}{\mathrm{d}t} = A(q_i)\left[B(q_i) - \frac{\partial F(q)}{\partial q_i} \right], \quad i=1,2,\cdots,N$$

其中, $A(q_i)=1+q_{xp}$ 是增益函数,用来控制收敛速率;延时函数 $B(q_i)$ 是设置的状态空间的吸引点,即能量函数到达最小时 $-\frac{\partial F(q)}{\partial q_i}$ 的值。

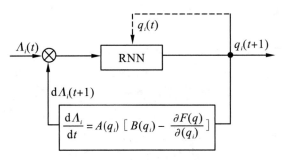

图 6.5 DRNN 网络结构图

$B(q_i)$ 的选择对 DRNN 很重要,DRNN 的训练过程对 $B(q_i)$ 十分地敏感。这里,我们取 $B_1(q_{xp})=0$,即有

$$\begin{cases} B_1(q_{xp})=0 \\ B_2(q_{xp})=S_n q_{xp} \\ B_3(q_{xp})=2S_n q_{xp} \\ B_4(q_{xp})=S_{n,x} q_{xp} \\ B_5(q_{xp})=2S_{n,x} q_{xp} \end{cases}$$

其中,S_n 表示所有城市之间的平均距离;$S_{n,x}$ 表示城市 x 和其他城市之间的平均距离。

使用改进方法中的 $B(q_i)$,则

$$\frac{\mathrm{d}\Lambda_i}{\mathrm{d}t}=A(q_i)\left[B(q_i)-\frac{\partial F(q)}{\partial q_i}\right]$$

$$=(1+q_i)\left[-\frac{\partial F(q)}{\partial q_i}\right]\quad(i=1,2,\cdots,N)$$

从而有

$$\frac{\mathrm{d}F}{\mathrm{d}t}=\sum_{i=1}^{N}\frac{\partial F}{\partial q_i}\cdot\frac{\mathrm{d}q_i}{\mathrm{d}t}=-\sum_{i=1}^{N}\frac{\mathrm{d}q_i}{\mathrm{d}t}\cdot\frac{\mathrm{d}\Lambda_i}{\mathrm{d}t}\cdot\frac{1}{(1+q_i)}$$

$$=-\sum_{i=1}^{N}\frac{1}{(1+q_i)}\frac{\mathrm{d}\Lambda_i}{\mathrm{d}q_i}\cdot\left(\frac{\mathrm{d}q_i}{\mathrm{d}t}\right)^2$$

只要输入/输出点对 (Λ_{xp},q_{xp}) 位于第一象限 $\left(即 \frac{1}{1+q_i}>0\right)$,而且在第一象限中函数总体趋势为单调上升 $\left(即 \frac{\mathrm{d}q_i}{\mathrm{d}\Lambda_i}>0\right)$,就可使得在大多数情况下 $\frac{\mathrm{d}F}{\mathrm{d}t}\leqslant0$,即能量函数不断减小,并在最后稳定至极小值。实验中对输入/输出点对做了分析,可以满足以上条件,这使得改进方法中 $B(q_i)$ 的取值简单有效。

根据已经定义的能量函数 $F(q_{xp})$,可以写出反馈回路的方程:

$$\frac{\mathrm{d}\Lambda_{xp}}{\mathrm{d}t}=A(q_{xp})\left[B(q_{xp})-\frac{\partial F(q_{xp})}{\partial q_{xp}}\right]$$

$$=(1+q_{x,p})\left[-\alpha\sum_{y}d_{xy}(q_{y,p+1}+q_{y,p-1})-2\beta(\sum_{p}q_{x,p}+\sum_{x}q_{x,p}-2)\right]$$

6.3.2 DRNN 网络解 TSP 改进方法的实验对比

我们通过设定 DRNN 网络相应的参数初始值,使用已有 $B(q_i)$ 的 4 种设定和改进方法分别对 10 城市求解。运行环境：MATLAB 5.3；操作系统：Windows 2000；硬件系统：赛扬 850 MHz，内存 128 MB。

以一个已知坐标的 10 城市 TSP 为例，设定权值参变量 $d_{xx}=1.34$；能量函数中的系数 $\alpha=1$，$\beta=1$；网络输入初始值 $\Lambda_{xp}^{0}=0.75\times r_{xp}+rand$，其中 $-0.1<rand<0.1$；网络输出初始值 $q_{xp}^{0}=0.7$；使用不同的网络延时函数 $B(q_{i})$ 进行比较。改进算法使用前后不同收敛路径图的求解结果对比如图 6.6 所示。实验表明：只有当 $B_{1}(q_{xp})=0$，即采用改进算法时，路径达到了最优解 30.9747；而其他的 $B_{2}(q_{xp})\sim B_{5}(q_{xp})$ 都没有达到最优解，并且 $B(q_{xp})$ 不同的取值对结果的影响很大，其中 $B_{2}(q_{xp})$、$B_{4}(q_{xp})$ 非最优解，$B_{2}(q_{xp})$、$B_{5}(q_{xp})$ 为非法路径。

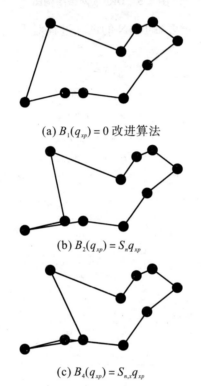

(a) $B_{1}(q_{xp})=0$ 改进算法

(b) $B_{2}(q_{xp})=S_{n}q_{xp}$

(c) $B_{4}(q_{xp})=S_{n,x}q_{xp}$

图 6.6　不同的 $B(q_{xp})$ 解 10 城市 TSP 的路径图

6.3.3　本节小结

本节对随机神经网络的网络结构以及功能应用方面予以了详细的介绍。特别地，描述了 RNN 解组合优化问题 TSP 的算法，对网络参数设定进行了分析和推导，并且提出了一种改进算法。最后通过 10 城市 TSP 的求解对改进算法进行验证，指出 RNN 是解决 TSP 问题的有效途径。

6.4　采用 DRNN 网络优化求解的对比研究

TSP 是为了找出从某一城市出发经过所有城市一次后回到出发点的最短路径的著名组合优化问题。1985 年,Hopfield 等人使用 Hopfield 网络解 TSP,大大缩短了搜索时间,但由于网络自身存在的一些问题,使得路径结果往往不是有效的或能量函数收敛于局部极小值导致路径解非最优。本节将在网络结构、能量函数定义、工作规则、网络训练对参数的依赖性等方面对 Hopfiled 网络和 DRNN 网络进行进一步深入的理论分析与对比研究,并在实验中对理论分析进行验证,指出采用 DRNN 和 Hopfield 网络求解 TSP 时各自的优缺点。

6.4.1　DRNN 与 Hopfield 网络求解 TSP 的理论分析

1. 网络结构、能量函数之间的关系

使用连续的 Hopfield 网络(Continue Hopfield Neural Network,CHNN)与 DRNN 网络解 TSP(这里讨论的均为 DRNN 的改进算法),其基本思想都是把 TSP 问题映射到神经网络中,使用换位矩阵表示有效路径,并设法用最小的网络能量代表最短路径。两者网络结构均为反馈网络(见图 6.7),反馈的动态方程均由网络的能量函数来决定。除了 DRNN 多了一个迭代关系(图 6.7 中用虚线表示)外,两者的网络结构相似。

在 Hopfield 网络中,能量函数 E 的定义为

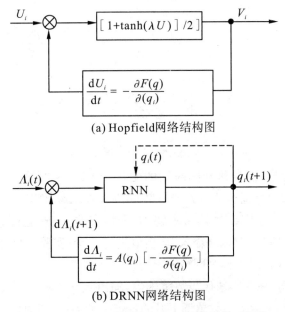

(a) Hopfield网络结构图

(b) DRNN网络结构图

图 6.7　Hopfield 网络和 DRNN 网络结构对比图

$$E = \frac{A}{2}\sum_{x=1}^{N}\sum_{i=1}^{N}\sum_{j=i+1}^{N-1} v_{xi}v_{xj} + \frac{B}{2}\sum_{i=1}^{N}\sum_{x=1}^{N}\sum_{y=x+1}^{N-1} v_{xi}v_{yi} + \frac{C}{2}\Big[\Big(\sum_{x=1}^{N}\sum_{i=1}^{N} v_{xi}\Big) - N\Big]^2$$

$$+ \frac{D}{2}\sum_{x=1}^{N}\sum_{y=1}^{N}\sum_{i=1}^{N} d_{xy}v_{xi}(v_{yi+1}+v_{yi-1}) \tag{6.4}$$

式(6.4)右端中的 4 项内容依次分别对应于换位矩阵的行约束、列约束、全局约束和路径最短约束。

DRNN 网络中定义的能量函数 F 为

$$F(q) = \alpha\sum_{x,p} q_{xp}\sum_{y\neq x} d_{xy}q_{y(p+1)} + \beta\Big[\sum_{p}\Big(\sum_{x} q_{xp}-1\Big)^2 + \sum_{x}\Big(\sum_{p} q_{xp}-1\Big)^2\Big] \tag{6.5}$$

通过对式(6.5)的展开推导,可以看到式(6.5)和式(6.4)在定义上是相似的。不过从实验结果来看,虽然 DRNN 所寻出的有效路径中最佳路径的比例是 100%,但其寻优过程中的非法路径的比例较高,这意味着式(6.5)中可能还存在未去除的非法路径项。

2. 激活函数和反馈方程的作用

图 6.7(b)中的 RNN 的关系式为

$$q_{xp}^{(k+1)} = \frac{\Lambda_{xp} + \sum_{y=1}^{N}\sum_{l=1}^{N} q_{yl}^{k} r_{yl} P_{yl,xp}^{+}}{r_{xp} + \lambda_{xp} + \sum_{y=1}^{N}\sum_{l=1}^{N} q_{yl}^{k} r_{yl} P_{yl,xp}^{-}}$$

$$= \frac{\Lambda_{xp}}{r_{xp} + \sum_{y=1}^{N}\sum_{l=1}^{N} q_{yl}^{k} r_{yl} P_{yl,xp}^{-}}, \quad x,p=1,2,\cdots,N \tag{6.6}$$

在图 6.7(b)所示网络的反馈方程中,我们取 $A(q_{xp})=1+q_{xp}$,因而可得 DRNN 的反馈方程为

$$\frac{\mathrm{d}\Lambda_{xp}}{\mathrm{d}t} = A(q_{xp})\Big[-\frac{\partial F(q)}{\partial q_{xp}}\Big] = (1+q_{xp})\Big[-\frac{\partial F(q)}{\partial q_{xp}}\Big] \tag{6.7}$$

又

$$\frac{\mathrm{d}F}{\mathrm{d}t} = \sum_{x,p=1}^{N}\frac{\partial F}{\partial q_{xp}}\cdot\frac{\mathrm{d}q_{xp}}{\mathrm{d}t} = -\sum_{x,p=1}^{N}\frac{\mathrm{d}q_{xp}}{\mathrm{d}t}\cdot\frac{\mathrm{d}\Lambda_{xp}}{\mathrm{d}t}\cdot\frac{1}{(1+q_{xp})}$$

$$= -\sum_{x,p=1}^{N}\frac{1}{(1+q_{xp})}\frac{\mathrm{d}\Lambda_{xp}}{\mathrm{d}q_{xp}}\cdot\Big(\frac{\mathrm{d}q_{xp}}{\mathrm{d}t}\Big)^2 \tag{6.8}$$

从(6.8)式可以看出,能量函数随时间的变化和 DRNN 的输入变化/输出变化 $\mathrm{d}\Lambda_{xp}/\mathrm{d}q_{xp}$ 以及网络输出的取值范围有关。为了考察 DRNN 在求解 TSP 问题时能量的变化趋势,我们通过图 6.7(b)所示的 DRNN 网络求解 10 个城市的 TSP,运行循环次数分别为 110、150、230、245、247 和 249 次,对网络输入/输出值进行记录,实验数据如图 6.8 所示,图中横坐标为网络输入变量 Λ_{xp},纵坐标为网络输出变量 $q_{xp}(t)$。

从图 6.8 可以看出,在一定迭代步数范围内,输出 $q_{xp}(t)$ 随着输入 Λ_{xp} 的增加呈现单调增长,这一性质与 CHNN 激活函数单调上升的特点是类似的,所以能保证 $\mathrm{d}q_{xp}/\mathrm{d}\Lambda_{xp}\geq 0$,从而保证式(6.8)中能量函数的变化率 $\mathrm{d}F/\mathrm{d}t\leq 0$,满足系统趋于最小值的要求。但随着循环次数的不断增加,$\mathrm{d}q_{xp}/\mathrm{d}\Lambda_{xp}$ 不再保持大于零,尤其在接近最优值后,$\mathrm{d}q_{xp}/\mathrm{d}\Lambda_{xp}$ 将产生突变。这从最后两幅图,即循环次数分别为 247 和 249 的记录中可以看出,输出 $q_{xp}(t)$ 值已经开始

趋于无穷大,因而使得能量函数也趋于无穷。正是因为如此,与 CHNN 网络运行的收敛条件不同,在采用 DRNN 解 TSP 问题时,我们把能量函数 $F(t)-F(t-1)>\varepsilon(0<\varepsilon<5$,实验中我们取 $\varepsilon=1)$ 作为网络的收敛条件。而在 CHNN 网络中是取网络的输入不再变化为收敛条件,实验中我们取 $u(t)-U(t-1)<10^{-6}$。

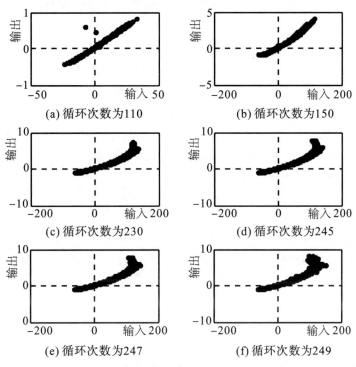

(a) 循环次数为110 (b) 循环次数为150

(c) 循环次数为230 (d) 循环次数为245

(e) 循环次数为247 (f) 循环次数为249

图 6.8　$q_i(t)$ 随循环次数的增大而趋于发散

从图 6.8 还可以看出,大多数点对都处在第一象限,即有 $\dfrac{1}{1+q_{xp}}>0$,不过由于在第三象限中也存在一部分点对,虽然此象限中函数总体趋势也为单调上升,即满足 $dq_{xp}/d\Lambda_{xp}>0$,但是此时 $\dfrac{1}{1+q_{xp}}$ 项则有可能出现小于 0 的情况,这将使得 $\dfrac{\mathrm{d}F}{\mathrm{d}t}>0$,但是,只要没有达到系统的最小值,能量函数不会趋于无穷。而这种局部有限上升的可能使得 DRNN 对能量函数允许小幅度的波动,反而可能使网络的能量函数跳出局部极小值,找到全局最优。从这点上可以看出,虽然 DRNN 的反馈函数较 CHNN 多了一项 $\dfrac{1}{1+q_{xp}}$,但在应用效果上有其优越性。

3. 网络训练对参数的依赖性

在采用 CHNN 解 TSP 问题时,对网络的初始值很敏感,不同的初始值往往会导致能量函数收敛到局部极小值,收敛的路径也会大不相同。网络中需要调节的参数见式(6.4),其中,偏差 I 的影响主要是使能量函数空间中局部极小值处的变化率增大,取太小或太大都不好,取值不合适时不仅时间花费大,而且容易产生非法路径;权值连接矩阵中的参数 A,B,C,D 选择得不合适(一般选 $C\leqslant D\leqslant A=B$ 作为网络训练的参考条件),将产生非法路径;增益参数 λ 控制激活函数非线性部分的斜率,λ 上升导致寻优时间缩短 ,但 λ 太大会导致路径非最优或非法路径的出现,λ 太小又可能出现"冻结"现象。由此可见,CHNN 解 TSP 存在初始值和模型参数优化的不稳定性。实际应用中我们的取值分别为:$A=30,B=30,C=2$,$D=6,I=30,\lambda=1$。

在采用 DRNN 解 TSP 问题时,需要调节的参数(见式(6.5))只有 3 个。参数 α 和 β 分别是能量函数中相对变化的最短距离约束和路径合法化约束的系数。实验表明,当可调参数 α、d_{xx} 在合适的范围内变化时,影响的主要是路径的收敛时间,路径的收敛曲线变化不是很大,均可以使路径收敛到最优解。实际应用中我们的取值分别为:$\alpha=1,\beta=1,d_{xx}=1.5$。所以相对于用 CHNN 解 TSP 问题,DRNN 可调参数少,参数变动范围易选取,对网络初始值的变动不敏感。

通过以上对 CHNN 和 DRNN 解 TSP 的分析,我们将两者的相似点与不同点总结如表6.3 所示。

表 6.3　CHNN 和 DRNN 解 TSP 的相似点与不同点

相似点	不同点	不同点对网络训练的影响	
		CHNN	DRNN
对 TSP 问题的数学描述	激活函数	求解时间快	求解时间较长
解 TSP 问题的网络结构	反馈方程	易陷入局部极小值	允许能量小波动
能量函数	收敛条件	无能量波动	允许能量小波动
	参数依赖性	敏感	不敏感

6.4.2　DRNN 与 Hopfield 网络解 TSP 的实验对比

为了从解 TSP 的有效性和寻优性两点上来对 DRNN 和 Hopfield 网络进行比较,我们分别使用 Hopfield 网络和 DRNN 对 10 城市 TSP 求解。运行环境:MATLAB 5.3;操作系统:Windows 2000;硬件系统:赛扬 850 MHz,内存 128 MB。采用 Hopfield 网络优化求解所得到的次优及最优的 3 个结果如图 6.9(a~c)所示;采用 DRNN 网络优化求解所得到的结果如图 6.9(c)所示。两种网络求解的实验数据如表 6.4 所示。

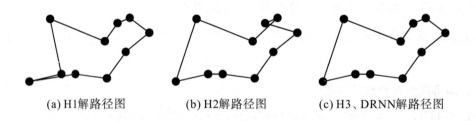

(a) H1解路径图　　　　(b) H2解路径图　　　　(c) H3、DRNN解路径图

图 6.9　采用 Hopfield 网络、DRNN 求解出的路径图

表 6.4　两种网络求解实验数据对比

网络求解图示		距离	时间(秒)	循环次数
CHNN	图 6.9(a)	33.1363	0.06	182
	图 6.9(b)	32.4351	0.07	188
	图 6.9(c)	30.9747	0.06	173
DRNN 图 6.9(c)		30.9747	20.023	169

从表 6.4 可看出 DRNN 训练的时间要慢很多。从刚才的理论分析知道,这主要是由 DRNN 的激活函数的迭代关系造成的。不过从循环步数上来看,DRNN 与 CHNN 不差上下:DRNN 的 169 次循环比 CHNN 的 173 次还要少。

为了考察算法解 TSP 的寻优性能,我们考虑两种情况。一是固定 1 组城市坐标;二是随机选取城市坐标 n 组,固定网络输入初始值重置 100 次,来考察多次寻优中可以找到最优解的次数占总数的比例。对于第一种情况,实验数据如表 6.5 所示。

表 6.5　100 次重置初值寻求最优路径的百分比数据

网络	非法路径		合法路径				平均耗时	
			非最优路径		最优路径			
	次数	百分比	次数	百分比	次数	百分比	时间(秒)	循环步数
CHNN	2	2%	96	96%	2	2%	0.068	187
DRNN	34	34%	0	0%	66	66%	21.28	235

从表 6.5 可以看出,DRNN 出现非法路径的比例较大,占所有寻优总数的 34%,这可能与式(6.5)中存在未去除的非法路径项有关。不过从试验结果来看,DRNN 在所寻出的有效路径中,其最优路径所占比例是 100%,这意味着 DRNN 运行的结果,要不是无效的非法路径,要不就是最优路径解。相比之下,虽然 CHNN 非法路径只占总数的 2%,但在所求到的合法路径中,绝大部分都是次优解,寻出的最优路径只占寻优总数的 2%,而 DRNN 寻出的最优路径却占寻优总数的 66%。从总的寻优效率来评价,明显 DRNN 要优于 CHNN。

然后,我们在坐标范围[0,10]×[0,10]内随机选取 10 组 10 城市坐标,设置每组重置初值的次数为 10 进行实验。实验结果表明,CHNN 和 DRNN 求解所用的循环步数在同一数量级。使用 CHNN 训练网络,在 10 次重置初值时,几乎每次都可以收敛到一个合法路径(99%);但是在这 10 次中,几乎不能找到网络的最优解。使用 DRNN 训练网络,网络收敛到合法路径的比例为 44.5%。由于城市坐标随机选取,城市之间的距离将要影响到网络中具体的参数设定,使得网络在 10 次重置初值时,DRNN 寻找最优路径的有效率产生较大的波动(10%~90%),但是总体来说,网络 10 次重置初值的寻优比例达到 38%,也就是说,网络平均每重置 3 次就可以找到一个最优路径。这和 CHNN 比较起来,寻优的能力要强很多。

6.4.3　本节小结

本节通过理论分析以及对随机 10 城市 TSP 问题的求解,采用 CHNN 和 DRNN 的对比实验,验证了理论分析部分对两者的判断。采用 CHNN 求解 TSP 问题时,优点是用时较短,较容易收敛到合法路径;缺点是网络训练对参数变化敏感,参数设置复杂,同时获得最优路径的比率非常低。采用 DRNN 求解 TSP 问题时,明显的优点是:虽然非法路径出现的比率较高,但在所寻出的有效路径中,最优路径所占比率极高;网络训练对参数变化不敏感,参数设置简单;虽然寻优用时较长,但循环步数和 CHNN 在同一数量级上。

6.5　采用随机神经网络优化求解 C-TSP

中国旅行商问题(China-Traveling Salesman Problem,C-TSP)是指在中国的省会、直辖市和自治区首府之间进行旅行,在这 31 个城市的集合{北京、上海、哈尔滨、银川……台北}中找到一个最短的经过每个城市各一次并回到起点的路径和距离。对于 31 个城市,可能存在的路径有 $\frac{(31-1)!}{2}=1.326\times10^{32}$ 条,利用搜索的办法很难实现,使用神经网络的办法解决相对来说比较有效。目前已有的解决 TSP 的神经网络方法有 1985 年 Hopfield 等人使用的 Hopfield 神经网络优化算法,以及模拟退火算法、Boltzmann 机网络和动态随机神经网络的改进算法,实践证明,采用人工神经网络求解 10 以内城市 TSP 的问题效果较好,对于解决大规模 TSP 问题(例如中国旅行商问题)在求解时间和最终路径长度上效果并不是很好,通常使用分区的方案解决。本节试图基于动态随机神经网络的改进算法,通过分区的方案对中国旅行商问题(31 城市)进行求解,并将结果与其他求解方法进行比较。

6.5.1　DRNNq 求解 TSP 的算法

在 6.3 节中对动态随机神经网络(DRNN)用于解决组合优化问题的算法进行了改进,将 DRNN 网络结构和 TSP 路径间建立对应关系,使能量函数最小值对应于最短路径,并将其应用于解决 10 城市的 TSP 问题。对于 n 城市的 TSP,构造一个 $n\times n$ 节点的 DRNN 网络,使用与其对应的换位输出矩阵 Q 来表征一条访问路径。第 (x,p) 个神经元的意义为:城市 x 被第 p 个拜访,相对应地,q_{xp} 也就是第 (x,p) 个神经元被激活的概率。DRNN 的输入/输出关系式和反馈方程式为

$$q_{xp}^{(k+1)} = \frac{\Lambda_{xp}}{r_{xp} + \sum_{y=1}^{N}\sum_{l=1}^{N}q_{yl}^{k}r_{yl}P_{yl,xp}^{-}}, \quad x,p = 1,\cdots,N \tag{6.9}$$

$$\frac{\mathrm{d}\Lambda_{xp}}{\mathrm{d}t} = (1+q_{xp})\left[-\frac{\partial F(q)}{\partial q_{xp}}\right]$$

$$= (1+q_{x,p})\left[-\alpha\sum_{y}d_{xy}(q_{y,p+1}+q_{y,p-1}) - 2\beta(\sum_{p}q_{x,p}+\sum_{x}q_{x,p}-2)\right] \tag{6.10}$$

其中,Λ_i 为从网络外部到达神经元 i 的正信号所服从的 Poisson 过程参数。$P_{xp,yl}^{-}$ 为负信号从第 i 个神经元发射到第 j 个神经元的概率。r_{xp} 为第 (x,p) 个神经元的发射速率参数(firing rate),$r_{xp}\triangleq 2d_{xx}(n-1)+2\sum_{x\neq y}^{n}d_{xy}$。$F(q)$ 是 TSP 的能量函数,对应优化问题的目标,

通过行约束和列约束保证路径的合法化,路径长度约束用于保证路径的最优。

$$F(q) = \alpha \sum_{x,p} q_{x,p} \sum_{y \neq x} d_{xy} q_{y,p+1} + \beta \Big[\sum_{p} \big(\sum_{x} q_{x,p} - 1 \big)^2 + \sum_{x} \big(\sum_{p} q_{x,p} - 1 \big)^2 \Big] \quad (6.11)$$
$$\underset{\text{(路径长度约束)}}{\qquad\qquad} \underset{\text{(列约束)}}{\qquad\qquad} \underset{\text{(行约束)}}{\qquad\qquad}$$

其中,d_{xy} 表示城市 x 与城市 y 之间的欧氏距离。d_{xx} 是一个略大于 $\max\limits_{x \neq y} d_{xy}$ 的参数。参数 α 和 β 分别是能量函数中相对变化的最短距离约束和路径合法化约束的系数。研究结果表明:采用所改进的 DRNN 对于 10 个随机城市的最短路径的寻优,虽然出现的非法路径比率较高,但在所寻出的有效路径中,最优路径所占比率可达 99%。所以在进行最优路径的求解上,相对于 Hopfield 网络等,DRNN 具有明显的优势。

6.5.2　求解 C-TSP 的不同算法

已有的 Hopfield 网络,以及模拟退火算法、Boltzmann 机网络和动态随机神经网络的改进算法,通常是在 10～20 城市 TSP 问题上进行验证,但当所要解决的 TSP 问题的变量数目较大时(例如中国旅行商问题有 31 个变量),其效果在求解时间和最终路径长度上并不是很好。有关研究方法及其结果有:

① 采用穷举法来分析 C-TSP,共有约 $\frac{1}{2}(31-1)! = 1.326 \times 10^{32}$ 条巡回路径有待选择比较;

② 采用不够准确但却很简便的贪心(greedy)组合算法,即从某一城市开始,依次找出与之最靠近的城市,而后形成一条闭合路径,这样得到的一条最短巡回路径,$L_{\min} = 17102$ 千米;

③ 直接采用 Hopfield 经典方法,通过计算能量函数所得到的 400 个解中的一条最短巡回路径,$L_{\min} = 21777$ 千米;

④ 在 Hopfield 方法的基础上,加上三角形两边用一边替代的约束条件,所得到的结果 $L_{\min} = 16262$ 千米。

从以上所列四种求解方法以及所获得的结果中可以看出,所得的最短距离也在 1.6 万千米以上(第四种)。这主要是变量数目太多造成可选路径太多所致。

使用分区法是解决大规模 TSP 问题的一种有效途径。分区法的主要思想是首先将大型的 TSP 城市分成若干可解的子区域,其次使用神经网络的算法确定对每个子区域的访问次序(通常为找到此区域中的最优或次优路径),然后在每个子区域中在此使用神经网络算法确定城市的访问路径,最后将不同子区域的路径按照第二步中求出的子区域访问次序连接,即可得到最终路径。有研究在 Hopfield 方案的基础上,将全部城市按辐射形分成三部分,其中第一组为:{北京、天津、石家庄、太原、呼和浩特、沈阳、长春、哈尔滨、济南、郑州}共 10 个城市;第二组为:{上海、南京、合肥、杭州、南昌、福州、台北、武汉、长沙、广州、海口}共 11 个城市;第三组为:{南宁、西安、银川、兰州、西宁、乌鲁木齐、成都、贵阳、昆明、拉萨}共 10 个城市,这里我们将此分区方案称为分区方案 1。按照分区方案 1 在各子区域中使用 Hopfield 方法寻找路径后,连接相邻子区域所得到的一条最短巡回路径联结图如图 6.10(a) 所示。此最短巡回路径的总连接距离 $L_{\min} = 15904$ 千米。很显然优于不经过分区的上述第四种方案的 16262 千米的结果。同样按照分区方案 1,我们采用动态随机神经网络的改进算法对中国旅行商问题进行求解,所获得的结果如图 6.10(b)所示,得到最优路径为 16458 千米,相比之下比用 Hopfield 得到的 15904 千米(图 6.10(a))还要长。

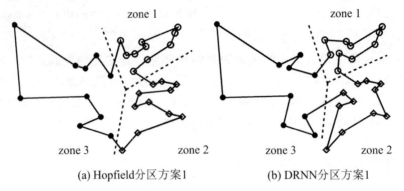

(a) Hopfield分区方案1　　　　　(b) DRNN分区方案1

图 6.10　不同算法基于分区方案 1 得到的 C-TSP 结果图

6.5.3　不同算法与分区方案的对比分析

我们根据寻优结果仔细分析了两种方法的寻优过程,分别画出使用 Hopfield 算法和 DRNN 算法每一个子区域的 TSP 寻优路径图,如图 6.11 所示。

观察图 6.11(a)可以发现,分区方案 1 中子区域 1,2 所找到的路径首尾相连路径形成交叉。而在连接 3 个子区域时,又舍弃了 zone 2、zone 1 中交叉路径最长的连接,因而得到的 31 城市总路径要好于使用 DRNN 算法。也就是说,使用 Hopfield 算法最后得到的各子区域找到的并不是此子区域的最优或者次优路径,与通常分区思想中在每个子区域中找到最优或次优路径不符合。Hopfield 算法得到的非最优路径(例如:交叉路径)往往是陷入局部最优路径,如果在连接各个子区域的路径时可以选取子区域某个局部最小值(非最优路径),那么如何去选择区域算法来得到的合适的交叉路径(局部最优值)又是一件需要动脑筋的事情,这无疑增加了寻优的难度。在 C-TSP 只有 3 个子区域时,逐个尝试子区域的局部最优值还可行,但是当城市数目、子区域增多后,子区域出现交叉路径的算法就不具有推广意义了。因此按照分区的思想,坚持在每个子区域终均选择最优路径或者次优路径是必要的。

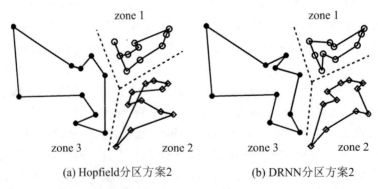

(a) Hopfield分区方案2　　　　　(b) DRNN分区方案2

图 6.11　不同算法基于分区方案 1 得到的子区域 TSP 结果图

在 Hopfield 网络中,能量函数 E 的定义为

$$E = \frac{A}{2} \sum_{x=1}^{N} \sum_{i=1}^{N-1} \sum_{j=i+1}^{N} v_{xi} v_{xj} + \frac{B}{2} \sum_{i=1}^{N} \sum_{x=1}^{N-1} \sum_{y=x+1}^{N} v_{xi} v_{yi} + \frac{C}{2} \left[\left(\sum_{x=1}^{N} \sum_{i=1}^{N} v_{xi} \right) - N \right]^2$$

$$+ \frac{D}{2} \sum_{x=1}^{N} \sum_{y=1}^{N} \sum_{i=1}^{N} d_{xy} v_{xi} \cdot (v_{yi+1} + v_{yi-1}) \tag{6.12}$$

联系 DRNN 算法的能量函数定义式(6.11),可以看出,两种算法的网络训练都依赖于城市之间的欧氏距离 d_{xy},即网络训练结果的好坏与城市的分布密集程度有关。当城市坐标分布均匀时,易于找到最优或次优路径。因此在符合分区思想子区域寻优的前提下,如何分区是比较重要的。观察分区方案 1 的子区域 2、3 可以发现,子区域 2、3 的城市数目相近,但是在子区域 3 中,城市分布较为稀疏;而子区域 2 的 11 个城市中位于右上的 8 个城市分布密集,而另外 3 个零散的分布于左下,而且分布的稀疏程度近似于子区域 3。因此我们将采用新的分区方案,称为分区方案 2,并在各个子区域中采用 DRNN 算法寻优,最后连接 3 个子区域,最终得到 31 城市 TSP 的结果。

6.5.4　DRNN 网络解 C-TSP 的实验结果和分析

按照分区的思想,中国旅行商问题采用动态随机神经网络的改进算法和新的分区方案 2,思路如下:

① 按照坐标辐射形将全部 31 个城市分作 3 个区域。其中第一组为:{北京、天津、石家庄、太原、呼和浩特、沈阳、长春、哈尔滨、济南、郑州}共 10 个城市;第二组为:{上海、南京、合肥、杭州、南昌、福州、台北、武汉}共 8 个城市;第三组为:{长沙、广州、海口、南宁、西安、银川、兰州、西宁、乌鲁木齐、成都、贵阳、昆明、拉萨}共 13 个城市。

② 确定子区域的访问顺序。因为所有城市分成 3 组,这样使得 3 个子区域的访问次序成简单唯一的三角形,同时又将每个区域的城市数目限制在算法运行良好的范围内。

③ 在每个子区域中,使用动态随机神经网络的改进算法分别求出 3 个子区域中城市的最优或次优访问路径。

④ 在每个子区域求解得到的路径中,选择相邻两个城市,并且满足其中的一个离相邻的子区域最近。这两个城市作为子区域的开始城市和结束城市。连接每个所有子区域的开始城市和结束城市,即得到最终路径。

我们按照以上描述的算法对 31 个城市进行求解。运行环境:MATLAB 5.3;操作系统:Windows 2000;硬件系统:赛扬 850 MHz;内存 128 MB。设定 DRNN 网络相应的参数初始值:权值参变量 $d_{xx}=1.5$;能量函数中的系数:$\alpha=1$、$\beta=1$;网络输入初始值:$\Lambda_{xp}^0 = 0.75 \times r_{xp} + rand$,其中 $-0.1 < rand < 0.1$;网络输出初始值:$q_{xp}^0 = 0.7$。运行时间为 100.325 秒,网络循环次数为 790 次,实验结果如图 6.12(a)所示。得到最终 31 城市的 TSP 最好的运行结果为 15112.7 千米,比已有的 5 种算法中最好的 Hopfield 分区算法(15904 千米)还要少 791.3 千米。图 6.12(b)给出的是 DRNN 算法在不同子区域内得到的路径图,可以看出在各个子区域中,DRNN 算法得到的均是最优或次优路径。

根据分区方案 2 所得到的最优巡回城市的访问路径按逆时针方向为:北京→呼和浩特→太原→西安→兰州→银川→西宁→乌鲁木齐→拉萨→成都→昆明→贵阳→南宁→海口→广州→长沙→武汉→南昌→福州→台北→杭州→上海→南京→合肥→郑州→石家庄→济南→沈阳→长春→哈尔滨→天津→北京。如此获得的 C-TSP 的最优结果是目前我们所见到的所公布的数据中最短的。

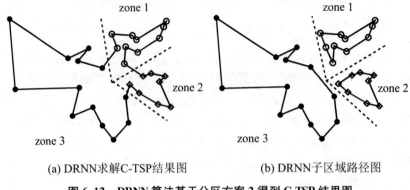

(a) DRNN求解C-TSP结果图　　　　　(b) DRNN子区域路径图

图 6.12　DRNN 算法基于分区方案 2 得到 C-TSP 结果图

6.5.5　本节小结

本节基于动态随机神经网络求解典型 NP 优化问题 TSP 的改进算法，使用分区的方案解决了中国 31 城市的旅行商问题。与目前已有的其他神经网络所解的结果相比较，讨论了分区不同所造成的实验结果的不同，获得了已公开的方法中最好的 RNN 解决 TSP 问题的结果。

习　　题

总结和对比随机神经网络、Hopfield 网络以及 Boltzmann 机网络模型及其特性之间的不同之处。

第7章　面向工具箱的神经网络实际应用

7.1　引　言

近年来,人工神经网络在金融、制造、国防、宇航、医药、通信、自动控制等领域都有不少成功应用的例子,世界上经营神经网络的软件公司也不断涌现。但是利用神经网络的软件进行应用的设计仍然强调通过有针对性的实验。一个好的神经网络应用的诞生,只有在对网络的种类、结构以及参数经过反复的考虑和修正,对方案通过实验不断地进行改进的基础上方能确定。神经网络应用的设计在一定程度上还依赖于经验,所以更加需要重视实验。在掌握了神经网络理论的基础上,加上方便的工具箱的使用,可以使我们在网络的合理结构、网络优点的利用以及网络性能的提高方面更加集中注意力。下面我们从综合的角度阐述在神经网络设计过程中应考虑的主要因素,为设计神经网络做一些指导性的概括。

7.1.1　神经网络技术的选用

在决定采用神经网络技术之前,应首先考虑是否有必要采用神经网络。对于大多数应用问题,神经网络与最好的计算方法以及统计方法相比并非更加优越。对于那些特征和规律都可求解的问题,可以用逻辑式或数学式精确地描述。尤其在控制系统中,传统的经典控制理论利用线性系统的传递函数,采用根轨迹法、奈奎斯特曲线以及伯德图等方法,可以系统全面地对线性系统的稳定性等进行分析,设计出满足性能要求的常规比例-微分-积分型控制器。现代控制理论根据状态空间法求出线性系统的状态空间方程以及转移矩阵,利用可控制性及可观性判据对系统进行分析,通过卡尔曼滤波器、状态观测器等状态反馈手段,可设计出专门的反馈控制器。另外还可以根据目标函数设计出最优控制器。对于那些能够精确地求出传递函数,或能够用数学表达式进行描述的系统,则应采用已有的成熟的设计方案来解决问题。

对处理较为复杂的问题,或采用常规方法无法解决或效果不好的问题,神经网络则能够显示出其优越性。尤其是对问题内部的规律不甚了解,不能用精确的数学表达式描述其系统,要求具有容错的任务,如图形的检测与识别或诊断,特征的提取和预测等,神经网络都成为最合适的处理手段。另一方面,神经网络对处理大量数据而又不能用符号或数字方法描述的问题,表现出极大的灵活性与自适应性。

7.1.2 神经网络各种模型的应用范围

神经网络各种模型的应用范围取决于具体的应用任务。下面我们总结一下各种神经网络模型所适用的场合。

1. 函数逼近及图形识别

对于大多数函数逼近、图形识别及信号处理等应用,所选用的网络常常是前馈网络。如果输入矢量的组数为几百个或更多一些,且需要精确的函数逼近值,采用 BP 网络是最恰当不过的了。对于较大的网络,BP 网络训练时间过长是一个不足。BP 网络的另一个不足是网络的训练有可能陷入局部极小值。这些问题可以通过采用改进的 BP 网络的训练方法而得到一定的缓解。

对二进制图形的识别可采用感知器。对连续性数字的图形识别可以采用自适应线性元件。它们的限制均为只能对输入矢量进行线性划分。如果要求网络不仅能够识别图形的类别,而且还能够辨别出大小,则可以采用竞争网络、科霍嫩网络或 ART 网络。ART 网络是集训练与执行过程为一体的网络,可以在不破坏原记忆的情况下学习新的样本,解决了普通竞争网络所存在的遗忘问题。

2. 联想记忆

联想记忆问题通常可分为两类:自联想和异联想。自联想是模式样本自身存储和恢复问题;异联想则是模式集 X 中的一个模式 x_i,需在另一个模式集 Y 中产生一个对应的模式 y_i,如原因与结果,声音联想图像,图形联想文字等。无论是自联想还是异联想问题,样本数据均分为两类:数字量和模拟量。有些联想记忆问题是线性映射,而许多联想记忆问题则是非线性映射。

当输入是不完全或缺损的图形,希望通过网络重新恢复完整图形的输出时,可以采用霍普菲尔德网络来解决这类问题。它可以使输入的数据最终收敛到记忆在网络中属于该数据的稳定的平衡点。

3. 数据压缩

数据压缩一般用于数据的传输和存储。有多种网络模型可以用于数据压缩,它们是:

① 用科霍嫩网络可以产生 0、1 码,对于简单的系统,用此码恢复信息的精度正比于所用码的数目。

② 采用输入与输出层节点数相同的 BP 网络,而使其隐含层的节点数比输入、输出层节点数少得多。训练时,其目标矢量就是输入矢量,这样训练结果使得隐含层中学会了表征输入的特征矢量。将隐含层的输出矢量和输出层的权矢量进行传输储存。当需要解压缩时,可以通过在输出层加上被压缩的隐含层的输出矢量,在其输出端即可得到恢复的原始输入数据。

③ 对传网络 CPN 也能够用来进行图像数据的压缩,其中,由科霍嫩层执行复杂的变换以便将输入图形的空间维数大大减少,然后通过格劳斯贝格层的对传映射再恢复原始数据的平均值。

4. 自适应控制

人工神经网络在控制中的应用主要表现在以下几个方面:

① 神经网络对于复杂不确定性问题的自适应能力和学习能力,可以被用作控制系统中的补偿环节和自适应环节。

② 神经网络对任意非线性关系的描述能力,可以被用于非线性系统的辨识和控制等。

③ 神经网络的非线性动力学特性所表现的快速优化计算能力,可以被用于复杂控制问题的优化计算等。

④ 神经网络对大量定性或定量信息的分布式存储能力、并行处理与合成能力,可以被用作复杂控制系统中的信息转换接口,以及对图像、语言等感觉信息的处理和利用。

⑤ 神经网络的并行分布式处理结构所带来的容错能力,可以被应用于非结构化过程的控制。

7.1.3 网络设计的基本原则

在实际应用中,面对一个具体的应用领域问题时,通常首先需对领域问题进行分析和抽象,弄清楚究竟要用神经网络方法来求解什么性质类的问题,然后根据问题特点,对各类网络模型进行功能分析,从中初选出某种网络模型,进而对该网络进行特性分析。通过网络系统分析,确定出所选网络是否适合应用问题求解要求,为网络模型改进、组合、创新奠定基础。

网络设计工作与网络系统分析工作密切相关,互为交融。网络设计基本原则主要涉及下述几个方面:

1. 确定信息表达方式

研究领域问题的网络模型表示,将领域问题及其相应的领域知识和经验转化为网络所能表达并能处理的形式。

拿到一个具体的应用领域问题,首先考察其是否能用人工神经网络求解以及是否适宜于用人工神经网络求解。然后必须对其做一番深入的分析,透过现象,抓住本质,抽提问题最本质的主要特征,根据问题的特征和性质进行分类和归纳,将其提炼成适合网络求解的某种能接受的数据形式。例如,在对输入样本模式进行分类和识别时,虽然问题的性质各不相同,但大致有以下类型:

① 已知数据样本;

② 已知一些互相间关系不明的数据样本;

③ 输入/输出模式样本为连续量;

④ 输入/输出模式样本为离散量;

⑤ 希望把所有输入模式均分类识别开;

⑥ 希望识别具有平移、旋转、伸缩等变化的模式。

2. 网络模型选择

包括网络类型的选择,确定激活函数(神经元的 1-0 特性)、联结方式(拓扑结构)、各计算处理单元间的相互作用方式、神经元的权值和阀值等,其中联结方式包括全局联结和局部联结。

3. 网络参数选择

确定计算处理单元的数目、输入及输出单元数目、多层网的层数和隐含层单元数目,以及各个必要的参数的选择。

4. 学习训练算法选择

确定网络学习训练时的学习规则及其改进方法。

在网络设计及其模型选择时,既可采用典型网络模型,也可采用多种网络模型的优点组合方案。另外,还可在典型网络模型的基础上,结合具体应用问题特点,对原网络模型进行变型、扩充等。事实上,在实践中人们往往视具体应用问题,选择合适的模型或依据实际情况发展新的网络模型。

下面将通过具体实际的应用设计来说明如何灵活应用 MATLAB 环境下的神经网络工具箱。在具体应用中将侧重于解决问题的思路,实现程序的编写,以及结果的对比。

7.2 神经网络在控制系统中的应用

下面首先介绍非线性控制系统中抵消非线性的基本思想;然后描述一个非线性控制系统问题,并在控制系统中对一个用于函数逼近的神经网络进行定义、设计及其实现;最后进行仿真实验,并将其实验结果与其他控制方法进行比较。

7.2.1 反馈线性化

有一些非线性系统可以很容易地应用反馈线性的方法。所谓的反馈线性化,顾名思义,是利用反馈的控制手段来消除系统中的非线性,以至于使其闭环系统的动力学方程是线性的。反馈线性化的方法可以很容易地实施于可控标准型的控制系统中。如一个系统由下列动力学特性给出:

$$\frac{\mathrm{d}^n x}{\mathrm{d}t^n} = f(X) + b(X)u \tag{7.1}$$

此处,u 是标量控制输出,而 X 是状态变量:

$$X = \left[x \ \frac{\mathrm{d}x}{\mathrm{d}t} \cdots \frac{\mathrm{d}^{n-1}x}{\mathrm{d}t^{n-1}} \right]^{\mathrm{T}} \tag{7.2}$$

在状态空间表达式中,式(7.1)动力学特性可写为可控制标准型:

$$\frac{\mathrm{d}}{\mathrm{d}t}\begin{bmatrix} x_1 \\ x_2 \\ \vdots \\ x_{n-1} \\ x_n \end{bmatrix} = \begin{bmatrix} x_2 \\ x_3 \\ \vdots \\ x_n \\ f(X)+b(X)u \end{bmatrix} \tag{7.3}$$

此方程描述了实际系统,我们希望通过加入一个反馈控制项 u,而使其行为能够具有下述理想线性特性:

$$\frac{\mathrm{d}}{\mathrm{d}t}\begin{bmatrix} x_1 \\ x_2 \\ \vdots \\ x_{n-1} \\ x_n \end{bmatrix} = \begin{bmatrix} x_2 \\ x_3 \\ \vdots \\ x_n \\ -k_1 x_1 - k_2 x_2 \cdots - k_n x_n + Cr \end{bmatrix} \tag{7.4}$$

其中，所有 $k_i (i=1,2,\cdots,n)$ 和 C 均为常数，r 为参考输入。

为了求得反馈控制项 u，令(7.4)式最后一式右端与原系统方程(7.1)式右端相等，即可解出控制项 u：

$$u = \frac{[-K^T X + Cr - f(X)]}{b(X)} \tag{7.5}$$

采用式(7.5)对系统进行控制，原系统中的非线性将被消除，被控系统的闭环特性将呈现出式(7.4)所具有的线性特性。再通过选择适当的参数 K 和 C，即可得到期望的任意 n 阶线性系统的响应特性。

7.2.2　问题的提出

如图 7.1 所示，考虑一个天线臂仰角控制系统：天线臂角度 Φ 通过改变直流电机中的电流来进行控制。此系统的方程式可表示为如下非线性系统模型：

$$\frac{\mathrm{d}}{\mathrm{d}t}\begin{bmatrix} x_1 \\ x_2 \end{bmatrix} = \begin{bmatrix} x_2 \\ 9.81\sin x_1 - 2x_2 + u \end{bmatrix} \tag{7.6}$$

此处

$$x_1 = \Phi, \quad x_2 = \frac{\mathrm{d}\Phi}{\mathrm{d}t}$$

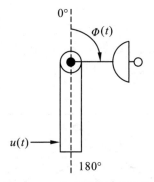

图 7.1　天线臂仰角控制系统

式(7.6)中，u 是送给电机的电流，正电流使天线沿顺时针方向转换；$9.81\sin x_1$ 项为天线臂摆的重力；$-2x_2$ 项为相对于速度的粘摩擦力。

由以上所给出的被控系统的数学模型，我们可以根据反馈线性化的思想推导出线化控制系统的控制律。首先取

$$f(X) = 9.81\sin x_1 - 2x_2 \tag{7.7}$$

假定我们期望的闭环系统为下列线性参考模型的动力学表达式给出的响应：

$$\frac{\mathrm{d}}{\mathrm{d}t}\begin{bmatrix} x_1 \\ x_2 \end{bmatrix} = \begin{bmatrix} x_2 \\ -9x_1 - 6x_2 \end{bmatrix} + \begin{bmatrix} 0 \\ 9r \end{bmatrix} \tag{7.8}$$

此处 r 为期望的输出角位移。

由此可得到完美的对消控制律：

$$u = 9r - \begin{bmatrix} 9 & 6 \end{bmatrix} X - f(X) \tag{7.9}$$

下面我们训练一个神经网络来帮助执行这个反馈线性化控制。

7.2.3　神经网络设计

首先假定非线性系统的采样周期为 0.05 秒，那么通过取：

$$\frac{\mathrm{d}X}{\mathrm{d}t} \approx \frac{X(k+1) - X(k)}{\Delta t}$$

可将被控系统的离散时间动力学特性近似地描述为

$$X(k+1) = X(k) + \Delta t \begin{bmatrix} x_2(k) \\ 9.81\sin x_1(k) - 2x_2(k) + u(k) \end{bmatrix}$$

或

$$X(k+1) = F(X(k)) + G(X(k))u(k) \tag{7.10}$$

我们将设计一个神经网络来代替函数 F，以便用它作为控制器 u 中的一部分去抵消系统中的非线性。这个函数为

$$F(X) = x_2 + \Delta t(9.81\sin x_1 - 2x_2) \tag{7.11}$$

假定神经网络对这个函数的逼近是 N_f，那么带有神经网络的非线性消除控制律为

$$u = \frac{x_2 + \Delta t(9r - \begin{bmatrix} 9 & 6 \end{bmatrix} X) - N_f}{\Delta t} \tag{7.12}$$

（1）网络结构

由(7.11)式可知，所要设计训练的神经网络具有两个输入 x_1 和 x_2。网络设计的目的是能够使其产生逼近函数(7.11)式的非线性输出，所以输出层有一个输出。我们选取一个两层网络的神经模型结构，在隐含层取 10 个神经元，采用双曲正切激活函数；输出层取线性激活函数。网络结构图如图 7.2 所示。

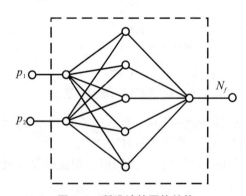

图 7.2　所设计的网络结构

（2）初始化

为了采用反向传播法进行有监督式的非线性函数逼近，必须给出训练用的输入/输出

对。鉴于本例中的非线性函数表达式 $F(X)$ 已用数学表达式给出，则可以通过随机选取一定数目的工作区的输入，再用 $F(X)$ 求出目标输出即可。若在实际系统中遇到对其非线性特性不易表达的情况，可通过对实际被控系统进行输入/输出对的实测记录方式获得数据，再采用适当的控制策略解决问题。本章后面也给出了一个有关用神经网络逼近非线性模型的控制策略。

下面为应用的初始化程序(feedb. m)：

```
x1=[rands(1,300)*pi,rand(1,100)*pi];
x2=[rands(1,300)*pi,zeros(1,100)];
P=[x1;x2];
dt=0.05;
T=x2+dt*(9.81*sin(x1)-2*x2);
[R,Q]=size(P);
S1=10;
[S2,Q]=size(T);
```

用于进行训练的矢量是 400 个，其中 300 个是由 0 到 $-\pi$ 之间的 x_1 以及 $-\pi$ 到 $+\pi$ 之间的 x_2 所产生；另外 100 个是取速度 x_2 为 0，即稳态时，由同样范围内的 x_1 产生，即我们希望网络在系统稳态时的非线性输出要更加精确以便将其通过反馈控制而完全抵消，使其系统输出达到零稳态误差。

(3) 训练

对神经网络的训练采用附加动量法，程序如下：

```
net=newff(minmax(P),[S1 S2],{'tansig' 'purelin'},'trainlm');
net.performFcn='sse';
net.trainParam.goal=0.02;
net.trainParam.show=100;
net.trainParam.epochs=5000;
net.trainParam.mc=0.95;
net.trainParam.lr=0.0001;
net.trainParam.lr_inc=1.05;
net.trainParam.lr_dec=0.7;
[net,tr]=train(net,P,T);
```

网络训练在达到误差平方和目标的 0.02 或达到事先设置的最大循环次数 5000 次后结束。

图 7.3 和图 7.4 显示了训练后的神经网络逼近函数 F 的能力，其中图 7.3 为令 $x_2=0$，N_f 仅作为 x_1 的函数时的逼近情况；图 7.4 为取 $x_1=\frac{\pi}{2}$，即将位置固定在水平位置时，N_f 对速度响应的情况。由两图可以看出，神经网络能够很好地逼近非线性函数。

下面我们对带有神经网络的控制系统的响应特性进行仿真实验，并与其他控制方式的控制效果进行比较。

(4) 系统性能对比实验

对神经网络控制系统的性能进行仿真实验，并与其他采用不同控制器的仿真系统的控

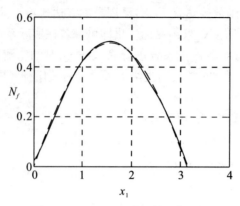

图 7.3　$x_2 = 0, N_f$ 对 x_1 的函数逼近

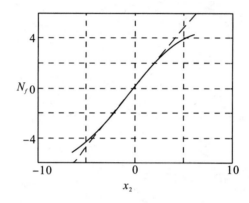

图 7.4　$x_1 = \dfrac{\pi}{2}, N_f$ 对速度的响应

制效果进行对比。用于对比的控制系统为：

① 具有理想线性参考模型的控制系统；

② 具有精确非线性抵消控制器的控制系统；

③ 仅采用线性控制器的控制系统。

线性控制器是基于控制系统中被控过程的线性化模型具有理想线性参考模型的响应而设计的。

假定期望天线定位在水平位置，即 $\varPhi = 90°$。在这种情况下，重力将驱使天线臂沿顺时针方向转向地面，所以需要一定的电流来保持臂的平衡，这比使天线平衡在 0° 或 180° 更加困难。

控制系统结构如图 7.5 所示，其中反馈控制律由式(7.12)给出，而精确的非线性对消控制器由式(7.9)给出。

线性化的被控过程，在期望平衡点 $\varPhi = 90°$ 时的线性模型为

$$\frac{\mathrm{d}}{\mathrm{d}t}\begin{bmatrix} x_1 \\ x_2 \end{bmatrix} = \begin{bmatrix} x_2 \\ 9.81x_1 - 2x_2 + u \end{bmatrix} \tag{7.13}$$

由此线性化控制以及期望闭环参考模型式(7.8)可求得控制律为

$$u = \begin{bmatrix} -9 & -4 & 9 \end{bmatrix}\begin{bmatrix} x_1 \\ x_2 \\ r \end{bmatrix} + 10 \tag{7.14}$$

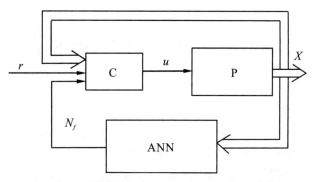

C—控制器;P—非线性被控过程;ANN—神经网络非线性逼近器

图 7.5　控制系统结构图

图 7.6(a)为神经网络控制器与线性参考模型的响应,以及精确的非线性对消控制器的响应。系统的期望输出为天线臂被保持在夹角 $\Phi=90°$,即水平位置上。图中的纵坐标单位为度,横坐标单位为秒。从图 7.6(a)可以看出它们几乎一致。图 7.6(b)为非线性系统采用线性控制器的响应结果,其响应速度要慢得多,图中实线为具有理想参考模型系统的响应。图 7.7 是神经网络控制器、线性控制器和理想对消控制器的控制量(电流)曲线,其中,理想对消控制器的控制量用"○"表示,虚线为线性控制器的控制量,实线为神经网络系统的控制量。由此可以看出,神经网络系统的响应是相当出色的。

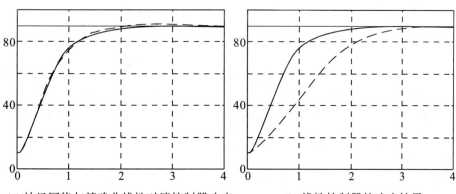

(a) 神经网络与精确非线性对消控制器响应　　(b) 线性控制器的响应结果

图 7.6　控制系统的响应结果对比

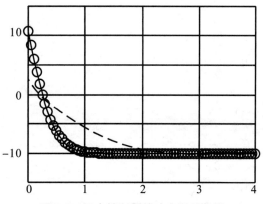

图 7.7　三个控制器的响应误差曲线

7.3 利用神经网络进行字母的模式识别

神经网络可以进行模式识别,这是一个非常有实用价值的功能。一个典型的实例是邮政编码的识别,信封上需要在规定的格子里填写表示不同地区的编码(邮政编码),投递信件时,根据这个编码将信件投到不同的地区,在此过程中,就可以利用神经网络的模式识别功能实现对编码的识别,以代替人工识别,实现按编码分发信件的目的。不过神经网络自身仅能够处理数据,所以对于需要神经网络完成的任务,都必须首先将其转化成神经网络所能够接收的输入和输出数据。即使是邮政编码辨识这样一个不复杂的任务,也必须先对信封编码部位进行扫描,并对图像进行预处理,将含有数字的部分用点阵画出其图形,产生一定数目的比如用 0 和 1 数字表示的数字符号的数组后,才能将其送入神经网络的输入端进行辨识。实际上,任何一个实际应用问题,都有一个将其转化成神经网络所能够接受的数据的转化问题,这种转化往往并不是一件容易的事。

本节将设计训练一个能够辨识带有噪声的 26 个英文字母的神经网络,以更好地了解神经网络模式识别功能的应用。

7.3.1 问题的阐述

设计训练一个神经网络能够识别 26 个英文字母,意味着每当给训练过的网络一个表示某一字母的输入时,网络能够正确地在输出端指出该字母,那么很显然,该网络记住了所有 26 个字母。神经网络的训练应当是有监督地训练出输入端的 26 组分别表示字母 A 到 Z 的数组,能够对应到输出端 1 到 26 的具体的位置。首先必须对每个字母进行数字化处理,以便构造输入样本。考虑用 5×7 矩阵的布尔值可以清楚地表示出每个字母,例如字母 A 和 Z 可以分别用 0、1 矩阵表示为

$$
\text{letterA} = [\begin{matrix} 0 & 0 & 1 & 0 & 0 & \cdots \\ 0 & 1 & 0 & 1 & 0 & \cdots \\ 0 & 1 & 0 & 1 & 0 & \cdots \\ 1 & 0 & 0 & 0 & 1 & \cdots \\ 1 & 1 & 1 & 1 & 1 & \cdots \\ 1 & 0 & 0 & 0 & 1 & \cdots \\ 1 & 0 & 0 & 0 & 1 \end{matrix}]';
$$

$$
\text{letterZ} = [\begin{matrix} 1 & 1 & 1 & 1 & 1 & \cdots \\ 0 & 0 & 0 & 0 & 1 & \cdots \\ 0 & 0 & 0 & 1 & 0 & \cdots \\ 0 & 0 & 1 & 0 & 0 & \cdots \\ 0 & 1 & 0 & 0 & 0 & \cdots \\ 1 & 1 & 1 & 1 & 1 \end{matrix}]';
$$

每个字母都可以用此 5×7=35 个元素组成一个字母的字形矩阵,那么 26 个字母则可

表示为由表示 26 个字母的输入的列矩阵组成的 35×26 的输入矩阵,然后把这 26 个字母送入变量 alphabet 中:

alphabet ＝ [letterA, letterB, letterC, letterD, letterE, letterF, letterG, letterH, letterI,

letterJ,…

letterK, letterL, letterM, letterN, letterO, letterP, letterQ, letterR, letterS,

letterT,…

letterU, letterV, letterW, letterX, letterY, letterZ];

字母的表示如图 7.8 所示。

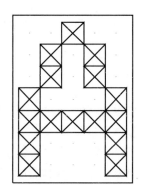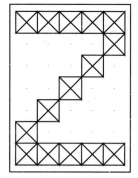

图 7.8　用 5×7 矩阵表示的字母 A 和 Z

另一方面,因为目标矢量是希望在每一个字母输入时,在 26 个字母中它所排顺序的位置上输出为 1,而在其他位置上的输出为 0。为此,取目标矩阵为对角线上为 1 的 26×26 的单位阵,可用以下 MATLAB 命令来实现:

targets＝eye(26);

所有以上关于输入和输出矢量的操作都写进名为 prodat. m 的文件中备用。

另外一个很重要的需要考虑的因素是:所要设计的网络应当具有抗干扰能力,即设计出的网络应当能够处理噪声。具有在一定不规范的输入情况下辨识出正确的字母输入的能力。将干扰噪声进行数字化处理后即变成具有平均值为 0~0.2 之间变化的随机值。

7.3.2　神经网络的设计

（1）网络结构

所设计的神经网络需要具有 35 个输入节点和 26 个输出神经元。采用输入在(0,1)范围内的对数 S 型激活函数两层 logsig/logsig 网络,这种网络对 0-1 型布尔值是相当完美的。网络取 35-10-26 的结构。隐含层凭经验取 10 个神经元。如果需要网络有更高的辨识精度,可以再增加一些隐含层神经元数。在本例中,辨识训练精度对于无噪声的 err_goal 取为 0.1,对于带有噪声的辨识目标误差只要求为 0.6,此目标均在 5000 次训练内达到。

网络的设计是为了使其输出矢量在正确的位置上输出为 1,而在其他位置上输出为 0。然而,噪声输入矢量可能导致网络的 1 或 0 输出不正确,或出现其他输出值。所以,为了使网络具有抗干扰能力,在网络训练后,再将其输出经过一层竞争网络函数 compet. m 的处理,使网络的输出只在最接近输入值的输出位置输出为 1,保证在其他位置输出均为 0。

（2）初始化

初始化程序如下：

```
%charecg.m
[alphabet,targets]=prodat;
P=alphabet;%alphabet=[letterA,letterB,…,letterZ];
T=targets;  %targets=eye(26);
[R,Q]=size(P);
S1=10;
[S2,Q]=size(T);
net=newff(minmax(alphabet),[S1 S2],{'logsig' 'logsig'},'traingdx');
net.LW{2,1}=net.LW{2,1}*0.01;
net.b{2}=net.b{2}*0.01;
```

（3）网络训练

为训练一个网络，使其本身就具有抗噪声的能力，最好的办法是训练一个具有"理想加噪声"输入矢量的识别网络。我们首先训练一个具有较低误差平方和的具有理想输入的网络，以便后面作比较用。然后，用 10 组"理想加随机噪声"的输入矢量训练神经网络。每一次训练后的权矢量作为下一组输入矢量训练的初始值。训练具有噪声的输入矢量是通过在对两组无噪声矢量训练的同时，加上两对带有随机噪声输入矢量来实现的，这主要是为了保持网络同时具有对理想输入分类的能力。

经过如上训练后，网络虽能够辨识出带有噪声的字母，但同时又存在对理想无噪声输入辨识错误的可能性。为此，应将网络以训练后的权矢量作为初始权值，对无噪声输入再进行训练，以此来保证网络对理想输入输出的正确性。

上述的所有设计训练思想均在下面的程序中体现出来，其中的网络训练都是用自适应学习速率及附加动量法的函数 traingdx.m 进行的。

① 无噪声字母识别网络的训练程序：

```
net.performFcn='sse';          %执行函数为误差平方和函数
net.trainParam.epochs=800;     %最大训练步长
net.trainParam.lr=0.01;        %学习率
net.trainParam.lr_inc=1.05;    %增长的学习率
net.trainParam.lr_dec=0.7;
net.trainParam.goal=0.1;       %执行函数目标值
net.trainParam.mc=0.9;         %附加动量因子
net.trainParam.min_grad=1e-10; %最小执行梯度
net.trainParam.show=50;
P=alphabet;
T=targets;
[net,tr]=train(net,P,T);
```

② 具有噪声的输入矢量识别网络的训练：

为了获得一个对噪声不敏感的网络，我们首先训练一个网络，其具有两组理想输入矢量 alphabet 和两组带有噪声的输入矢量，目标矢量为 4 组期望矢量 targets，噪声矢量为均值为

0.1 到 0.2 的随机噪声。这将迫使网络学习适当地对含有噪声的字母进行正确的识别,不过要求对理想的输入矢量仍然能够有正确的响应。

对具有噪声的训练,最大训练次数减到 300 且误差仍为 0.1。训练程序如下:

```
netn＝net;
netn. trainParam. goal＝0. 1;              ％目标误差
netn. trainParam. epochs＝300;            ％最大训练步长
for pass＝1:10
T＝[targets targets targets targets];
fprintf('Pass＝％. 0f\n',pass);
    P＝[alphabet,alphabet,…
        (alphabet＋randn(R,Q)＊0. 1),…
        (alphabet＋randn(R,Q)＊0. 2)];
    [netn,tr]＝train(netn,P,T);
end
```

网络训练完成后,有必要用理想的无噪声输入矢量对网络再训练一次,以保证网络能够准确无误地识别出理想的字母。

（4）系统的性能测试

神经网络进行模式识别的可靠性,可以通过使用上百个具有随机噪声的输入矢量来测试网络而获得。我们对所设计的神经网络输入任意字母,并在其上加入具有平均值为 0.1 到 0.2 的噪声,由此随机产生 100 个输入矢量,通过网络识别后输出,如同前面已经说过的,为了增强网络的抗干扰能力,网络在使用时,其后应再加上一个竞争网络,以使网络对每一个字母的输出只有一个位置为 1,其他元素均为 0。用于性能测试的主要程序如下:

```
noise _ range＝0：0. 02：0. 2;             ％系统性能测试
max _ test＝100;
network1＝[];
network2＝[];
T＝targets;
for noiselevel＝noise _ range
fprintf('Testing networks with noise level of ％. 2f. \n',noiselevel);
    errors1＝0;
    errors2＝0;
    for i＝1:max _ test
      P＝alphabet＋randn(35,26)＊noiselevel;
      A＝sim(net,P);                      ％测试用理想字母训练的网络
      AA＝compet(A);
      errors1＝errors1＋sum(sum(abs(AA－T)))/2;
      An＝sim(netn,P);                    ％测试噪声字母训练的网络
      AAn＝compet(An);
      errors2＝errors2＋sum(sum(abs(AAn－T)))/2;
    end
```

%得到网络辨识的出错率

network1＝[network1 errors1/26/100];

network2＝[network2 errors2/26/100];

end

figure(1);   %显示上述两种网络辨识结果的出错率

plot(noise_range,network1 * 100,'—',noise_range,network2 * 100);

xlabel('Noise Level');

ylabel('Percentage of Recognition');

测试结束后,绘制了辨识的出错百分比。为了对比起见,我们在测试的同时加进了对用无噪声的理想字母训练的字母辨识神经网络的测试,并画出了用其辨识字母的出错率,测试和作图程序与带噪声的上述程序完全相同。两者的比较如图 7.9 所示,图中实线代表用无噪声训练的网络的辨识出错率,虚线为有噪声训练出的网络情况。

从图 7.9 可见,两网络都有一定的抗干扰能力,对平均值为 0～0.1 之间的噪声,都能够几乎 100% 地准确无误地辨识出,而在较大的噪声出现后,比如 0.1~0.2 之间,理想网络明显比带噪声训练网络的出错率要高出许多,在平均噪声为 0.2 的情况下,带噪声训练网络的出错率仅为 3.45%,而理想网络却达到 4.8%。

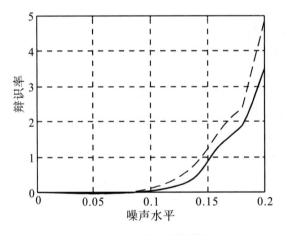

图 7.9　字母辨识的出错率

如果需要更高的辨识精度,可以将网络的训练时间加长,使其训练误差精度更高,或增加网络隐含层中的神经元数。另外也可以增加输入矢量的分辨率,比如采用 10×14 点阵。如果需要对较高噪声含量有更好的识别率,可以在训练时就加大噪声的含量。图 7.10 给出了三种情况下的字母 Y 的表示:

① 理想的字母 Y;

② 具有均值为 0.1 噪声情况下的字母 Y;

③ 具有均值为 0.2 噪声情况下的字母 Y。

本例表明了一个简单的模式识别系统是如何被设计和实现的。由此可见,其训练过程不是用几个单一个训练函数就能解决问题的。最后解出的网络性能的好坏,主要还是在于设计人员对问题的认识、设计思想以及运用 MATLAB 工具箱的能力。有了工具箱,可以使我们从繁琐的编程中解放出来,而把精力集中在更好地解决问题和提高网络的性能上。高性能、可靠性以及易实现性才是解决任何问题的最终目标。我们看重的正是工具箱对我们实现目标有极大的帮助,才值得去掌握它。一旦掌握它,则能为我们很好地服务。

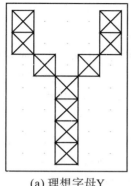

(a) 理想字母Y

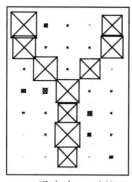

(b) 噪声为0.1时的Y

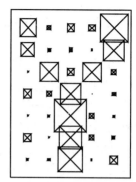

(c) 噪声为0.2时的Y

图 7.10　三种情况下的字母 Y

7.4　用于字符识别的三种人工神经网络的性能对比

除了采用 BP 网络外,还有单层感知器和霍普菲尔德网络均能进行模式识别的应用。本节将采用单层感知器和霍普菲尔德网络来对 26 个英文字母进行字符识别的应用,其主要目的是考察 3 种神经网络在完成网络设计后的工作情况下,对与标准字母有差别的输入字母进行识别的出错率大小的对比分析。为了研究的方便,我们没有采用差别程度不同的手写体来进行测试,而是人为地通过随机地以 0.02 的偏差噪声进行递增来模拟测试手写字母与标准字母的差别。测试的目的是考察网络所能容忍的最大不出错的偏差噪声,以及识别能力强弱的对比研究。

7.4.1　用于字母识别的感知器网络

众所周知,感知器是一个以阈值函数为激活函数的单层网络,所采用的学习算法是一种梯度下降法,通过网络训练不断调整网络权值可将输入矢量转化成 0 或 1 的输出,从而实现对输入矢量的分类。

当采用感知器对 26 个英文字母进行分类时,其问题可转化为:在由标准输入矢量为坐标轴所组成的 $7*5=35$ 维的输入矢量空间里,每个字母位于该输入矢量空间中的不同的位置,通过训练来获取网络的权值 W 和 b,使在其作用下,将输入矢量的 35 维空间分成 26 个区域,通过所设计的 $W*P+b=0$ 的轨迹能够对输入矢量按期望输出值进行分类。

感知器权值的设计过程与 7.3 节中 BP 网络的设计过程大体相似:分别采用标准字母以及用来模拟手写字母数字化的带有一定幅值噪声的测试字母的训练。训练的目标误差为 0.0001,训练次数为 40。

感知器工作时,对于与标准有差别的输入字母,只要差别在一定的范围内,网络都能将其放在正确的划分空间内。我们着重考察的是利用感知器进行 26 个字母识别的容错能力到底有多大? 这个容错能力也是用数值化的加入不同程度噪声的字母输入来进行测试。

7.4.2 用于字母识别的霍普菲尔德网络

当采用 Hopfield 网络进行模式识别时,它在网络结构、学习算法以及分类原理上与单层感知器和 BP 网络都有很大的不同。前面所应用的两种神经网络都属于前向神经网络,它们使用的都是监督式学习规则,所以对于每次模式样本的输入,网络的输出端都有一个监督信号即期望输出样本与其相对应。

Hopfield 网络是一种反馈网络,因结构上输入/输出节点相连使得网络系统的输出状态具有动态变化特性。对网络输入任意初始状态,通过反馈回路的不断自动循环,网络的输出状态最终会出现以下几种情况:稳定、循环、发散或混沌。我们通过设计网络权值,可以使网络收敛于期望的稳定状态,即通过网络的自动循环使得网络最终达到某一个稳定的平衡状态。Hopfield 网络采用的是一种无监督式的学习规则,它在网络输出端无须有监督信号,通过设计网络权值,让网络记住所要求的稳定平衡点,就可以使得网络从初始状态自动运行到稳定平衡点,从而达到分类识别的目的。

采用离散型 Hopfield 网络对 26 个英文字母进行识别时,网络的输入节点和输出节点均为 35 个。在设计过程中,我们采用 MATLAB 工具箱中所提供的正交化权值设计方法设计网络权值,让网络记忆所要求的 26 个稳定平衡点,即待识别的 26 个标准英文字母。

Hopfield 网络通过权值设计记住了 26 个稳定平衡点,当网络进行工作,也就是我们对网络进行性能测试时,向网络输入一个与标准样本不同的测试样本,网络能通过自身的动力学状态演化过程最终收敛到某一个稳定平衡点,从而实现对该测试样本的识别。

Hopfield 网络采用正交化的权值设计方法来计算网络权值,这一方法的基本思想和出发点是为了满足下面四个要求:① 保证系统在异步工作时的稳定性,即它的权值是对称的;② 保证所有要求记忆的稳定平衡点都能收敛到自己;③ 使伪稳定点的数目尽可能地少;④ 使稳定点的吸引域尽可能地大。在 MATLAB 工具箱中可直接调用函数 newhop.m。

要注意的是,调用函数 newhop.m 需要将输入信号中所有的 0 变换为 -1,如:

$$letterA = \begin{bmatrix} -1 & -1 & 1 & -1 & -1 \cdots \\ -1 & 1 & -1 & 1 & -1 \cdots \\ -1 & 1 & -1 & 1 & -1 \cdots \\ 1 & -1 & -1 & -1 & 1 \cdots \\ 1 & 1 & 1 & 1 & 1 \cdots \\ 1 & -1 & -1 & -1 & 1 \cdots \\ 1 & -1 & -1 & -1 & 1 \end{bmatrix}';$$

对于设计好的网络,进行网络工作性能的测试时,向网络输入的任意字母是在其上加入具有幅值为 $0 \sim 0.5$ 的噪声,随机产生 100 个模拟手写字母的数字化输入矢量,观察字母识别出错率。

7.4.3　字母识别实验及其结果分析

1. 单层感知器

所设计的单层感知器网络具有 35 个输入节点和 26 个输出节点,目标误差为 0.0001,最大训练次数为 40。除了不用增加竞争层外,其余的网络训练过程与 7.3 节的 BP 网络相同。设计出的网络使输出矢量在正确的位置上输出为 1,而在其他位置上输出为 0。首先用理想输入信号训练网络,得到无噪声训练网络,然后用两组无噪声输入矢量加上两组带有随机噪声的输入矢量训练网络,这样可以保证网络同时具有对理想输入和噪声输入分类的能力。网络训练完后,为保证网络能准确无误地识别出理想的字符,再用无噪声输入训练网络,最终得到有噪声训练网络。

对设计好的网络进行性能测试。向网络输入任意字母,并在其上加入具有平均值为 0～0.2 的噪声,随机产生 100 个输入矢量,观察上述两种网络的字母识别出错率,其中识别出错率是将实际输出减去期望输出所得的输出矩阵中所有元素的绝对值和的一半再除以 26 得到的。如图 7.11 所示,图中虚线代表采用无噪声的标准字母训练出的网络进行测试工作时的出错率,实线为采用有噪声样本训练出的网络进行测试工作时的出错率。从图 7.11 可以看出,单纯采用无噪声的标准字母训练出的网络对字符进行工作识别,当输入网络的字符出现与标准字母有偏差的噪声时,网络识别立刻出现错误;当噪声均值超过 0.2 时,识别出错率急剧上升,偏差噪声为 0.2 时的出错率 21.5%。由此可见,只采用无噪声的标准字母训练出的网络,其识别工作几乎没有抗干扰能力。而采用有噪声样本训练出的网络具有一定的抗干扰能力:在 0～0.06 之间的噪声环境下,能够准确无误地识别;其最大识别出错率约为 6.6%,远小于无噪声训练网络。

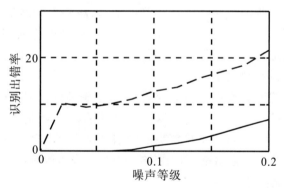

图 7.11　感知器网络识别出错率

2. BP 网络

该网络设计方法在 7.3 节有详细介绍。采用同样的方法再进行一次类似的网络设计和权值的训练:网络需要具有 35 个输入节点和 26 个输出节点。目标误差为 0.0001,采用输入在 (0,1) 范围内的对数 S 型激活函数两层 logsig/logsig 网络,隐含层根据经验选取 10 个神经元。和单层感知器一样,分别用理想输入信号和带有随机噪声的输入训练网络,得到有噪声训练的网络和无噪声训练的网络。由于噪声输入矢量可能会导致网络的 1 或 0 输出不正确,或出现其他值,为了使网络具有抗干扰能力,在网络训练后,再将其输出经过一层竞争网络的处理,使网络的输出只在最接近输入值的输出位置为 1,保证在其他位置输出为 0。其中网络的训练采用自适应学习速率加附加动量法,在 MATLAB 工具箱中直接调用 traingdx。在与单层感知器相同的测试条件下对网络进行性能测试,结果如图 7.12 所示,其中虚线代表用无噪声训练网络的出错率,实线代表用有噪声训练网络的出错。从图 7.12 可以看出,在均值为 0~0.12 之间的噪声环境下,两个网络都能够准确地进行识别。在 0.12~0.15 之间的噪声环境下,由于噪声幅度相对较小,待识别字符接近于理想字符,故无噪声训练网络的出错率较有噪声训练网络略低。当所加的噪声均值超过 0.15 时,待识别字符在噪声作用下不再接近于理想字符,无噪声训练网络的出错率急剧上升,此时有噪声训练网络的性能较优。

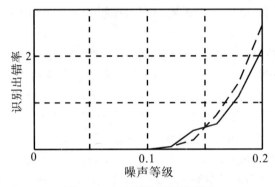

图 7.12　BP 网络识别出错率

3. 离散型霍普菲尔德网络

离散型霍普菲尔德网络权值的设计是通过在 MATLAB 工具箱中直接调用函数 newhop.m 来完成的。要注意的是,调用函数 newhop.m 需要将输入信号中所有的 0 变换为 -1。设计离散型霍普菲尔德网络进行字符识别,只需要让网络记忆所要求的稳定平衡点,即待识别的 26 个英文字母,故只需要用理想输入信号来训练网络。对训练后的网络进行性能测试的过程,就是向网络输入任意字母,并在其上加入具有平均值为 0~0.5 的噪声,随机产生 100 个输入矢量,观察字母识别出错率,结果如图 7.13 所示。从图 7.13 可以看出,在均值为 0~0.33 之间的噪声环境下,网络能够准确地进行识别;在 0.33~0.4 之间的噪声环境下,识别出错率不到 1%;在 0.4 以上的噪声环境下,网络识别出错率急剧上升,很快达到 10%。由此可以看出,该网络稳定点的吸引域至少有 0.3。当噪声均值在吸引域内时,网络进行字符识别几乎不会出错,而当噪声均值超过吸引域时,网络出错率急剧上升。

4. 三种网络性能的比较

上面分别设计了单层感知器、BP 网络和 Hopfield 网络三种人工神经网络对 26 个英文字母进行了识别,根据各不同网络自身所具有的特点,给出了具体的不同的设计过程。通过实验给出了各网络的识别出错率,对这三种人工神经网络在字母识别时的容错性和识别能力进行了对比分析。现总结性能如下:

① 三种人工神经网络均能有效地进行字符识别。由图 7.11 和图 7.12 可以看出,单层感知器的有噪声训练网络在幅值为 0~0.06 之间的噪声环境下可以准确无误地识别,而有噪声训练的 BP 网络可以在幅值为 0~0.12 之间的噪声环境下准确无误地识别,故 BP 网络容错性比单层感知器的容错性要强得多。

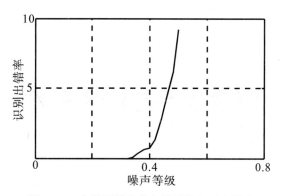

图 7.13　离散型霍普菲尔德网络识别出错率

② 单层感知器的有噪声训练网络在噪声幅值为 0.2 时的识别出错率为6.6%,而在同样的 0.2 噪声幅值下,有噪声训练的 BP 网络的识别出错率为1.6%,故 BP 网络的识别能力比单层感知器强。

③ 由图 7.13 可以看出,Hopfield 网络在幅值为 0~0.33 之间的噪声环境下,能够准确地进行识别,在幅值为 0.33~0.4 之间的噪声环境下,识别出错率不到 1%,所以 Hopfield 网络在噪声幅值不超过 0.33 范围时,是这三种网络中识别能力最强且容错性最好的网络,BP 网络次之,感知器最差;当噪声幅值超过 0.33 范围时,Hopfield 网络识别出错率迅速增加,此时 BP 网络识别能力较好。

总之,这三种神经网络用于 26 个字母识别时各有特点。单层感知器网络结构和算法都很简单,训练时间短,但识别出错率较高,容错性也较差。BP 网络结构和算法比单层感知器稍复杂,但其识别能力和容错性都较好。Hopfield 网络的优点在于当噪声幅值在稳定点吸引域范围内时,可以准确无误地识别字符,此时网络识别能力最强,容错性最好;缺点是当噪声幅值超过稳定域时,识别出错率迅速增加。

7.5　本　章　小　结

本章在对神经网络各种模型的应用范围以及网络设计的基本原则总结的基础上,重点点给出了神经网络在系统的反馈线性化上的应用,以及利用三种不同的神经网络进行模式识别的应用及其性能对比,使得读者对不同神经网络的应用及其性能上的差异有一个比较全面的了解,为深度神经网络的学习在理论上做好了准备。

习　　题

采用三种神经网络:感知器、BP 网络、Hopfield 网络,对 26 个英文字母分别在有和无噪声影响下进行识别,并对三种神经网络识别的性能进行对比分析。

第8章 深度学习与深度卷积神经网络结构的设计

8.1 深度学习概念的提出

术语"深度学习(Deep Learning)"源自于 "机器学习(Machine Learning)",它是机器学习的一个分支,实际上深度学习是基于人工神经网络的机器学习中的一个分支。术语"机器学习"是 20 世纪 50 年代末,在人工智能领域中提出来的,它是通过计算机编写算法,使计算机有能力从大量已有数据中学习潜在的规律和特征,并用来对新的样本进行智能识别,或者预期未来某件事物的可能性。机器学习通常被用来解决常规逻辑编程方法难以处理的实际问题,其方法具有很强的特征提取和非线性函数拟合能力,通常依托于大量的训练数据,通过计算机编程的自主学习,从数据中进行特征的提取,并将网络的输出结果与标签值做比较,调整网络中的权值来降低误差,建立起从网络输入的数据到标签值间的映射,来实现对新数据作出决策的人工智能算法。机器学习能够赋予机器更多的智能化,依靠现代大规模图像处理单元 GPU 的强大运算能力来高效地解决问题,各种算法的实现过程涵盖了计算机技术、数据科学、生物科学等多个领域,是一门在图像识别、分割等方面独具特色的应用领域。机器学习可以解决很多类型的任务。常见的机器学习任务有:分类、回归、机器翻译、异常检测、去噪、密度估计或概率质量函数估计等。根据学习过程中的不同经验,机器学习的算法可以分类为无监督算法和监督算法。随着 20 世纪后期人工智能的不断发展,机器学习的内容中又增加了从一些从数据中学习分类信息及其规律的方法,成为一类通过机器编程,对大量的数据进行自动分析,获得某些规律,并利用这些规律对未知数据进行预测的算法。总而言之,机器学习是对人的意识、思维和信息过程的模拟,属于人工智能的范畴。

术语"人工智能(Artificial Intelligence, AI)"是 1956 年被提出的,当时其含义是通过符号和机器学习算法来进行模式识别,研究如何应用计算机的软硬件来模拟人类某些智能行为,如学习、推理、思考、规划等的基本理论、方法和技术,人工智能是计算机学科的一个分支。同一时期出现的人工神经网络,则是以连接主义为核心的,与人工智能具有完全不同的概念。随着人工神经网络热潮的出现,及其 20 世纪 90 年代神经网络逐渐降温,同时出现的是支持向量机(Support Vector Machine,SVM)的热潮,以及一直持续到 2010 年前后,深度学习掀起的人工智能新热潮,带动了几乎所有与机器学习相关的研究,加上人们开始把基于数据的机器学习纳入到人工智能范畴,并使得人们对人工智能的关注达到了前所未有的程度。从这个意义上看,今天所谓的人工智能研究,包含了符号主义与机器推理、人工神经网络、支持向量机、深度学习等多个研究领域的集合。深度学习网络的应用,使得"深度学习"成为机器学习中最新发展起来的一类方法的总称。人们也逐渐把人工神经网络及其应用也当成了人工智能的一部分,使得人工智能成了当前所有智能系统的代名词。深度学习和机器学习算法与人工智能之间关系如图 8.1 所示。

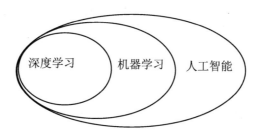

图 8.1　深度学习和机器学习与人工智能间的关系

20 世纪 50 年代产生的人工神经网络(Artificial Neural Network,ANN)是通过构建"人造"的生物神经细胞(即神经元)和神经网络,在不同程度和不同层次上,实现人脑神经系统在信息处理、学习、记忆、知识的存储和检索方面的功能的。人工神经网络是通过网络连接来模拟人类神经网络,以及人的脑神经和人的智能。人们所提出的第一个人工神经网络就是感知器,通过计算误差的修正算法,实现了 0-1 线性模式分类的应用,随后发展出的反向传播网络(BP 网络)以及递归神经网络,也是通过对各种不同训练网络权值的学习算法,研究从数据中学习分类信息的各种规律。当然,人工神经网络的应用不仅仅局限于各种模式识别。

最近几年里,采用深度神经网络及深度学习算法的阿尔法(Alpha Go)围棋机器人,打败了人类围棋世界顶尖高手,使得深度学习成为人工智能领域发展的一个重要的里程碑,也使得深度学习在许多领域,如图像识别、数据挖掘、语音识别、机器翻译、自然语言处理等方面,以及多媒体学习、个性化推荐等相关领域都取得了很多成果,在使机器模仿人类的视听、思考和鉴别等方面,解决了很多复杂的模式识别难题,促使人工智能相关技术取得飞跃发展。在传统算法不易解决的应用方面也取得了令人可喜的成就,包括自动无人驾驶汽车、自动模式识别、自动同声传译、商品图片检索、手写字符识别、车牌自动识别等。由此可以看出,深度学习网络主要是应用于特征提取、模式和图像的识别,以及复杂分类的应用中,它应用于多个人工神经网络的级联所构成的一个深度神经网络,并通过不同层的神经网络,逐层对不同特征进行提取,将底层特征进行组合,形成深层网络的识别模式,进而形成抽象的高层属性类别或者高层特征,最终获得输入数据分布特征表示的结果。所以,深度学习是一系列复杂的机器学习算法,它不是一种算法,而是对一系列具有多重非线性变换数据进行多层不同特征提取或分类的算法以及对具有深层结构的神经网络的权值进行有效训练的方法,通常在前一层网络输出的特征识别的基础上,再进入另一个神经网络进行另一个特征的提取。对于所期望的目标,往往需要通过很多个人工神经网络的级联后获得,所有的网络构成一个深层度的神经网络,不同层需要采用不同的深度学习算法,完成不同的功能。

随着深度学习网络的应用,"深度学习"成为机器学习中最新发展起来的一类方法的总称,人们也逐渐把人工神经网络及其应用也当成了人工智能的一部分。

机器学习中还有一些其他算法,包括线性判别、近邻法、逻辑回归、决策树、支持向量机等。包括人工神经网络中的各种用于模式识别或特征分类的学习算法,相对于深度学方法,都属于"浅层模型"中的"浅层学习方法"。

8.2　深度神经网络及其学习算法的发展历程

人工智能是通过符号和机器学习算法来进行模式识别的,其中的机器学习发展历程大致经历了两个阶段:浅层学习阶段和深度学习阶段。

8.2.1　第一发展阶段:浅层学习

现在人们将含有一个隐含层的人工神经网络权值的训练算法统称为浅层学习算法,它的发展经历了两次大的起伏。1943 年,受生物神经元工作模式的启发,心理学家麦卡洛克和数学家皮茨发表了 MP 神经元的数学模型。1957 年,罗森布拉特提出感知器的概念和模型,并提出采用样本数据训练网络参数的算法。当时的感知器模型只有一层,只能解决简单的线性的 0-1 分类,1969 年明斯基等人指出感知器模型无法学习像异或这样简单的非线性逻辑关系,虽然人们知道解决这一问题的办法是采用多层神经网络,但是在当时,由于没有解决训练多层感知器权值参数的收敛方法,而同一时期,1956 年所提出的以符号主义和知识推理为核心的经典人工智能研究,伴随着这一时期经典 AI 的快速发展,使得人工神经网络尚在萌芽阶段的研究进入了第一次低谷。20 世纪 80 年代中期,误差反向传播(Back-Propagation,BP)算法被提出,并应用于训练多层神经网络,解决了多层感知器无法训练的问题,从而使神经网络具有了非线性的逼近能力,以 BP 算法训练的多层感知器成为最成功的神经网络模型。同期,科霍嫩发展了自组织映射的竞争学习神经网络模型。1982 年,霍普菲尔德提出了一个具有模式识别功能的全反馈递归神经网络,建立的动态神经网络模型。这些方法在很多模式识别问题上取得了很好的效果,掀起了神经网络研究的第二次高潮。这一时期同时被提出的还有限制性玻耳兹曼机等非监督学习模型,推进了基于统计的机器学习模型的发展。误差反向传播算法使人工神经网络在权值的训练过程中,能够将网络输出层的误差数据,通过网络输出层的权值以及每一层网络的激活函数的一阶导数,计算出前一层网络的误差数据,然后以此来获得隐含层权值的自动修正训练的学习公式,使得整个网络能够实现对训练的样本数据进行逼近和拟合,并且用来泛化和预测相关的未知事件。人工神经网络这种自动学习和自适应地对复杂样本进行数据拟合的能力,在诸多方面显示出极大优越性。同一时期各种浅层机器学习模型陆续问世,比如逻辑回归、支持向量机(Support Vector Machine, SVM)等,成为机器学习研究的主流方向。这些机器学习模型架构大都可以看作只有一个隐含层的浅层神经网络,此类模型无论是在理论研究上,还是在实际应用中都取得很大成功。反向传播网络一般包含输入(层)、隐含层和输出层,现在人们通常把此类型的人工神经网络称为浅层网络,相应的学习算法被称为浅层学习,它实际上是相对于深层学习而言,学习的网络模型的层次比较少而浅,非线性特征层只有一层或者两层。

由于浅层神经网络只有一个或两个隐含层,训练起来比较简单,被人们在理论和应用领域进行了大量研究,解决了不少简单的或有约束条件的非线性逼近或分类问题,不过在声

音、自然语言和图像等复杂问题处理上,显示出能力和性能有限的缺陷:

① 构造特征比较简单。

② 需要对问题有先验知识,要求对原始数据比较了解。网络模型内部物理性能分析较困难;网络模型在对其权值的训练过程中,需要设计者具有一定的经验和先验知识,对输入数据需要人工进行预处理。

③ 存在参数解空间的局部极值问题。

④ 泛化能力较差,容易存在过拟合(overfitting)和欠拟合(underfitting)现象。包括感知器在内的多层前向网络虽然具有很强的非线性表示与逼近数据的能力,由于所采用的训练网络权值的方法是梯度下降法,从本质上存在参数解空间的局部极值问题,在很多问题上的泛化能力较差。

⑤ 需要极小的学习速率,对深层网络权值的修正非常缓慢。虽然神经网络在理论上可以有很多层,但多层神经网络训练速度很慢,因为要想获得较高的逼近精度,在训练权值参数的过程中,就必然需要用极小的学习速率,因而导致对深层网络权值的修正速度非常缓慢,因此人们实际上一般只使用二层或三层的神经网络。

这些限制了浅层神经网络的进一步发展,使浅层神经网络的应用一直处于停滞状态。浅层学习和浅层人工网络无法解决这些问题,迫使人们开发出深度学习及其深度学习网络。

8.2.1　第二发展阶段:深度学习

进入 21 世纪后,随着互联网的快速发展,人们可以接触到越来越多的信息,大型互联网企业每天都会产生海量的数据,如何从海量数据中提取出高价值的信息,成为人们需要面对和解决的问题。这也使得对大量数据进行智能分析和预测成为一种迫切需求。而浅层人工网络及其学习算法无法解决这些问题,迫使人们开发出深度网络及其学习算法。

深度学习不能简单地看作以往的浅层学习的替代,而是在原有各种方法基础上的集成和发展。深度学习网络及其算法与传统浅层网络及其算法的区别在于:

① 深度学习网络结构含有更多的层次,包含隐含层节点的层含数通常在三层以上,有时甚至包含多达 100 层以上的隐含层。

② 通过逐层特征提取,将数据样本在原空间的特征变换到一个新的特征空间来表示初始数据,这使得分类或预测问题更加容易实现。

③ 深度学习网络直接把原始观测数据作为输入,通过多层网络进行逐级特征提取与变换,实现更有效的特征表示。

在此基础上,往往在最后一级连接一个浅层网络,如 Softmax 分类器、多层神经网络、SVM 等,实现更好的分类性能。常用的深度学习网络为多层前向神经网络,神经网络的每一层都将输入进行非线性映射,通过多层非线性映射的堆叠,可以在深层神经网络中计算出非常抽象的特征来帮助分类。比如:在用于图像分析的卷积神经网络中,将原始图像的像素值直接输入给网络,第一层神经网络可以视作边缘的检测器;第二层神经网络则可以检测边缘的组合,得到一些基本模块;第三层之后的一些网络会将这些基本模块进行组合,最终检测出待识别目标。深度学习网络及其算法的出现使得人们在很多应用中不再需要单独对特征进行选择与变换,而是将原始数据直接输入到网络模型中,由网络模型通过学习,给出适合分类的特征表示。

深度学习的概念最早由加拿大多伦多大学的辛顿于 2006 年提出，他通过对"神经网络"进行改进，增加隐含层的层数（深度），发现如果人工神经网络的隐含层足够多，只要选择适当的联结函数和架构，将具有更强的表述能力。辛顿教授及其学生 2006 年在《科学》上的一篇论文，提出了两个主要观点：

① 多层人工神经网络模型有很强的特征学习能力，深度学习模型学习得到的特征数据对原数据有更本质的代表性，这将便于进行分类和可视化。

② 对于深度神经网络很难训练达到最优的问题，可以采用逐层训练方法解决：将上层训练好的结果作为下层训练过程中的初始化参数，这样的训练方法能够将神经网络放在一个较好的初始值上，容易收敛到较好的局部极值。

他们提出了一种训练深层神经网络的基本原则：先用非监督学习对网络逐层初始化参数，再使用监督学习方法微调整个网络的权值的训练方法，有效的深层神经网络学习的问题，为深度神经网络提供了较理想的初始参数，提高深层结构的计算能力，而且对于深层的神经网络也进行了优化，让人们看到了深层网络结构发展及其应用的希望。

之后的几年中，各种深度神经网络被提出来，包括：堆叠自动编码器（Stacked Auto-Encoder，SAE）、限制玻尔兹曼机（Restricted Boltzmann Machine，RBM）、深度信念网络（Deep Belief Network，DBN）、递归神经网络（Recurrent Neural Network，RNN）、卷积神经网络（Convolutional Neural Network，CNN）等，同一时期，许多深度学习的训练技巧也被逐渐提了出来，比如参数的初始化方法、新型激活函数、舍弃（dropout）训练方法等，这些技巧较好地解决了当结构复杂时传统神经网络存在的过拟合、训练难的问题。与此同时，计算机和互联网的发展，也使得针对在诸如图像识别这样的问题中可以积累前所未有的大量数据对神经网络进行训练。

随着训练数据的增长和计算能力的提升，卷积神经网络开始在各领域中得到广泛应用。2012 年，谷歌"Google X"实验室将 16000 台计算机连接，形成了一个巨大的神经网络，在观看一周各种猫的图片素材后，对网络系统进行充分的训练，成功地使网络学会了怎样自主地在图片中识别出一只猫。这是深度学习中的一大事件，此后引起了学术界广泛的关注。同年，克里兹夫斯基（Krizhevsky）等人提出了一种称为 AlexNet 的深度卷积神经网络，并在当年的 ImageNet 图像分类竞赛中，使准确率提升了 10%，第一次显著地超过了手工设计特征，采用浅层模型进行学习的分类性能，在业界掀起了深度学习的热潮。

此后，卷积神经网络朝着以下 4 个方向迅速发展：

① 增加网络的层数。2014 年，西蒙尼扬（Simonyan）等人提出了 VGG-Net 模型，进一步降低了图像识别的错误率。

② 增加卷积模块的功能。塞盖迪（Szegedy）等人在现有网络模型中加入一种 Inception 结构，提出了 Google Net 模型，并在 2014 年图像网络大规模视觉识别挑战竞赛（Image Net Large Scale Visual Recognition Challenge，ILSVRC）中取得了物体检测的冠军。

③ 增加网络层数和卷积模块功能。何（He）等人提出了深度残差网络（Deep Residual Network，DRN），并将 Inception 结构与 DRN 相结合，提出了基于 Inception 结构的深度残差网络（Inception Residual Network，IRN），以及恒等映射的深度残差网络（Identified Mapping Residual Network，IMRN），进一步提升了物体检测和物体识别的准确率。

④ 增加新的网络模块。向卷积神经网络中加入递归神经网络、注意力机制（Attention Machine，AM）等结构。

直至 2016 年,Google 旗下 Deep Mind 公司研发的阿尔法狗(Alpha Go)围棋机器人,采用深度人工神经网络,以及深度学习与强化学习结合的深度强化学习算法,解决了在高维空间下和状态空间下决策问题,2016 年 3 月,Deep Mind 公司研制的 Alpha Go 与著名围棋大师李世石经过了 5 轮对战最终以 4∶1 的成绩获胜,Alpha Go 的获胜是深度学习的又一个里程碑。经过最近十年的研究,人们提出了多种一般化的"深度学习"方法以及许多深度学习的训练技巧,如:参数的初始化方法,各种新型激活函数,不同训练方法等,这些技巧较好地解决了当结构复杂时传统神经网络存在的过拟合、训练难的问题。

目前随着深度学习研究的发展,一些机构和大学开发出了多种快速易用的基于深度学习的开源工具包以及深度学习框架。如:基于 MATLAB 的深度学习工具箱(Deep Learning Toolbox),基于洛(LUA)的 Torch7,基于 Python 语言的 Theano 深度学习框架,基于 Theano 的拓展库 Pylearn2,以及 Caffe 等。

8.3　深度学习的主要功能及其特点

深度学习的出现,进一步推动了人工神经网络应用的发展,并产生了深度人工神经网络与深度学习技术,它通过模仿人脑的逐层抽象机制来解释数据,设计算法对事物进行多层级分布式表示,组合低层特征,自主发现有效特征,进行特征继承,从而形成抽象的高层级的表示,在更高水平上表达抽象概念,以建立、模拟人脑进行分析学习的神经网络。很多机器学习中有关模式识别方法和统计学习方法,如线性判别、近邻法、罗杰斯特回归、决策树、支持向量机等,已经在很多应用方面取得了成功。这些学习方法一般是直接根据已知的特征对样本进行特征分类,不对数据进行特征变换;或根据需要对数据进行一次特征变换或选择,这些方法包括人工神经网络中的各种用于模式识别或特征分类的学习算法,相对于深度学习方法,都属于"浅层网络模型"中的"浅层学习方法"。这些浅层网络模型在很多应用上取得了成功,但是也存在一定的局限:一方面,构造特征过程比较简单,需要对问题有先验知识,对原始数据比较了解;另一方面,在先验知识不充分的情况下,需要人为构建的特征数目庞大,因而存在对深度网络权值参数训练的困难。

深度学习是一种对深层网络模型中参数的训练迭代的算法,其"深度"体现在:

① 对观测数据的分层表示。

② 对样本数据特征的多次变换与分类。

③ 高层特征由低层逐层得到。

深度学习的"深度"思想可以理解为:假如定义一个输入为 I,输出为 O,具有 $S_1, S_2, S_3, \cdots, S_n$ 的 n 层系统,网络的输入到输出过程为:$I \Rightarrow S_1 \Rightarrow S_2 \Rightarrow S_3 \cdots \Rightarrow S_n \Rightarrow O$。假设人们希望 O 等于 I,即经过系统多层变换后,在没有信息丢失的理想情况下,任何一层 S_i 中,经过处理后的信息都可以作为输入 I 的另一种形式。简言之,深度模型中,输入 I 和输出 O 可以"等价",学习过程中可以自动学习目标的特征,不用人为控制,通过调整系统内部参数,让输出和输入相等,经过系统学习后,可以得到输入数据的每层的输出特征 $S_1, S_2, S_3, \cdots, S_n$。然而,在实际情况中,存在信息逐层丢失,因此 O 不可能等于 I。为了尽可能缩小输入 I 和输出 O 的差别,需要设计各种算法来达到希望的目标,不同的算法就产生不同的深度学习方法,这种思想的实现与应用就是深度学习。

自 2006 年起,深度学习成为机器学习研究的一个专门的新领域,它通过机器对数以百万计的样本数据进行大规模学习,对网络权值进行自动修正和训练,在相似性的基础上,对它们"聚类"来实现对样本数据的识别。深度学习的出现,使得人们在很多应用中不再需要对数据中的特征进行人工选择与变换,人们可以将原始数据直接输入到网络模型中,由网络模型通过多层神经网络的深度学习,自动给出适合分类的特征表示的结果。

深度学习的主要功能:

① 特征提取、模式和图像的识别,以及复杂分类。

② 通过不同层的神经网络,逐层对不同特征的提取,将底层特征进行组合,形成多层(深层)网络的模式识别,进而形成抽象的高层属性类别或是高层特征,最终发现或获取数据的分布特征表示的结果。

为什么要采用深层神经网络,这是机器学习的表示性问题。对于多层感知器神经网络的表示性,早已有理论研究结论:几乎任何函数都能够用适当规模的人工神经网络模型进行表示。换句话说,无论多么复杂的分类或者回归模型都能够被特定的神经网络所表示,只要所用的神经网络具备足够多的非线性节点,以及足够多的隐含层数。实际上理论上已经证明:具有一个隐含层的非线性神经网络就能够用来表示任何有理函数。由此可见,深度更深的神经网络并不会比浅层的神经网络具有更强的函数表示性。换言之,多个隐含层神经网络所能表示的函数,单隐含层神经网络也能表示,只要单隐含层的节点数目足够多。不过,关于表示性的结论只是说明:存在一定的网络结构能够实现任意复杂的函数映射,但并不意味着这样的结构能够或者容易得到。有研究指出,浅层神经网络的表示能力和深层神经网络的表示能力依然有所不同,这种不同体现在表示性和参数数目的相对关系上。浅层神经网络规模的扩展主要是横向的,也就是增加网络每一层的节点数量;而深层神经网络的规模扩展主要是纵向的,也就是增加网络的层数。神经网络规模的增加必然会使网络的参数数量增加,而在参数数量增加的同时,也会提高神经网络的表示能力。但是,纵向和横向分别增加相同数量的参数,对网络的表示性的提升是不同的,通常以纵向方式增加参数能够获得更多的表示性提升,对于深层神经网络,可以在提升表示性的同时,减少参数数量和增加参数的可学习性。这是深层神经网络在参数的表示效率上所具有的优势,同时也是深度网络在很多应用中取得比浅层模型更优效果的一个重要原因。

深度学习方法的特点是:通过深度学习,

① 将每一层网络进行不同的非线性映射。

② 通过多层非线性映射的堆叠。

③ 学习数据集的本质特征。

④ 实现复杂函数的逼近。

⑤ 计算出非常抽象的特征。

⑥ 得到一种深层的非线性网络结构。

⑦ 达到期望分类结果。

与传统的机器学习方法相比,深度学习方法面对海量数据时非常实用。深度学习方法可以通过采用更复杂的网络模型来减少性能偏差,以提高统计估计精度。此外,深度学习是一种端到端的模型,它放弃人为规则的中间步骤,并可以将学习到的先验知识应用于其他的模型中。深度学习的性能在很大程度上取决于网络的结构,对于不同类型的输入数据和所要解决的问题，人们发展了多种不同的深度神经网络结构的模型，主要包括：

① 限制波尔兹曼机（Restricted Boltzman Machine，RBM）；

② 深层自编码器（Deep Auto Encoder，Deep AE）；

③ 深层信念网络（Deep belief net，DBN）；

④ 深层波尔兹曼机（Deep Boltzman Machine，DBM）；

⑤ 和积网络（Sum-Product Network，SPN）；

⑥ 深层堆叠网络（Deep Stacked Network，DSN）；

⑦ 卷积神经网络（Convolutional Neural Network，CNN）；

⑧ 递归神经网络（Recurrent Neural Network，RNN）；

⑨ 长短期记忆网络（Long Short-Term Memory Network，LSTM Network）；

⑩ 生成对抗网络（Generative Adversarial Network，GAN）；

⑪ 强化学习网络（Reinforcement Learning Network，RLN）。

为了使得深度网络结构变得更加容易训练，并且强化深度网络的特征提取和函数逼近能力，需要对深度学习网络采用更为高效的网络表达方式。网络的表达方式是指网络采用何种结构上的连接方式来抽象表达输入模式的内部结构，或表示输入样本之间的关系。

深度学习网络的表达方式有局部表达、分布式表达和稀疏表达 3 种。深度网络的网络结构是指网络神经元之间连接关系的确定原理，分为区分型网络结构和生成型网络结构两类。局部表达是一种基于局部模板匹配的表达方式。先通过一个局部核函数对输入样本进行映射，然后再采用一个线性组合对局部核函数的输出进行组合，得到期望的输出。分布式表达和稀疏表达思想来源于人脑的视觉机理，人脑通过逐层抽象表示外界事物来最终感知事物，这种抽象表示往往是通过一系列分散的神经元来实现的，这些神经元之间相互依赖，各自分散。同时，这种抽象表示也是稀疏的，在特定的时刻，只有 $1\%\sim4\%$ 神经元同时处于激活状态。分布式表达是分散的，能更有效地提取输入数据的特征，减少了对于样本的需求量。此外，分布式表达通过逐层降低输入模式的维度，解决高维输入模式引起的维度灾难问题。稀疏表达约束深度网络大部分神经元节点处于抑制状态，即输出值为 0；只有少数神经元处于活跃状态，输出值非 0。稀疏表示的目的就是希望通过少量的神经元来辨识出输入模式内部的驱动要素，在提取出驱动要素的过程中降低网络的计算复杂度。

模型参数训练有两种方法：判别方法和生成方法。参数训练后产生的模型分别称为判别模型和生成模型。在进行模型参数训练时给定一组输入 $X=(x_1,x_2,\cdots,x_n)$，对应也会在模型的输出端得到一组输出 $Y=(y_1,y_2,\cdots,y_n)$。在已知输出 Y 的情况下，一定存在一组最优的输入 X^* 使得条件概率 $P(X|Y)$ 的值达到最大。由贝叶斯公式和全概率公式可得：$P(Y|X)/P(Y)$，其中，$P(Y|X)$ 称为先验概率，$P(X|Y)$ 成为后验概率。生成方法是先对先验概率 $P(Y|X)$ 建模，然后再得到求最优的输入参数。当输出 Y 已知时，$P(Y)=1$，即 $X^*=\arg\max_X P(Y|X)$，因此生成模型认为模型的输出 Y 可以看作是由输入 X 生成的。判别方法则是直接对后验概率 $P(X|Y)$ 进行建模，在给定输出 Y 的状态下寻找最优的输入 X^*，因此判别模型认为模型的输入 X 是由模型的输出 Y 决定的。

根据采用参数训练方法不同，深度网络分为生成型深度网络和判别型深度网络两类。堆叠自动编码器和卷积网络属于生成型深度网络；深度信念网络属于判别型深度网络。此外，还有一些混合网络，如卷积网络和自动编码器组成卷积自动编码器、限制玻尔兹曼机以及卷积网络组成卷积深度信念网络。深层自编码机与受限性玻耳兹曼机是深度学习中使用较多的两种非监督学习的神经网络模型,不过它们主要是通过非监督学习,找到更好体现数据内在规律的特征表示,然后再用到监督学习的深层神经网络模型中,常常被用于神经网络的初始化及学习,适用于下游分类的特征表示。受限玻耳兹曼机是一种能量模型,通过建立概率分布与能量函数之间的关系,求解能量函数,刻画数据内在的规律。递归神经网络有别于前面所提到的前馈类型的神经网络,其主要目的是对序列型数据进行建模,例如语音识别、语言翻译、自然语言理解、音乐合成等序列数据。这类数据在推断过程中需要保留序列上下文的信息,所以其隐含层节点中存在反馈环,即当前时刻的隐含节点值不仅与当前节点的输入有关,也与前一时刻的隐含节点值有关。深信度网络的非监督贪心逐层训练算法,这种新的算法能够提高深层结构的计算能力,而且对于深层的神经网络也进行了优化,让科研人员看到了深层网络结构发展的希望。

卷积神经网络是一种深层前馈型神经网络,最常用于图像领域的监督学习问题,比如图像识别、计算机视觉等。早在 1989 年,乐春(LeCun)等就提出了最初的 CNN 模型,自 2012 年 AlexNet 开始,各类卷积神经网络多次成为图像网络大规模视觉识别挑战竞赛的优胜算法,包括著名的 VGGNet、GoogleNet 和 ResNet 等。卷积神经网络基于生物视觉机制,结合仿生学原理克服了以往人工智能领域的一些难以解决的问题,网络所具有的局部连接、权值共享和池化操作等特性能有效地减少网络训练参数个数,在降低网络训练的计算复杂度的同时,具备较强的鲁棒性和抗干扰能力,便于性能的优化。卷积神经网络按结构也被分为不同模型,加深模型的代表是 VGGNet-16、VGGNet-19 和 GoogLeNet;跨连模型的代表是 HighwayNet、ResNet 和 DenseNet;应变模型的代表是 SPPNet;区域模型的代表是 R-CNN、Fast R-CNN、Faster R-CNN、YOLO 和 SSD;分割模型的代表是 FCN、PSPNet 和 Mask R-CNN;特殊模型的代表是 SiameseNet、SqueezeNet、DCGAN、NIN;强化模型的代表是 DQN 和 AlphaGo。

本章将以典型的深度卷积神经网络为例,来阐述深度学习网络的结构、权值训练及其设计过程。

8.4　卷积神经网络的结构设计及其特点分析

8.4.1　卷积神经网络的发展过程及其工作原理

卷积神经网络是神经科学原理影响深度学习的典型代表,1962 年,休博尔(Hubel)和维瑟尔(Wiesel)通过对猫的视觉皮层细胞的研究,提出了"感受野(receptive field)"的概念。1979 年,日本学者福岛(Fukushima)在感受野概念的基础上,提出了神经认知机模型,现第一个卷积神经网络。1989 年,乐春等人首次使用了权值共享技术,将卷积层和下采样层相结合,设计卷积神经网络的主要结构,形成了现代卷积神经网络的雏形(LeNet)。2011 年,加拿大的蒙特利尔大学学者格洛特(Glorot)和班鸠(Bengio)发表论文《深而稀疏的修正神经网络》(*Deep Sparse Rectifier Neural Networks*)的算法中使用一种称为"修正线性单元"的激励函数。2012 年,克里兹夫斯基(Krizhevsky)等人采用修正线性单元作为激活函数提出了著名的 AlexNet；2009 年至 2012 年期间，深度学习技术被引入语音识别领域，并取得了突破性的进展；2012 年在 ImageNet 视觉识别挑战竞赛中，深度学习方法在 1000 个类别的分类任务上取得了惊人的成绩，将最高水准的错误率从 26.1％下降到 15.3％。图 8.2 给出了卷积神经网络结构发展过程。

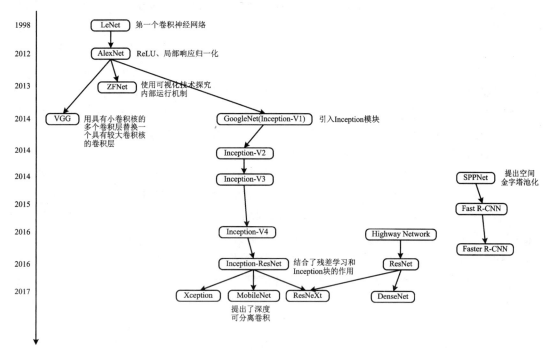

图 8.2 卷积神经网络结构发展过程

8.4.2 卷积神经网络的结构设计

卷积神经网络是根据生物学上感受野的机制而提出的，它是人工神经网络的一种，属于前向神经网络。卷积神经网络在本质上是一种输入到输出的映射，它能够学习大量的输入与输出之间的映射关系，而不需要任何输入和输出之间的精确的数学表达式。

一般意义上来说，使用多层的反向传播网络来训练数据能够得到较好的效果。传统的多层反向传播网络需要通过手动输入来收集数据中的有效信息，需要经过复杂的预处理过程得到特征变量，之后通过定义的可训练的分类器对上述处理过的特征变量进行分类、识别，这样传统的多层反向传播网络能够起到分类的作用。但是如果不使用手动的特征提取，当把原始数据作为输入时会出现较多的问题，当输入的数据包含大量的变量时，传统的多层网络使用的全连接结构会导致隐藏层包含过多的隐含层单元，那么整个网络就有可能包含了几万个权重。

对于图像识别来说，首先输入层将统一分辨率的图像作为输入，之后每一层的输出作为下一层的输入。每一层神经元的排列与传统的神经网络不同，卷积神经网络中的神经元只和相邻的上一层与下一层相连，从而形成局部感知。神经元在这样的结构中可以从原始图像中提取一些传统图像处理的特征，比如边角、结束点，然而这些特征又不仅仅包括类似于传统的手动特征，这些特征可以为更高层的神经元所用。局部特征提取器不仅仅是提取局部特征,提取的局部特征能够表征整体图像,这种特征提取的方法和位置无关,具有相同权值,但位置不同的小块组成了特征图(feature map)。卷积神经网络在网络的结构及其算法上,具有权值共享、局部连接的特性,类似于生物神经网络,这种特性降低了网络模型的复杂度,减少了权值的数量,更有利于网络的训练和应用。此外,卷积神经网络一定程度上具有平移、缩放和旋转不变性,这些性能使得卷积神经网络具有更强的泛化能力。图像可以直接作为卷积神经网络的输入,避免了传统识别算法中复杂的特征 提取和数据重建过程。卷积神经网络的结构层次相比传统的浅层神经网络来说,要复杂得多,每两层的神经元使用了局部连接的方式进行连接、神经元共享连接权重以及时间或空间上使用降采样充分利用数据本身的特征,这些特点决定了卷积神经网络与传统神经网络相比维度大幅降低,从而降低了计算时的复杂度。卷积神经网络主要分为两个过程,分别为卷积(convolution)和采样(sampling)。卷积主要是对上层数据进行提取抽象,采样则是对数据进行降维。

卷积神经网络由一个输入层,多个卷积层、最大池层或平均池层组成的隐含层、全连接层,以及一个输出层组成,如图 8.3 所示,其中,卷积神经网络的低隐层是由卷积层和子采样层交替组成的,高层是全连接层对应传统多层感知器的隐含层和逻辑回归分类器,全连接层的输入是由卷积层和子采样层进行特征提取得到的特征图像,最后一层输出层是一个分类器,可以采用逻辑回归,回归甚至是支持向量机对输入图像进行分类。卷积网络的工作原理是:输入层接受一组二维图像作为输入数据,第一个卷积层的滤波器卷积产生幅特征图像,包含输入图像经过不同滤波器卷积获得的特征信息,把数据变化成特征,图像中表示卷积模板与图像中某一块区域的相似度。卷积结果越大,说明图像中的某位置和卷积模板类似;卷积结果小,说明图像中某位置和卷积模板的相似度很小。通过一个尺寸的滤波器对特征图像进行降(下)采样得到第一个采样层的特征图像,降采样层采用最大(或平均)池采样方法,提取出更有代表性的特征信息,同时增强了神经网络对于噪声和其他干扰的鲁棒性。网络前一层 l-1 层特征图的尺寸是 l 层的一半,即使图像存在噪声或者遮挡和残缺,在连续的特征提取和采样过程中这些干扰会逐渐降低,卷积神经网络一直重复卷积和下采样操作一直到获取层,输入图像被降解为个单维的特征图像,将个单维特征图像与输出层的各节点以全连接方式到输出层。

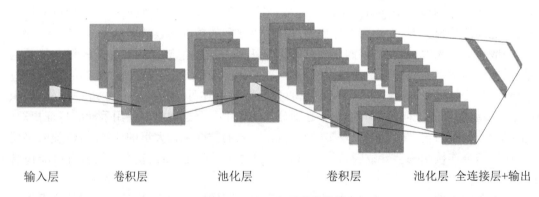

输入层　　　　卷积层　　　　池化层　　　　卷积层　　　　池化层　全连接层+输出

图 8.3　LeNet-5 网络结构图

在卷积神经网络结构设计方面一般考虑:网络的层数、每一层的节点数、激活函数,以及各层的输入、输出函数关系;从层数上分卷积神经网络的结构为:一个输入层,多个由卷积层＋最大池层或平均池层组成的隐含层,一个完全连接层和一个输出层。

从功能上分类，CNN 可分为特征检测层和分类层。各个层功能分别为：

① 特征检测层。对数据执行卷积、池化或修正线性单元（ReLU）操作。卷积将输入图像放进一组卷积过滤器，每个过滤器激活图像中的某些特征。池化通过执行非线性下采样，减少网络需要学习的参数个数，从而简化输出。人们常采用修正线性单元作为激活函数，它通过将负值映射到 0 或保持正数值，实现更快、更高效的训练。这 3 种操作在几十层或几百层上反复进行，每一层都学习检测不同的特征。

② 分类层。在特征检测之后，CNN 的架构转移到分类，由全连接层和输出层组成。倒数第二层是全连接层，输出 K 维度的向量，其中 K 是网络能够预测类的数量，此向量包含对任何图像的每个类进行分类的概率。CNN 架构的最后一层使用 softmax 函数提供分类输出。

CNN 结构的设计过程为：每一层神经元都以三维方式排列，将三维输入转换为三维输出。例如，对于图像输入，第一层（输入层）将图像保存为三维输入，尺寸为图像的高度、宽度和颜色通道。第一卷积层中的神经元连接到这些图像的区域，并将它们转换为三维输出。每个层中的可调权值参数通过卷积运算或池化学习原始输入的非线性组合，进行特征提取，并通过一层输出成为下一层的输入。最后，学习到的特征，成为网络末端分类器或回归函数的输入。

没有用于选择层数的确切公式。LeNet 有 5 层，AlexNet 有 8 层，VGGNet 有 16 层，Google Net 的层数进一步加深，而 ResNet 更是超过了 1000 层。一般是通过尝试先设计一些层数的网络，检测工作效果，或者使用预先训练好的网络，然后在其上进行改进和优化。CNN 的体系结构可以根据包含的层的类型和数量而有所不同。包含的层的类型和数量取决于特定的应用程序、数据数量和复杂性。例如，如果是分类任务，则必须有 softmax 函数层和分类层，而如果样本是连续的，则必须在网络的末尾有一个回归层。一个只有一两个卷积层的较小的网络可能足以学习少量的灰度图像数据。另一方面，对于具有数百万彩色图像的更复杂的数据，一般需要一个具有多个卷积层和完全连接层的更复杂的网络。CNN 中往往采用批处理规范化层，它通过一个小批处理将每个输入通道标准化。

8.4.3　卷积神经网络的结构特点

卷积神经网络是一种多层的监督学习神经网络，它使用了卷积这一线性数学运算，替代一般的矩阵乘法运算，平移、缩放和倾斜的不变性，具有局部（稀疏）连接、权值共享的特点。卷积运算受到视觉系统的神经机制启发，集成了"感受野"的思想，通过三个重要的思想来帮助改进机器学习系统：稀疏交互（sparse interactions）、参数共享（parameter sharing）、等变表示（equivariant representa-tions）。另外，卷积提供了一种处理大小可变的输入的方法。

卷积网络具有稀疏交互（也叫作稀疏连接（sparse connectivity）或者稀疏权重（sparse weights））的特征，它是通过核的大小远小于输入的大小来达到的。在神经网络中，每一层的神经元节点是一个线性一维排列结构，层与层各神经元节点之间是全连接的。卷积神经网络中，层与层之间的神经元节点不再是全连接形式，利用层间局部空间相关性将相邻每一层的神经元节点只与和它相近的上层神经元节点连接，即局部连接的网络结构。举个例子，当处理一张图像时，输入的图像可能包含成千上万个像素点，但是我们可以通过只占用几十到上百个像素点的核来检测一些小的有意义的特征，例如图像的边缘。这意味着需要存储的参数更少，不仅减少了模型的存储需求，而且提高了它的统计效率。这也意味着为了得到输出,我们只需要更少的计算量。这些效率上的提高往往是很显著的。如果有 m 个输入和 n 个输出,那么矩阵乘法需要 $m×n$ 个参数并且相应算法的时间复杂度为 $O(m×n)$(对于每一个例子)。如果我们限制每一个输出拥有的连接数为 k,那么稀疏的连接方法只需要 $k×n$ 个参数以及 $O(k×n)$ 的运行时间。在很多实际应用中,只需保持 k 比 m 小几个数量级,就能在机器学习的任务中取得好的表现。

参数共享,又称为权重共享,是指在一个模型的多个函数中使用相同的参数。在卷积神经网络中,卷积层的每一个卷积滤波器重复的作用于整个感受野中,对输入图像进行卷积,卷积结果构成了输入图像的特征图,提取出图像的局部特征。每一个卷积滤波器共享相同的参数,包括相同的权重矩阵和偏置项。在传统的神经网络中,当计算一层的输出时,权重矩阵的每一个元素只使用一次,当它乘以输入的一个元素后就再也不会用到了。卷积运算中的参数共享保证了我们只需要学习一个参数集合,而不是对于每一位置都需要学习一个单独的参数集合。这虽然没有改变前向传播的运行时间(仍然是 $O(k×n)$),但它显著地把模型的存储需求降低至 k 个参数,并且 k 通常要比 m 小很多个数量级。因为 m 和 n 通常有着大致相同的大小,k 在实际中相对于 $m×n$ 是很小的。因此,卷积在存储需求和统计效率方面极大地优于稠密矩阵的乘法运算。对于卷积,参数共享的特殊形式使得神经网络层具有对平移等变的性质。如果一个函数满足输入改变,输出也以同样的方式改变这一性质,我们就说它是等变的。特别地,如果函数 $f(x)$ 与 $g(x)$ 满足 $f(g(x))=g(f(x))$,我们就说 $f(x)$ 对于变换 g 具有等变性。对于卷积来说,如果令 g 是输入的任意平移函数,那么卷积函数对于 g 具有等变性。

对于卷积产生一个二维映射来表明某些特征在输入中出现的位置,如果我们移动输入中的对象,它的表示也会在输出中移动同样的量。当处理多个输入位置时,一些作用在邻居像素的函数是很有用的。例如在处理图像时,在卷积网络的第一层进行图像的边缘检测是很有用的。相同的边缘或多或少地散落在图像的各处,所以应当对整个图像进行参数共享。卷积对其他的一些变换并不是天然等变的,例如对于图像的缩放或者旋转变换,需要其他的一些机制来处理这些变换。

人们仍然采用梯度下降法去学习共享权重参数,只需要对原有的梯度下降法做一个很小的改进。共享权重的梯度是共享联结参数梯度之和。共享权重的好处是在对图像进行特征提取时不用考虑局部特征的位置。而且权重共享提供了一种有效的方式,使要学习的卷积神经网络模型参数数量大大降低。

8.5　卷积神经网络各层的基本计算与功能

8.5.1　输入层

卷积神经网络的输入层可以处理多维数据,一般来说,一维卷积网络的输入层能够接收一维或二维数组,二维输入是包含多通道的情况;二维卷积网络接收二维或三维数组,三维输入是包含多通道的情况,以此类推。输入层的作用是对原始数据进行预处理,常见的预处理方法有去均值(将数据的各个维度上的数值均中心化为 0):$\hat{x}_i = x_i - \dfrac{1}{N}\sum\limits_{i=1}^{N} x_i$ 和归一化(将数据幅度处理成相同范围,从而降低数据间取值范围之间的差异)。常见的归一化方法有 min-max 标准化:$\hat{x}_i = \dfrac{x_i - \min}{\max - \min}$ 和 0-1 标准化:$\hat{x}_i = \dfrac{x_i - \mu}{\sigma}$,其中 max 为样本最大值,min 为样本最小值,μ 为样本均值,σ 为样本标准差。这些预处理方法的主要目的是统一输入数据的特征,提升算法的效率。

卷积网络各层的基本计算包括:卷积层:卷积计算;下、上(降、升)采样(池化)层:最大池采样或平均池采样计算、softmax 回归计算、各种激活函数。

8.5.2　卷积层

卷积层由连接到输入图像的子区域或上一层的输出的神经元组成输入,通过分块扫描图像,并计算权重和输入的点积,加上一个偏置项的卷积计算,来学习这些区域定位的特征。应用于图像中区域的一组权重称为滤波器;滤波器沿输入图像垂直和水平移动,重复每个区域的相同计算;过滤器移动的步长称为步幅。每一个神经元从上一层的局部接受域得到输入,提取局部特征;进行多个特征映射,每个特征映射都是平面的二维形式;平面中的神经元在约束下共享相同的权值集,特征提取与映射由卷积完成。滤波器中权值的个数是 $h \times w \times c$,其中,h 是高度,w 分别是滤波器的宽度,c 是输入中的通道数,一般情况下:$h = w$(方阵),特征图是指由滤波器的特征映射的全部输出组成的平面,每个特征映射都是使用不同的权重集和不同的偏差进行卷积的结果。卷积层输入矩阵维数和滤波器的维数,由设计者确定,由此计算出特征图输出维数大小。假定:网络输入维数为:$M \times M$,滤波器维数为:$n \times n$。特征图输出维数为:输入维数-过滤器维数+1=$M - n + 1$。则网络输入维数为:$M \times M = 32 \times 32$;滤波器维数为:$n \times n = 5 \times 5$;特征图输出维数为:输入维数-过滤器维数+1=$M - n + 1$ $= 32 - 5 + 1 = 28$(28×28)。

为了加快卷积神经网络的训练,降低对网络初始化的敏感性,在卷积层和非线性(如 ReLU 层)之间使用批处理归一化层。该层首先通过减去小批量均值,并除以小批量标准差,来规范每个通道的激活。然后,该层通过一个可学习的偏移 β 移动输入,并通过一个可学习的比例因子 γ 对其进行缩放。β 和 γ 本身是在网络训练期间更新的可学习参数。批处理归一化层对通过神经网络传播的激活和梯度进行归一化,使网络训练成为一个更容易的优化问题。

卷积和批处理归一化层通常后面跟着一个非线性激活函数,例如由 ReLU 层指定的整流线性单元。ReLU 为深度神经网络中典型的激活函数,它对输入的每个元素执行阈值操作,其中小于零的任何值都设置为零。ReLU 层不改变其输入维数的大小。还有其他非线性激活层执行不同的操作,可以提高某些应用的网络精度。

在卷积神经网络中,卷积层是卷积神经网络不可缺少的重要部分,一个卷积层可以包含很多卷积面。卷积面又称为卷积特征图或卷积图,有时也称为特征图。每个卷积面都是根据输入、卷积核和激活函数来计算的。卷积面的输入,通常是一幅或多幅图像。卷积核是卷积层的权值,卷积核是一个矩阵(或张量),又称为卷积滤波器,简称滤波器。卷积核一般是需要训练的,但有时也可以是固定的,比如直接采用 Gabor 滤波器。激活函数有很多不同的选择,但一般选为 sigmoid 函数或线性校正单元 ReLU。

卷积层内的各个神经元都与前一层中位置相近区域 M_i 的多个神经元相连,该区域被称为感受野,其大小取决于卷积核矩阵维度大小。卷积核在工作过程中,沿输入特征图的轴进行移动。卷积层的计算过程是:在感受野内对特征图上元素与矩阵元素对应相乘再求和,并将得到的结果与偏差量相加送入该层的激活函数,得到卷积层输出特征图对应元素的值。所以卷积核实际上是一个带有可调参数的卷积核函数,可调参数可以根据网络的学习算法(例如梯度下降法)进行更新。

1. 卷积层的作用

卷积层的作用在于提取经预处理后数据的特征。卷积核作为卷积层的重要组成部分,本质上是一个特征提取器,对卷积层的输入数据的深层特征进行提取。由每一个卷积核生成的相应的输出特征图,通过卷积运算,获得多个特征图的值。当我们提到神经网络中的卷积时,通常是指由多个并行卷积组成的运算。这是因为具有单个核的卷积,只能提取一种类型的特征,尽管它作用在多个空间位置上。通常希望网络的每一层能够在多个位置提取多种类型的特征。卷积是为了通过一个卷积核,把数据变化成特征,便于后面的分离。卷积表示两信号的相似度,图像中表示卷积模板与图像中某一块区域的相似度,如果卷积结果越大,说明图像中的某位置和卷积模板类似,如果卷积结果小,说明图像中某位置和卷积模板的相似度很小。

在卷积网络的计算中,卷积的第一个参数为输入(x),第二个为做核函数(kernel function)参数(k,b)。输出被称作特征图;核的大小通常要远小于输入图像的大小,所以,卷积通常对应着一个非常稀疏的矩阵,卷积操作是为了更有效地处理大规模输入,提供了一种处理大小可变的输入的方法。卷积核(过滤器)是一个方形的物体扫过图像网格,要确定其数量和过滤器大小,根据检测边缘、线条、斑点颜色情况来定。

2. 卷积层的计算

卷积是对两个函数$(k$ 和 $b)$的数学运算,它产生第三个函数,表示一个函数与核函数的相似度。用一个可以学习的卷积核对上一层卷积面进行卷积获得的结果,加上偏置量,再通过一个激活函数,得到的输出特征图就是卷积层的输出。卷积层主要的任务就是从不同的角度来获取前一层特征图中不同角度下的特征,使其具有位移不变性。这个过程的具体函数表达式为

$$\begin{cases} u_j^l = \sum_{i \in M_j} x_j^{l-1} * k_{pq}^l + b_j^l \\ x_j^l = f(u_j^l) \end{cases} \tag{8.1}$$

其中,u_j^l 称为卷积层 l 的第 j 个通道的净激活(net activation),它通过对前一层输出特征图 x_i^{l-1} 进行卷积求和与偏置后得到;x_i^{l-1} 是卷积层 l 前一层的第 i 个通道的输出;k_{ij}^l 是卷积核矩阵;b_j^l 是卷积层 l 的第 j 个通道的偏置;M_j 是用于计算 u_j^l 的输入卷积层 l 的第 j 个通道的特征图子集;x_j^l 是卷积层 l 的第 j 个通道的输出;$f(\bullet)$ 是 sigmoid、tanh 或 ReLU 等激活函数;$j=1,2,\cdots,n;n$ 是卷积层 l 的特征图数量;$i=1,2,\cdots,m,m$ 是卷积层 l 前一层的特征图数量;"$*$"表示卷积运算符。$p=1,2,\cdots,u;q=1,2,\cdots,v$。

卷积层的计算过程如图 8.4 所示。

在卷积神经网络中,涉及两种卷积运算:内卷积运算和外卷积运算。卷积神经网络在前

向计算时,用到内卷积运算;在采用反向传播算法,对网络的权值修正公式进行计算时,用到外卷积运算。

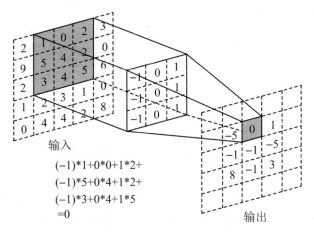

$(-1)*1+0*0+1*2+$
$(-1)*5+0*4+1*2+$
$(-1)*3+0*4+1*5$
$=0$

输入

输出

图 8.4　卷积层的计算过程

卷积是为了把网络的输入数据通过与一个卷积核的作用,转变成输入数据中的特征图,这个特征图表示的是两个相互作用信号的相似度。在图像处理中,通过卷积计算,能够获得卷积模板(核)与图像中某一块区域的相似度,如果卷积后的结果值越大,说明图像中的某位置与卷积模板越相似,如果卷积结果值很小,说明图像中某位置与卷积模板的相似度很小。

3. 内卷积计算

内卷积定义:假设 A 和 B 两个矩阵,它们的大小分别为 $M \times N$ 和 $m \times n$,且 $M \geqslant m, N \geqslant n$,则它们的内卷积定义为 $C = A \ \breve{*}\ B$:

$$C = A \ \breve{*}\ B = \begin{bmatrix} c_{11} & \cdots & c_{1,N-n+1} \\ \vdots & & \vdots \\ c_{M-m+1,1} & \cdots & c_{M-m+1,N-n+1} \end{bmatrix}, C \text{ 的维数(卷积层输出)大小为}(M-m+1)$$

$\cdot (N-n+1)$,C 中具体元素 c_{ij} 的计算公式为

$$c_{ij} = \sum_{s=1}^{m} \sum_{t=1}^{n} a_{i-1+s,j-1+t} \cdot b_{st}, \quad 1 \leqslant i \leqslant M-m+1, 1 \leqslant j \leqslant N-n+1 \qquad (8.2)$$

【例 8.1】 假设矩阵 $A = \begin{bmatrix} 1 & 2 & 3 \\ 4 & 5 & 6 \\ 7 & 8 & 9 \end{bmatrix}$ 和矩阵 $B = \begin{bmatrix} 2 & 3 \\ 4 & 5 \end{bmatrix}$,求对 A 和 B 进行内卷积结果计算。

解 已知矩阵 A 和 B,则 $M=3, N=3, m=2, n=2$。

内卷积 $C = A \ \breve{*}\ B$ 是 $M-m+1$ 行 $N-n+1$ 列的矩阵,即大小为 2×2。

定义内卷积 $C = \begin{bmatrix} c_{11} & c_{12} \\ c_{21} & c_{22} \end{bmatrix}$,分别求出 c_{11}、c_{12}、c_{21}、c_{22} 即可。

$$c_{11} = \sum_{s=1}^{2} \sum_{t=1}^{2} a_{1-1+s,1-1+t} \cdot b_{st}$$

$$= a_{11}b_{11} + a_{12}b_{12} + a_{21}b_{21} + a_{22}b_{22}$$

$$= 2 + 6 + 16 + 25 = 49$$

其中，$A = \begin{bmatrix} 1 & 2 & 3 \\ 4 & 5 & 6 \\ 7 & 8 & 9 \end{bmatrix} = \begin{bmatrix} a_{11} & a_{12} & a_{13} \\ a_{21} & a_{22} & a_{23} \\ a_{31} & a_{32} & a_{33} \end{bmatrix}$，$B = \begin{bmatrix} 2 & 3 \\ 4 & 5 \end{bmatrix} = \begin{bmatrix} b_{11} & b_{12} \\ b_{21} & b_{22} \end{bmatrix}$。

同理求出

$$c_{12} = \sum_{s=1}^{2} \sum_{t=1}^{2} a_{1-1+s, 2-1+t} \cdot b_{st} = 63$$

$$c_{21} = \sum_{s=1}^{2} \sum_{t=1}^{2} a_{2-1+s, 1-1+t} \cdot b_{st} = 91$$

$$c_{22} = \sum_{s=1}^{2} \sum_{t=1}^{2} a_{2-1+s, 2-1+t} \cdot b_{st} = 105$$

内卷积的计算结果为 $C = A \check{*} B = \begin{bmatrix} c_{11} & c_{12} \\ c_{21} & c_{22} \end{bmatrix} = \begin{bmatrix} 49 & 63 \\ 91 & 105 \end{bmatrix}$。

【例 8.2】 写出图 8.5 中 3×3 的卷积核与特征图像卷积得到最右边卷积结果的具体过程。

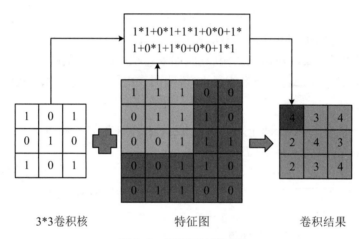

3*3卷积核　　　　　　　特征图　　　　　　　卷积结果

图 8.5　卷积层计算过程

解　第一步：特征图前三行前三列组成的 3×3 矩阵与卷积核对应位置数值乘积的累和为

$$1 \times 1 + 1 \times 0 + 1 \times 1 + 0 \times 0 + 1 \times 1 + 1 \times 0 + 0 \times 1 + 0 \times 0 + 1 \times 1 = 4$$

得出卷积结果中第 1 行第 1 列数值为 4。

第二步：卷积核在第一步基础上向右移动一个单位，则变为特征图第 $2 \sim 4$ 行前三列组成的 3×3 矩阵与之对应，对应位置数值乘积的累和为

$$1 \times 1 + 1 \times 0 + 0 \times 1 + 1 \times 0 + 1 \times 1 + 1 \times 0 + 0 \times 1 + 1 \times 0 + 1 \times 1 = 3$$

得出卷积结果中第 1 行第 2 列数值为 3。

第三步：卷积核在第二步基础上再向右移动一个单位，则变为特征图第 $3 \sim 5$ 行前三列组成的 3×3 矩阵与之对应，对应位置数值乘积的累和为

$$1 \times 1 + 0 \times 0 + 0 \times 1 + 1 \times 0 + 1 \times 1 + 0 \times 0 + 1 \times 1 + 1 \times 0 + 1 \times 1 = 4$$

得出卷积结果中第 1 行第 3 列数值为 4。

第四步：卷积核在第一步基础上向下移动一个单位，则变为特征图第 $2 \sim 4$ 行前三列组

成的 3×3 矩阵与之对应,对应位置数值乘积的累和为

$$0\times1+1\times0+1\times1+0\times0+0\times1+1\times0+0\times1+0\times0+1\times1=2$$

得出卷积结果中第 2 行第 1 列数值为 2。

　　第五步:卷积核在第四步基础上再向右移动一个单位,则变为特征图第 $2\sim4$ 行第 $2\sim4$ 列组成的 3×3 矩阵与之对应,对应位置数值乘积的累和为

$$1\times1+1\times0+1\times1+0\times0+1\times1+1\times0+0\times1+1\times0+1\times1=4$$

得出卷积结果中第 2 行第 2 列数值为 4。

　　第六步:卷积核在第五步基础上再向右移动一个单位,则变为特征图第 $2\sim4$ 行第 $3\sim5$ 列组成的 3×3 矩阵与之对应,对应位置数值乘积的累和为

$$1\times1+1\times0+0\times1+1\times0+1\times1+1\times0+1\times1+1\times0+0\times1=3$$

得出卷积结果中第 2 行第 3 列数值为 3。

　　第七步:卷积核在第四步基础上再向下移动一个单位,则变为特征图第 $3\sim5$ 行前三列组成的 3×3 矩阵与之对应,对应位置数值乘积的累和为

$$0\times1+0\times0+1\times1+0\times0+0\times1+1\times0+0\times1+1\times0+1\times1=2$$

得出卷积结果中第 3 行第 1 列数值为 2。

　　第八步:卷积核在第七步基础上向右移动一个单位,则变为特征图第 $3\sim5$ 行第 $2\sim4$ 列组成的 3×3 矩阵与之对应,对应位置数值乘积的累和为

$$0\times1+1\times0+1\times1+0\times0+1\times1+1\times0+1\times1+1\times0+0\times1=3$$

得出卷积结果中第 3 行第 2 列数值为 3。

　　第九步:卷积核在第八步基础上再向右移动一个单位,则变为特征图第 $3\sim5$ 行第 $3\sim5$ 列组成的 3×3 矩阵与之对应,对应位置数值乘积的累和为

$$1\times1+1\times0+1\times1+1\times0+1\times1+0\times0+1\times1+0\times0+0\times1=4$$

得出卷积结果中第 3 行第 3 列数值为 4。

　　综上,卷积核按照从左到右从上到下的顺序平移过整幅图像,以相同的计算方法与原始图像的剩余部分进行卷积,即可得到最右边卷积结果。

8.5.3　池化层

　　在卷积神经网络中,池化层也叫下采样层,是由图像经过池化函数计算后而得到的结果,一般位于卷积层的下一层。池化函数使用某一位置的相邻输出的总体统计特征来代替网络在该位置的输出。池化就是计算特征图上一个区域内平均值或最大值,计算特征图上一个区域内的平均值叫作平均池化,计算特征图上一个区域内的最大值叫作最大池化。不管采用什么样的池化函数,当输入作出少量平移时,池化能够帮助输入的表示近似不变。对于平移的不变性是指当人们对输入进行少量平移时,经过池化函数后的大多数输出并不会发生改变。这一特性被称为局部平移不变性。局部平移不变性是一个很有用的性质,尤其是当人们关心某个特征是否出现而不关心它出现的具体位置时。例如,当判定一张图像中是否包含人脸时,人们并不需要知道眼睛的精确像素位置,只需要知道有一只眼睛在脸的左边,有一只在右边就行了。但在一些其他领域,保存特征的具体位置却很重要。例如当想要寻找一个由两条边相交而成的拐角时,就需要很好地保存边的位置来判定它们是否相交。在获取图像的卷积特征后,要通过池采样方法对卷积特征进行降维。此时需要将卷积特征

划分为一些不相交区域,用这些区域的最大(或平均)特征来表示降维后的卷积特征。这些降维后的特征更容易进行分类。

卷积层后往往为一个最大或平均池化层,其中最大池化层通过将输入划分为矩形池区域并计算每个区域的最大值来执行下采样。平均池化层通过将输入划分为矩形池化区域并计算每个区域的平均值来执行下采样。池化层遵循卷积层进行下采样,因此减少了与以下层的连接数量。池化层本身不执行任何学习操作,而是减少在以下几层中要学习的参数的数量。最大池化层返回其输入的矩形区域的最大值。矩形区域的大小由最大池化层的池大小参数决定。例如,如果池大小等于 $[2,3]$,则该层返回高度 2 和宽度 3 区域的最大值。平均池化层输出其输入的矩形区域的平均值。矩形区域的大小由平均池化层的池大小参数决定。例如,如果池大小为 $[2,3]$,则该层返回高度 2 和宽度 3 区域的平均值。池化层扫描通过输入水平和垂直的步骤大小,如果池大小小于或等于步长,则池化区域不重叠。对于不重叠区域,如果对池化层的输入为 $n-by-n$,池化区域大小为 $h-by-h$,则池层向下按 h 采样区域。也就是说,卷积层的一个信道的最大或平均池化层的输出是 $n/h-by-n/h$。对于重叠区域,池化层的输出是(输入大小-池大小 $2\times$ 添加)/跟踪 1。

1. 池化层的作用

池化层的作用是对经过特征提取的特征图实行降维采样,在减少数据量的同时,保留有用的信息,增强 CNN 具有抗畸变和干扰的能力。它通过降低特征面的分辨率,来获得具有空间不变性的特征。实际上,池化层起到了二次提取特征的作用,它对其局部接受域内的信号进行池化操作。常见的方法有最大值池化(将局部接受域中幅值最大的数值作为输出)、均值池化(将局部接受域的所有值求均值作为输出)以及随机池化(在局部接受域中随机选取一个值作为输出)。

在通过卷积获取图像特征之后是利用这些特征进行分类。我们可以用所有提取到的特征数据进行分类器的训练,但这通常会产生极大的计算量。例如:对于一个 48×48 像素的图像,假设通过在卷积层定义 20 个 4×4 大小的卷积滤波器,每个卷积核与图像卷积都会得到一个 $(48-4+1)\times(48-4+1)$ 维的卷积特征,由于有 20 个特征,所以每个样例都会得到一个 $45\times45\times20$ 维的卷积特征向量。学习一个如此规模特征输入的分类器十分困难,很容易出现过拟合现象,得不到合理的结果。所以在获取图像的卷积特征后,可以通过最大或平均池采样方法对卷积特征进行降维,将卷积特征划分为 $n\times n$ 个不相交的区域,用这些区域的最大或平均特征来表示降维后的卷积特征。这些降维后的特征更容易进行分类。

最大或平均池采样在计算机视觉中的价值体现在两个方面:

① 它减小了来自上层隐藏层的计算复杂度。

② 这些池化单元具有平移不变性,即使图像有小的位移,提取到的特征依然会保持不变。

池化层的作用主要有以下五点:

① 池化采样方法是一个高效的降低数据维度的采样方法(降采样),来表示降维后的卷积特征。这些降维后的特征更容易进行分类,起到了二次提取特征的作用。

② 减小来自上层隐藏层的计算复杂度。

③ 可以提高网络的统计效率。

④ 池化单元具有平移不变性,即使图像有小的位移,提取到的特征依然会保持不变。

⑤ 减少对于参数的存储需求。

为了理解池化的不变性,我们假设有一个最大池层级联在卷积层之后。一个像素点可以在输入图像上的八个方向平移。如果最大池层的滤波窗口尺寸是 2×2 的,卷积层中一个像素往 8 个可能的方向平移,其中有 3 个方向会产生同样的输出。如果最大池层的滤波窗口增加到 3×3,平移不变的方向会增加到 5 个。由于增强了对位移的鲁棒性,池采样方法是一个高效的降低数据维度的采样方法。池化综合了全部邻居的反馈,使得池化单元少于探测单元成为可能,可以通过综合池化区域的 k 个像素的统计特征而不是单个像素来实现。这种方法提高了网络的计算效率,因为下一层少了约 k 倍的输入。

2. 池化层计算

① 将前一层卷积特征划分为数 $n \times n$ 个的不相交区域;

② 对输入特征图 x_j^{l-1} 通过滑动窗口的方法划分为多个不重叠的 $n \times n$ 图像块;

③ 对每个图像块内的像素求均值、最大值或随机值作为池化操作的结果。

输出图像在各个维度上都将减小 n 倍。

池化层参数基本配置为:接收数据维度大小、池化核参数的大小,池化核移动步长和输出数据维度大小。池化层没有需要学习的参数。池化核通过池化函数 $pool(\cdot)$ 计算来对上一卷积层输出 x_j^{l-1} 特征图进行特征提取,它是通过对输入特征图 x_j^{l-1} 通过滑动窗口的方法划分为多个不重叠的 $n \times n$ 图像块,同时屏蔽外界干扰。池化层将每个从卷积层接收到的输入特征图 x_i^{l-1},通过池化加权计算,输出新的特征图 x_j^l,池化过程的数学表达式为

$$\begin{cases} u_j^l = \beta_j^l pool(x_j^{l-1}) + b_j^l \\ x_j^l = f(u_j^l) \end{cases} \tag{8.3}$$

其中,x_i^{l-1} 是池化层 l 上一层的第 i 张特征图,β_j^l 是池化层 l 的第 j 个通道的权重系数,b_j^l 是池化层 l 的第 j 个通道对应的偏置,符号 $pool(\cdot)$ 是池化函数,它通过对输入特征图 x_j^{l-1} 通过滑动窗口方法划分为多个不重叠的 $n \times n$ 图像块,然后对每个图像块内的像素求均值、最大值或随机值作为池化操作的结果,输出图像在各个维度上都将减小 n 倍。

池化层通过池化函数计算某一位置的相邻输出的**总体统计特征**,来代替网络在该位置的输出。最大池化(max pooling)函数:给出相邻矩形区域内的最大值;基于据中心像素距离的加权平均函数:相邻矩形区域内的平均值。池化函数 $pool(\cdot)$ 可以是平均池化 avgdown 或者最大池化 max down,x_j^l 是池化层 l 的第 j 个通道的输出,$f(\cdot)$ 是激活函数,$j=1,2,\cdots,n$,n 是池化层 l 的特征图数量。u_j^l 成为池化层 l 的第 j 个净激活,它由前一个输出特征图 x_i^{l-1} 进行池化加权,再加上偏置项得到。

3. 上(升)下(降)采样运算

在卷积神经网络中,有两种采样运算:上采样和下采样(或称为升采样和降采样)。上采样和下采样之间存在着某种对应关系。不同的下采样运算,相应的上采样运算一般是不同的。常用的下采样有两种:平均下采样(average down sampling 或 mean down sampling)和最大下采样(max down sampling)。这两种下采样又分别称为平均池化和最大池化。相应的上采样称为平均上采样和最大上采样。

对一个矩阵 A 进行下采样,首先要对它分块。标准的分块操作是不重叠的,理论上分块也可以是重叠的,但分块的数目相对较多。如果分块不重叠,且每块的大小为 $\lambda \times \tau$,则其中的第 ij 个块可以表示为

$$G_{\lambda\tau}^A(i,j) = (a_{st})_{\lambda \times \tau}$$

其中，$(i-1) \cdot \lambda + 1 \leqslant s \leqslant i \cdot \lambda, (j-1) \cdot \tau + 1 \leqslant t \leqslant j \cdot \tau$。

下采样的定义为：

① 对 $G_{\lambda\tau}^A(i,j)$ 的**平均下采样**定义为

$$\text{avgdown}(G_{\lambda,\tau}^A(i,j)) = \frac{1}{\lambda \times \tau} \sum_{s=(i-1)\times\lambda+1}^{i\times\lambda} \sum_{t=(j-1)\times\tau+1}^{j\times\tau} a_{st}$$

② 对 $G_{\lambda\tau}^A(i,j)$ 的**最大下采样**定义为

$$\text{maxdown}(G_{\lambda\tau}^A(i,j)) = \max\{a_{st}, (i-1)\cdot\lambda+1 \leqslant s \leqslant i\cdot\lambda, (j-1)\cdot\tau+1 \leqslant t \leqslant j\cdot\tau\}$$

③ 采用大小为 $\lambda\times\tau$ 的块，对矩阵 A 进行不重叠**平均下采样**的定义为

$$D_{\text{avg}} = \text{avgdown}_{\lambda,\tau}(A) = (\text{avgdown}(G_{\lambda,\tau}^A(i,j)))$$

④ 采用大小为 $\lambda\times\tau$ 的块，对矩阵 A 进行不重叠**最大下采样**的定义为

$$D_{\text{max}} = \text{maxdown}_{\lambda,\tau}(A) = (\text{maxdown}(G_{\lambda\tau}^A(i,j)))$$

上采样的定义为：

① 对矩阵 D_{avg} 进行倍数为 $\lambda\times\tau$ 的不重叠**平均上采样**的定义为

$$\text{avgup}_{\lambda\times\tau}(D_{\text{avg}}) = D_{\text{avg}} \otimes 1_{\lambda\times\tau} \tag{8.4}$$

其中，$1_{\lambda\times\tau}$ 是一个元素全为 0 的矩阵，$\otimes$ 代表克罗内克积。

② 对矩阵 $D_{\text{max}} = (d_{ij})$ 进行倍数为 $\lambda\times\tau$ 的不重叠**最大上采样**的定义为

$$\text{maxup}_{\lambda\times\tau}(D_{\text{max}}) = (U_{ij})$$

其中，所有 $U_{ij} = (u_{kl})_{\lambda\times\tau}$ 都是大小为 $\lambda\times\tau$ 的矩阵，每个元素为

$$u_{kl} = \begin{cases} d_{ij}, & k=s^* \text{ 且 } l=t^*，其中 s^*t^* = \text{argmax} a_{st} \in G_{\lambda\tau}^A(i,j) \\ 0, & \text{其他} \end{cases}$$

【例 8.3】 如果矩阵 $A = \begin{bmatrix} 3 & 6 & 8 & 4 \\ 4 & 7 & 7 & 1 \\ 2 & 2 & 4 & 2 \\ 2 & 4 & 3 & 1 \end{bmatrix}$，求对 A 进行 2×2 不重叠平均下采样和最大下

采样的结果。

解 对一个矩阵 A 进行下采样，首先要对它分块。

已知矩阵 A 和 $\lambda=2, \tau=2$，分块后的第 ij 个块可以表示为

$$G_{22}^A(i,j) = (a_{st})_{2\times2}, \quad 2(i-1)+1 \leqslant s \leqslant 2i, \quad 2(j-1)+1 \leqslant t \leqslant 2j$$

则

$$G_{22}^A(1,1) = \begin{bmatrix} 3 & 6 \\ 4 & 7 \end{bmatrix}, \quad G_{22}^A(1,2) = \begin{bmatrix} 8 & 4 \\ 7 & 1 \end{bmatrix}, \quad G_{22}^A(2,1) = \begin{bmatrix} 2 & 2 \\ 2 & 4 \end{bmatrix}, \quad G_{22}^A(2,2) = \begin{bmatrix} 4 & 2 \\ 3 & 1 \end{bmatrix}$$

对 $G_{\lambda\tau}^A(i,j)$ 的平均下采样定义为

$$\text{avgdown}(G_{\lambda\tau}^A(1,1)) = \frac{1}{4}(3+6+4+7) = 5$$

$$\text{avgdown}(G_{\lambda,\tau}^A(1,2)) = \frac{1}{4}(8+4+7+1) = 5$$

$$\text{avgdown}(G_{\lambda,\tau}^A(2,1)) = \frac{1}{4}(2+2+2+4) = 2.5$$

$$\text{avgdown}(G_{\lambda,\tau}^A(2,2)) = \frac{1}{4}(4+3+2+1) = 2.5$$

即对 A 进行 2×2 不重叠平均下采样的结果为

$$D_{avg} = \text{avgdown}_{2,2}(A) = \begin{bmatrix} 5 & 5 \\ 2.5 & 2.5 \end{bmatrix}$$

对 $G_{Ar}^A(i,j)$ 的最大下采样定义为

$$\text{maxdown}(G_{Ar}^A(1,1)) = \max\{3,6,4,7\} = 7$$

$$\text{maxdown}(G_{Ar}^A(1,2)) = \max\{8,4,7,1\} = 8$$

$$\text{maxdown}(G_{Ar}^A(2,1)) = \max\{2,2,2,4\} = 4$$

$$\text{maxdown}(G_{Ar}^A(2,2)) = \max\{4,2,3,1\} = 4$$

即对 A 进行 2×2 不重叠最大下采样的结果为

$$D_{\max} = \text{maxdown}_{2,2}(A) = \begin{bmatrix} 7 & 8 \\ 4 & 4 \end{bmatrix}$$

平均池化过程如图 8.6 所示。特征图为 4×4 的矩阵,当进行 2×2 不重叠平均池化时,特征图分为图中 4 个不同的 2×2 的矩阵,对其中左上角的 2×2 的矩阵取平均:$\frac{1}{2\times2}(0.3+0.2+0.5+0.6)=0.4$,就得到 2×2 矩阵结果中所对应的左上角平均池化值为 0.4。同理对余下的右上角、左下角和右下角部分的 2×2 矩阵分别取平均,就可以得到其分布对应的平均池化结果,从而得到最终的平均池化结果。

若从卷积角度求解,则是求特征图通过一个参数都为 $\frac{1}{2\times2}$ 的卷积核的卷积结果。如左上角的 2×2 的矩阵求卷积为:$\frac{1}{2\times2}\times0.3+\frac{1}{2\times2}\times0.2+\frac{1}{2\times2}\times0.5+\frac{1}{2\times2}\times0.6=0.4$,得到左上角部分对应卷积结果为 0.4,和平均池化过程相同。

池化过程也可以看作一种特殊的卷积过程,如图 8.6 就是平均池化过程。从图 8.6 可以看出,池化过程也是对特征图的缩小过程,当池化所用的卷积核大小为 $\lambda\times\tau$ 时,那么输出的特征图在平面上的两个维度各分别缩小了 λ 倍和 τ 倍。

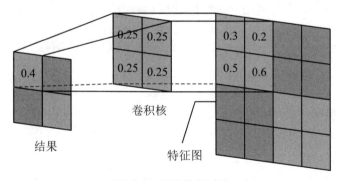

图 8.6 平均池化过程

4. 空间金字塔池化算法

在常规的卷积神经网络中,卷积和池化都对输入的特征图大小没有要求,但全连接的输入大小是固定的,从而导致对于结构已经确定的卷积神经网络,需要输入固定大小的图像,比如 $32*32$、$64*64$、$480*640$ 等。因此,在利用卷积神经网络处理各种大小不同的图像时,需要对输入图像进行放缩或裁剪,使得输入图像达到卷积神经网络要求的输入的大小,但图像的放缩或裁剪会丢失图像原有的特征,从而导致卷积神经网络不能有效地获取图像

的原有特征。

"空间金字塔池化"算法是一种能够解决卷积神经网络输入大小问题的算法。当卷积神经网络中加入了"空间金字塔池化"算法后,卷积神经网络的输入图像不需要进行放缩或裁剪,可以是任意大小的图像。"空间金字塔池化"算法可以通过一个具体的例子来说明,如图8.7所示,是一个简单的空间金字塔池化,输入一张任意大小的特征图,而要求输出21个特征。为了能够获得21个特征,可以使用三种不同的刻度对特征图进行划分,每一个小块提取一个特征,那么就会得到21个特征。这种提取特征的方法就是"空间金字塔池化"算法。

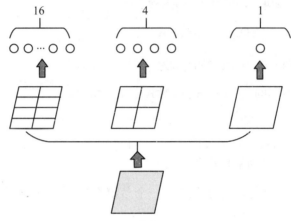

图 8.7 空间金字塔池化

"空间金字塔池化"算法本质上是改变池化所使用的卷积核大小,从而达到固定输出的目的。

对输入的每个元素执行阈值操作,小于零的任何值都设置为零,ReLU层不改变其输入维数的大小,其他非线性激活层执行不同的操作,可以提高某些应用的网络精度。

在深度神经网络中,有时使用一个特殊的层:丢包层,它以给定的概率将输入元素随机设置为零。这种操作有效地改变了迭代之间的底层网络体系结构,并有助于防止网络过度拟合。更高的数量导致更多的元素在训练过程中被丢弃。在预测时,该层的输出等于其输入。类似于最大或平均池层,在该层中不发生权值学习。

8.5.4 全连接层

1. 全连接层的功能

深度神经网络的卷积和下采样层后面一般都跟着一个或多个完全连接的层。完全连接的层将输入乘以权重矩阵,然后添加偏置向量。完全连接层中的所有神经元都连接到上一层中的所有神经元。这一层结合了前一层在图像上学习的所有特征(局部信息),以识别更大的模式。对于分类问题,最后一个完全连接的层结合特征对图像进行分类。这就是为什么网络的最后一个完全连接层的输出大小参数等于数据集的类数。对于回归问题,输出大小必须等于响应变量的数量。

2. 全连接层计算

全连接层作为卷积神经网络的重要组成部分,一般情况下卷积神经网络的输出层就是一个全连接层。全连接层中各层输出由该层输入乘上权重矩阵和加上偏置项，并通过激活函数的响应得到。全连接层位于网络的尾端，其的作用是对前面逐层变换和映射提取的特征进行回归分类等处理，它将所有的二维矩阵形式信号的特征图按行或按列拼接成一维特征，作为全连接网络的输入。全连接层 l 的输出可通过对输入加权求和并通过激活函数的响应得到，全连接层每个神经元的输出表达式为

$$\begin{cases} u_j^l = \sum_{i=1}^m w_{ij}^l x_i^{l-1} + b_j^l \\ x_j^l = f(u_j^l) \end{cases} \tag{8.5}$$

其中，x_i^l 是全连接层 l 前一层的神经元的第 i 个输出，w_{ij}^l 是 $l-1$ 层的第 i 个神经元的输出和全连接层 l 的第 j 个神经元之间对应的权重系数，b_j^l 是全连接层 l 的第 j 个神经元对应的偏置，x_j^l 是全连接层 l 的第 j 个通道的输出，$f(\cdot)$ 是激活函数，$j=1,2,\cdots,n$，n 是全连接层 l 的输出特征向量的大小，$i=1,2,\cdots,m$，m 是卷积层 l 前一层的输出特征向量的大小。u^l 称为全连接层 l 的净激活，它由前一层输出特征图 x^{l-1} 进行加权和偏置后得到。

为了提升 CNN 网络的性能，全连接层的每个神经元的激活函数一般采用 ReLU 函数。最后一层全连接层的输出值将被传递给一个输出层。

卷积网络到全连接层如图 8.8 所示，经过多次的卷积和池化，最终得到 H_4。如图 8.8 所示，如果 H_4 层存在三个特征图，且大小为 $2*2$，那么将 H_4 展开以特征向量形式存在，再输入到传统的神经网络，这就是卷积网络到全连接层的过程。而全连接层可以看成传统的神经网络。

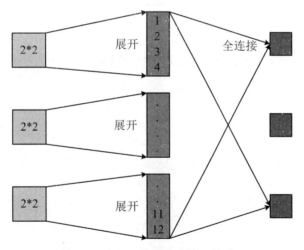

图 8.8　卷积网络到全连接层的过程

8.5.5　输出层

输出层通常跟随在全连接层之后，其设置跟具体的任务有关。当处理分类问题时，输出层的激活函数可以选择 softmax 函数，通过 softmax 函数可以得到当前样例属于不同种类的概率分布情况，此时输出层也叫 softmax 层。

8.6 卷积神经网络激活函数

本节以卷积神经网络为例,来介绍深度学习网络中的典型激活函数类型及其功能。在深度学习神经网络中,激活函数的种类是比较多的,除了线性的激活函数 $f(x)=x$ 以外,常用的还有以下 11 种:

1. 硬限幅激活函数

硬限幅激活函数的表达式为

$$\text{hardlim}(x) = \begin{cases} 1, & x \geqslant 0 \\ 0, & x < 0 \end{cases} \tag{8.6}$$

硬限幅激活函数的图形如图 8.9 所示。

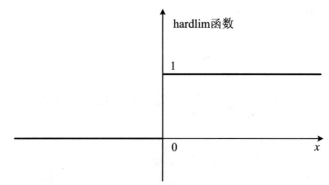

图 8.9 硬限幅激活函数的图形

2. 斜面函数

斜面函数的表达式为

$$\text{ramp}(x) = \begin{cases} 1, & x \geqslant 1 \\ x, & -1 < x < 1 \\ 0, & x \leqslant -1 \end{cases} \tag{8.7}$$

斜面函数的图形如图 8.10 所示。

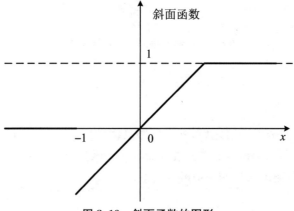

图 8.10 斜面函数的图形

3. 非线性的 sigmoid 函数

非线性的 sigmoid 函数的表达式为

$$d(x) = \text{sigm}(x) = \frac{1}{1 + \mathrm{e}^{-x}} \tag{8.8}$$

非线性的 sigmoid 函数的图形如图 8.11 所示。

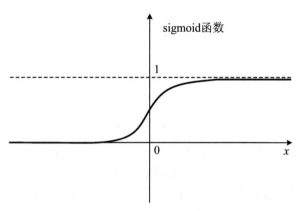

图 8.11　非线性的 sigmoid 函数的图形

sigmoid 函数是一个有界可微的实函数,它定义了所有实输入值,输出范围为 $(0,1)$,并在每个点上有一个非负导数。sigmoid 函数具有以下特点:

① 中间区域信号增益大,两侧区域信号增益小,应尽量将输入值控制在中间区域,在信号的特征空间映射上,有很好的效果。

② 输出范围有限,可以使数据在传递的过程中不发散。

③ 由于输出范围为 $(0,1)$,可以用作输出层输出概率的分布。

sigmoid 函数有两个缺点。一个缺点是曲线饱和时梯度值非常小。当神经元的激活值在接近 0 或 1 处时会出现饱和,该区域梯度几乎为 0。由于神经网络进行反向传播时,后一层的梯度是以乘的方式传递到前一层,对于多层神经网络,传到前层的梯度会非常小,网络权值不能得到有效的更新,即梯度耗散。为了防止进入饱和区域,应对权值矩阵初始化进行适当调整,并规范权值的更新过程。初始化权值过大,可能会导致多数神经元饱和,使梯度几乎为 0,权值无法有效更新。另一个缺点是,函数不是以 0 为中心值,后一层的神经元将得到上一层输出的非零均值信号作为输入,当输入神经元的数据为正值时,权值在反向传播的过程中,变化值恒为正值或恒为负值,导致梯度下降时权值更新出现 z 字形的下降。

4. 双曲正切函数 tanh 函数

双曲正切函数 tanh 函数的表达式为

$$\tanh(x) = \frac{\mathrm{e}^x - \mathrm{e}^{-x}}{\mathrm{e}^x + \mathrm{e}^{-x}} \tag{8.9}$$

双曲正切函数 tanh 函数的图形如图 8.12 所示。

tanh 函数具有与 sigmoid 函数相似的特点,不同之处在 tanh 函数的输出以零点为中心,输出范围为 $(-1,1)$,因此 tanh 函数解决了权值调整梯度始终为正的问题。因此,在实际应用中,tanh 函数比 sigmoid 函数应用更广。不过 tanh 函数依然存在饱和时梯度值非常小的缺点。

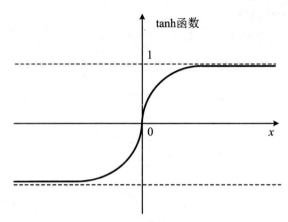

图 8.12 双曲正切函数 tanh 函数的图形

这些传统的激活函数现在逐渐被 ReLU 激活函数取代。ReLU 激活函数能够最大程度的保留数据特征，而且大于 0 的数据保留，其他全部置为 0，这样数据就能表达为大部分元素为 0 的稀疏矩阵，提高了数据处理的效率。针对于使用梯度下降的方法，训练样本的时间上，使用不饱和非线性方法的 ReLU 能够比 tanh 与 sigmoid 饱和非线性方法要快得多。

5. 校正线性单元（ReLU）

校正线性单元（或修正线性单元）的表达式为

$$\mathrm{ReLU}(x) = \max(0, x) \tag{8.10}$$

ReLU 函数的图形如图 8.13 所示。

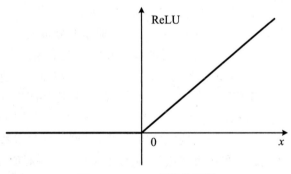

图 8.13 ReLU 函数的图形

ReLU 函数具有以下特点：

① 当 $x > 0$ 时，梯度始终为 1，无梯度耗散问题，收敛快。

② 当 $x < 0$ 时，该层的输出为 0，增加了网络的稀疏性。稀疏性越大，提取出来的特征就越具有代表性，网络泛化能力越强。

③ 计算简单，运算量小。

④ 没有梯度消失问题。

⑤ 效率更高。

ReLU 激活函数能够最大程度的保留数据特征，而且大于 0 的保留，其他全部置为 0，这样数据就能表达为大部分元素为 0 的稀疏矩阵，提高了数据处理的效率。针对使用梯度下降的方法，在训练样本的时间上，使用不饱和非线性方法的 ReLU 能够比 tanh 与 sigmoid 饱和非线性方法要快的多。

当 ReLU 输入为正时,没有梯度饱和的问题,可以加速模型的收敛,提高训练效率;当输入为负时,输出为 0,即单侧抑制。另外,ReLU 的输出为非负数,即 ReLU 不是个零中心函数。不过增加稀疏性的同时也存在一定的风险,由于 $x<0$ 时函数的梯度为 0,导致负的梯度通过 ReLU 被置 0,这个神经元将不会再有更新,这种情况叫作神经元死亡。当学习率设置的较大时,40% 的神经元可能会在训练过程中死亡。针对这种情况,ReLU 函数出现很多改进形式,如 LReLU、PReLU、ELU。

6. 泄漏校正线性单元(或渗漏修正线性单元)

带泄漏校正线性单元(Leaky Rectified Linear Unit,LReLU)是在 ReLU 的基础上的变形。ReLU 使全部的负输入输出为 0,LReLU 为所有负值提供正斜率 a,并且该值是固定的,通常为 0.01。函数的表达式为

$$\text{LReLU}(x)=\begin{cases}x, & x\geqslant 0\\ ax, & x<0\end{cases}\tag{8.11}$$

LReLU 函数的图形如图 8.14 所示。其中,$a\in(0,1)$ 是一个固定值,如果按某个均匀分布取随机值,则称为 RReLU(Ramdomized LReLU)。

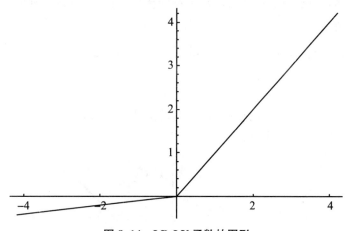

图 8.14　LReLU 函数的图形

LReLU 最初的目的是避免梯度消失。但在一些实验中,发现 LReLU 对准确率并没有太大的影响。当采用 LReLU 时,必须要非常小心谨慎地重复训练,选取出合适的 a,LReLU 表现出的结果才比 ReLU 的好。因此有人提出了一种自适应的从数据中学习参数的 PReLU。

7. 参数校正线性单元(或参数修正线性单元)

参数校正线性单元(Parametric Leaky ReLU,PReLU)是 LReLU 的一个变体,在 PReLU 中,可以自适应地从数据中学习参数,这个值是根据数据变化的,能与权重一起参与后向传播的更新。参数校正线性单元(或参数修正线性单元)PReLU 的表达式为

$$\text{PReLU}(x)=\begin{cases}x, & x>0\\ ax, & x\leqslant 0\end{cases}\tag{8.12}$$

其中,$a\leqslant 1$ 是一个可调参数,具体数值需通过学习得到。

PReLU 函数的图形如图 8.15 所示。

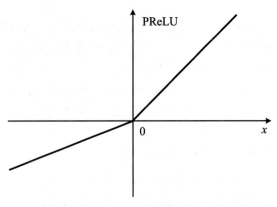

图 8.15　PReLU 函数的图形

当 $ax=0$ 时，PReLU 就转化成 ReLU；当 x 是一个很小的正值时，则此时 PReLU 就转化成 LReLU 函数，所以 PReLU 的实用性更强。虽然 PReLU 引入了额外的参数，但是归因于 PReLU 的输出更接近于零均值，使得梯度下降算法优化的结果更接近于自然梯度，收敛速度更快。PReLU 是 LReLU 的改进，可以自适应地从数据中学习参数。PReLU 具有收敛速度快、错误率低的特点。PReLU 可以用于反向传播的训练，可以与其他层同时进行优化。

8. 指数线性单元

指数线性单元（Exponential Linear Unit，ELU）的表达式为

$$\text{ELU}(x) = \begin{cases} x, & x > 0 \\ a(\text{e}^x - 1), & x \leqslant 0 \end{cases} \tag{8.13}$$

其中，$a \geqslant 0$ 是一个可调参数，它控制着 ELU 的负值部分在何时饱和。

ELU 函数的图形如图 8.16 所示。

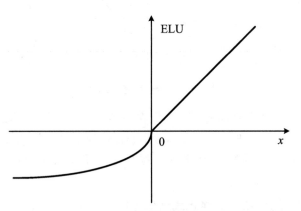

图 8.16　ELU 函数的图形

指数线性单元通过在正值区间进行恒等映射缓解了梯度消失问题。相比于 ReLU 是不以 0 值为中心的，而 ELU 因为在负值部分输出负值，导致输出能接近 0 均值，能够实现与 BN 同样的功能，收敛速度更快。与 LReLU 和 PReLU 相比，虽然它们具有负值输出，然而在没激活时对噪声不可能是鲁棒的，相反 ELU 的负值区域能够最终趋向饱和，使得对不同的输入变化或噪声具有更强的健壮性，避免会出现像 ReLU 硬饱和区的"死亡"现象。

ELU 函数与 ReLU 的主要不同点在于：

① 它在 $x<0$ 处的激活值为负值，且导数不为 0。因为 ReLU 在输入为负时导数会变成 0，这会引起神经元死亡的问题，ELU 改进了这一点，右侧线性部分使得 ELU 能够缓解梯度消失，而左侧软饱和能够让 ELU 对输入变化或噪声更鲁棒。

② ELU 的输出均值接近于 0，所以收敛速度更快。ReLU 的所有输出都为非负数，所以它的输出均值必然非负，而这一性质会导致网络的均值偏移。所以 ReLU 在训练一些超深网络的时候，就会出现不收敛的问题。

9. 软加函数 softplus

软加函数 softplus 的表达式为

$$f(x) = \log(1 + e^x) \tag{8.14}$$

softplus 函数的图形如图 8.17 所示。

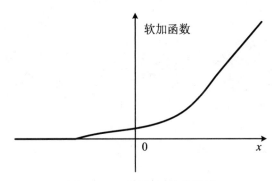

图 8.17 softplus 函数的图形

10. 最大输出函数 maxout

最大输出函数 maxout 的表达式为

$$\text{maxout}(x) = \max(x_1, x_2, \cdots, x_n) \tag{8.15}$$

11. 软最大输出函数 softmax

软最大输出函数 softmax 的表达式为

$$\text{softmax}(x_1, x_2, \cdots, x_n) = \frac{1}{\sum_{i=1}^{n} \exp x_i}(\exp x_i)_{n \times 1} \tag{8.16}$$

softmax 函数是传统的线性逻辑回归的拓展形式，能够解决多分类问题。训练样本的种类一般在两个以上。回归在类似手写数字识别问题中可以取得很好的分类效果，这个问题是为了对手写数字进行区分。回归有监督学习算法，它也可以与深度学习或无监督学习方法结合使用。softmax 回归可以被理解为一个多类分类器，既可以在有监督的机器学习中使用，也可以在无监督的机器学习中使用。在一般的逻辑回归中，是将训练样本分为两类，然而在 softmax 回归中，不止对样本进行两类的分类，而是对样本进行多类的分类。softmax 和一般的逻辑回归相似，不同的是 softmax 对类标签的似然概率进行求和。

8.7 卷积神经网络各层节点数的计算

本节我们以 LeNet 模型为例,根据各层的网络结构,来计算各层神经元节点数。LeNet 模型的结构是一个七层 CNN(不包含输入层)组成,如图 8.18 所示,我们将逐层介绍每一层中各节点的计算过程。

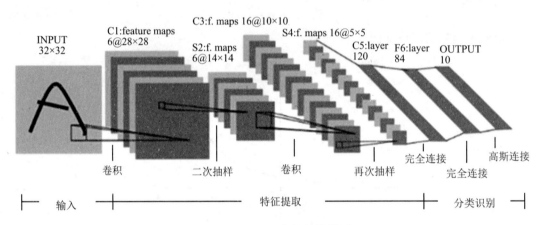

图 8.18 LeNet 网络结构模型

1. C1 层(卷积层)

C1 卷积层使用了 6 个卷积核,每个卷积核大小为 5×5,每个卷积核与原始的输入图像(32×32)进行卷积,输出 6 个特征图,其中每一张特征图的维数大小为$(32-5+1) \times (32-5+1) = 28 \times 28$。由于卷积层的权值共享的特点,对同一卷积核的每个神经元使用相同的参数,因此,C1 层含有$(5 \times 5+1) \times 6 = 156$ 可训练参数,其中,5×5 为每个卷积核的参数,1 为每个卷积核对应的偏执参数。卷积后得到的图像大小为 28×28,因此每张特征图含有 28×28 个神经元,每个卷积核参数为 156,该层的连接数为 $156 \times 28 \times 28 = 122304$。C1 层的输出节点数为:$6 \times 28 \times 28 = 4704$。

2. S2 层(池化层)

S2 层的池化单元大小为 2×2,因此从上层 C1 层输出的 6 个大小为 28×28 的特征图,经过池化后,变成维数为 14×14 的特征图输出。所以 S2 层每张特征图有 14×14 个神经元,每个池化单元的连接数为 $2 \times 2+1 = 5$,因此,该层的连接总数为 $5 \times 6 \times 14 \times 14 = 5880$。S2 层的输出节点数为:$6 \times 14 \times 14 = 1176$。通过 S2 层的池化,将 C1 卷积层输出的 4707 个节点数,减少为 1176。

3. C3 层(卷积层)

C3 层中的每个卷积核维数大小也是 5×5,所以每一个卷积输出特征图的大小为:$(14-5+1) \times (14-5+1) = 10 \times 10$,不过该卷积层将卷积核的数量增加到 16 个。需要注意的是,C3 与 S2 并不是全连接而是部分连接,有些是 C3 连接到 S2 3 层,有些 4 层甚至达到 6 层,通过这种方式提取更多特征,C3 层中的每个特征图是由 S2 层中所有 6 个或者几个特征图组合而成,由于不同的特征图具有不同的输入,所以迫使它们抽取不同的特征(希望是互补的),不完全的连接机制可以将连接的数量保持在一个合理的范围内。组合的规则由设计者来设计。假设组成 C3 层中的每个特征图的规则如图 8.19 所示,其中:第一列表示 C3 层的第 0 个特征图只跟 S2 层的第 0、1 和 2 这 3 个特征图相连接。计算过程为:用 3 个卷积模板分别与 S2 层的 3 个特征图进行卷积,然后将卷积的结果相加求和,再加上一个偏置,再通过激活函数计算得出卷积后对应的特征图。其他列也是类似(有些是 3 个卷积模板,有些是 4 个,有些是 6 个),具体连接情况为:C3 层一共有 16 个特征图,其中与 S2 层 3 个特征图相连接的 C3 层特征图有 6 个,4 个特征图相连接的特征图有 9 个,6 个特征图相连接的特征图有 1 个。

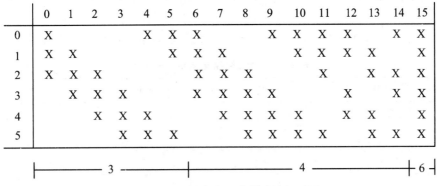

图 8.19　C3 层卷积层中的连接规则图

因此,C3 层的参数数目为 $(5\times5\times3+1)\times6 + (5\times5\times4+1)\times9+5\times5\times6+1=1516$。卷积后的特征图的大小为 10×10,参数数量为 1516,因此连接数为:$1516\times10\times10=151600$。C3 层的输出节点数为:$16\times10\times10=1600$,而 C3 层的输入节点数为 1176。这是为了获得更加细致的图形特征,将 S2 层的特征图进行更加多的组合,所提取组合后的特征图数目由 6 个增加到 16 个所致。

4. S4 层(池化层)

与 S2 层类似,S4 池化层维数大小为 2×2,该层与 C3 一样共有 16 个特征图,每个特征图的大小为 5×5,所需要训练的参数个数为 $16\times2=32$,连接数为 $(2\times2+1)\times5\times5\times16=2000$。S4 层的输出节点数为:$5\times5\times16=400$,通过 S4 层的池化,将 1600 个输入节点数减少了 4 倍。

5. C5 层(卷积层)

C5 层有 120 个卷积核,每个卷积核的大小仍为 5×5,因此有 120 个特征图。由于 S4 层的大小为 5×5,而该层的卷积核大小也是 5×5,因此特征图的大小为 $(5-5+1)\times(5-5+1)=1\times1$。这样该层就刚好变成了全连接,这只是巧合,如果原始输入的图像比较大,则该层就不是全连接了。C5 层的参数数目为 $120\times(5\times5\times16+1)=48120$。由于该层的特征图的大小刚好为 1×1,因此连接数为 $48120\times1\times1=48120$。

6. F6 层(全连接层)

F6 层与 C5 层是全连接层,该层有 120 个输入,84 个单元,之所以选 84 这个数字的原因是来自于输出层的设计,对应于一个 7×12 的比特图。该层有 84 个特征图,特征图的大小与 C5 一样都是 1×1，与 C5 层全连接。由于是全连接，参数数量为 $(120+1) \times 84 = 10164$，连接数与参数数量一致，也为 10164。和经典神经网络一样，F6 层计算输入向量和权重向量之间的点积，再加上一个偏置，然后将其传递给激活函数得出结果。

7. Output 层（输出层）

Output 层也是全连接层，共有 10 个节点，分别代表数字 0 到 9。如果第 i 个节点的值为 0，则表示网络识别的结果是数字 i。该层采用径向基函数的网络连接方式，假设 x 是上一层的输入，y 是 RBF 的输出，则 RBF 输出的计算方式是：$y_i = \sum_j (x_j - \omega_{ij})^2$，该式中的 ω_{ij} 的值由 i 的比特图编码确定，i 从 0 到 9，j 取值从 0 到 $7 \times 12 - 1$。RBF 输出的值越接近于 0，表示当前网络输入的识别结果与字符 i 越接近。由于是全连接，参数个数和连接数相等，为 $84 \times 10 = 840$。

表 8.1 总结了 LeNet 网络各层的特征图数目、特征图维数及其连接总数。

表 8.1　LeNet 网络结构特性一览表

网络层	特征图数目	特征图大小	连接总数
C1 卷积层	6	28×28	122304
S2 池化层	6	14×14	5880
C3 卷积层	16	10×10	151600
S4 池化层	16	5×5	2000
C5 卷积层	120	1×1	48120
F6 全连接层	—	—	10164
输出层	—	—	840

8.8　卷积网络训练过程

根据已知数据是否含有标签信息，机器学习的类别主要可以分为两类：有监督学习和无监督学习。前者是有标签的情形，分类和回归是其典型代表，后者是无标签的情形，聚类是其典型代表。有监督学习的学习过程就是建立从样本空间 X 到标签空间 Y 的映射的过程。用学习到模型对未知数据进行预测的过程称为"测试"，被预测的样本集合称为测试集。测试集中的样本通常要求与训练集满足同样的独立同分布假设，以保证学到的模型确实可以用于预测。对模型而言，测试集中样本的标签是未知的，因此人们通常从训练集中单独分出一部分样本以检验的预测能力，此部分样本称为验证集（validationset），验证集通常不参与训练过程。对于分类任务，模型称为分类器，相应的学习算法称为分类算法。

训练神经网络遵循经验风险最小化范式，在所有训练数据上使损失最小。这种最小化通常是通过随机梯度下降（Stochastic Gradient Descent，SGD）完成的。相比于梯度下降算法在每次更新时都要遍历整个数据集，SGD 在更新时仅使用一个样本，因此在计算和内存方面要高效得多（特别是最初几次迭代）。与梯度下降的方式类似，SGD 从某个初始值开始,然后迭代更新参数,将其向负梯度方向移动。不同的地方在于每次更新中,随机抽取一个小的子样本,称为 mini-batch,通常梯度计算只在子样本上进行,而不是在整个 batch 上,大大节省了梯度计算的成本。根据大数定理,尽管有一些随机波动,但这种随机梯度应该接近于全样本梯度。整个训练集的完全训练一次被称为一个 *epoch*。通常,在几个或几十个 *epoch* 之后,验证集上的误差会趋于平稳,训练完成。研究表明,当损失函数为凸函数时,如果适当选择步长,SGD 可以保证实现一致性和渐进正态性。一致性是指几乎处处收敛到唯一最小值;对 SGD 迭代结果进行平均化,对线性回归,平均迭代是渐进有效的。当损失函数为为非凸时,虽然在最坏的情况下,寻找非凸函数的全局最小值在计算上不可行,不过通过关注过度参数化的深度学习模型产生的损失,绕过了最坏的情况,只要神经网络充分过度参数化,(随机)梯度下降就会向的全局最小线性收敛。

网络训练后的验证与泛化能力。在网络的训练后的验证方面,有可能出现"过拟合"和"欠拟合"问题:有的时候学习到的分类器在训练集上性能很好,但是在测试集上却表现不好,这种现象被称为"过拟合",这是因为分类器过于拟合训练集而没有学到所有潜在样本的普遍规律。对于带参数的分类器,一般在参数个数远大于训练集中样本量的时候容易发生过拟合,例如神经网络在小规模数据集上训练。与"过拟合"相对的是"欠拟合",即分类器在训练集上没有很好地拟合,在这种情况下,分类器在训练集和测试集上的性能都很差。

卷积网络在本质上是一种输入到输出的映射,它能够学习大量的输入与输出之间的映射关系,而不需要任何输入和输出之间的精确的数学表达式,只要用已知的模式对卷积网络加以训练,网络就具有输入/输出对之间的映射能力。用于深度学习神经网络参数训练方式用于模式识别的主流方式是监督学习(有教师训练),非监督学习更多的是用于聚类分析。

我们一直在说对于复杂的深度神经网络的权值训练,往往采用的是训练算法是非监督训练+监督训练,其中,非监督训练是指:使用自下层而向上层的非监督学习,从底层开始,一层一层地往顶层训练。分层训练各层参数,这一步可以看作是一个无监督训练过程,是和传统神经网络区别最大的部分,这个过程也可以看作是特征学习过程,其中用到的贪心算法分三步:

① 采用自下向上,以迭代的方法,以当前情况为基础,根据某个优化度量进行相应的最优的,也就是贪心的选择。

② 每做一次贪心选择,就将所求问题简化为一个规模更小的子问题,通过每一步贪心选择,可得到问题的一个最优解。

③ 对每个子问题进行求解,得到子问题的局部最优解,然后把子问题的局部最优解合成原来解问题的一个解。

贪心算法的训练过程为:先用原始输入数据训练第一层(第一个卷积层+池化层),求解出第一层的参数,目标是使网络输出(标签)等于网络输入(特征);然后将第一层训练好的权值参数所获得的输出,作为第二层的输入,令其等于原始网络输入数据的标签,求解出该层的权值参数;以此方式求解出各层的权值参数。因为各层参数都是直接根据每一层网络的输入/输出关系式直接求解出,非迭代训练获得,所以为非监督训练。

监督训练是指自顶向下的监督学习。监督式的训练算法主要也是采用反向传播算法。神经网络的权值数目成千上万,求梯度的先后顺序对算法的复杂度有很大的影响,因此 BP 算法解决的是求权值梯度的顺序问题。在 BP 算法中,求损失误差的过程是以从输入层到输出层的方向进行,而求梯度的过程是以输出层到输入层的方向进行。损失函数(loss function)中的交叉熵(cross-entropy)损失函数是深度学习中常用的损失函数。交叉熵用于衡量两个分布之间的差异。监督训练是通过带标签的数据去训练,误差自顶向下传输,对网络进行微调,它是基于第一步的非监督训练得到的各层参数,进一步微调整个多层模型的参数,这一步是一个有监督训练过程。此过程中的各层网络的权值不是随机初始化,而是通过学习输入数据的结构得到的,因而这个初值更接近全局最优,从而能够取得更好的效果。

深度学习效果好,很大程度上归功于第一步非监督训练的特征学习的过程。

在网络结构上影响 CNN 性能的 3 个因素为:层数(深度)、特征面的数目、卷积核大小。人们通过限定计算复杂度和时间,对平衡 CNN 网络结构中的深度、特征面数目、卷积核大小等因素影响进行研究,通过已获得的统计测试结果得到有关具有较好效果的 CNN 结构的一些结论:

① 网络深度比卷积核维度(宽度)大小对网络性能影响更显著;深度越深,网络性能越好,不过随着深度的增加,网络性能也逐渐达到饱和。

② 增加特征面的数目也能提升准确率。

③ 当时间复杂度大致相同时,拥有更小卷积核且深度更深的 CNN 结构比拥有更大卷积核同时深度更浅的 CNN 结构性能更佳。卷积核尺寸逐渐变小,从以前的 11×11 和 7×7 变成现在的 3×3 和 1×1。

④ 对特定任务,增加一个卷积层比增加一个全连接层更能获得一个更高的准确率,所以卷积层占比增大,全连接层占比减小。

⑤ 特征面数目和卷积核阶数对网络性能影响的优先级相差不大,其发挥的作用均不如网络深度。

随着时间的发展,一方面网络的层数越来越深,错误率越来越低,另一方面,卷积层占的比重越来越大,例如在 2012 年提出的 AlexNet 中,卷积层参数仅占 4%,而在 2015 年提出的 ResNet 中,卷积层参数已经占到 99.6%,因此对卷积层的剪枝对 CNN 的占用空间减少和运行速度提升都是非常有帮助的。

MATLAB 环境下的软件从 2019a 版本开始,添加了深度神经网络工具箱(deep learning toolbox),可以直接进行各种深度学习网络的设计。使用软件环境要求:64 位 Window,MATLAB 2016 以上版本;MATLAB 2019a 以上版本中有深度神经网络工具箱;最有 GPU(图像处理卡)。利用深度神经网络工具箱,可以直接创建和互连深度神经网络的层。不过采用工具箱中的例子和预先训练过的网络,可以使得应用深度学习变得较为容易。深度学习应用程序使用图像文件,有时还使用和提供数百万个图像文件,需要另外安装网络摄像头和你想采用的专门的深度网络的插件,比如,AlexNet 网络的插件。AlexNet 网络是一个预先训练的卷积神经网络,它已经在 100 多万张图像上进行了训练,可以将图像分类为 1000 个对象类别(例如键盘、鼠标、咖啡杯、铅笔和许多动物)。使用从预先训练的网络提取的特征训练分类器,把经过预先训练的网络作为学习新任务的起点。采用迁移学习来微调网络比从头开始训练更快更容易。

【例 8.4】 在 MATLAB 环境下,借助于"深度学习工具箱"创建一个深度卷积神经网络,将 32 到 32 灰度图像分类为 10 类。

① 创建一个深度卷积神经网络

```
layers=[                              %指定图层数组
imageInputLayer([32 32 1])            %图像输入层,图像的高度、宽度和颜色通
```

	%道数;灰度图像,通道数为 1,对于彩色图像,通道数为 3
convolution2dLayer(6,28,'Padding',1)	%滤波器维数为 5、6 组,特征图维数为:$32-5+1=28$
maxPooling2dLayer(2,'Stride',2)	%最大池化操作:维数为 2×2,得到的输出维数是 $28/2=14$
convolution2dLayer(16,10,'Padding',1)	%第 2 个卷积层滤波器维数为 5、16 组,卷积层维数为:$14-5+1=10$
maxPooling2dLayer(2,'Stride',2)	%最大池化操作:维数为 2×2,得到的输出维数是 $10/2=5$
fullyConnectedLayer(120)	%该层维数为 $5-5+1=1(1\times1)$
softmaxLayer(84)	% 7×12 特征图
classificationLayer (10)];	

② 设置参数和训练卷积神经网络

使用训练选项返回的对象作为训练网络函数的输入参数:

options＝trainingOptions('adam');	%自适应矩阵估计中推导出来的求解器;另外还有"rmsprop"(均方根传播)和"sgdm"(具有动量的随机梯度下降)优化器。
trainedNet＝trainNetwork(data,layers,options);	%网络训练。

③ 验证与计算识别精度

YPred＝classify(net,imdsValidation);	%计算预测值。
YValidation＝imdsValidation. Labels;	%验证。
accuracy＝sum(YPred ＝＝ YValidation)/numel(YValidation);	%计算识别精度。

8.9　本　章　小　结

　　虽然深度学习方法在各种实际应用中的有效性毋庸置疑,但是深度学习的基础理论研究目前还处在初级阶段,其基础理论研究主要包括:深度神经网络模型表达能力、深度神经网络模型解释、深度神经网络优化训练和深度神经网络泛化能力等,需要进一步深入研究的问题主要包括以下四个方面:

　　① 深度神经网络模型的解释问题。一方面,深度学习方法在很多应用领域中取得了很好的成果,但直到现在人们还无法从理论上对其有效性作出解释,而认为它是一个黑箱模型。

　　② 对于某一个具体的应用问题,如网络模型需要多少层? 每层需要多少个神经元? 需不需要加归一化层? 在深度神经网络结构设计完成后,如何从理论上预估其性能? 目前,虽然已有一些这方面的理论研究,但是尚没有一个理论能够被绝大多数研究者所认可。

　　③ 深度神经网络的训练优化问题。尽管深度神经网络的模型表达能力很强,但是深度

神经网络模型的训练优化一般被认为是比较困难的事情。深度神经网络的训练优化问题是高维非凸优化问题,与传统机器学习优化和一般数学上研究的非凸优化问题有很大的不同。深度神经网络训练优化具有大规模、大数据和高维非凸的特点。实用的深度神经网络模型往往是过参数化的,导致深度神经网络模型中的参数比训练集中的数据还多,对其参数的训练优化问题不仅仅是指优化算法设计和收敛性分析,在深度神经网络结构选择与设计的基础上,还包括深度神经网络的各种训练经验技巧、深度神经网络的优化算法、深度神经网络的损失曲面和深度神经网络优化算法收敛性和动力学分析。

④ 深度神经网络的泛化能力问题。在各种机器学习任务中,用随机梯度下降算法训练深度神经网络模型的参数,即使不使用正则化,一般得到解的泛化性也都比较好。目前研究普遍认为随机梯度下降算法运行过程具有隐式的正则化,但对隐式的正则化具体如何发挥作用还不清楚,需要进行进一步的深入研究。

习　　题

在 MATLAB 环境下,利用 Matconvnet 工具箱和已经搭建好的网络结构,采用 MNIST 数据集,设计 LeNet 网络,进行 0~9 数字识别的训练,得到训练好的网络结构;再测试训练好的网络结构的识别精度;最后利用训练好的网络结构,识别指定的手写数字。

第9章 深度神经网络结构压缩与优化

针对卷积神经网络结构的创新,自 20 世纪 90 年代后开始便不断被研究,网络的复杂度和训练所需的资源也在不断被加大,因此在保证网络精度的前提下,压缩网络结构并加速模型的训练和识别的时间是网络结构优化领域工作中的重点。卷积神经网络从卷积层到全连接层存在大量的冗余参数,大多数神经元被激活后的输出数值趋近于 0,即使将这些神经元剔除也能够表达出模型特征,这种现象被称为过参数化。通过减少网络结构中的冗余,可以加速训练和识别以及减少内存。深度神经网络模型是深度学习的基础,很多实际的工作通常依赖于含有数百万甚至数十亿个参数的深度网络,这样复杂的大规模模型通常对计算机的 CPU 和 GPU 有着极高的要求,并且会消耗大量内存,产生巨大的计算成本。因此要想设计出一个高效且高性能的深度神经网络,需要对网络模型进行压缩以便在对网络的参数进行训练和学习的过程中节省时间,加速训练速度,追求在基本不损失模型精度的条件下,减少参数数量并降低其计算时间。

不同类别的 CNN 架构优化分类法如图 9.1 所示,包括网络剪枝、低秩张量分解、网络量化以及知识迁移。

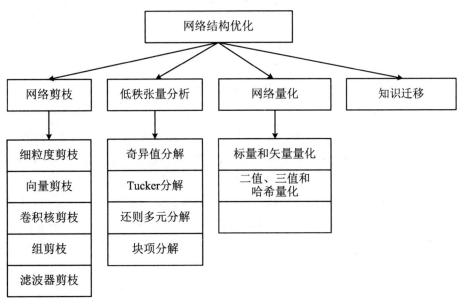

图 9.1 四个不同类别的 CNN 架构优化分类法

本章对卷积神经网络(CNN)的结构压缩与优化进行详细的阐述与分析,将网络结构优化分为 4 种不同类型:网络剪枝、低秩张量分解、网络量化和知识迁移。其中,网络剪枝包括：细粒度剪枝、向量剪枝、卷积核剪枝、组剪枝和滤波器剪枝；低秩张量分解包括：奇异值分解、Tucker 分解、正则多元（Canonical Polyadic，CP）分解和块项分解；网络量化包括标量和矢量量化、二值量化和哈希量化、三值量化。通过对不同网络结构之间的优缺点的分析与性能对比研究，以及对不同类型的网络结构的优化所带来优势的阐述，本章对人们具体的设计与应用提供选择合适的 CNN 网络的重要依据。

9.1　网　络　剪　枝

早期的研究工作中，网络修剪被证明是降低网络复杂性和过度拟合的有效方法。因此，剪枝是目前最常用的网络模型压缩方法。剪枝是指通过修剪影响较小的连接来显著减少 DNN 模型的存储和计算成本。值得注意的是，剪枝的思想并不仅局限于 CNN。Dropout 和 DropConnect 两种思想代表着两种非常典型的模型剪枝技术。Dropout 的思想是对随机的将一些神经元输出置为 0；而 DropConnect 则是随机地将部分神经元之间的连接置 0。针对这两种思想，也有对应的神经元的剪枝和对权重连接的剪枝两种方法。针对突触和神经元的剪枝如图 9.2 所示，权值连接剪枝一般使用稀疏矩阵来存储权重矩阵，并将不重要的权重连接设为 0；神经元剪枝则是针对低重要性神经元直接去除。

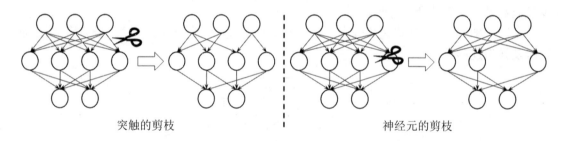

突触的剪枝　　　　　　　　　　　神经元的剪枝

图 9.2　针对突触和神经元的剪枝

事实上，CNN 模型剪枝的方法并不仅限于此。目前常见的剪枝方式一般可描述为：训练网络、剪枝、重新训练权重、再剪枝、再训练直至设定条件满足的步骤组成，对训练好的模型再剪枝，再重新训练，直到满足设定条件为止。网络剪枝按剪枝粒度（pruning granularities）分类的方法如图 9.3 所示，由细到粗分别为：细粒度修剪（fine-grained pruning）、向量修剪（vector-level pruning）、卷积核修剪（kernel-level pruning）、组修剪（group-level pruning）和滤波器修剪（filter-level pruning）。其中细粒度修剪、向量修剪、卷积核修剪和组修剪改变了网络本身的拓扑结构，需要设计特定的算法以支持剪枝运算，属于非结构化剪枝。在本节中将对各类剪枝方法进行详细介绍。

9.1.1　细粒度剪枝

细粒度剪枝指对网络中神经元之间的连接或者神经元本身进行剪枝，卷积核中的任何不重要参数都可以被修剪。其思想早在深度神经网络提出之前就已被应用，LeCun 等人于

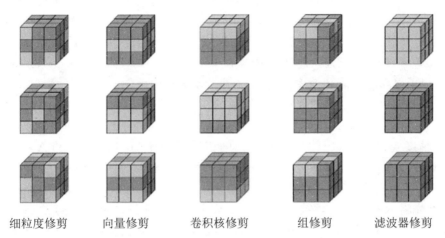

细粒度修剪　　　向量修剪　　　卷积核修剪　　　组修剪　　　滤波器修剪

图9.3 按剪枝粒度粗细不同分类的剪枝方法

1989年提出了最优脑损伤(Optimal Brain Damage，OBD)通最优脑损伤交互作用，将实际神经网络中的参数减少了4倍。网络在OBD的作用下自动删除参数，网络训练速度大幅提高，识别精度略有提高。汉森(Hanson)等在误差函数中引入权重衰减项使网络趋于稀疏，即减少隐含节点数目以降低网络复杂度。

1993年，哈西比(Hassibi)等人提出了最优脑手术(Optimal Brain Surgeon，OBS)，并与OBD进行了性能对比研究。研究结果表明：

① 基于损失函数的海森(Hessian)矩阵对网络进行剪枝比基于权重衰减等量的剪枝更精确。

② OBS中舍去了对Hessian矩阵的约束，使其获得了比OBD更加强大的泛化能力。

但是OBS和OBD针对损失函数的二阶导数使其在针对大型网络结构时需要相当大的计算量。

2015年，斯里尼瓦斯(Srinivas)等人针对全连接层的神经元与非网络连接进行剪枝操作。其对全连接层采取的剪枝方式与OBS极其相似，提出的方法通过大量推导近似，摆脱了对于训练数据的依赖。由于避免了多次重复训练，计算资源需求和花费时间得到极大降低。同年，Han等人提出一个深度压缩框架，通过剪枝、量化和哈夫曼(Huffman)编码三个步骤压缩DNN。并在ImageNet数据集上将AlexNet的参数减少了9倍，从6100万减少到670万，而没有造成精度损失，并将VGG-16的参数总数减少13倍，从1.38亿减少到1030万，且不失去准确性。同年，Han等人提出的深度压缩(deep compression)综合应用了剪枝、量化、编码等方法，进一步优化了网络的结构。在不影响精度的前提下可压缩网络35～49倍，使得深度卷积网络移植到移动设备上成为可能。该方法在ImageNet数据集上使得AlexNet所需的存储空间从240 MB减少到6.9 MB减少了35倍，且没有丢失准确性。该方法将VGG-16的大小从552 MB减少到11.3 MB，减少了49倍，同样没有丢失准确性。

2016年，Guo等人认为参数的重要性会随着网络训练开始而不断变化，因此恢复被剪枝的重要连接对于改善网络性能具有重要作用。他们提出的动态网络手术(dynamic network surgery)在剪枝过程中添加了修复操作，当已被剪枝的网络连接变得重要时可使其重新激活，这两个操作在每次训练后交替进行，极大改善了网络学习效率。同年，Jin等提出一种Iterative Hard Thresholding (ITH)应用在Skinny Deep Neural Networks

(SDNN)中。在 CIFAR-10 数据集上，和目前其他最先进的方法相比。相较于模型第二小的 RCNN-96(0.67MB)，SDNN-2X(0.49MB)以更小的尺寸获得更低的误差（比 RCNN-96 的 9.31%低 0.61%）。与误差最低的 110 层网络 ResNet 相比，SDNN2-2X 的网络层数只有 9 层，但误差率仅高 0.02%。此外 SDNN 在 CIFAR-10、MNIST 和 ImageNet 等其他数据集上均获得了很高的性能和效率。同年，Zeiler 等人利用前向-后向切分法（forward-backward splitting method）来处理带有稀疏约束的损失函数以显著减少网络中的神经元数量。该方法在 LeNet、CIFAR-10 quick、AlexNet 和 VGG-13 四种经典神经网络得以应用。以微不足道的精度变化（LeNet 降低了 0.09 %的错误率、CIFAR-10 quick 和 AlexNet 提高了 0.5%，VGG-13 提高了 1.76%），将网络的神经元均压缩了 73%以上。

2017 年，Liu 等人针对 Winograd 最小滤波算法与网络剪枝方法无法直接组合应用的问题，提出首先将 ReLU 激活函数移至 Winograd 域，然后对 Winograd 变换之后的权重进行剪枝，在 CIFAR-10、CIFAR-100 和 ImageNet 数据集上的乘法操作数分别降低了 10.4 倍、6.8 倍和 10.8 倍。

9.1.2　向量剪枝和卷积核剪枝

相较于细粒度剪枝，向量剪枝和卷积核剪枝所处理的粒度更大。向量剪枝修剪卷积核内部中的向量，卷积核剪枝则是去除滤波器中的二维卷积核，它通常是依据卷积核的重要程度将其进行排序，并从网络中修剪最不重要/排名最低的卷积核。2017 年，安瓦尔（Anwar）等人首先提出了卷积核剪枝的思路，其提出了核内定步长粒度（intra kernel strided sparsity）。该方法提出使用 N 个卷积单元过滤器（particle filters）来对应 N 个卷积层进行剪枝操作。将细粒度剪枝转化为结构化剪枝，以固定的步长修剪子向量。

2017 年，Mao 等人在剪枝中探索了不同的粒度级别，发现矢量级剪枝比细粒度剪枝占用的存储量少，因为矢量级剪枝需要较少的索引来指示修剪的参数。通常情况下结构化的剪枝比非结构化剪枝方法对内存的访问更加友好，因此在实际应用中针对向量、卷积核和滤波器剪枝技术在硬件实现中更有效。

9.1.3　组剪枝

组剪枝方法则是根据过滤器上相同的稀疏模式对参数进行修剪，需要滤波器具有相同的稀疏模式。如图 9.4 所示，当每个卷积核中均存在一个相同的稀疏模式时，则可将卷积滤波器表示成一个更薄的密集矩阵。

2016 年，Lebedev 等人以分组脑损伤（group-wise brain damage）剪枝卷积核输入，以数据驱动的方式获取最优感受（receptive field），在 AlexNet 中获得 3.5 倍的速度提升而损失精度不到 1%。同年，Wen 等人提出了一种结构化稀疏学习（Structured Sparsity Learning, SSL）方法，来规范 DNN 的结构，该方法能在非结构化稀疏度较高的 DNN 的上实现有效加速（当稀疏度较低时可能会出现负加速）。优化后的 ConvNet 在 CIFAR-10 数据集上在没有精度损失的前提下其权重矩阵大小减少 50%、70.7%和 36.1%，且将 20 层 ResNet 降低到 18 层，并将精度从 91.25%提高到 92.60%。对于 AlexNet，SSL 使其在 CPU 和 GPU 上分别实现了 5.1 倍和 3.1 倍的加速，且降低了 1%的错误率。

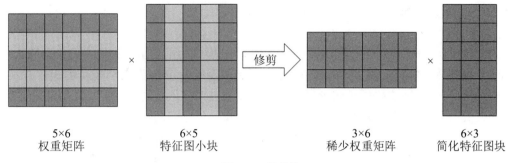

5×6	6×5		3×6	6×3
权重矩阵	特征图小块	修剪	稀少权重矩阵	简化特征图块

图 9.4　组剪枝

9.1.4　滤波器剪枝

滤波器剪枝则针对的是卷积滤波器或通道。因为在修剪一层后,下一层的通道数量也将减少。因此,滤波器剪枝相对于其他方法来说更为有效。2016 年,Li 等人提出了全局贪婪剪枝(holistic global pruning)。该思想通过修剪滤波器来弥补基于重要度(magnitude-based)的剪枝方法无法针对全连接层的不足。他们以非稀疏化连接的方式,直接去除对于输出精度影响较小的卷积核以及对应的特征图。在 CIFAR10 上,VGG-16 的推理成本可降低高达 34%,ResNet-110 最高可降低 38%,同时通过重新训练网络恢复接近原始精度。

2017 年,Luo 等人提出了一种名为 ThiNet 的滤波器剪枝方法。他们使用下一卷积层而非当前卷积层的概率信息来指导当前层中的滤波器剪枝。ThiNet 在 VGG-16 上的剪枝使得网络可以减少 3.31 × FLOPs 和 16.63 × 的压缩,top-5 准确率只下降 0.52%。ResNet50 可以达到减少 2.26 倍 FLOPs 和 2.06 倍的压缩,top-5 准确率只下降了 1%。同年,He 等基于 LASSO 正则化和线性最小二乘(linear least squares)的通道剪枝(channel pruning)剔除冗余卷积核与其对应的特征图,然后重构剩余网络。在 VGG-16 上进行测试,在相同加速下,该方法比当前大多数优化算法的精度损失都要好。

Liu 等人建议利用 BN 层的缩放因子(scaling factor)来评估滤波器的重要性。通过修剪具有接近零缩放因子的通道,它们可以修剪滤波器,而不会将开销引入网络。

9.2　低秩张量分解

值得注意的是,剪枝的操作一般需要大量预训练操作。尽管构建完成后的网络运行性能有极大的提升,但往往在训练过程中将耗费更多的时间。因此,张量分解的思想被用于压缩网络规模以及提升网络速度中,通常采取奇异值分解、塔克(Tucker)分解、正则多元分解(Canonical Polyadic Decomposition,简称 CP 分解)、块分解的方式实现。

张量分解的思想可描述为将原始的高秩张量分解为若干低秩张量的过程。对于计算机而言这意味着将减少卷积计算量,能有效地去除网络中的冗余信息。

9.2.1 奇异值分解

奇异值分解(Singular Value Decomposition,SVD)作为机器学习领域中的经典算法,常被用于低秩矩阵的特征分解。SVD 是一种将原始权重矩阵分解为三个较小的矩阵以替换原始权重矩阵的方法,主要用于减少参数的个数。通过奇异值分解,作为卷积核的权重张量将分为两部分,即原卷积层被替换为两个连续层。奇异值分解的数学表达式为

$$W \approx USV^T \tag{9.1}$$

其中,$W \in \mathbb{R}^{m \times n}$ 为被分解张量,$U \in \mathbb{R}^{m \times m}$ 和 $V \in \mathbb{R}^{n \times n}$ 为正交矩阵,$S \in \mathbb{R}^{m \times n}$ 是对角矩阵。

全卷积和奇异值分解后的卷积过程如图 9.5 所示,其中,CNN 中的卷积核 K 为四维张量,$K \in \mathbb{R}^{d \times d \times S \times T}$ 是一个四维张量,S、d、T 分别表示输入通道、卷积核尺寸和输出通道。张量 $P \in \mathbb{R}^{T \times K}$ 与张量 $W' \in \mathbb{R}^{K \times d \times d \times S}$ 为张量 K 的分解,即

$$K \approx PW' \tag{9.2}$$

对于原始张量的复杂度为 $O(d^2 ST)$,分解后的张量 P 和 W' 的复杂度为 $O(TK) + O(d^2 KS)$,且 K 值越小,压缩效果越强。

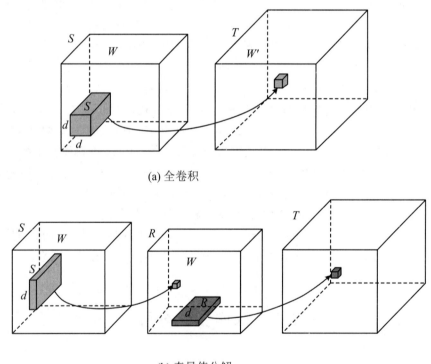

(a) 全卷积

(b) 奇异值分解

图 9.5　全卷积和奇异值分解后的卷积过程

2013 年,旦尼尔(Denil)等人将张量分解的思想用于提升 CNN 的性能。Denil 指出,他们的工作相比于最优脑损伤能够在网络训练之前而不是之后预测,并限制参数的数量。该方法在 MNIST 数据集上的表现能够预测超过 95% 的网络权重,而不会降低网络的精度。

借鉴 Denil 等人采用张量分解的思想,贾德伯格(Jaderberg)等人和丹顿(Denton)等人利用张量低秩扩展技术的思想来加速卷积神经网络。Jaderberg 等人提出了一种将 $k \times k$ 的

滤波器分解为 $k\times 1$ 和 $1\times k$ 的非对称滤波器,在场景字符分类数据集上训练的 4 层 CNN。获得 2.5 倍的加速而没有精度损失,4.5 倍的加速而精度下降不到 1%。Denton 利用神经网络的线性结构,找到了适当的低秩参数近似。在保证与原始精度相差 1% 以内的前提下使 CPU 和 GPU 获得 2× 的加速。其中 CNN 第一层的瓶颈卷积运算速度提高 2~3× 倍,性能损失忽略不计;前两层权重的内存占用减少了 2~3× 倍,全连接层减少 2~3× 倍。

2015 年,Zhang 等人借鉴了 Jaderberg 运用的非对称张量分解方法以加速整体网络运行。在 VGG-16 模型上实现了 3.8× 的加速。Liu 等人在奇异值分解的基础上加入用于表示滤波器的权值的稀疏性,通过对卷积核的稀疏分解来减少些网络中参数的冗余。在 AlexNet 中实现了 90%> 卷积层的稀疏性,ILSVRC2012 数据集上的精度损失小于 1%。

9.2.2　Tucker 分解

Tucker 分解过程如图 9.6 所示,其思想是将卷积核 $K\in\mathbb{R}^{d\times d\times S\times T}$ 分解为一个核张量与若干因子矩阵,其数学表达式为

$$K = \sum_{r_3=1}^{R_3}\sum_{r_4=1}^{R_4} C_{r_3,r_4}\, U_{s,r_3}^{(3)}\, U_{t,r_4}^{(4)} \tag{9.3}$$

其中,$C\in\mathbb{R}^{d\times d\times R_3\times R_4}$,$U^{(3)}\in\mathbb{R}^{S\times R_4}$,$U^{(4)}\in\mathbb{R}^{T\times R_4}$。

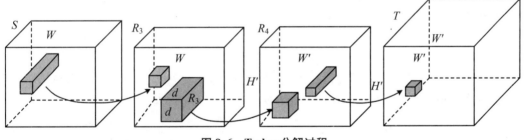

图 9.6　Tucker 分解过程

2015 年,Kim 等分贝叶斯的低秩选择方法和基于 Tucker 张量分解的整体压缩方法,由于模型尺寸、运行时间和能量消耗都大幅降低,使用该方法压缩的网络可以移植到移动设备上运行。

9.2.3　CP 分解

正则多元分解过程如图 9.7 所示,它可以被认为是 Tucker 分解的一类特殊情况。与 Tucker 分解相比,CP 分解常用于解释数据的组成成分,而前者主要用于数据压缩。值得注意的是,在 Tucker 分解中,算法是根据张量本身的秩进行分解的。但在 CP 分解中需要预先规定秩的值进行迭代,而分解矩阵的秩的选取属于 NP 难问题。当选取合适的秩后,其算法的数学表达式为

$$K = \sum K^x \times K^y \times K^s \times K^t \tag{9.4}$$

其中,$K^x\in\mathbb{R}^{d\times R}$,$K^y\in\mathbb{R}^{d\times R}$,$K^s\in\mathbb{R}^{S\times R}$,$K^t\in\mathbb{R}^{S\times R}$。

列别杰夫(Lebedev)等提出了基于 CP 分解的卷积核张量分解方法,通过非线性最小二

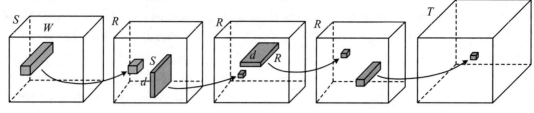

图 9.7　CP 分解过程

乘法将卷积核分解为 4 个一阶卷积核张量。对于 36 类的 ILSVRC 分类实验，该方法在 CPU 上可获得 8.5 倍加速，实验结果同时表明张量分解具有正则化效果。此外，Lebedev 等人在文中指出，一个较好的 SGD 学习速率是难以获得的，这意味着在 ImageNet 模型中优化单层的分解是一件不简单的事情。2018 年，阿斯特里德（Astrid）等提出了一种基于优化 CP 分解全部卷积层的网络压缩方法，在每次分解单层网络后都微调整个网络，克服了由于 CP 分解不稳定引起的网络精度下降问题。

9.2.4　块项分解

Wang 等人 2016 年提出张量块项分解（Block Term Decomposition，BTD）的 CNN 加速方法。张量块分解过程如图 9.8 所示，假设卷积核为一个三维张量 $T \in \mathbb{R}^{S \times T \times P}$，其中 P 为空间维度。算法的数学表达式为

$$T = \sum_{r=1}^{R} \mathcal{G}_r \times A_r \times B_r \times C_r \tag{9.5}$$

其中，$\mathcal{G}_r \in \mathbb{R}^{s \times t \times p}$ 为第 r 次分解的核心张量，$A_r \in \mathbb{R}^{S \times s}$，$B_r \in \mathbb{R}^{T \times t}$，$C_r \in \mathbb{R}^{P \times p}$ 为沿每个维度的因子矩阵。小写字母 s、t、p 代表每个维的秩。

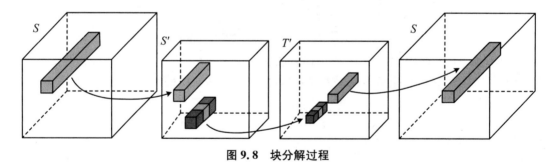

图 9.8　块分解过程

在 ILSVRC-12 上的综合实验表明，该算法在计算复杂度上有显著的降低，但在精度上的损失可以忽略不计。对于广泛使用的 VGG-16 模型，该方法得到了整个网络 PC 上 6.6× 加速，移动设备上 5.91× 加速，top-5 误差增加小于 1 %。

基于低秩近似的方法虽然是模型压缩和加速的前沿，然而具体实现却并非易事。因为这涉及分解操作，需要付出高昂的计算成本。此外，当前的方法仍集中于逐层执行低秩近似，因此无法执行全局的参数压缩。但全局的参数压缩十分重要，因为不同的层包含不同的信息。另一方面，与原始的模型相比，因子分解需要对大量的模型进行再训练以实现收敛。

9.3　网　络　量　化

剪枝通过去除权重来缩减模型大小,张量分解通过分解卷积核以减少复杂度。而量化则是通过减少存储权重所需的比特数。生物学实验表明,大脑突触的估计精度约为 4.6 bit,而神经系统中的大多数突触的估计精确度至多为 1/100。因此,每个决策可以依赖于 $\log_2^{100} = 6.64$。因此通过量化处理,即通过减少每个参数所需的比特数来压缩原始网络,可以显著降低内存。

9.3.1　标量和矢量量化

采用标量和矢量量化 CNN 网络的思想借鉴与早期有损压缩技术利用换码本(cookbook)和量化码来还原原始数据的思路。矢量量化定义了一个量化器 quantizer,即一个映射函数,它将一个维向量转换码本中的一个向量。

为使得量化器达到最优,则需要量化器满足 Lloyd 最优化条件。因此,K-means 聚类算法可以考虑应用于求解该最优量化器。2011 年,Jegou 等人提出针对全连接层的乘积量化(Product Quantization,PQ)算法。PQ 量化器将原始的向量空间分解为多个低维向量空间的笛卡尔积,并对分解得到的低维向量空间分别进行 K-means 以算出码本。该量化器转换过程的数学公式为

$$\begin{cases} x \xrightarrow{q} q(x) \\ x \in R^D, q(x) \in C = c_i \\ i \in I, I = 0, \cdots, k-1 \end{cases} \tag{9.6}$$

其中,$q(\cdot)$ 为映射函数,c_i 为中心粒(centrioles),I 为设定的索引集,k 为码本的大小。再建立好 PQ 量化器后,作者给出了 SDC(symmetric distance computation)和 ADC(asymmetric distance computation)两种方法用于解决相似搜索问题(similarity search)。两种计算方法的对应数学公式分别为

$$\hat{d}(x, y) = d(q(x), y) = \sqrt{\sum_j d(q_j(x), q_j(y))} \tag{9.7}$$

$$\hat{d}(x, y) = d(x, q(y)) = \sqrt{\sum_j d(u_i(x), q_j(u_j(x)))} \tag{9.8}$$

其中,x 为查询向量,y 为数据集中的某一向量,$d(,)$ 和 $\hat{d}(,)$ 表示向量间的实际距离和近似距离。

可以直观地看出,两种算法的主要区别在于是否对查询向量做量化处理。此外,作者提出了 IVFADC 算法,在 ADC 算法的基础上,修改为两层量化:第一层为粗粒度量化器(coarse quantizer),在原始的向量空间中基于 K-means 聚类出 $k' = \sqrt{n}$ 个簇。第二层对每个数据与其对应的量化中心的残差数据集进行 PQ 量化,进一步减少了计算量。

2014 年,Gong 等人使用 K-means 方法量化权重。在聚类之后,对同类的权重使用同一索引和索引所对应的均值中心来表示,并存储聚类之后的类索引号和码本。实验结果显示,对于 1000 类的 ImageNet 分类任务,该方法获得了(16~24)×的压缩率,而准确率下降小于

1%。Wu 等人表示,现有的大量算法尽管能获取较好的压缩效果,但其针对的多半为全连接层而并非整个网络。他们采用 PQ 算法同时加速和压缩卷积神经网络。他们可以实现 4～6×倍的加速和 15～20×倍的压缩比,几乎没有精度损失,且准确率损失小于 1%。2017 年,Cheng 等人采用相似的方法进行测试,获得了同样的加速和压缩比。

9.3.2　二值量化和哈希量化

库尔巴里奥(Courbariaux)等人 2015 年引入了二进制连接,这是一种在正向和反向传播过程中使用二进制权值训练 DNN 的方法,同时保留存储的权值的精度,这些权值是梯度累积的。实验表明利用二进制连接在排列不变 MNIST、CIFAR-10 和 SVHN 上获得了接近最先进的结果。

Leng 等人利用交替方向乘子法(ADMM)的思想,将网络的离散约束与连续参数解耦,将原难题转化为若干个子问题。在图像识别和目标检测方面的大量实验证明,该算法比目前最先进的方法更有效。Lin 等人提出一种位宽分配方法用于深度卷积网络(DCNs)的定点量化器。该方法使用信量化噪声(SQNR)比率作为分类性能的指标,并从最优量化器设计理论导出的量化器步长。实验结果表明不同的层具有不同的位宽更好。Chen 等人 2015 年提出了一种名为哈希网的新型网络结果。该网络采用随机权值共享的策略减少网络的内存占用,通过缩减神经网络固有的冗余来实现模型尺寸的大幅减少。压缩因子为 1/4 时具有随机权值共享的 Hashnet 的图解如图 9.9 所示,该网络由一个隐含层、四个输入单元和两个输出单元组成;网络中的连接被随机分组为三类,其中 V^1、V^2 为两个虚拟权值矩阵(virtual weight matrices),图中相同的权值则采用相同的颜色表示。Chen 等人利用哈希编码对权重进行编码,使用低成本的哈希函数将连接权值随机分组到哈希桶中,同一个哈希桶中的所有连接共享一个参数值。实验结果表明哈希网在很大程度上减少了神经网络的存储需求,并基本保持了泛化性能。

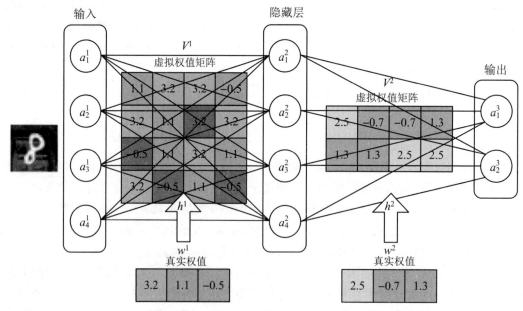

图 9.9　压缩因子为 1/4 时具有随机权值共享的神经网络的图解

2018 年 Hu 等人指出,Chen 等人所使用的方法优化的后权重仍为浮点数。因此,Hu 等人提出了一种名为 BWNH 的方法,通过哈希来训练二进制权值网络。Hu 等人认为训练二值权网络本质上可以看作是一个哈希问题,并提出了一种交替优化的方法来学习哈希码。BWNH 在 CIFAR10、CIFAR100 和 ImageNet 上表现的性能远优于当前的技术水平。

9.3.3　三值量化

Zhu 等人 2016 年提出三值量化(Trained Ternary Quantization,TTQ)方法,该方法可以将神经网络的权值精度降低到三值。该方法可以提高 CIFAR-10 上的 32 层、44 层、56 层 ResNet 模型和 ImageNet 上的 AlexNet 模型的精度。CIFAR-10 实验表明,经过训练的量化方法得到的三元模型比 ResNet-32、44、56 的全精度模型分别高出 0.04%、0.16%、0.36%。

Wen 等人提出名为 TernGrad 的使用三元梯度加速数据并行中的分布式深度学习方法,并证明了其收敛性。实验表明,TernGrad 在 AlexNet 上的应用不会造成任何精度损失,并且在 GoogleNet 上的准确率损失平均不到 2%。2017 年,Wang 等人通过引入一种新的针对预训练模型的不动点分解网络(FFN),来降低网络的计算复杂度和存储需求。由此产生的网络的权值只有 -1、0 和 1,这显著地消除了最消耗资源的乘数累积操作(mac)。在大规模 ImageNet 分类任务上的大量实验表明,FFN 只需要千分之一的乘法运算,但精度相当。

2018 年,Wang 等人提出两步量化(Two-Step Quantization,TSQ)框架,通过将网络量化问题分解为两个步骤:第一步,保持权重为全精度,对激活值采用稀疏量化的方法;第二步,一层层迭代对每层的元素进行量化。一层层量化,可拥有纠正量化误差的能力。

9.4　知　识　迁　移

知识迁移(Knowledge Transfer,KT)的概念是指一种学习对另一种学习的影响。知识迁移是人类具有的能力,人类凭借知识迁移的能力可以利用过去的经验处理很多新问题,人们自然也希望赋予机器知识迁移的能力,来增强机器面临新环境时处理问题的能力。在深度神经网络中,知识迁移可以描述为利用大型复杂集成神经网络(ensemble network)获得的信息形成紧凑神经网络(compact network)。知识迁移的方式如图 9.10 所示,其中具有标签(label)和训练数据(training data)信息流通过蒸馏(distillation)和迁移(transfer)从复杂的集成网络输出(output)到一个更简单的紧凑神经网络,并根据综合数据(synthetic data)来训练后者。

利用复杂网络生成的合成数据来训练一个紧凑的模型,可以很好地逼近函数,减少了过度拟合的可能性。更重要的是,它得到了一个比原模型更为精简的网络,为模型压缩和复杂的神经网络加速提供了一个新的视角。布西卢(Bucilu)等人于 2006 年首先将二次学习的思想应用到深度网络上,提出了基于知识迁移的模型压缩方法。该模型压缩方法采用将学生模型的标签与教师模型的标签尽量接近的方法来拟合教师模型的函数映射。通过实验三种方法生成伪数据,分别是随机、朴素贝叶斯估计和 MUNGE,实验结果表明学生网络尺寸减

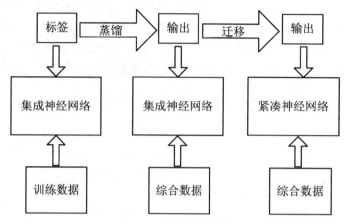

图 9.10　知识迁移说明

少了 1000 倍,同时运行速度提升了 1000 倍。

　　与 Bucilu 等人的工作不同的是,Ba 等人提出将 softmax 层的输入 logits 值作为监督信息而不是标签,该模型让学生模型输出的 logits 去拟合教师模型的 logits 值。此外,Ba 等人认为更深的网络结构是不必要的,因此,他们设计了一个相对于教师模型更浅的学生模型。为保证学生模型和教师模型的网络参数相同,学生模型的每一层都相较于教师模型更宽。Ba 等人还将教师网络获得数据集的 logits 标签作为知识指导学生网络的训练,在 TIMIT 和 CIFAR-10 数据库上都能够达到与深度网络相当的识别精度。实验结果表明,训练一个较浅但较宽的学生网络来模仿教师网络是可能的,且效果几乎和教师一样好。

　　2014 年,辛顿等人在上述工作的基础上做了进一步的改善。他们提出的知识精馏(Knowledge Distilling, KD)采用合适的 T 值以产生一个软概率标签(soft probability labels)。软概率标签揭示了数据结构间的相似性,以此学生网络可以在较少的推理运行时间下对 MNIST 数据集实现很高的精度。该框架可以总结为:

　　设 T 为一个输出 softmax $P_T = \text{softmax}(a_T)$ 的教师网络,其中,a_T 是教师 pre-softmax 激活的向量。则:① 如果教师模型是一个单一的网络,a_T 代表输出层的加权和;② 如果教师模型是一个集成的结果,P_T 或 a_T 都是通过对不同网络的输出平均(分别是算术平均或几何平均)得到的。设 S 为一个学生网络,参数为 W_S,输出概率 $P_S = \text{softmax}(a_S)$,其中,$a_S$ 为学生的 softmax 前输出。训练学生网络,使其输出的 P_S 与教师输出的 P_T 相似,以及真实的标签 y_{true}。由于 P_T 可能非常接近于样品真实标签的一个热代码表示,松弛 $\tau > 1$ 的引入是为了柔化教师网络输出产生的信号,从而在训练过程中提供更多的信息。学生网络的输出(P_S^τ)与教师的软化输出(P_T^τ)的松弛效果相同,其计算是数学公式分别为

$$P_T^\tau = \text{softmax}\left(\frac{a_T}{\tau}\right), \quad P_S^\tau = \text{softmax}\left(\frac{a_S}{\tau}\right) \tag{9.9}$$

　　然后优化器根据以下内容训练学生网络损失函数:

$$E_{\text{KD}}(W_S) = H(y_{\text{true}}, P_S) + \lambda H(P_T^\tau, P_S^\tau) \tag{9.10}$$

其中,H 指交叉熵,λ 是一个可调参数,以平衡两个交叉熵。实验证明,用这种方式训练的学生比直接使用训练数据训练的学生表现更好。

　　知识精馏与迁移学习(transfer learning)不同,在迁移学习中,人们使用相同的模型体系结构和学习的权重,仅根据应用的要求使用新层来替换部分全连接层。而在知识迁移中,通

过在大数据集上训练的更大的复杂网络(也称之为教师模型)学习到的知识可以迁移到一个更小、更轻的网络上(也称之为学生模型)。前一个大模型可以是单个的大模型,也可以是独立训练模型的集合。KD 方法的主要思想是通过 softmax 函数学习课堂分布输出,将知识从大型教师模型转换为一个更小的学生模型。从教师模型训练学生模型的主要目的是学习教师模型的泛化能力,该方法可以使模型的深度变浅,并且能够显著降低计算成本。

罗梅罗(Romero)等人指出 KD 框架即使在学生网络的架构稍深的情况下也能取得令人鼓舞的结果。但随着学生网络深度的增加,KD 训练仍然面临优化深层网络的困难。为解决这个问题,Romero 等人提出了名为 FitNet 的网络结构。FitNet 采用提示方式来训练前半个网络,而后采用 KD 完成网络的训练。使用提示训练学生模型的过程可描述为:如图 9.11(a)所示,网络训练开始于一个训练好的教师网络和随机初始化的 FitNet;如图 9.11(b)所示,采用提示方式在 FitNet 的引导层(guided layer)的顶部添加一个由 W_r 参数化的回归器(regressor),并将 FitNet 参数 W 引导到引导层,以最小化 W_{Guided} 的值;如图 9.11 (c)所示,采用 KD 框架对整个 FitNet 的 W_S 进行训练,以最小化 W_S^* 的值。与 Ba 等人工作的结论不同的是,Romero 等人认为用一个更细更深的网络(称为学生网络)来模拟一个更宽更浅的教师神经网络可以带来更高的分类准确率。学生网络的深度保证了其性能,而其薄的特性降低了计算复杂度。为解决学生模型中间层的输出和教师模型中间层的输出维度不一致的问题,FitNet 增加了一个回归器来解决这个问题。首先采用提示方式训练 FitNet 的前半部分,然后采用传统的网络精馏来训练整个 FitNet。实验结果表明,FitNet 在增加网络深度、减少网络参数的同时,还提高了相对于教师模型准确率。

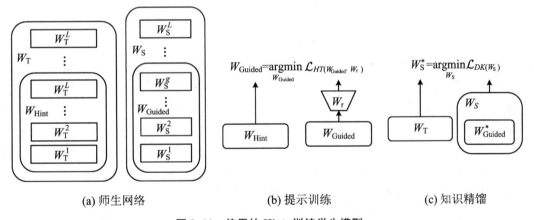

图 9.11　使用的 Hints 训练学生模型

不同于以往用软标签概率表示知识的方法,2016 年 Luo 等人利用教师网络的高层神经元输出来表示需要迁移的领域知识。他们利用学习到的人脸表征的本质特征(essential characteristics)来选择与人脸识别最相关的神经元。这种方式不会损失任何信息。训练后的学生网络获得了更高的压缩率,且在 LFW 上获得了比教师网络更高的准确率。

2015 年 Chen 等人提出一种基于函数保留变换(function-preserving transformation)的网络生长方法来获得学生模型的网络结构,并命名为 Net2Net,其中包括 Net2WiderNet 和 Net2DeeperNet 两种,分别从宽度和深度上进行网络生长的策略,再利用网络蒸馏的方法训练学生模型,快速地将教师网络的有用信息迁移到更深(或更宽)的学生网络。Net2Net 工作流程与传统方法的对比如图 9.12 所示,其中,左边为传统工作流程(traditional workflow),右边是 Net2Net 工作流程(Net2Net workflow)。在传统工作流程中,将一个初始设计(initial design)的网络及其训练(training)结果输出加入到另一个再设计模型(rebuild the model)的训练中;而 Net2Net 工作流程中是重复使用(resue)训练后的初始设计模型。从图 9.12 种可以看出,Net2Net 的核心思想是以拷贝的方式复用已训练完成的网络参数,在此基础上进行网络生成。

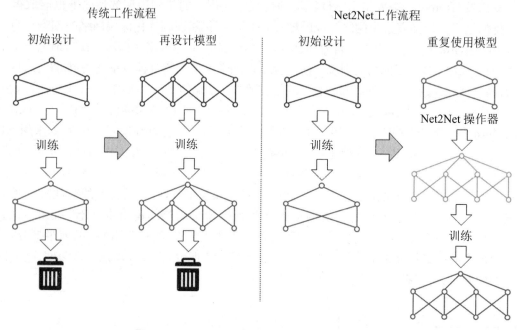

图 9.12   Net2Net 工作流程与传统工作流程的对比

扎戈鲁科(Zagoruyko)等人 2017 年使用教师网络中能够提供视觉相关位置 信息的注意力特征图来监督学生网络的学习,并且从低、中、高三个层次进行注意力迁移,极大改善了残差网络等深度卷积神经网络的性能。卢卡斯(Lucas)等人 2018 年提出了一种结合菲舍尔(Fisher)剪枝与知识迁移的优化方法,首先利用预训练的高性能网络生成大量显著性图作为领域知识,然后利用显著性图训练网络并利用 Fisher 剪枝方法剔除冗余的特征图,在图像显著度预测中可加速网络运行多达 10 倍。2017 年 Yim 等人将教师网络隐含层之间的内积矩阵作为领域知识,不仅能更快更好地指导学生网络的训练,而且在与教师网络不同的任务中也能获得较好效果。Chen 等人 2017 年首次提出了基于知识迁移的端到端的多目标检测框架,解决了目标检测任务中存在的欠拟合问题。作者针对 Faster R-CNN 的网络架构从主干网络、RPN(Region Proposal Network)、RCN(Region Classification Network)三个部分进行了知识精馏,在精度与速度方面都有较大改善。

9.5 本 章 小 结

由于硬件性能的高速发展,深度 CNN 将成为计算机视觉相关任务的主流算法。更强的计算能力将支持计算更深层的网络和处理更多的样本数据,以增强模型的非线性拟合能力与泛化能力。CNN 结构设计是一个有前途的研究领域,将来它可能会成为使用非常广泛的 AI 技术。针对 CNN 现已在移动平台上的移植问题,追求更加轻量的网络结构是一大发展方向。当前常有的网络结构优化方案包网络结构设计、剪枝与稀疏化、低秩分解等。

本章通过对近几年研究成果的总结,CNN 所面临的挑战为:

① 包括 CNN 在内的众多神经网络结构缺乏可解释性,泽勒(Zeiler)等人于 2013 年提出的 DeconvNet 置换了卷积层与池化层以监视模型训练期间的学习方案,并在 AlexNet 上得到了验证。实验结果显示,在 AlexNet 中大部分神经元处于未激活状态,而选取较小的滤波器和卷积步幅可以优化这一现象。

② 由于 CNN 是基于窗口滑动进行特征提取的,因此,CNN 对于识别物体的姿态和位置并不具有良好的效果。事实上,Krizhevesky 等人通过引入数据增强的思想,对已有数据进行平移、翻转、旋转、缩放、裁剪、高斯噪声等处理方法以解决此类问题,并间接证明了更多的数据集,有利于提高网络的识别能力。

③ 超参数选取依旧依赖于人为的比较和经验,而超参数值的细微变化都会对网络的性能造成极大的影响。超参数的选取策略需要一个规范的设计思路,并提供合理的优化方法来对超参数值进行调整。CNN 的有效训练需要强大的硬件资源,例如 GPU。但是,仍然需要探索如何在嵌入式和智能设备中有效地使用 CNN。

④ CNN 的有效训练需要强大的硬件资源,例如 GPU。但是,仍然需要探索如何在嵌入式和移动设备中有效地使用 CNN。设计硬件友好型深度模型将有助于加速推进深度学习的工程化实现,也是网络结构优化的重点研究方向。

⑤ 对于网络剪枝,目前大多数的方法是剔除网络中冗余的连接或神经元,这种低层级的剪枝具有非结构化(non-structural)风险,在计算机运行过程中的非正则化(irregular)内存存取方式反而会阻碍网络进一步加速。

⑥ 对于张量分解,其能够极大地加速模型的运行过程,而且端到端的逐层优化方式也使其容易实施,然而该方法不能较好地压缩模型规模,而且在卷积核尺寸较小时加速效果不明显。

⑦ 尽管网络量化能够显著减小模型尺寸,但增加了操作复杂度,在量化时需要做一些特殊的处理,否则精度损失更严重,且量化通常会损失一定的精度。

知识迁移方法能够利用教师网络的领域知识指导学生网络的训练,在小样本环境下有较高的使用价值。但其面临网络结构如何构造的问题,要求设计者具有较高的理论基础和工程经验,与其他方法相比其调试周期较长。

习　题

深度卷积神经网络在结构上的复杂性对网络的实际应用带来哪些不利因素? 迄今为止深度卷积神经网络在其结构的压缩与优化方面都进行了哪些改进? 这些改进对其应用有哪些优势?

第10章 深度神经网络的深度学习

深度学习算法是对由多层神经网络构成的深度神经网络中的各层参数,通过大规模数据,进行学习训练的不同算法,进而得到大量具有代表性的特征信息,对网络输入样本进行分类和预测。运用各种不同算法的目的是为了提高分类和预测的精度,它打破了传统神经网络对层数的限制,可以根据设计者的需要选择不同类型的网络及其层数,具有浅层网络学习所不具备的特点与优势;利用大数据来驱动模型并自动学习特征,更加复杂且强大的模型能更深刻地揭示海量数据里所承载的复杂而丰富的信息与知识,并对未知事件做更精准的预测。

实际上,深层网络同样存在浅层网络所存在的问题,可能无法进行有效训练,这些问题包括:

① 梯度消失。优化策略的核心就是梯度下降法,即使对于一个浅层的网络,函数的梯度也非常复杂,导致 BP 算法经常在参数初始值选择不当的时候,产生梯度消失,误差反向传播还会导致梯度扩散或者梯度爆炸现象,使得网络权值优化无法正常进行。从深层网络的角度出发,对于不同的隐含层,学习的速度差异很大。具体表现为网络靠近输出的层时,相应的权值矩阵学习的情况很好,而靠近输入的层,其权值矩阵学习很慢,有时甚至训练了很久,前几层的权值矩阵和刚开始随机初始化的值差不多。因此,深度学习中梯度消失问题的根源在于反向传播算法。

② 局部极值。随机初始化权值极易使目标函数收敛到局部极小值,且由于层数较多,深层网络是高度非线性的,有着太多的局部极值,很难保证能够得到一个可以接受的局部最优解。

③ 过拟合。当数据集样本数量非常少,只有成百上千个数据的规模,而复杂的多层神经网络在数据量不足的情况下会产生严重的过拟合。

对以上三个问题的解决思路为:

对于梯度消失问题,主要采用预训练和精调结合的训练策略。辛顿等人在深度学习的过程中采用贪婪无监督逐层训练方法,即在深度学习过程中,每层被分开对待并以一种贪婪方式进行训练,当前一层训练完成后,后一层将前一层的输出作为输入,并编码以用于训练,最后每层参数训练完成后,再在整个网络中利用监督学习进行参数精调。近年来,关于梯度消失问题,研究人员已经提出了一系列改良方案,如预训练和精调结合的训练策略,对梯度进行剪切,以及权值正则化处理,使用不同的激活函数(如 ReLU),使用批量归一化技巧,使用残差结构,使用长短时记忆神经网络,等等。

对于局部极值问题,深度卷积神经网络的层数较多,含有多个非线性激活函数,其最小化问题是一个非凸优化问题,要想求得非凸优化问题的全局最小点并不容易;当深度卷积神经网络足够深时,其相应的局部极小点虽然很多,但是其目标函数值会非常小并且接近于最终的全局最小点,合适的局部极小点可以被认为是全局最小点。

过拟合问题本质上为过参化问题,其表现为:泛化能力差,训练样本集准确率高,测试样本集准确率低。当网络参数多于训练数据时,过多网络参数导致对未训练数据的泛化性能差。一般在参数个数远大于训练集中样本量的时候容易发生过拟合,在此基础上,产生过拟合的其他原因有:① 数据噪声太大;② 特征太多;③ 模型太复杂。

与过拟合对应的欠拟合问题有:泛化能力差,训练与测试样本集的准确率都低。欠拟合产生的原因有:① 训练样本数量少;② 模型结构复杂度过低;③ 参数还未收敛就停止循环。对于欠拟合问题的解决方法有:① 增加样本数量;② 增加模型参数,提高模型复杂度;③ 增加循环次数,检查是否是学习率过高等初始参数赋值不合适导致模型无法收敛。

随着可供训练的数据量爆发式增长,这些海量数据为解决网络训练的过拟合问题提供了可能性,所以具有可供深度网络模型进行学习和训练的数据至关重要。不过,其他模型结构的优化方法及其算法,如批量归一化、正则化等方法也相当重要。在此基础上,过拟合的解决办法有:① 清洗数据;② 减少模型参数,降低模型复杂度;③ 增加惩罚因子(正则化),保留所有的特征,同时减少参数的大小,以使网络具有合适的拟合程度(泛化能力强,训练样本集准确率高,测试样本集准确率高)。

深度学习算法的研究近年来的飞速发展和巨大成功依赖于三个关键性因素如下:

① 深度学习模型对数据的强大拟合能力(学习能力)。早在 20 世纪八九十年代,神经网络模型就展现出了强大的学习能力,在一些简单的任务上使用非常简单的浅层神经网络模型即可表现出优良的性能,如时间序列识别、手写数字识别等。近年来,对于包含数百万样本的巨大数据集,人们对深度学习模型的理论也有着更深层次的研究和理解,但同时出现先进的深度学习模型参数数量往往大于样本量,人们对过参数化情况下的深度神经网络模型的泛化性以及全局收敛性的研究,也说明深度学习模型对数据的拟合能力非常强大,当数据集规模进一步增大时,深度学习算法的性能和效果依然可以继续得到提升。

② 可供训练的数据量爆发式增长。机器学习算法的基本任务是从给定数据集中学习一个条件概率分布或决策函数,因此可供机器学习模型进行学习和训练的数据至关重要。常见的机器学习算法如支持向量机等,由于对数据拟合能力有限,因此在小规模数据集上性能表现良好,但是当进一步扩大数据集规模时,往往因为模型自身有效容量有限,从而模型和算法的性能无法继续得到提升,陷入瓶颈。随着互联网的普及,以及移动互联网时代的到来,人类每天产生的数据量越来越多,数据总量呈现指数级别的增长,深度学习模型从大数据中获益,并在众多实际应用场景中表现出了优异的性能。

③ 分布式优化算法的发展,GPU 集群产生的巨大计算能力。2012 年,由于当时受硬件条件限制,单一 GPU 显卡的显存不足,无法支持辛顿等学者发明的 AlexNet 模型的训练,因此采用了两卡并行的方式,使用两张 GPU 显卡对 AlexNet 模型进行训练。自 AlexNet 模型取得成功之后,最先进的深度学习模型的尺寸和计算量在 7 年时间内增长了 300000 倍。相应地,为了支撑如此庞大的深度学习模型以及大规模的数据量训练,分布式优化算法也发展迅速,从最初的两卡并行,到如今的数千台服务器和数万台 GPU 显卡协同工作,分布式优化算法都在深度学习模型的成功之路上起到非常重要的作用。

深度学习算法的本质同监督学习中的其他机器学习算法相同,都是求解一个关于损失函数的优化问题。在许多实际任务以及应用场景中深度学习模型都取得了巨大的成功。但是在深度学习对模型参数进行优化问题求解的过程中，仍然需要关注的网络模型与网络权值解空间的关系。在求解深度学习的优化问题之前，需要先确定其假设空间。深度学习模型的假设空间包含了所有可能的条件概率分布或决策函数，是一个由参数向量决定的函数族，而参数向量取值的欧式空间被称为参数空间。对于深度学习模型而言，过去人们往往认为其参数空间等价于深度神经网络中的权重向量所取值的空间，即权重空间。然而，近期一些研究表明，深度学习模型的权重空间中存着正尺度伸缩不变的现象，即权重空间中的维度存在冗余，不能很好地表示深度学习模型的参数空间。网络模型中参数过多，需要进行稀疏，否则极易产生过拟合现象。在维度冗余的权重空间中优化深度模型，在求导过程中不可避免地会产生偏差，从而使得优化出现问题，对于模型复杂度的控制也会由于维度冗余而造成失准现象。

深度学习算法的研究包括：

① 深度神经网络的各种训练经验技巧。直到最近几年，人们才能训练大规模深度神经网络。这一方面是与大量采用 GPU、TPU、神经网络训练专用芯片等能加速模型训练的硬件设施有关，另一方面也与十几年积累下来训练深度神经网络的各种经验技巧有密切关联。深度神经网络的训练经验技巧包括神经网络结构设计、数据预处理技巧、神经网络初始化方法、归一化方法、正则化和学习率调整策略等。

② 训练深度神经网络的优化算法。即使有 GPU 的帮助，由于需要最小化的损失函数存在高度非凸性，训练深度模型最差情况仍可能存在 NP-Hard 问题。适合深度神经网络训练的优化算法主要包括基于一阶梯度优化算法及其包括二阶梯度在内的改进优化算法，包括学习率自适应优化算法、动量方法和自适应梯度方法等。

③ 深度神经网络的损失曲面研究。损失平面由网络结构、数据集和损失函数共同决定，对深度神经网络的损失曲面的研究包括深度神经网络损失曲面的极值点、深度神经网络损失曲面的几何性质以及深度神经网络优化算法收敛性和动力学分析。对损失曲面的极值点研究全局最大值的数量和分布以及局部极小值的泛化性；深度神经网络损失曲面的几何性质包括损失曲面的曲率、几何形状和连通性，以及局部极小值间的连通性。优化算法收敛性分析和动力学分析可以提供更精确的算法描述，为改进优化算法设计和网络结构的设计提供理论基础。

其中，①和②是研究深度神经网络的局部优化方面，即要得到一个合理的局部解；②中优化算法的设计也可以要求尽可能快地收敛以满足第二层次方面的要求；③则是研究深度神经网络优的全局优化方面，即要得到深度神经网络全局解。

10.1　深度神经网络的各种训练经验技巧

深度神经网络的各种训练经验技巧主要解决的问题是深度学习在网络模型中的稀疏性策略。本质上，深度学习的模型并非黑盒子，它与传统的计算机视觉系统有着密切的联系，它使得深度神经网络系统的各个模块（即网络的各个隐含层）可以通过联合学习，整体优化，从而泛化性能得到大幅地提升。设计与训练深度神经网络是一项富有挑战性的工作，它不仅需要高性能的计算硬件和高效的优化算法支撑，而且还需要很多的经验和技巧，这其中就包括了神经网络模型结构设计与数据预处理的技巧,以及学习率调整策略等。深度神经网络的各种训练经验技巧主要解决的问题是深度学习在网络模型中的稀疏性策略,主要包括:① 网络的连接方式;② 激活函数;③ 分类器设计;④ 参数初始化方式;⑤ 正则化理论;⑥ 批次归一化方法。

10.1.1 网络的连接方式

在网络的连接方式上,深度网络的稀疏性主要体现在三个方面:一是层级间的局部连接,典型的网络包括 CNN;二是稀疏权值连接,经典的深度网络优化技巧包括 Dropout;三是聚合统计不同位置处的特征,如最大池化(或平均池化)。

卷积层就是借鉴了局部感知和参数共享的思想。一般的神经科学理论认为人对外界的认知是从局部到全局的过程,图像的空间关系也是局部的像素关系较为紧密,而空间上较远的像素关系则较弱。每个神经元没有必要对全局图像进行感知,只需要对局部进行感知就可以,然后在更高的层将局部的信息综合起来就得到了全局的信息。这样每一个神经元对该层输入图像的每一个通道都有一个对应的卷积模板,该卷积模板对该通道图像做二维卷积,用这个卷积模板不断地在这个通道图像上滑动,得到图像的局部信息,然后再将这些局部信息综合起来,这样就得到了神经元在该通道上特征值,将该神经元在图像上所有通道上得到的特征值加起来就得到了该神经元总的特征值。在深层卷积神经网络中,通过从低层次到高层次多个卷积模板的训练,深度网络可以提取从低层次到高层次的特征,例如在前面几层特征中是提取到物体的边缘信息,而中间层特征是提取到物体的基本属性信息,高层次的特征是提取到物体的整体信息。

在一些深度卷积神经网络中也会采用池化层或者 Dropout 层。采用池化层的原因是对于大尺度图像来说,卷积后的特征的维度仍然较大,最终目的是将得到的特征去训练分类器,而过大的特征是难以达到这个目的的。为了解决这个问题,对于较大尺度的图像,一个有效的想法就是聚合统计不同位置处的特征,例如,可以计算图像一个区域上的某个特征的平均值(或最大值)。统计后的特征不仅维度更小(相比于原先的特征),同时还会提升性能(减轻了过拟合问题)。一般将这种聚合操作称为池化(pooling),常见的池化操作有平均池化(average pooling)和最大池化(max pooling),而最大池化是提取到区域内最大的值(即激励最明显的值),这样就能获得到局部最明显的特征,因此在现在的大多数深度卷积神经网络中,多采用最大池化方法。

Dropout 是指在深度卷积神经网络的训练过程中,对于每一个神经单元,按一定的概率将其丢弃;对于随机梯度下降训练来说,由于是随机丢弃的,故对于每一小批次都是在训练不同的网络。使用 Dropout 在一定程度上可以训练多个稀疏的深度网络,相当于训练了多个模型或者说是将多个深度网络集成起来。Dropout 的最大好处在于增大了深度卷积网络的泛化能力,能够有效地减轻网络的过拟合并提高模型的性能。

Dropout 正则化主要作用有:

① 减少神经元之间复杂的共适应关系。由于随机删除掉一半隐含层的神经元,对于每次输入到网络中的训练样本,其对应的网络结构都是不同的,这样权值的更新不再依赖于有固定关系隐含节点的共同作用,阻止了某些特征仅在其他特定特征下才有效的情况,迫使网络去学习更加鲁棒的特征。

② 实现模型组合的效果。组合多个模型的预测结果是一种非常有效的减少过拟合的方法，但是代价太高；利用 Dropout 则可以可实现模型组合（类似取平均）的效果。

③ 池化聚合操作。我们的最终目的是将得到的特征去训练分类器，而过大的特征是难以达到这个目的。通过池化的聚合操作，统计后的特征不仅维度更小（相比于原先的特征），同时还会提升性能，减轻过拟合问题。最大池化是提取到区域内最大的值（即激励最明显的值），这样就能获得到局部最明显的特征，因此在现在的大多数深度卷积神经网络中，多采用最大池化方法。

Dropout 正则化技术能够比较有效地防止深度卷积神经网络中的过拟合问题，同时也可节省一定的训练时间，网络中的 Dropout 通过修改神经网络本身结构来实现。对于某一层神经元，通过定义的概率来随机删除一些神经元，同时保持输入层与输出层神经元的个数不变，然后按照神经网络的学习方法进行参数更新，下一次迭代中，重新随机删除一些神经元，直至训练结束。

10.1.2　激活函数

经典的 sigmoid 函数会导致一个非稀疏的函数，在深度网络中，由于导数趋于 0，易产生梯度消失；ReLU 非线性激活函数：具有很好的稀疏性（非负稀疏性），在一定程度上可以缓解深度神经网络的梯度消失问题，极大地减小梯度弥散问题，从而能够较好的训练深度卷积网络，现有的深度卷积网络大部分都采用 ReLU 激活函数。

激活函数进一步改进为非对称的激活函数。对称的函数是指神经网络的权值参数从密度分布关于原点的对称的某种分布中抽取。只通过卷积层和批归一化层后所得到的特征其实还是线性特征，为了增强深度网络的拟合能力和表示能力，在深度网络的基础结构中往往采用相应的非线性激活函数层，将每个神经元的特征值进行非线性变换（非线性变换就是指相关的非线性激活函数，包括 sigmoid、tanh、ReLU 等函数），就得到了非线性特性。经过多个非线性激活函数层后，相应的深度网络的表达能力大大增强，能够提取到复杂物体，图像有效的表示特征。由于 ReLU 激活函数能够极大地减小梯度弥散问题，从而能够较好地训练深度卷积网络，现有的深度卷积网络大部分都采用 ReLU 激活函数。由于 ReLU 函数的输出是非零中心化的，会影响梯度下降的效率，已从理论上研究了濒死的 ReLU 问题，证明当深度无限大时，网络进入濒死 ReLU 的概率为 1。随后改进 ReLU 的变种也被广泛使用，如带泄漏的 ReLU（Leaky ReLU）、带参数的 ReLU（Parametric ReLU）和最大化输出等。

10.1.3　分类器设计

与经典的 Softmax 分类器不同，常见的稀疏分类器是基于表示学习的，如稀疏表示分类器（Sparse Representation Classifier，SRC）。另外，由于 Softmax 输出处不为 0，为了改进这一点，提出了 Sparesmax 分类器。

支持向量机（SVM）多分类器是从线性可分情况下的最优分类面发展而来的。最优分类面就是要求分类线不但能将两类正确分开，即训练错误率为 0，且使分类间隔最大。

10.1.4　参数初始化

神经网络权值空间中存在大量梯度爆炸或者消失的区域,如果权值参数初始化在这些区域可能会导致训练失败。但是"好的"区域事先不知道,需要研究如何找到这些"好的"区域的方法。研究认为"好的"初始化最基本的要求就是要避免出现梯度爆炸或者梯度消失,更高的要求就是同时保证激活向前传播和梯度反向传播稳定,也就是控制向前传播时神经元激活信号和反向传播时误差信号的均值和方差稳定。另外,最近有研究发现初始化时保持动力等距的深度神经网络收敛速度比不能保持动力等距要快几个数量级。神经网络初始化方法对神经网络的训练优化和训练得到模型解的泛化能力等都有很大的影响。深度学习正是从辛顿提出的逐层预训练方法后开始兴起的。采用逐层学习的方式就是迁移学习网络参数初值的最好实施。

深度神经网络初始化方法可以分为两类:随机初始化和迁移学习初始化。与经典的高斯分布初始化和均匀分布初始化方法不同,稀疏随机分布是根据权值矩阵的稀疏性进行差异化的设置,以避免连接的过饱和导致梯度接近于零的情形。另外,采用逐层学习的方式也可以获得较好的网络参数初值,经典的方法包括稀疏自编码网络、稀疏受限玻尔兹曼机、稀疏编码和卷积稀疏编码等。基于深度卷积神经网络的迁移学习是指将经过预训练的深度CNN 模型在新目标任务的数据集上进行再次训练,该过程化可以称为网络微调。所谓迁移学习初始化是指用在一个机器学习任务中已经训练好的网络模型权值作为另一个机器学习任务网络模型权值的初始值。

两种新颖的神经网络初始化:

1. 非对称的随机初始化

常用的初始化都是对称初始化,所谓对称的随机初始化是指神经网络的权值参数从关于原点对称的密度分布中抽取。为了介绍这种初始化方法首先需要引入一些标记。非对称随机初始化(randomized asymmetric initialization)来阻止出现濒死的 ReLU。

2. 修正初始化(fixup initialization)

有关研究发现,如果用标准的初始化方法初始化去除了批次归一化(Batch Normalization,BN)层的深度残差网络,训练过程中将会出现梯度爆炸,并且导致训练根本无法进行。修正初始化采取自顶而下设计方法,通过简单的权值缩放调整用标准初始化后的权值参数,确保网络进行适当参数更新规模。也就是,把整个深度残差网络输出的变动分解到各个残差分支的输出变动,通过控制每个残差分支的输出变动大小来实现控制整个深度残差网络输出变动大小,而每个残差分支输出变动大小可以通过缩放残差分支的权值来实现。

迁移学习(transfer learning)初始化是指用在一个机器学习任务中已经训练好的网络模型权值作为另一个机器学习任务网络模型权值的初始值;迁移学习的目标是将从一个环境中学到的知识用来帮助新环境中的学习任务,学习的任务就是在给定充分训练样本的基础上学习一个分类模型,然后利用学习到的分类模型对测试样本进行分类和预测。基于深度卷积神经网络的迁移学习方法解决了样本数量不足的图像数据集的训练和学习问题,同时在该方法的使用过程中还发现,在大规模图像数据集上训练的深度 CNN 模型可以学习到图像的通用特征,之后再通过在特定数据集上的网络微调,可以使网络进一步学习到新任务图像中的特定特征,从而得到针对特定数据集的较强的特征表示能为,取得比直接使用通用特征更好的分类标注效果。

基于深度卷积特征的迁移学习方法是将一个基本的深度 CNN 模型在一个通用的大规模图像数据集上进行预训练,然后将学习到的深度特征重新应用到另一个新任务中的数据集上,然后进行网络参数的微调,从而学习到更加具体的区别于其他相似类别的独有深度特征。由于提取到的通用深度特征具有较好的泛化能为,也就是说,通用特征对于训练用的大规模通用数据集和新任务的特定数据集都是适用的,因此这一过程化获得了较好的结果。具体来说,我们使用一个经过预训练的深度 CNN 模型,修改网络最后一层,即输出层的分类类别数量,用随机数来初始化该层的权重参数,保持其他层不做改变,在新任务的数据集上对该网络模型进行微调经过迁移学习过程,更好的分类标注精度会被获取。换句话说,逐步的迁移学习,可以使得 CNN 模型学习到更好的图像特征表示。

10.1.5　正则化理论

由于深度神经网络的拟合能力强,特别容易导致过拟合现象的发生。正则化理论的目的是抑制过拟合现象的发生,提升网络的泛化能力。与稀疏有关的正则化方法包括约束参数的范数、组稀疏正则化等。通过对误差函数增加限制的惩罚项来保留参数的所有特征,但减少了参数的大小。深度神经网络的拟合能力强,特别容易导致过拟合现象的发生。正则化理论的目的是抑制过拟合现象的发生,提升网络的泛化能力。与稀疏有关的正则化方法包括约束参数的范数、组稀疏正则化等理论正则化计算开销很大,很难在深度卷积神经网络中实现收敛速度的提升。

10.1.6　批次归一化方法

在深度神经网络中加入各种归一化层也会引入对称性,例如加入批次归一化层后,对批次归一化层前面的线性层或卷积层的权值参数作任意比例缩放以及偏移不会改变深度神经网络的输出。权值空间的对称性意味着在深度神经网络的权值空间中,表示相同模型的不同参数表示的数量可能非常大,甚至是无限大。这将使得深度神经网络可能遭受到严重的模型不可辨识性。最近的很多研究表明,权值空间对称性对深度神经网络的训练优化有不利影响。批归一化层现在的深层卷积神经网络中非常重要的网络层,通过批归一化层可以得到每一个激活单元或是每一个卷积通道上的归一化值。这样的归一化方法可以使得对应的网络层输出具有同样的均值、方差值,即满足同样的概率分布。在对应输出位置的概率分布一致,使得在训练的过程中所有样本的输出处于一个概率空间,从而能够有效地加快样本的训练过程,提升收敛速度。此外,批归一化层能够有效地使得反传梯度保持在一个合理的范围内,即过大的梯度会被归一化为中间等级的梯度,而小梯度也能够被得到一定程度的放大,从而使得在训练深层次的卷积神经网络中,梯度爆炸和梯度弥散等相关影响深度网络训练的问题能够有效地减轻。

归一化技术是机器学习的常用技术,同时也是深度学习技术的重要组成部分。归一化技术应用于深度神经网络有稳定网络训练和提高网络泛化能力的重要作用。正因为批归一化层在提升收敛速度、减小过拟合以及减轻梯度爆炸或梯度弥散等方面的好处,现在大量深层卷积神经网络模型都采用批次归一化层作为其基础结构。

在此我们总结出以下归一化方法：

① 批次归一化(Batch Normalization,BN)。BN 是深度学习领域内中第一个和应用最广泛的归一化方法,它是搭建深度神经网络的常用构件,广泛地应用在各种深度神经网络中。批次归一化是采用同一个小批次(min-batch)的统计信息来进行归一化,即用神经元在同一个批次激活值的平均值和标注差缩放并偏移神经元的激活值。模型层激活输出依赖于小批量中的所有样例,在训练和测试时用来归一化的平均值和标准差不一样,即同一个神经元在训练和测试时产生不同的激活值。在批次重归一化方法中,同一个神经元在训练时和在测试时产生的激活值是一样的。

② 层归一化(Layer Normalization,LN)。批次归一化方法的缺点是批次大小不能太小,不能应用于在线学习中,特别是无法在递归神经网络中应用;另外计算开销增加了三分之一。层归一化与批次归一化不同的是,用作归一化的统计信息(平均值和标准差)来自于同一层的神经元激活值。层归一化可以很好地应用在递归神经网络的训练中,但应用在CNN 中效果比较差,可能是因为 CNN 捕捉空间的信息不适合在层中做归一化的缘故。

③ 权值归一化(Weight Normalization,WN)。批次归一化与层归一化都是对神经元的激活值进行归一化,都是数据依赖型的。而权值归一化是对神经网络的权值进行归一化,是数据独立型的。权值归一化是对神经网络的。

可切换归一化(Switchable Normalization,SN)方法是 BN、LN 和 WN 的综合,即用来计算归一化统计信息的参考范围可以分别是同一个层、同一通道和同一批次。

④ 流归一化方(Streaming Normalization)。该框架包括了 BN 和 LN 等归一化方法这个一般化的框架把归一化分解成三个方面:a. 归一化操作函数,主要作用是利用得到统计量规定怎样修改神经元激活输出值;b. 归一化需要用到的统计量;c. 统计量收集的参考范围。流归一化的统计量是以在线方式收集,即从所有过去训练过的所有样本中收集,流归一化可以适用于递归神经网络和在线学习。

⑤ 传播归一化(Normalization Propagation)。首先对数据集进行归一化,然后从第一层开始逐层往上传播归一化,如依次对线性变换层、非线性激活层、池化层等进行归一化,需要注意的是每一层用来归一化的统计信息来自前一层,所以称为传播归一化方法。

⑥ 正交权值归一化(Orthogonal Weight Normalization,OWN)。构造一个精巧的变换,把原来的权值参数变换为代理参数并确保原来参数的权值矩阵是行正交的,反向传播时参数更新是在代理参数上进行的。

⑦ 基于投影权值归一化(Projection Based Weight Normaliztion,PBWN)。PBWN 算法比较简单,用标准的 SGD 算法执行权值参数更新,每间隔一定频率进行一次 PBWN 操作,用来解决由权值缩放不变的引入的对称性可能导致海森矩阵有病条件数问题。

⑧ 去相关性批次归一化(Decorrelated Batch Normalization)。这个归一化方法不仅可以像 BN 能够通过在同一批次内数据的平均值和标准差偏移及缩放神经元的激活值来加速深度网络模型训练,也可以白化神经元的激活值,从而相对 BN 提高了神经网络的收敛速度和泛化能力。

除此以外,还有其他一些归一化方法:自然神经网络(Natural Neural Networks)、批次重归一化(Batch Renormalization)、组归一化(Group Normalization,GN)、样例归一化(Instance Normalization,IN)和激活值归一化等。它们之间的主要区别是归一化的选择参考维度或者参考范围不一样。归一化技术主要分两大类：对神经网络的权值进行归一化和对神经元的激活值进行归一化。

10.2 训练深度神经网络权值的优化算法

训练深度神经网络的主流优化算法都是基于梯度的随机优化算法，主要包括：一阶优化算法：一阶方法可分为针对确定优化情况下的梯度下降算法（Gradient Descent，GD）和针对随机优化情况下的随机梯度下降算法（Stochastic Gradient Descent，SGD）。前者使用目标函数的全批梯度（full gradient）来确定更新方向，后者使用更简单但计算效率更高的随机梯度来确定更新方向，一般采用小批量梯度下降法（mini-batch gradient descent）。二阶优化算法由于需要计算 Hessian 矩阵的特征向量，即使采用了各种近似的方法，但计算开销还是比较大，目前主要应用于基于梯度改进的算法中。

10.2.1 小批量梯度下降法

目前，深度神经网络的参数学习算法主要是通过梯度下降法来寻找一组可以最小化结构的参数。在具体实现中，梯度下降法可以分为：批量梯度下降（batch gradient descent）、随机梯度下降法（stochastic gradient descent），以及小批量梯度下降法（mini-batch gradient descent）三种形式。根据不同的数据量和参数量，可以选择一种具体的实现形式。

批量梯度下降算法是通过全部样本来迭代更新一次参数，每迭代一步，都要用到训练集的所有数据，每次计算出来的梯度求平均。随机梯度下降算法是通过每个样本来迭代更新一次，以损失很小的一部分精确度和增加一定数量的迭代次数为代价，换取了总体的优化效率的提升。增加的迭代次数远远小于样本的数量。不过该做法的缺点也是很明显的：① 对于参数比较敏感，需要注意参数的初始化；② 容易陷入局部极小值；③ 当数据较多时，训练时间长；④ 每迭代一步，都要用到训练集所有的数据。在训练深度神经网络时，训练数据的规模通常都比较大。如果在梯度下降时，每次迭代都要计算整个训练数据上的梯度，这就需要比较多的计算资源。另外大规模训练集中的数据通常会非常冗余，也没有必要在整个训练集上计算梯度。因此，在训练深度神经网络时，经常使用小批量梯度下降法（mini-batch gradient descent）。

令 $f(x;\omega)$ 表示一个深度神经网络，ω 为网络参数，在使用小批量梯度下降进行优化时，每次选取 K 个训练样本 $\delta_t = \{(x^{(k)}, y^{(k)})\}_{k=1}^K$。第 t 次迭代时损失函数关于参数 ω 的偏导数 $g_t(\omega)$ 为

$$g_t(\omega) = \frac{1}{K} \sum_{(x,y) \in \delta_t} \frac{\partial E(y, f(x;\omega))}{\partial \omega} \tag{10.1}$$

其中，$E(\cdot)$ 为可微分的损失函数，K 为批量大小。

网络全职修正公式为

$$\omega_{t+1} = \omega_t + \alpha g_t(\omega) \tag{10.2}$$

其中，$\alpha > 0$ 为学习速率。

从上面的公式来看,影响梯度下降法的主要因素有:

① 批量大小 K;

② 学习速率 α;

③ 梯度估计。

随机梯度下降的 SGD 想要很好地收敛,需要在调节学习率上下很大的工夫。另外深度网络中不同的参数都用了相同的学习速率,但是实际上不同参数的学习难度是不同的,人们会希望那些难以学习的参数具有更大的学习速率。因此,为了更有效地训练深度神经网络,在标准的小批量梯度下降法的基础上,人们采用一些改进方法以加快优化速度,比如如何选择批量大小、调整学习速率以及修正梯度估计等。

在小批量梯度下降法中,批量大小(batch size)对网络优化的影响非常大。每一次小批量更新为一次迭代(iteration),所有训练集的样本更新一遍为一个回合(epoch)。它们两者之间的关系为

$$1 \text{ 个回合(epoch)} = \left(\frac{\text{训练样本的数量 } N}{\text{批量大小 } K} \right) \times \text{迭代(iteration)} \tag{10.3}$$

① 一般而言,批量大小不影响随机梯度的期望,但是会影响随机梯度的方差。批量大小越大,随机梯度的方差越小,引入的噪声也越小,训练也越稳定,因此可以设置较大的学习率。而批量大小较小时,需要设置较小的学习速率,否则模型会不收敛。学习速率通常要随着批量大小的增大而相应地增大。一个简单有效的方法是线性缩放规则(linear scaling rule):当批量大小增加 m 倍时,学习率也增加 m 倍。线性缩放规则往往在批量大小比较小时适用,当批量大小非常大时,线性缩放会使得训练不稳定。

② 批量大小越大,下降效果越明显,并且下降曲线越平滑。

③ 从整个数据集上的回合数来看,适当小的批量大小会导致更快的收敛速度。

④ 当每次迭代采用全样本进行梯度计算时,损失函数呈现出单调下降的曲线;当采用小批量梯度时,每次迭代为部分样本,损失函数呈现出震荡下降的曲线。

所以当训练集比较小($N \leqslant 2000$)时,通常使用全批量梯度;当训练集比较大时,通常的小批量梯度,批量大小 K 可以设置为 64、28、256、512 等,而且要确保其大小满足 CPU/GPU 内存。批量大小 K 可以作为一个参数,来找到一个让梯度下降优化算法最高效的数值。

10.2.2　学习速率改进算法

10.2.2.1　AdaGrad 算法

在小批量随机梯度下降法中,目标函数中的权重值的每一个元素在每一处训练中都使用同一个学习速率来自我迭代。自适应梯度 AdaGrad 算法(Adaptive Gradient Algorithm)根据自变量在每个维度的梯度值的大小来调整各个维度上的学习速率,从而避免统一的学习率难以适应所有维度的问题。

AdaGrad 算法会使用一个小批量随机梯度 $g_t(\omega)$ 按元素的平方累加到变量 $G_t(\omega)$。在迭代次数为 0 时,AdaGrad 将 $G_0(\omega)$ 中每个元素初始化为 0。在迭代次数 t 时,首先将小批量随机梯度 $g_t(\omega)$ 按元素平方后累加到变量 $G_t(\omega)$:

$$G_{t+1}(\omega) = G_t(\omega) + g_t(\omega) \odot g_t(\omega) \tag{10.4}$$

$$\omega_{t+1} = \omega_t - \frac{\eta}{\sqrt{G_t(\omega)+\varepsilon}}\odot g_t(\omega) \tag{10.5}$$

其中，$\odot$ 是按元素相乘，η 是学习速率，ε 是为了维持数值稳定性而添加的常数，用来保证分母非 0，一般取值 10^{-8}。

AdaGrad 算法是将每一个参数的每一次迭代的梯度取平方累加再开方，用基础学习率除以这个数，来做学习速率的动态更新，这样每一个参数的学习率就与它们的梯度有关系了，那么每一个参数的学习率就不一样了，它们是随其梯度而自适应变化的。只需要设置初始学习率，后面学习率会自我调整，越来越小。

可以认为式(10.5)中的 $\frac{1}{\sqrt{G_t(\omega)+\varepsilon}}$ 是对 $g_t(\omega)$ 从 1 到 t 进行一个递推迭代形成一个正则化约束项。它的作用是：当随机梯度 $g_t(\omega)$ 较小时，正则化约束项较大，能够放大梯度；当随机梯度 $g_t(\omega)$ 较大时，正则化约束项较小，能够约束梯度；更加适合处理稀疏梯度的情况。

从式(10.4)中可以看出，小批量随机梯度按元素平方的累加变量 $G_t(\omega)$ 出现在学习率的分母项中。计算时要在分母上计算梯度平方的和，由于所有的参数平方必为正数，这样就造成在训练的过程中，分母累积的和越来越大。这样学习到后来的阶段，网络的更新能力会越来越弱，能学到更多知识的能力也越来越弱，因为学习率会变得极其小。AdaGrad 算法在迭代后期由于学习率过小，可能较难找到一个有用的解。为了解决这一问题，RMSProp 算法对 AdaGrad 算法进行了改进。

10.2.2.2 RMSProp 算法

不同于 AdaGrad 算法里状态变量 $G_t(\omega)$ 是直到 t 次迭代的所有小批量随机梯度 $g_t(\omega)$ 按元素平方和，均方差传播 RMSProp 算法(Root Mean Square Prop Algorithm)将这些梯度按元素平方做指数加权平均。具体来说，给定超参数 $0\leqslant\beta<1,\varepsilon=10^{-8}$ 是一个不错的选择，RMSProp 算法在迭代次数 $t>0$ 后的计算为

$$G_{t+1}(\omega) = \beta G_t(\omega) + (1-\beta)g_t(\omega)\odot g_t(\omega) \tag{10.6}$$

$$\omega_{t+1} = \omega_t + \frac{\eta}{\sqrt{G_t(\omega)+\varepsilon}}\odot g_t(\omega) \tag{10.7}$$

因为 RMSProp 算法的状态变量 $G_t(\omega)$ 是对平方项 $g_t(\omega)\odot g_t(\omega)$ 的指数加权平均，所以可以看作最近 $1/(1-\beta)$ 个迭代的小批量随机梯度平方项的加权平均。如此一来，自变量每个元素的学习速率在迭代过程中就不再一直降低(或不变)。相比较 AdaGrad 算法中的历史梯度：$G_{t+1}(\omega)=G_t(\omega)+g_t(\omega)\odot g_t(\omega)$，RMSProp 算法增加了一个衰减系数来控制获取的历史梯度：$G_{t+1}(\omega)=\beta G_t(\omega)+(1-\beta)g_t(\omega)\odot g_t(\omega)$，使得每个参数的学习速率不同。RMSProp 算法改变梯度累积为指数衰减的平均，以便丢弃较远的过去历史信息，不过，RMSprop 算法依然依赖于全局学习速率 η，它是 AdaGrad 的一种发展，适合处理非凸条件情况下的非平稳目标。有研究表明，采用 RMSProp 算法对 RNN 的训练效果很好。

10.2.2.3 AdaDelta 算法

除了 RMSProp 算法以外，另一个常用优化算法 AdaDelta 算法也是针对 AdaGrad 算法在迭代后期学习速率太小问题的改进算法。有意思的是，AdaDelta 算法中没有学习速率。

AdaDelta 算法也像 RMSProp 算法一样，使用了小批量随机梯度 $g_t(\omega)$ 按元素平方的指

数加权平均变量 $G_t(\boldsymbol{\omega})$。在时间步 0，它的所有元素被初始化为 0。给定超参数 $0 \leqslant \beta < 1$（对应 RMSProp 算法中的 β），在迭代次数 $t > 0$，同 RMSProp 算法一样计算 $G_{t+1}(\boldsymbol{\omega}) = \beta G_t(\boldsymbol{\omega}) + (1-\beta)g_t(\boldsymbol{\omega}) \odot g_t(\boldsymbol{\omega})$。

与 RMSProp 算法不同的是，AdaDelta 算法还维护一个额外的状态变量 ΔX_t，其元素同样在迭代次数 0 时被初始化为 0。权重的变化量为

$$g'_{t+1}(\boldsymbol{\omega}) = \sqrt{\frac{\Delta X_t + \varepsilon}{G_t(\boldsymbol{\omega}) + \varepsilon}} \odot g_t(\boldsymbol{\omega}) \tag{10.8}$$

同样，ε 是为了维持数值稳定性而添加的常数，一般取 $\varepsilon = 10^{-8}$。

权值更新公式为

$$\omega_{t+1} = \omega_t - g'_t(\boldsymbol{\omega}) \tag{10.9}$$

最后，采用 ΔX_{t+1} 来记录自变量变化量 $g'_t(\boldsymbol{\omega})$ 按元素平方的指数加权平均：

$$\Delta X_{t+1} = \beta \Delta X_t + (1-\beta)g'_t(\boldsymbol{\omega}) \odot g'_t(\boldsymbol{\omega}) \tag{10.10}$$

从式（10.10）可以看到，如不考虑 ε 的影响，AdaDelta 算法与 RMSProp 算法的不同之处在于，使用 $\sqrt{\Delta X_t}$ 来替代学习速率 η。AdaDelta 算法的特点是：① 训练初中期，加速效果不错，很快；② 训练后期，反复在局部最小值附近抖动。

10.2.3　梯度估计改进方法

10.2.3.1　动量梯度下降法

动量（momentum）是模拟物理中的概念。一个物体的动量指的是该物体在它运动方向上保持运动的趋势，是该物体的质量和速度的乘积。动量梯度下降法（gradient descent with momentum）是用之前积累的动量来替代真正的梯度。动量梯度下降的算法为

$$v_{t+1} = \beta v_t + (1-\beta)\mathrm{d}W \tag{10.11}$$

$$W_{t+1} = W_t - \eta v_{t+1} \tag{10.12}$$

其中，β 为动量因子，满足 $0 \leqslant \beta < 1$，β 通常取值为 0.9。

动量梯度下降法的作用有：① 沿梯度下降初期时，下降方向一致，在上一次参数更新的基础上，加上附加的动量项，能够进行很好的加速；② 在梯度方向改变时，附加的动量项能够使得更新幅度增大，从而有可能跳出局部极值；③ 当收敛在一个极值的过程中，该方法在局部最小值有一个来回振荡的过程。

10.2.3.2　Adam 算法

Adam 算法（Adaptive Moment Estimation Algorithm）可以看作动量法和 RMSprop 算法的结合，不但使用动量作为参数更新方向，而且可以自适应调整学习速率。

Adam 算法使用了动量变量 v_t 和 RMSProp 算法中小批量随机梯度按元素平方的指数加权移动平均变量 $G_t(\boldsymbol{\omega})$，并在迭代次数 0 时将它们中每个元素初始化为 0。给定 $0 \leqslant \beta < 0$（一般取 0.9），迭代次数 t 的动量变量 v_t，也就是小批量随机梯度 $g_t(\boldsymbol{\omega})$ 的指数加权平均为

$$v_{t+1} = \beta_1 v_t + (1-\beta_1)g_t(\boldsymbol{\omega}) \tag{10.13}$$

指数加权平均中的第 100 个数据其实是前 99 个数据加权和，而前面每一个数的权重呈现指数衰减，即越靠前的数据对当前结果的影响较小，其优点为：① 相较于滑动窗口平均；

② 占用内存小;③ 运算简单。

与 RMSProp 算法中一样,给定动量因子 $0 \leqslant \beta_2 < 0$(一般取为 0.999),将小批量随机梯度按元素平方后的项 $g_t(\omega) \odot g_t(\omega)$ 做指数加权平均得到 $G_t(\omega)$ 为

$$G_{t+1}(\omega) = \beta_2 G_t(\omega) + (1 - \beta_2) g_t(\omega) \odot g_t(\omega) \tag{10.14}$$

由于将 v_0 和 $G_0(\omega)$ 中的元素都初始化为 0,在迭代次数 t 可得

$$v_{t+1} = (1 - \beta_1) \sum_{i=1}^{t} \beta_1^{t-i} g_t(\omega) \tag{10.15}$$

将过去各迭代次数小批量随机梯度的权值相加,可得

$$(1 - \beta_1) \sum_{i=1}^{t} \beta_1^{t-i} = 1 - \beta_1^t$$

需要注意的是,当 t 较小时,过去各迭代小批量随机梯度权值之和会较小。例如,当 $\beta_1 = 0.9$ 时,$v_1 = 0.1 g_1(\omega)$。为了消除这样的影响,对于任意迭代次数 t,可以将 v_t 再除以 $1 - \beta_1^t$,从而使过去各迭代次数小批量随机梯度权值之和为 1,进行偏差修正。在 Adam 算法中,人们对变量 v_t 和 $G_t(\omega)$ 均作偏差修正:

$$\hat{v}_t = \frac{v_t}{1 - \beta_1^t}, \quad \hat{G}_t(\omega) = \frac{G_t(\omega)}{1 - \beta_2^t} \tag{10.16}$$

式中,v_t 和 $G_t(\omega)$ 分别是对梯度的一阶估计和二阶估计,可以看作对期望 $E|g_t(\omega)|$ 和 $E|g_t^2(\omega)|$ 的估计;$\hat{v}_t$ 和 $\hat{G}_t(\omega)$ 是对 v_t 和 $G_t(\omega)$ 的校正,这样可以近似为对期望的无偏估计。可以看出,直接对梯度的估计对内存没有额外的要求,而且可以根据梯度进行动态调整。

然后 Adam 算法使用式(10.16)中偏差修正后的变量 $\hat{v}_t$ 和 $\hat{G}_t$,将模型参数中每个元素的学习速率通过按元素运算重新调整:

$$g_t'(\omega) = \frac{\eta \hat{v}_t}{\sqrt{\hat{G}_t(\omega) + \varepsilon}} \tag{10.17}$$

其中,η 是学习速率,ε 是为了维持数值稳定性而添加的常数,如 $\varepsilon = 10^{-8}$。

AdaGrad 算法、RMSProp 算法以及 AdaDelta 算法一样,目标函数自变量中每个元素都分别拥有自己的学习速率。最后,使用 $g_t'(\omega)$ 迭代自变量:

$$\omega_{t+1} = \omega_t - g_t'(\omega) \tag{10.18}$$

Adam 的优点主要在于经过偏置校正后,每一次迭代学习速率都有个确定范围,使得参数比较平稳。式(10.17)对学习率形成一个动态约束,而且有明确的范围。Adam 的特点为:① 结合了 AdaGrad 善于处理稀疏梯度和 RMSprop 善于处理非平稳目标的优点;② 对内存需求较小;③ 能够为不同的参数计算不同的自适应学习率;④ 适用于大多非凸优化和适用于大数据集和高维空间。

SGD 通常训练时间更长,但是在好的初始化和学习率调度方案的情况下,结果更可靠;如果需要更快的收敛,并且需要训练较深较复杂的网络,推荐使用学习率自适应的优化方法;对于稀疏数据,尽量使用学习率可自适应的优化方法,不用手动调节,而且最好采用默认值。

自适应梯度方法实际上隐含地使用了二阶梯度信息,也可以被划归入二阶方法。因为它们只利用了 Hessian 矩阵的对角线上的信息,而二阶方法一般需利用 Hessian 矩阵的逼近信息。一阶方法和二阶方法之间存在光滑过渡,取决于利用二阶信息的程度。在早期,有

研究人员认为一阶方法的局限是不能成功训练深度神经网络的原因,需要开发快速的二阶方法。近几年,这一趋势已经逆转,一阶方法占主导地位。还有些研究人员认为二阶方法应用在深度神经网络中容易出现拟合。不过,最近的一些研究给在深度神经网络训练中应用二阶方法带来一些希望。相关研究都在进行中。

10.3　深度神经网络的损失曲面

深度神经网络的损失曲面(loss surface)是由网络结构、训练数据集以及损失函数共同决定的。损失函数 E 的选择和定义需要根据具体的任务来决定,常见的损失函数有均方差损失函数(主要用于回归任务)和交叉熵损失函数(主要用于分类任务)。卷积神经网络权值修正算法的目标是通过采用反向传播算法,来对整个 CNN 权值进行修正,其目的是减小训练时的损失函数值,来对模型进行优化,使得网络输出更加接近样本标签。

常常以目标矢量 T 和网络的真实输出 Y 之间的差的平方和来构造网络损失函数:

$$E(W,B) = \frac{1}{2} \sum_{k=1}^{s_1} (T_k - Y_k)^2 \tag{10.19}$$

通过对网络的训练,采用梯度下降法来调整网路的权值,当网络训练完毕之后,对网络给定一个输入,它就能得到一个相对应的目标输出,从而实现分类、预测或者是识别的功能。

深度神经网络的损失曲面研究按研究方式也可以分为两类,即在一些假设基础上的理论推导研究和关于深度神经网络的损失曲面的实验性探索。对深度神经网络的损失曲面研究有助于设计好的网络结构和优化算法。由于深度神经网络的权值参数有很多(一般都有几十万、几百万,甚至上千万),训练集中数据也很多,所以深度神经网络的损失曲面是非常高维非凸的曲面。一般,对于这种高维非凸的曲面优化是很困难的,非凸优化问题经常得到局部极小值的次优解而很难得到全局最优解,然而,对于当前的深度神经网络模型,却经常可以寻找到全局最优解。有越来越多的文献致力于研究这个问题,目前还没有一致认可的解释。

我们将从深度神经网络损失曲面的极值点、深度神经网络损失曲面的几何性质和深度神经网络的优化算法收敛性和动力学三个方面来讨论深度神经网络的损失曲面。

10.3.1　深度神经网络损失曲面的极值点

早在 1989 年,研究人员就研究了深度线性神经网络偏导数等于 0 的极值点。2014 年人们借助统计物理中的自旋玻璃(spin glass),发现全连接网络损失函数的局部极小点形成一个分层结构,并且它们位于一个以全局最小点为界的良好的带内,远离这个带的局部极小点随着网络维数增加而呈现指数衰减,网络规模越大,越难收敛于全局极小点。但网络规模越大,局部极小点和全局极小点的差距会越小,意味着深度神经网络的训练达到局部极小值就可以了,这与来自低维空间的传统直觉很不同。因此,有人认为局部极小点以很大概率不是训练大规模深度神经网络的主要障碍,训练大规模深度神经网络的主要障碍来自于数量众多并且误差很大的鞍点(saddle points),并且提出了一种逃离鞍点的优化算法。需要注意的是,用自旋玻璃模型来解释深度神经网络的方法所用的假设都比较强,它要求网络隐含层中各神经元的输出相互独立,才能得到结论,而实际深度神经网络是不满足这些条件的。事实上,SGD 由于自身就带有梯度噪声,借助于这些噪声可以逃离鞍点的区域。有人研究了高斯输入和平方损失函数的条件下两层 ReLU 神经网络的性质,证明了关键点处的神经网络损失在标量、旋转和扰动三种变换下都可以保持不变,这说明极值点附近局域是平的。因此,他们认为如何从"平"的区域逃逸是深度神经网络训练的关键。

对于深度线性神经网络,2015 年,有人严格证明了深度线性神经网络所有局部极小值都是全局最小值,每一个关键点不是全局最小值就是鞍点,"坏的"(即 Hessian 矩阵有负的特征值)鞍点在深度线性神经(三层以上)会出现,而浅层(三层以下)的则没有。对于过参数化神经网络,也就是网络中权值参数的数量远超过训练集中数据量。2016 年,人们证明了对于含有一个隐层的过参数化的多层神经网络(激活函数为分段线性激活函数),甚至加入 Dropout 层,对于几乎所有的数据集,每个可微的局部极小值的训练误差都为 0,并且可以把结论推广到多个隐含层网络中。对于损失函数为平方函数、神经元的激活函数是解析的、有隐含层神经元数超过训练集中数据量,从该层起网络结构是金字塔形的条件下,几乎所有的局部极小值都是全局最小值。

10.3.2 深度神经网络损失曲面的几何性质

理解深度神经网络的损失曲面的几何性质对于设计更好的神经网络训练方法和网络结构具有很重要的作用。

在损失曲面与泛化性关系方面,研究人员发现用 SGD 算法作为优化器训练深度神经网络得到的解比自适应优化算法所得解的泛化性一般都要好,训练得到局部极小点附近区域一般比较平,而自适应优化算法得到极小值泛化性比较尖,从而推测泛化性能与极小点的尖平有关,认为这些关于极小点的平度大多数概念应用于深度神经网络模型都有问题,不能直接用于解释极小点的泛化能力,并利用 ReLU 激活函数的非齐次性质,构造了泛化性能完全一样的可以任意"尖"的极小点。人们通过可视化方法,发现"平"的极小点确实泛化性能更好。在损失曲面拓扑性质方面的研究发现,深度神经网络的局部极小值之间可以找到连续且很平的路径把它们连接起来。所谓"平"的路径是指路径上每一点对应的网络模型的训练误差和测试误差都很小。这与人们直觉很不一致,以前人们认为局部极小点是孤立的。人们还发现深度神经的网络损失曲面上存在连接局部极小点的"平"路径,并把寻找局部极小点的平路径的方法称为模式连接方法。人们通过引入动态规划算法,来有效地逼近每个水平集测地线,验证了水平集的连通性,给出了估计水平集的几何规则度的方法。

除了从理论上研究深度神经网络的损失曲面外,还有一些是通过实验和可视化方法对其进行研究。有人对于流行深度神经网络的损失曲面,从初始点到收敛点进行直线插值,结果发现在一维空间中直线插值比较光滑,并指出用 SGD 算法对深度神经网络进行训练不是想象的那么困难。通过可视化方法发现"平"的极小点确实泛化性能更好,当网络模型中加入跳连接或批次归一化可以使局部极小点更平,并且能防止损失曲面出现混沌。还有些通过神经网络损失函数的 Hessian 矩阵特征值分布来研究深度神经网络损失曲面。还有通过实验方法研究了训练过程中深度神经网络损失函数的 Hessian 矩阵特征值分布变化,特征值分布由两部分组成,主体集中在 0 附近,远离 0 的边缘部分是离散开的。大量的实验证据表明,主体那部分依赖于神经网络过参数化的程度,边缘部分依赖于输入数据。深度神经网络损失函曲面比较平坦的,不是以前认为的宽盆地,深度神经网络的训练停止在一个梯度很小的地方而不会收敛到极值点。

10.3.3　深度神经网络优化算法收敛性和动力学

时至今日,人们对深度神经网络的学习动力学理解还很有限。有人比较了损失函数分别是交叉熵和铰链损失的神经网络学习动力学,发现用铰链损失作为损失函数的神经网络收敛更快。此外,还有些利用偏微分方程研究深度神经网络动力学,例如,应用随机偏微分方程研究了在深度神经网络中 SGD 算法的动力学性质和收敛性质。结果表明:学习速率、批次大小和梯度协方差三个因素对 SGD 算法寻找到极小值的类型有很大影响。在最陡方向子空间中 SGD 算法的动力学,通过跟踪 SGD 算法轨迹处损失曲面的曲率,研究结果发现,SGD 算法在训练早期阶段访问越来越陡的区域(即 Hessian 矩阵最大的特征值越来越大),曲率较大,SGD 算法步长与曲率不匹配,无法优化最陡方向的损失。有人研究了两层无偏置 ReLU 神经网络的梯度下降动力学,提出了当网络输入服从 0 均值球面高斯分布时的总体梯度解析公式,然后利用这个公式研究关键界点的性质并进行收敛性分析,发现在教师网络权值支撑的超平面外极值点不是孤立的,而是组成流形。对于单 ReLU,在标准偏差为 $O\sqrt{d}$(d 为网络输入维数)的随机初始化情况证明了其收敛性;对于多个 ReLU,发现初始化的极小变化将导致收敛于不同最优值。

10.4　典型卷积神经网络的特点

在这一小节中,我们主要介绍近年来流行的深度卷积神经网络模型,以说明卷积神经网络模型的设计特点以及这些网络之间的关系。

1. LeNet

LeNet 是由 LeCun 等人于 1998 年提出的第一个 CNN 架构,被认为是 CNN 的雏形,它采用五个卷积层与池化层直接相连的结构。LeNet 设计之初是为了识别手写字符和打印字符,并取得了很好的效果。现在常用的 LeNet 模型与原始模型有所改变,主要为将非线性变换从下采样层转移置卷积层,并把输出层的激活函数从径向基函数换成了 softmax 函数。

2. AlexNet

AlexNet 深度卷积神经网络结构是由辛顿的学生 Alex 在 2012 年提出来的,这个深度网络可以看作是早期的用于手写字符识别的 LeNet 的加深加宽版本。相比于 20 世纪传统的神经网络,AlexNet 应用了诸如 ReLU、Dropout 等新的技术,并首次采用了 GPU 在大规模的 Imagenet 数据集上进行训练。它的主要结构包括前面 5 个卷积层用于提取卷积特征,之后在卷积层的末尾还接有 3 个全连接层用于特征降维,每一个全连接层后面还接有 Dropout 层用于减小过拟合。AlexNet 以绝对的优势获得了 ImageNet2012 比赛的冠军,极大地影响后来深度学习模型的发展,同时也促进了深度神经网络模型在语音识别、自然语言处理等其他的人工智能领域的发展。

3. VGGNet

VGGNet 深度卷积神经网络模型是由牛津大学视觉几何研究组(Visual Geometry Group,VGG)于 2014 年提出的。相比于 AlexNet,VGGNet 采用 3×3 的小卷积核和 2×2 的最大池化层来反复堆叠深度卷积神经网络,它的最后端也是 3 个全连接层,并且每一个全连接层的后面都接有 softmax 层或 Dropout 层。由于采用更小的卷积核,VGGNet 可以构建更深层次的卷积神经网络;而使用较多的小卷积核并且小卷积核参数量较小,使得 VGGNet 的层数虽然明显多余 AlexNet,但 VGGNet 的网络参数量并没有增加太多。在 ImageNet 数据集实验中,VGGNet 的图像识别性能要明显优于 AlexNet。另外 VGGNet 的扩展性非常强,通过用 VGGNe 在 ImageNet 上预训练得到的卷积权重,可以非常容易地将其迁移到其他的计算机视觉任务中,所提取的深度卷积特征能极大地提升相应应用任务的性能。

4. GoogleNet

GoogleNet 深度卷积神经网络模型是由 Google 团队于 2014 年提出的,并赢得 2014-ILSVRC 竞赛的冠军。GoogleNet 最大的特点在于采用了 Inception 模块,它利用不同大小的卷积核去卷积同一个输入特征,并将输出的不同尺度的卷积特征并联起来。这种模块结构设计的主要好处在于采用不同大小的卷积核意味着不同大小的感受野,最后的提取出的密集特征意味着不同尺度特征的融合。此外 GoogleNet 去除了最后的全连接层,采用了全局平均池化层,这样的设计大大减小了深度卷积神经网络的参数量。由于在 AlexNet 和 VGGNet 中最后的全连接层参数几乎占到了网络全部参数的 90%,而 GoogleNet 去除了全连接层后大幅降低了参数量,极大地减轻了过拟合的可能性。在 ImagNet 数据集实验中,GoogleNet 的图像识别性能要优于 AlexNet 和 VGGNet。

5. ResNet

ResNet 深度卷积神经网络是由微软研究院的何凯明(He-Kaiming)团队于 2015 年提出来的。他们通过 Residual 模块成功训练了多达 100 层的深度卷积神经网络,并获得了 ImageNet2015 比赛的冠军。ResNet 的关键结构是在深度卷积神经网络中引入了 Residual 模块,它通过使用多个有参数层来学习输入输出之间的残差表示,而非像一般 CNN 网络,如 Alexnet/VGG 等那样使用有参数层来直接尝试学习输入、输出之间的映射。ResNet 这种允许多个卷积层的输入信息直接传递到后面的层中,并将这个输入信息与后端的输出信息相加。这样的跨层连接结构与之前的卷积神经网络有非常大不同,之前的卷积神经网络多采用平直的网络结构,也就是网络的输入只是上一层的输出,而 ResNet 允许更前的层的输出与上一层的输出进行相加,从而使得 ResNet 有很多的旁路连接将输入直接引到后面的网络层中。通过这种旁路跨层连接结构,使得 ResNet 能够有效地将后端的梯度传递到前面的网络层中,因而更好地训练前面的卷积层。相比于之前的卷积神经网络,ResNet 可以达到更深的层次并获得更加具有表示性的特征由于图像识别。

6. DenseNet

DenseNet 深度卷积神经网络是 CVPR2017 的最佳论文。DenseNet 借鉴了 ResNet 跨层连接思想,以及 Inception 模块的特点,其每一层都以前馈的方式连接到其他每一层,更为彻底地加强了跨层深度卷积的效果。不同于 ResNet 利用 Residual 模块将前后端网络连接起来,DenseNet 通过 dense 模块将前后端连接起来,dense 模块的核心思想是将两个卷积特征的对应通道级联起来。此外 dense 模块密集地将每一个子层的输出通过旁路连接与最后端的输出级联起来,这样的设计优势是加强了特征流的传递,因而更加有效地利用了特征,通过多个旁路的分支进一步地减轻了梯度消失的影响,在一定程度上还减少了网络参数数量。相比于 ResNet,DenseNet 能够更加有效地训练深层的卷积神经网络。

7. SENet

SENet 获得了 ImageNet2017 比赛的冠军,其核心创新主要在于对卷积神经网络的特征通道的利用。在 SENet 模型中,其核心基础结构是 SE(Squeeze-and-Excitation)模块,SE 模块首先对卷积得到的特征图进行挤压(squeeze)操作,通常是利用全局平均池化操作得到关于每一个卷积通道上独有的特征,然后通过两个全连接层进行相应的激励变换,以增强通道特征的泛化能力,最后用每一个通道上的特征作为权重去乘以原始卷积特征上的特征图。SENet 模型通过显示地建模通道之间的相互依赖关系,自适应地重新校准通道的特征响应,从而能进一步地提升网络的泛化能力,增强网络的图像识别性能。本质上,SE 模块的这种注意力机制让模型可以更加关注信息量最大的特征,抑制那些不重要的特征。另外,SE 模块是通用的,这意味着它可以嵌入到现有的网络架构中。

8. MobileNet

MobileNet 是由 Howard 等提出的,它将传统卷积过程分解为深度可分离卷积(depthwise separable convolution)和逐点卷积(pointwise convolution)两步,在模型大小和计算量上都进行了大量压缩,由此构造的轻量型网络能够在移动嵌入式设备上运行。深度卷积和标准卷积不同,对于标准卷积其卷积核是用在所有的输入通道上,而深度卷积针对每个输入通道采用不同的卷积核,就是说一个卷积核对应一个输入通道,所以说深度卷积是深度级别的操作。而逐点卷积其实就是普通的卷积,只不过其采用 1×1 的卷积核。对于深度可分离卷积,其首先是采用深度卷积对不同输入通道分别进行卷积,然后采用逐点卷积将上面的输出再进行结合,这样其实整体效果和一个标准卷积是差不多的,但是会大大减少计算量和模型参数量。

9. R-CNN

R-CNN(Region-CNN)是 Girshick 等人于 2014 年提出的目标检测网络,输入的图像将经过区域推荐(region proposals)、特征提取和区域分类三个模块实现目标检测。R-CNN 的表现在目标区域检测上有较高的检测精度,局限于接受固定大小的输入。Girshick 等人于 2015 年提出 Fast R-CNN,它在不限制特征图输入尺寸的基础上,提出一个称为感兴趣区域池化的特殊单层空间金字塔池化(Spatial Pyramid Pooling,SPP),来统一输入全连接层的特征图尺寸。

10. YOLO

YOLO(You Only Look Once)被认为是一种新的检测方法,其将目标检测问题变为了对多个边框和相关类别的概率回归问题。YOLO 以 GoogLeNet 为网络基础,使用单个神经网络及单次评价直接从输入的整幅图像预测边框和类别。YOLO 进行目标检测的思路如图 17 所示,该网络先将输入图像分割成 $S \times S$ 个网格,每个网格负责检测中心点落在该网格内的对象目标,并预测 B 个边框及给出相应得分。置信得分高的则意味着边框中含有对象的可信程度高。

10.5 本 章 小 结

本章是关于深度神经网络的深度学习,主要是针对深层网络同样存在浅层网络所存在的梯度消失和梯度扩散、局部极值,以及过拟合和欠拟合问题,介绍深度神经网络中为解决这些问题而产生出的各种训练经验、技巧与训练深度神经网络权值的优化算法,包括:网络的连接方式、激活函数、分类器设计、参数初始化方式、正则化理论,以及批次归一化方法。在训练深度神经网络权值的优化算法方面包括批量大小对训练结果的影响的分析;在学习速率改进算法包括 AdaGrad 算法、RMSprop 算法和 AdaDelta 算法;在梯度估计改进方法方面包括动量梯度下降法和 Adam 算法。最后,介绍了典型卷积神经网络的特点。

习 题

【10.1】 深度神经网络在训练中主要存在哪些问题? 写出解决这些问题的合适的办法并解释为什么?

【10.2】 写出 4 种常用的深度神经网络训练的技巧。

【10.3】 影响深度神经网络训练的梯度下降法性能的主要因素有哪些? 应当如何去选择或确定这些参数?

第11章　深度学习网络的反向传播算法

当采用误差反向传播算法时,卷积神经网络也具有两种基本的运算模式:网络的前向输出计算和误差的反向传播。卷积神经网络的前向计算是数据输入卷积神经网络后,得到网络结果的过程,其本质上是一种从输入空间到输出空间的映射过程。卷积神经网络误差的反向传播是根据卷积神经网络输出层的已知误差,反向推导卷积神经网络中各层参数修正量的过程。卷积神经网络权值修正算法的目标是通过采用反向传播算法,来对整个 CNN 权值进行修正,其目的是减小训练时的损失函数值,来对网络模型的权值参数进行优化,使得网络输出更加接近样本标签。损失函数 E 的选择和定义需要根据具体的任务来决定,常见的损失函数有均方差损失函数(主要用于回归任务)和交叉熵损失函数(主要用于分类任务)。

为了使卷积神经网络能够进行反向传播,首先需要定义损失函数 E:

$$E = \frac{1}{2}\sum_{n=1}^{N}\|t_n - y_n\|^2 \tag{11.1}$$

其中,$n=1,2,\cdots,N$,N 是输入前向传播网络的样本数量,t_n 是训练样本集中第 n 个样本对应的标签真值,y_n 是第 n 个样本输入前向传播网络得到的网络输出的类别标签。

深度卷积神经网络的反向传播算法主要是基于梯度下降法,根据卷积神经网络的输出与期望输出之间的误差,来调整卷积神经网络中的参数:全连接层中的权重系数 w、卷积层中的卷积核 k,以及各层中的偏置 b 等,使得卷积神经网络的输出更加接近目标值。当网络训练完毕之后,对网络给定一个输入,它就能得到一个相对应的目标输出,从而实现分类、预测或者是识别的功能。

下面进行卷积神经网络的参数调整算法公式的推导。

11.1　全连接层权值参数调整学习算法

整个卷积神经网络全连接层(输出层 L)的神经元,以及其隐含层的输出表达式分别为

$$\begin{cases} u_j^l = \sum_{i=1}^{m} w_{ij}^l x_i^{l-1} + b_j^l \\ y_j = f(u_j^l) \end{cases} \tag{11.2}$$

其中,x_i^{l-1} 是全连接层 l 的前一层的神经元的第 i 个输出,w_{ij}^l 是 $l-1$ 层的第 i 个神经元的输出和全连接层 l 的第 j 个神经元之间对应的权重系数,b_j^l 是全连接层 l 的第 j 个神经元对应

的偏置，$f(\cdot)$ 是激活函数，$j=1,2,\cdots,n$，n 是全连接层 l 的输出特征向量的大小，$i=1,2,\cdots,$ m，m 是卷积层 l 前一层的输出特征向量的大小，$l=1,2,\cdots,L$，y_j 为整个网络的输出。

反向传播算法实际上是通过所有网络层的 $\delta^l(l=1,2,\cdots,L)$ 误差，建立损失函数 E 对网络所有层中参数的偏导数，从而得到使得训练误差减小的方向。在全连接层中，输出层没有需要修正的权值，根据网络损失函数定义式(11.1)，可以直接推导出全连接层中隐含层的权值 w_{ij} 的偏导为

$$\frac{\partial E}{\partial w_{ij}^l} = \frac{\partial E}{\partial y_j}\frac{\partial y_j}{\partial u_j^l}\frac{\partial u_j^l}{\partial w_{ij}^l} = (t_j - y_j)f'(u_j^l)x_i^{l-1} \tag{11.3}$$

将输出层 L 的误差定义为 $e_j = t_j - y_j$，也就是网络误差与期望值之间的误差；全连接层中隐含层的误差 δ_j^L 定义为

$$\delta_j^L = e_j f'(u_j^l) = (t_j - y_j)f'(u_j^l) \tag{11.4}$$

也就是将网络输出层误差 $e_j = t_j - y_j$ 乘以输出层的激活函数的一阶导数得到全连接层中的隐含层的误差 δ^L。由此可得全连接层中损失函数 E 对权值 w_{ij} 的偏导为

$$\frac{\partial E}{\partial w_{ij}^l} = \delta_j^L x_i^{l-1} \tag{11.5}$$

同理，可得损失函数 E 对偏置 b 的偏导为

$$\frac{\partial E}{\partial b_j^l} = \frac{\partial E}{\partial y_j}\frac{\partial y_j}{\partial u_j^l}\frac{\partial u_j^l}{\partial b_j^l} = (t_j - y_j)f'(u_j^l) = \delta_j^L \tag{11.6}$$

根据式(11.5)和式(11.6)，就可以获得调整全连接层的权值参数公式为

$$\begin{cases} \Delta w_{ij}^l = -\eta\dfrac{\partial E}{\partial w_{ij}^l} = -\eta\delta_j^L x_i^{l-1} \\ \Delta b_j^l = -\eta\dfrac{\partial E}{\partial b_j^l} = -\eta\delta_j^L \end{cases} \tag{11.7}$$

其中，η 为整个卷积神经网络的学习率。

在训练卷积神经网络时，学习率不能够设置过大，过大容易使网络发散或出现振荡；但也不能过小，过小会使卷积神经网络的学习速度过慢，很浪费时间。在实际操作中，可以通过预训练的方法找出一个相对较合适的学习率。

因为深度学习网络的全连接层是直接与网络的输出层相连，所以在权值修正算法的计算上，同样满足与该层网络的误差成正比，以及与该层网络的输入向量成正比的梯度下降法的计算原则。在深度学网络的误差反向传播的过程中，需要特别注意的是推导中间各个卷积层以及与卷积层相连的池化层中的误差的计算与反向传播，因为任何一个卷积层至少是全连接层前一个隐含层。

11.2　卷积层的权值修正公式的推导

卷积层的函数表达式为

$$\begin{cases} u_j^l = \sum x_i^{l-1} * k_{pq}^l + b_j^l \\ x_j^l = f(u_j^l) \end{cases} \tag{11.8}$$

其中，x_i^{l-1} 是卷积层 l 上一层的第 i 张特征图，k_{ij}^l 是对应卷积层 l 上一层的第 i 张特征图和卷积层 l 的第 j 个通道的输出之间的卷积核矩阵，b_j^l 是卷积层 l 的第 j 个通道对应的偏置，M_j 是输入卷积层 l 的第 j 个通道的特征图子集，x_j^l 是卷积层 l 的第 j 个通道的输出，$f(\cdot)$ 是激活函数。$j=1,2,\cdots,n$，n 是卷积层 l 的本层的特征图数量，$i=1,2,\cdots,m$，m 是卷积层 l 前一层的特征图数量，"$*$"表示卷积运算符号。p,q 分别为卷积输出信号的行和列，$p=1,2,\cdots$，u，$q=1,2,\cdots,v$。输出信号的每一个元素都与卷积核的元素 k_{pq} 相关。

网络损失函数 E 对第 l 层的卷积核偏导数为

$$\frac{\partial E}{\partial k_{pq}^l} = \sum_i \sum_j \left(\frac{\partial E}{\partial x_j^l} \frac{\partial x_j^l}{\partial k_{pq}^l} \right) = \sum_i \sum_j \left(\frac{\partial E}{\partial x_j^l} \frac{\partial x_j^l}{\partial u_j^l} \frac{\partial u_j^l}{\partial k_{pq}^l} \right) \tag{11.9}$$

注意：卷积层权值修正公式(11.9)中的偏导数一共有三项：$\frac{\partial E}{\partial x_{ij}^l} \frac{\partial x_{ij}^l}{\partial u_{ij}^l} \frac{\partial u_{ij}^l}{\partial k_{pq}^l}$。对于式(11.9)中最右边求和项括号中的第二个乘积子项，因为有 $x_j^l = f(u_j^l)$，所以我们可得

$$\frac{\partial x_j^l}{\partial u_j^l} = f'(u_j^l) \tag{11.10}$$

式(11.10)为激活函数对输入值的导数，激活函数作用于每一个元素，产生相同尺寸的输出信号，和全连接网络相同。

对于式(11.9)中最右边求和项括号中的第三个乘积子项，由于有 $u_j^l = \sum_{i \in M_j} x_{ij}^{l-1} \times k_{pq}^j + b_j^l$，我们可得

$$\frac{\partial u_j^l}{\partial k_{pq}^l} = \frac{\partial \left(\sum_{p-1}^s \sum_{q-1}^s x_{i+p-1,j+q-1}^{l-1} \times k_{pq}^l + b^l \right)}{\partial k_{pq}^l} = x_{i+p-1,j+q-1}^{l-1} \tag{11.11}$$

将式(11.10)和式(11.11)代入式(11.9)，可得网络损失函数 E 对第 l 层的卷积核偏导数为

$$\frac{\partial E}{\partial k_{pq}^l} = \sum_i \sum_j \left(\frac{\partial E}{\partial x_j^l} f'(u_j^l) x_{i+p-1,j+q-1}^{l-1} \right) \tag{11.12}$$

该层偏置项的偏导数为

$$\frac{\partial E}{\partial b^l} = \sum_i \sum_j \left(\frac{\partial E}{\partial x_j^l} \frac{\partial x_j^l}{\partial b^l} \right) = \sum_i \sum_j \left(\frac{\partial E}{\partial x_j^l} \frac{\partial x_j^l}{\partial u_j^l} \frac{\partial u_j^l}{\partial b^l} \right) = \sum_i \sum_j \left(\frac{\partial E}{\partial x_j^l} f'(u_j^l) \right) \tag{11.13}$$

这里需要定义一个新的误差概念：网络第 l 层的 δ^l 误差（又称神经元灵敏度）：

$$\delta_{ij}^l = \frac{\partial E}{\partial u_j^l} \tag{11.14}$$

其中，u_j^l 是当前层未激活的输出，δ_j^l 描述了网络损失函数 E 随着 u_j^l 变化的程度，可以称为灵敏度，或误差的变化。

结合卷积层的输入/输出之间的函数关系(11.8)，可得

$$\delta_{ij}^l = \frac{\partial E}{\partial u_j^l} = \frac{\partial E}{\partial x_j^l} \frac{\partial x_j^l}{\partial u_j^l} = \frac{\partial E}{\partial x_j^l} f'(u_j^l) \tag{11.15}$$

这是损失函数对中间变量 u_j^l 的偏导数，它是一个矩阵：

$$\delta_{ij}^l = \frac{\partial E}{\partial u_j^l} = \begin{bmatrix} \delta_{11}^l & \cdots & \delta_{1m}^l \\ \vdots & & \vdots \\ \delta_{n1}^l & \cdots & \delta_{nm}^l \end{bmatrix} \tag{11.16}$$

$\dfrac{\partial E}{\partial u_j^l}$ 的维度和卷积层输出信号的维度相同，而全连接层的误差向量和该层的神经元个数保持一致。将式(11.15)代入式(11.12)和式(11.13)，可得与全连接网络相连接的卷积层 l 的卷积核以及该层偏置项的偏导数分别为

$$\begin{cases} \dfrac{\partial E}{\partial k_{pq}^l} = \sum_i \sum_j (\delta_{ij}^N x_{i+p-1,j+q-1}^{l-1}) \\ \dfrac{\partial E}{\partial b^l} = \sum_i \sum_j (\delta_{ij}^N) \end{cases} \tag{11.17}$$

这也是一个卷积操作，δ_{ij}^N 相当于卷积核，x^{l-1} 则相当于输入信号。

由此我们根据标准的梯度下降法的推导过程，获得与全连接网络相连接的卷积层的权值修正公式，同样满足：与该层的神经元灵敏度误差 δ_{ij}^N 成正比，同时与该层的输入成正比。

$$\begin{cases} \Delta k_{pq}^l = -\eta \dfrac{\partial E}{\partial k_{ij}^l} = -\eta \sum_i \sum_j (\delta_{ij}^N x_{i+p-1,j+q-1}^{l-1}) \\ \Delta b_i^l = -\eta \dfrac{\partial E}{\partial b_j^l} = -\eta \sum_i \sum_j (\delta_{ij}^N) \end{cases} \tag{11.18}$$

【**例 11.1**】 假设卷积核矩阵的维数为 3×3：$k_{pq} = \begin{bmatrix} k_{11} & k_{12} & k_{13} \\ k_{21} & k_{22} & k_{23} \\ k_{31} & k_{32} & k_{33} \end{bmatrix}$，卷积层的输入信号 x

的维数为 4×4：$\begin{bmatrix} x_{11} & x_{12} & x_{13} & x_{14} \\ x_{21} & x_{22} & x_{23} & x_{24} \\ x_{31} & x_{32} & x_{33} & x_{34} \\ x_{41} & x_{42} & x_{43} & x_{44} \end{bmatrix}$，计算卷积输出信号对应的误差项矩阵 δ_{ij}^l，以及损失函

数 E 对卷积层参数的偏导数。

在进行卷积、加偏置的操作之后得到卷积层输出 u 的维数为 $4-3+1=2$，计算结果为

$$u = \begin{bmatrix} u_{11} & u_{12} \\ u_{21} & u_{22} \end{bmatrix} = \begin{bmatrix} x_{11} & x_{12} & x_{13} & x_{14} \\ x_{21} & x_{22} & x_{23} & x_{24} \\ x_{31} & x_{32} & x_{33} & x_{34} \\ x_{41} & x_{42} & x_{43} & x_{44} \end{bmatrix} * \begin{bmatrix} k_{11} & k_{12} & k_{13} \\ k_{21} & k_{22} & k_{23} \\ k_{31} & k_{32} & k_{33} \end{bmatrix} + \begin{bmatrix} b_{11} & b_{12} \\ b_{21} & b_{22} \end{bmatrix}$$

$$= \begin{bmatrix} \begin{matrix} x_{11}k_{11} + x_{12}k_{12} + x_{13}k_{13} + \\ x_{21}k_{21} + x_{22}k_{22} + x_{23}k_{23} + \\ x_{31}k_{31} + x_{32}k_{32} + x_{33}k_{33} + b_{11} \end{matrix} & \begin{matrix} x_{12}k_{11} + x_{13}k_{12} + x_{14}k_{13} + \\ x_{22}k_{21} + x_{23}k_{22} + x_{24}k_{23} + \\ x_{32}k_{31} + x_{33}k_{32} + x_{34}k_{33} + b_{12} \end{matrix} \\ \begin{matrix} x_{21}k_{11} + x_{22}k_{12} + x_{23}k_{13} + \\ x_{31}k_{21} + x_{32}k_{22} + x_{33}k_{23} + \\ x_{41}k_{31} + x_{42}k_{32} + x_{43}k_{33} + b_{21} \end{matrix} & \begin{matrix} x_{22}k_{11} + x_{23}k_{12} + x_{24}k_{13} + \\ x_{32}k_{21} + x_{33}k_{22} + x_{34}k_{23} + \\ x_{42}k_{31} + x_{43}k_{32} + x_{44}k_{33} + b_{22} \end{matrix} \end{bmatrix} \tag{11.19}$$

若该层的激活函数为 $f(\cdot)$，则卷积层输出为

$$x_j^l = f(u) = \begin{bmatrix} f(u_{11}) & f(u_{12}) \\ f(u_{21}) & f(u_{22}) \end{bmatrix} \tag{11.20}$$

反向传播过程中需要更新的参数有卷积核中的 k 值和偏置项 b，卷积核需要反复作用于同一信号的多个不同位置。根据公式(11.14)，可得卷积输出信号对应的误差项矩阵 δ_{ij}^l 为

$$\delta_{ij}^l = \begin{bmatrix} \delta_{11} & \delta_{12} \\ \delta_{21} & \delta_{22} \end{bmatrix}, \quad i,j = 1,2 \tag{11.21}$$

下面计算损失函数对卷积核各个元素的偏导数：

$$\frac{\partial E}{\partial k_{11}^l} = \delta_{11}\frac{\partial u_{11}}{\partial k_{11}^l} + \delta_{12}\frac{\partial u_{12}}{\partial k_{11}^l} + \delta_{21}\frac{\partial u_{21}}{\partial k_{11}^l} + \delta_{22}\frac{\partial u_{22}}{\partial k_{11}^l}$$
$$= x_{11}\delta_{11} + x_{12}\delta_{12} + x_{21}\delta_{21} + x_{22}\delta_{22}$$

这是因为产生输出 u_{11} 时卷积核元素 k_{11} 在输入信号中对应的元素是 x_{11}。产生输出 u_{12} 时卷积核元素 k_{11} 在输入信号中对应的元素是 x_{12}。其他的以此类推，同样的有：

$$\frac{\partial E}{\partial k_{12}^l} = x_{12}\delta_{11} + x_{13}\delta_{12} + x_{22}\delta_{21} + x_{23}\delta_{22}$$

$$\frac{\partial E}{\partial k_{13}^l} = x_{13}\delta_{11} + x_{14}\delta_{12} + x_{23}\delta_{21} + x_{24}\delta_{22}$$

$$\frac{\partial E}{\partial k_{21}^l} = x_{21}\delta_{11} + x_{22}\delta_{12} + x_{31}\delta_{21} + x_{32}\delta_{22}$$
$$\vdots$$

在此计算过程中，卷积核需要反复作用于同一信号的多个不同位置。从上面偏导数的计算过程中我们可以总结出这样的规律：损失函数对卷积核的偏导数 $\frac{\partial E}{\partial k_{pq}^l}$ 实际上就是：前一层的输入信号与后一层 δ 误差的卷积：

$$\frac{\partial E}{\partial k_{pq}^l} = \begin{bmatrix} x_{11} & x_{12} & x_{13} & x_{14} \\ x_{21} & x_{22} & x_{23} & x_{24} \\ x_{31} & x_{32} & x_{33} & x_{34} \\ x_{41} & x_{42} & x_{43} & x_{44} \end{bmatrix} * \begin{bmatrix} \delta_{11} & \delta_{12} \\ \delta_{21} & \delta_{22} \end{bmatrix} \tag{11.22}$$

其中，$*$ 表示卷积运算，写成矩阵的形式为

$$\nabla_{k^l} E = \mathrm{conv}(X^{l-1}, \delta^l) \tag{11.23}$$

其中，conv 为卷积算符，卷积输出信号的尺寸与卷积核矩阵的尺寸相同。

11.3 误差 δ^l 的反向传播

通过卷积层的运算，网络的输入和输出层的维数降低了很多，当误差反向传播时，从后一层反向传播到前一层的过程中，需要将降低的位数补升到降维前的数量，这个升维的过程需要在误差 δ^l 的反向传播到 δ^{l-1} 中体现出来。所以现在要解决的问题是如何将误差项传递到前一层。假设卷积层从后一层接收到的误差为 δ^l，信号维度与卷积层的输出信号维度大小一致，传播到前一层的误差为 δ^{l-1}，尺寸与卷积层的输入信号维度一致。同样以上面的例子，假设 δ^l 已知，问题是：如何通过误差项 δ^l，找到计算公式，将其传递到前一层，获得 δ^{l-1}？

同样根据式(11.14)定义的神经元灵敏度误差：$\delta_{ij}^l = \frac{\partial E}{\partial u_j^l} = \frac{\partial E}{\partial x_j^l}\frac{\partial x_j^l}{\partial u_j^l}$，我们可得

$$\delta_{pq}^{l-1} = \frac{\partial E}{\partial u_{pq}^{l-1}} = \frac{\partial E}{\partial x_{pq}^{l-1}}\frac{\partial x_{pq}^{l-1}}{\partial u_{pq}^{l-1}}$$

$$= \frac{\partial E}{\partial x_{pq}^{l-1}} f'(u_{pq}^{l-1}) = \Big(\sum_i \sum_j \Big(\frac{\partial E}{\partial u_j^l} \frac{\partial u_j^l}{\partial x_{pq}^{l-1}} \Big) \Big) f'(u_{pq}^{l-1}) \tag{11.24}$$

其中，$\frac{\partial E}{\partial u_j^l}$ 是损失函数对中间变量的偏导数，它是一个 δ_{ij}^l 误差矩阵，也就是式(11.16)，它的维度和卷积层输出信号的维度相同。

为了计算出式(11.24)中的 $\frac{\partial u_j^l}{\partial x_{pq}^{l-1}}$。我们首先需要计算出卷积层输出 u 的计算公式。由正向传播时的卷积操作公式，可得

$$u = \begin{bmatrix} u_{11} & u_{12} \\ u_{21} & u_{22} \end{bmatrix} = \begin{bmatrix} x_{11} & x_{12} & x_{13} & x_{14} \\ x_{21} & x_{22} & x_{23} & x_{24} \\ x_{31} & x_{32} & x_{33} & x_{34} \\ x_{41} & x_{42} & x_{43} & x_{44} \end{bmatrix} * \begin{bmatrix} k_{11} & k_{12} & k_{13} \\ k_{21} & k_{22} & k_{23} \\ k_{31} & k_{32} & k_{33} \end{bmatrix} + \begin{bmatrix} b_{11} & b_{12} \\ b_{21} & b_{22} \end{bmatrix}$$

$$= \begin{bmatrix} \begin{array}{l} x_{11}k_{11} + x_{12}k_{12} + x_{13}k_{13} + \\ x_{21}k_{21} + x_{22}k_{22} + x_{23}k_{23} + \\ x_{31}k_{31} + x_{32}k_{32} + x_{33}k_{33} + b_{11} \end{array} & \begin{array}{l} x_{12}k_{11} + x_{13}k_{12} + x_{14}k_{13} + \\ x_{22}k_{21} + x_{23}k_{22} + x_{24}k_{23} + \\ x_{32}k_{31} + x_{33}k_{32} + x_{34}k_{33} + b_{12} \end{array} \\ \begin{array}{l} x_{21}k_{11} + x_{22}k_{12} + x_{23}k_{13} + \\ x_{31}k_{21} + x_{32}k_{22} + x_{33}k_{23} + \\ x_{41}k_{31} + x_{42}k_{32} + x_{43}k_{33} + b_{21} \end{array} & \begin{array}{l} x_{22}k_{11} + x_{23}k_{12} + x_{24}k_{13} + \\ x_{32}k_{21} + x_{33}k_{22} + x_{34}k_{23} + \\ x_{42}k_{31} + x_{43}k_{32} + x_{44}k_{33} + b_{22} \end{array} \end{bmatrix} \tag{11.25}$$

可得

$$u_{11} = x_{11}k_{11} + x_{12}k_{12} + x_{13}k_{13} + x_{21}k_{21} + x_{22}k_{22} + x_{23}k_{23} + x_{31}k_{31} + x_{32}k_{32} + x_{33}k_{33} + b_{11}$$

由此可以计算出卷积层输出 u 对该层输入变量 x 的偏导数为

$$\frac{\partial u_{11}}{\partial x_{11}} = k_{11}$$

类似的可以得到：

$$\frac{\partial u_{12}}{\partial x_{11}} = 0, \quad \frac{\partial u_{21}}{\partial x_{11}} = 0, \quad \frac{\partial u_{22}}{\partial x_{11}} = 0$$

从而根据式(11.24)可以计算出前一层神经元灵敏度误差 δ_{11}^{l-1} 为

$$\delta_{11}^{l-1} = (\delta_{11}^l k_{11}) f'(u_{11}^{l-1})$$

同理可得

$$\frac{\partial u_{11}}{\partial x_{12}} = k_{12}, \quad \frac{\partial u_{12}}{\partial x_{12}} = k_{11}, \quad \frac{\partial u_{21}}{\partial x_{12}} = 0, \quad \frac{\partial u_{22}}{\partial x_{12}} = 0$$

$$\frac{\partial u_{11}}{\partial x_{13}} = k_{13}, \quad \frac{\partial u_{12}}{\partial x_{13}} = k_{12}, \quad \frac{\partial u_{21}}{\partial x_{13}} = 0, \quad \frac{\partial u_{22}}{\partial x_{13}} = 0$$

$$\delta_{12}^{l-1} = (\delta_{11}^l k_{12} + \delta_{12}^l k_{11}) f'(u_{12}^{l-1})$$

$$\delta_{13}^{l-1} = (\delta_{11}^l k_{13} + \delta_{12}^l k_{12}) f'(u_{13}^{l-1})$$

$$\delta_{21}^{l-1} = (\delta_{11}^l k_{21} + \delta_{21}^l k_{11}) f'(u_{21}^{l-1})$$

$$\delta_{22}^{l-1} = (\delta_{11}^l k_{22} + \delta_{12}^l k_{21} + \delta_{21}^l k_{12} + \delta_{22}^l k_{11}) f'(u_{22}^{l-1})$$

$$\delta_{23}^{l-1} = (\delta_{11}^l k_{23} + \delta_{12}^l k_{22} + \delta_{21}^l k_{13} + \delta_{22}^l k_{12}) f'(u_{23}^{l-1})$$

$$\delta_{31}^{l-1} = (\delta_{11}^l k_{31} + \delta_{31}^l k_{11}) f'(u_{31}^{l-1})$$

$$\delta_{32}^{l-1} = (\delta_{11}^l k_{32} + \delta_{12}^l k_{31} + \delta_{31}^l k_{12} + \delta_{32}^l k_{11}) f'(u_{32}^{l-1})$$

$$\delta_{33}^{l-1} = (\delta_{11}^l k_{33} + \delta_{12}^l k_{32} + \delta_{31}^l k_{13} + \delta_{32}^l k_{12}) f'(u_{33}^{l-1})$$

从上面的过程我们可以看到,误差 δ^l 的反向传播实际上是将 δ^l 进行扩充(上下左右四个方向各扩充 2 个 0),之后的矩阵和卷积核矩阵 k_{qp} 进行顺时针 $180°$ 旋转的矩阵进行卷积,即

$$
\delta^{l-1} = \begin{bmatrix} 0 & 0 & 0 & 0 & 0 & 0 \\ 0 & 0 & 0 & 0 & 0 & 0 \\ 0 & 0 & \delta_{11} & \delta_{12} & 0 & 0 \\ 0 & 0 & \delta_{21} & \delta_{22} & 0 & 0 \\ 0 & 0 & 0 & 0 & 0 & 0 \\ 0 & 0 & 0 & 0 & 0 & 0 \end{bmatrix} * \begin{bmatrix} k_{33} & k_{32} & k_{31} \\ k_{23} & k_{22} & k_{21} \\ k_{13} & k_{12} & k_{11} \end{bmatrix} \begin{bmatrix} f'(u_{11}^{l-1}) & f'(u_{12}^{l-1}) & f'(u_{13}^{l-1}) \\ f'(u_{21}^{l-1}) & f'(u_{22}^{l-1}) & f'(u_{23}^{l-1}) \\ f'(u_{31}^{l-1}) & f'(u_{32}^{l-1}) & f'(u_{33}^{l-1}) \end{bmatrix}
$$

将上述结论推广到一般形式,可以得到深度学习网络卷积层误差项反向传播的递推公式的卷积计算公式形式为

$$
\delta^{l-1} = \delta^l * \text{rot}180(K) f'(u^{l-1}) \tag{11.26}
$$

其中,$\text{rot}180(K)$ 表示将卷积核矩阵 K 顺时针旋转 $180°$,$*$ 为卷积运算。式(11.26)是卷积层反向传播算法计算公式的矩阵计算公式,这种做法更容易让人理解。

根据误差项可以求出卷积层的权重和偏置项的偏导数,并可以将误差项通过卷积层传递到前一层。

图 11.1 给出了卷积层误差 δ^l 反向传播的计算过程,其中 A 矩阵为扩充前的误差 δ^l,A' 矩阵为扩充后的误差 δ^l,在将卷积核矩阵 K 先顺时间旋转 $180°$ 后,与 A' 矩阵进行卷积,最后得到前一层的误差 δ^{l-1} 矩阵 B。

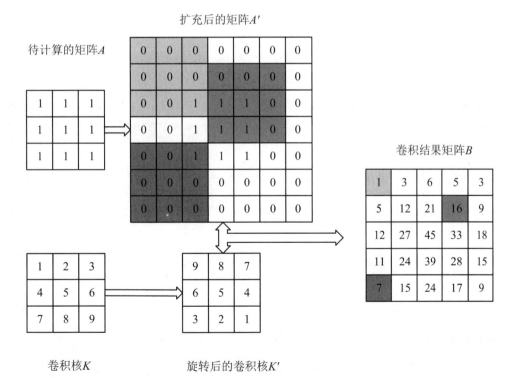

图 11.1　卷积层误差 δ^l 反向传播的计算过程

前面我们说过,卷积层的从输入到输出的计算过程称为内卷积,当网络训练时,由网络

输出到输入的卷积运算,称为外卷积。在对网络进行误差的反向传播过程中,需要用到外卷积运算。这里我们介绍外卷积运算公式。

外卷积 $A \tilde{*} B$ 定义为

$$A \tilde{*} B = \hat{A}_B \check{*} B \tag{11.27}$$

其中,$\hat{A}_B = (\hat{a}_{ij})$ 是一个利用 0 对 A 进行扩充得到的矩阵,大小为 $(M+2m-2) \times (N+2n-2)$,且

$$\hat{a}_{ij} = \begin{cases} a_{i-m+1, j-n+1}, & m \leqslant i \leqslant M+m-1 \text{ 且 } n \leqslant j \leqslant N+n-1 \\ 0, & \text{其他} \end{cases}$$

【**例 11.2**】 对第 8 章中例 8.1 中的矩阵 $A = \begin{bmatrix} 1 & 2 & 3 \\ 4 & 5 & 6 \\ 7 & 8 & 9 \end{bmatrix}$ 和矩阵 $B = \begin{bmatrix} 2 & 3 \\ 4 & 5 \end{bmatrix}$,求对 A 和 B 进行外卷积的结果。

解 已知矩阵 A 和 B,则 $M=3$、$N=3$、$m=2$、$n=2$。

根据定义 (14.3) 外卷积 $D = A \tilde{*} B = \hat{A}_B \check{*} B$,其中 $\hat{A}_B = (\hat{a}_{ij})$ 是一个利用 0 对 A 进行扩充得到的矩阵,大小为 $(M+2m-2) \times (N+2n-2) = (3+2 \times 2-2) \times (3+2 \times 2-2) = 5 \times 5$ $(L*L)$,其中各个元素的计算公式为:$\hat{a}_{ij} = \begin{cases} a_{i-2+1, j-2+1}, & 2 \leqslant i \leqslant 4 \text{ 且 } 2 \leqslant j \leqslant 4 \\ 0, & \text{其他} \end{cases}$。通过计算,可得

$$\hat{A}_B = \begin{bmatrix} 0 & 0 & 0 & 0 & 0 \\ 0 & 1 & 2 & 3 & 0 \\ 0 & 4 & 5 & 6 & 0 \\ 0 & 7 & 8 & 9 & 0 \\ 0 & 0 & 0 & 0 & 0 \end{bmatrix}$$

外卷积 D 是 $\hat{A}_B$ 和 B 的内卷积,它是一个 $L-m+1$ 行 $L-n+1$ 列的矩阵,即维数大小为 $(L-m+1)(L-n+1) = (5-2+1)(5-2+1) = 4 \times 4$ 的矩阵。所以内卷积 $D = \begin{bmatrix} d_{11} & d_{12} & d_{13} & d_{14} \\ d_{21} & d_{22} & d_{23} & d_{24} \\ d_{31} & d_{32} & d_{33} & d_{34} \\ d_{41} & d_{42} & d_{43} & d_{44} \end{bmatrix}$。求出 $d_{11}, d_{12}, \cdots, d_{43}, d_{44}$ 分别为

$$\begin{aligned} d_{11} &= \sum_{s=1}^{2} \sum_{t=1}^{2} \hat{a}_{1-1+s, 1-1+t} \cdot b_{st} \\ &= \hat{a}_{11} b_{11} + \hat{a}_{12} b_{12} + \hat{a}_{21} b_{21} + \hat{a}_{22} b_{22} \\ &= 0 + 0 + 0 + 5 \\ &= 5 \end{aligned}$$

同理求出:

$$d_{12} = \sum_{s=1}^{2} \sum_{t=1}^{2} \hat{a}_{1-1+s, 2-1+t} \times b_{st} = 14, \quad d_{13} = \sum_{s=1}^{2} \sum_{t=1}^{2} \hat{a}_{1-1+s, 3-1+t} \times b_{st} = 23$$

$$d_{14} = \sum_{s=1}^{2} \sum_{t=1}^{2} \hat{a}_{1-1+s, 4-1+t} \times b_{st} = 12, \quad d_{21} = \sum_{s=1}^{2} \sum_{t=1}^{2} \hat{a}_{2-1+s, 1-1+t} \times b_{st} = 23$$

$$d_{22} = \sum_{s=1}^{2} \sum_{t=1}^{2} \widehat{a}_{2-1+s,2-1+t} \times b_{st} = 49, \quad d_{23} = \sum_{s=1}^{2} \sum_{t=1}^{2} \widehat{a}_{2-1+s,3-1+t} \times b_{st} = 63$$

$$d_{24} = \sum_{s=1}^{2} \sum_{t=1}^{2} \widehat{a}_{2-1+s,4-1+t} \times b_{st} = 30, \quad d_{31} = \sum_{s=1}^{2} \sum_{t=1}^{2} \widehat{a}_{3-1+s,1-1+t} \times b_{st} = 47$$

$$d_{32} = \sum_{s=1}^{2} \sum_{t=1}^{2} \widehat{a}_{3-1+s,2-1+t} \times b_{st} = 91, \quad d_{33} = \sum_{s=1}^{2} \sum_{t=1}^{2} \widehat{a}_{3-1+s,3-1+t} \times b_{st} = 105$$

$$d_{34} = \sum_{s=1}^{2} \sum_{t=1}^{2} \widehat{a}_{3-1+s,4-1+t} \times b_{st} = 48, \quad d_{41} = \sum_{s=1}^{2} \sum_{t=1}^{2} \widehat{a}_{4-1+s,1-1+t} \times b_{st} = 21$$

$$d_{42} = \sum_{s=1}^{2} \sum_{t=1}^{2} \widehat{a}_{4-1+s,2-1+t} \times b_{st} = 38, \quad d_{43} = \sum_{s=1}^{2} \sum_{t=1}^{2} \widehat{a}_{4-1+s,3-1+t} \times b_{st} = 43$$

$$d_{44} = \sum_{s=1}^{2} \sum_{t=1}^{2} \widehat{a}_{4-1+s,4-1+t} \times b_{st} = 18$$

$$外卷积 A \, \widehat{*} \, B = \begin{bmatrix} 5 & 14 & 23 & 12 \\ 23 & 49 & 63 & 30 \\ 47 & 91 & 105 & 48 \\ 21 & 38 & 43 & 18 \end{bmatrix}。$$

11.4　池化层误差反向传播算法的推导

池化层没有需要更新的权重和偏置项,因此无需对本层进行参数求导以及梯度下降的求解,所要做的是将误差项传播到前一层。池化层的函数表达式为

$$\begin{cases} u_j^l = b_j^l pool(x_j^{l-1}) + b_j^l \\ x_j^l = f(u_j^l) \end{cases} \tag{11.28}$$

其中,x_i^{l-1} 是卷积层 l 上一层的第 i 张特征图,b_j^l 是池化层 l 的第 j 个通道对应的权重系数,它实际上是将最大池化或平均池化计算转化为权重系数形式,一旦选定后,不再需要训练修正;b_j^l 是池化层 l 的第 j 个通道对应的偏置项,$pool(\cdot)$ 表示池化层的池化函数,一般为最大池化或平均池化函数。

平均下采样定义为:$avgdown(G_{\lambda,\tau}^A(i,j)) = \dfrac{1}{\lambda \times \tau} \sum\limits_{s=(i-1) \times \lambda + 1}^{i \times \lambda} \sum\limits_{t=(j-1) \times \tau + 1}^{j \times \tau} x_{st}$;最大下采样定义为:$maxdown(G_{\lambda\tau}^A(i,j)) = \max x_{st}$,$(i-1) \times \lambda + 1 \leqslant s \leqslant i \times \lambda, (j-1) \times \tau + 1 \leqslant t \leqslant j \times \tau$,其中,$\lambda \times \tau$ 为所分块的维数大小,一般情况下有:$\lambda = \tau$。

池化层没有激活函数,令池化层的激活函数 $f(u^l) = u^l$,即激活后就是本身,这样池化层激活函数的导数为 1。

在已知卷积层 l 的灵敏度 δ_j^l 情况下,池化层 $l-1$ 第 j 个通道的灵敏度 δ_j^{l-1} 误差为

$$\begin{aligned} \delta_j^{l-1} &= \frac{\partial E}{\partial u_j^{l-1}} = \frac{\partial E}{\partial u_j^l} \frac{\partial u_j^l}{\partial x_j^{l-1}} \frac{\partial x_j^{l-1}}{\partial u_j^{l-1}} = \frac{\partial E}{\partial u_j^l} \frac{\partial u_j^l}{\partial x_j^{l-1}} \times 1 \\ &= \delta_j^l \times \frac{\partial u_j^l}{\partial x_j^{l-1}} \end{aligned} \tag{11.29}$$

下面我们推导 $\dfrac{\partial u_j^l}{\partial x_j^{l-1}}$。因为池化层的输入与输出的维数是不一致的,假设池化层的输入图像是 X^{l-1},输出图像是 X^l,我们把它们维数之间的变换定义为:$X^l = \text{down}(X^{l-1})$,其中,down($\cdot$) 为下采样操作,在正向传播时,对输入数据进行了压缩。在反向传播时,接受的是后一层误差 δ^l,维度和 X^l 相同,向前一层传递出去的误差是 δ^{l-1},维度和 X^{l-1} 相同。与下采样相反,此时需要使用上采样来计算误差项:

$$\delta^{l-1} = \text{up}(\delta^l) \tag{11.30}$$

其中,up($\cdot$) 为上采样操作。

池化层输出特征图的维数是其输入,同时也是前一卷积层输出特征图维数的 $1/(\lambda \times \tau)$,这两层的特征图个数是一样的,例如卷积层 C1 和采样层 S2 的维数分别为:C1 是 24×24,卷积核大小为 2×2,S2 为 12×12,层数都是 20。因此,当池化层的误差信号 δ^l 的维数为 12×12 时,卷积层的输出维度为 24×24,如果要把池化层的 δ^l 误差信号传给卷积层,则需要用克罗内克(Kronecker)积 $\otimes$ 对池化层的 δ^l 误差信号进行扩充(上采样),使其和卷积层的输出维数一致,根据第 8 章中的上采样定义式(8.4)有:$\text{up}(\delta^l) = \delta^l \otimes 1_{\tau \times \tau}$,其中,$n$ 为采样因子。

如果是对一个 $\lambda \times \tau$ 的块进行池化,在反向传播时,要将 δ^l 的误差项扩展成 δ^{l-1} 对应位置的 $\lambda \times \tau$ 个误差项的值。我们以均值池化为例进行讨论,均值池化的变换函数为

$$u_j^l = \beta_j' \text{pool}(x_j^{l-1}) = \frac{1}{\lambda \times \tau} \sum_{j=1}^{k} x_j^{l-1}$$

其中,x_i 为池化的 $\lambda \times \tau$ 子图像块的像素,u 是池化输出像素值。此时 $\dfrac{\partial u_j^l}{\partial x_j^{l-1}}$ 为:$\dfrac{\partial u_j^l}{\partial x_j^{l-1}} = \dfrac{1}{\lambda \times \tau}$。

由此可得将 δ^l 得到 δ^{l-1} 的方法为,将 δ^l 的每一个元素都扩充为放大倍数为 $\dfrac{1}{\lambda \times \tau}$ 的 $\lambda \times \tau$ 个元素:

$$\delta^{l-1} = \text{up}(\delta^l) = \begin{bmatrix} \dfrac{\delta^l}{\lambda \times \tau} & \cdots & \dfrac{\delta^l}{\lambda \times \tau} \\ \vdots & & \vdots \\ \dfrac{\delta^l}{\lambda \times \tau} & \cdots & \dfrac{\delta^l}{\lambda \times \tau} \end{bmatrix} \tag{11.31}$$

小结　当一个卷积层的下一层为池化层,并假设已知池化层输出的神经元灵敏度误差为 δ_j^l,卷积层第 j 个通道的神经元灵敏度误差 δ_j^{l-1} 的计算公式为

$$\delta_j^{l-1} = \frac{\partial E}{\partial u^{l-1}} = \frac{\partial E}{\partial u_j^l} \frac{\partial u_j^l}{\partial x_j^{l-1}} \frac{\partial x_j^{l-1}}{\partial u^{l-1}} = \beta_j'(f'(u^{l-1}) \circ \text{up}(\delta_j^l)) \tag{11.32}$$

其中,β_j' 是池化层由最大池化或平均池化转化成的权重系数,up($\cdot$) 是池化层误差矩阵放大的函数,它完成池化层误差矩阵放大与误差重新分配的逻辑,"$\circ$" 表示每个元素对应位相乘的运算符号。

【例 11.3】　根据式(11.31)进行池化层的上采样计算,其中 $x = \begin{bmatrix} 1 & 2 \\ 3 & 4 \end{bmatrix}$。

解　由 $\text{up}(\delta^l) = \delta^l \otimes 1_{n \times n}$,$x = \begin{bmatrix} 1 & 2 \\ 3 & 4 \end{bmatrix}$,可得 $n = 2$,那么有

$$\text{up}\left(\begin{bmatrix} 1 & 2 \\ 3 & 4 \end{bmatrix}\right) = \begin{bmatrix} 1 & 2 \\ 3 & 4 \end{bmatrix} \otimes \begin{bmatrix} 1 & 1 \\ 1 & 1 \end{bmatrix} = \begin{bmatrix} 1 & 1 & 2 & 2 \\ 1 & 1 & 2 & 2 \\ 3 & 3 & 4 & 4 \\ 3 & 3 & 4 & 4 \end{bmatrix}$$

【例 11.4】　当 $\delta^l = \begin{bmatrix} 0.1 & 0.2 \\ 0.4 & 0.5 \end{bmatrix}$ 时,根据式(11.31) $\mathrm{up}(\delta^l) = \delta^l \otimes 1_{n\times n}$,有

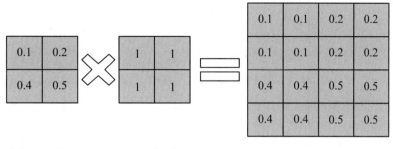

池化层误差 δ^l 　　　　单位矩阵 I 　　　　扩展后的前一层误差 δ^{l-1}

下采样过程是把维度降低了,反向过程就是增加维度,进行上采样计算使与卷积层的维度一致。

11.5　CNN 网络权值的训练过程

深度神经网络如何学习?首先要有训练数据。现有一组图像,每个图像包含四种不同类别对象中的一种,我们想让深度学习网络自动识别每个图像中有哪个对象。我们给图像加标签,这样就有了网络的训练数据。使用此训练数据,网络随后能开始理解对象的具体特征,并与相应的类别建立关联。网络中的每一层从前面一层吸取数据,进行变换,然后往下传递。网络增加了复杂度和逐层学习的详细内容。注意,网络直接从数据中学习。训练深度学习模型可能需要几小时、几天或几星期,具体取决于数据量大小以及可投入使用的处理能力。选择计算资源是您建立工作流程时的重要考虑因素。

卷积神经网络随着连接数量的减少、共享权重和下采样而减少参数的数量。ConvNet由多个层组成,如卷积层、最大池层或平均池层和完全连接层。ConvNet 的每一层神经元都以三维方式排列,将三维输入转换为三维输出。例如,对于图像输入,第一层(输入层)将图像保存为三维输入,尺寸为图像的高度、宽度和颜色通道。第一卷积层中的神经元连接到这些图像的区域,并将它们转换为三维输出。每个层中的隐藏单元(神经元)学习原始输入的非线性组合,称为特征提取。这些学习的特性,也称为激活,从一层成为下一层的输入。最后,学习到的特征,成为网络末端分类器或回归函数的输入。ConvNet 网络的体系结构可以根据包含的层的类型和数量而有所不同。包含的层的类型和数量取决于特定的应用程序或数据。例如,如果您有分类响应,则必须有 softmax 函数层和分类层,而如果您的响应是连续的,则必须在网络的末尾有一个回归层。一个只有一两个卷积层的较小的网络可能足以学习少量的灰度图像数据。此外,对于具有数百万彩色图像的更复杂的数据,您可能需要一个具有多个卷积层和完全连接层的更复杂的网络。

在训练卷积神经网络时,最常用的方法是采用反向传播法则以及有监督的训练方式,算法流程如图 11.2 所示。深度学习网络的权值训练过程为:

① 网络所有权值参数的初始化或赋值。

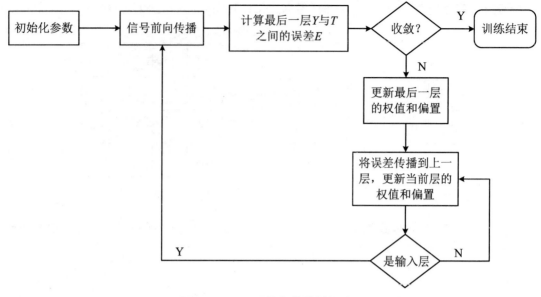

图 11.2　CNN 网络权值的训练过程

② 深度学习网络信号的前向传播：从输入特征向输出特征的方向传播计算，第 1 层的输入 X，经过多个卷积神经网络层，直到最后一层输出的特征图 Y。

③ 将输出特征图 Y 与期望的标签 T 进行比较，生成输出层的误差项 E。

④ 将 E 与期望值进行对比，满足性能指标？是则收敛，训练结束，否则进行网络权值的修正。

⑤ 通过遍历网络的反向路径，将误差 E 逐层传递到每个节点，根据式(11.4)计算全连接层中隐含层的误差 δ^{l}；根据式(11.7)更新全连接层中相应的权重系数 w_{ij} 和偏置 b_{j}。

⑥ 对于全连接层前一层为池化层，可根据式(11.32)将与池化层维数相同的 δ^{l} 进行反向传递，得到池化层前一个卷积层的误差 δ^{l-1}；然后根据公式(11.18)，更新卷积层中相应的卷积核权值 k_{ij} 和偏置 b_{j}。

⑦ 检查如果没有到输入层，则通过式(11.26)，将卷积层的误差 δ^{l-1} 继续进行反向传递到前一层网络，进行权值修正。

⑧ 如果到输入层，则转到②，重新进行性能计算，直至误差满足性能指标，则为收敛，训练结束。

在训练过程中，网络中权值的初值通常随机初始化（也可通过无监督的方式进行预训练），网络误差随迭代次数的增加而减少，并且这一过程收敛于一定的权值集合，额外的训练次数呈现出较小的影响。

卷积神经网络是一种多层的监督学习神经网络，隐含层的卷积层和池采样层是实现卷积神经网络特征提取功能的核心模块。该网络模型通过采用梯度下降法最小化损失函数对网络中的权重参数逐层反向调节，通过频繁的迭代训练提高网络的精度。卷积神经网络的低隐层是由卷积层和最大池采样层交替组成的，高层是全连接层对应传统多层感知器的隐含层和逻辑回归分类器。第一个全连接层的输入是由卷积层和子采样层进行特征提取得到的特征图像。最后一层输出层是一个分类器，可以采用逻辑回归，回归甚至是支持向量机对输入图像进行分类。

11.6　卷积神经网络训练后的验证过程与数据处理策略

经过训练后得到的卷积神经网络的分类工作过程为:将待识别的图像作为输入样本,通过逐层前向传播一直到输出层输出最后的分类结果。神经网络的输入层在接收到一幅图像作为输入数据后,由第一个卷积层的滤波器卷积产生一幅特征图像,这幅特征图像包含了输入图像经过不同滤波器卷积后获得的特征信息。接着通过一个维数的滤波器对特征图像进行降采样得到第一个采样层的特征图像,层特征图的维数是层的一半,由于降采样层采用最大池采样方法,提取出的特征信息更有代表性,而且增强了神经网络对于噪声和其他干扰的鲁棒性。即使图像存在噪声或者遮挡和残缺,在连续的特征提取和采样过程中这些干扰会逐渐降低。卷积神经网络一直重复卷积和降采样操作,一直到获取层,输入图像被降解为单像素大小的特征图像,将单像素大小特征图像与输出层的各个节点以全连接方式到输出层。

2015 年,人们提出了批量归一化算法,使用该方法可以选择较大的初始学习率使网络快速收敛,并且可以提高网络的推广性能。机器学习的本质是学习数据的分布特性,归一化处理能够使训练数据与测试数据的分布相同,从而可以提升泛化性能,而且在批量梯度下降中,输入数据的归一化能够使得模型不必去适应学习每一次不同的输入数据的分布,从而提升训练速度。不过在训练一般的深度神经网络时,只有输入层能满足相同分布的条件,经过非线性变换之后,每层隐含层的输入分布受到之前数层的参数影响,可能就不满足相同分布。为了解决这一问题,使神经网络的每一层输入都拥有相同的分布,可以在不同的层中都引入批处理标准化算法,对每一层的输入数据进行处理:

$$\widehat{x}_i = \frac{x_i - \mu_x}{\sqrt{\sigma_x^2}} \tag{11.33}$$

其中,$\widehat{x}_i$ 为第 i 个数据,μ_x 为数据 x_i 的均值,σ_x 为数据 x_i 的方差。每一个数据均值和方差由批量梯度下降中所选取的一小部分样本进行估计。

归一化可能会使得特征的表达能力减弱,比如:原本数据分布在 sigmoid 函数的两端,有着较强的判别能力,经过归一化之后分布在 0 附近,相当于前一层的学习结构被抹消了。为了弥补这个缺点,常常还需要经过一次变换:

$$y_i = \gamma \widehat{x}_i + \beta \tag{11.34}$$

一般将从 x_i 到 y_i 的变换称为一次批量归一化,可以将其添加于网络模型的激活函数之前,用以解决神经网络训练速度慢、梯度爆炸等问题。类似的这些优化策略与技巧,都是研究者针对不同的数据和实验情况提出的。一般面对一个特定的实际问题,还没有办法来事先确定哪种策略是最优的。不过了解这些策略和技巧的思路与原理,将有利于我们在面对实际问题时更快找到合适的处理办法策略,研究出对应的策略。

11.7 深度学习算法的分析与讨论

各种深度神经网络已经在大量应用中展现了出色的效果,一些典型的模型和算法已经成形,并且有一些公开的框架与软件可以使用,这给网络的设计带来方便,同时也加快了各种深度学习方法的应用。不过针对一个实际的问题,深度学习的求解过程中存在着许多需要掌握和研究的设计技巧,有效地使用一些技巧,能够较快地改善网络的收敛性以及网络的泛化能力。

深度学习的参数求解本质上是一个参数优化问题,不同的优化方法各有优劣。常用的优化方法大体上可以按照其收敛性分为一阶优化算法与二阶优化算法。一阶优化算法是以目标函数相对于待优化参数的一阶导数(梯度)作为优化的依据,二阶优化算法则同时考虑了二阶导数信息。一阶优化算法中最常用的当属以 BP 算法为代表的梯度下降法及其改进算法。梯度下降法每轮迭代中都计算参数的梯度,并将参数向负梯度方向移动一段距离来更新参数值。根据每次计算梯度时取用的样本数不同分为梯度下降、随机梯度下降、批量梯度下降等。梯度下降每轮迭代计算所有样本的梯度平均,这样可以保证每次移动都必定能优化目标函数,但梯度计算耗时长。相对地,随机梯度下降每次只选取一个样本计算梯度,速度快而且有一定的跳出局部最优的能力,但目标函数波动剧烈。为了缓解随机梯度下降梯度变化剧烈的问题,人们引入了动量机制。动量的引入使得计算得到的梯度起到微调参数更新方向的作用,减少了振荡,有利于目标函数的收敛。批量梯度下降法综合了随机梯度下降法与梯度下降法的优点,选取训练集中的一部分计算梯度和,以此平衡计算速度与算法稳定性。

在梯度下降类算法中,学习率(亦称步长)即每一轮学习时参数更新幅度的选择是很关键的一点,学习率过低则算法收敛过慢,而学习率过高则不容易收敛。因此,人们对深度学习网络的优化算法,也类似于浅层网络优化算法,研究出一些自适应的梯度下降法,以及考虑目标函数二阶导数信息的二阶优化算法,另外由于训练深度学习网络比较复杂和费时,目前已经出现了很多已经应用比较成熟的深度学习网络的框架及其设计软件,初学者可以借助于计算机辅助软件,进行深度学习网络设计的学习与应用,这样可以比较快速的入门,达到学习与应用的目的。

11.8 本章小结

深度学习算法应当是解决各种监督模式识别问题,比如图像识别、自然语言识别等问题中,所采用的用来获得期望目标下的各种模型参数的学习算法。最常用的典型模型就是人工神经网络。当采用人工神经网络来解决上述问题时,一般情况下,首先是设计或构造深度神经网络,它一般包含输入层、多个隐含层以及输出层。传统多层神经网络训练的 BP 算法仍然是深度学习神经网络训练的核心算法,它包括信息的前向传播过程,以及误差梯度的反向传播过程。多层的 BP 神经网络的应用很广泛,当将其用来作为特征提取器时,一般是将其最后一层的输出特征再输入到如支持向量机等其他分类器中,以便获得更好的分类效果。网络输出的分类结果,可以采用网络的输出值与真实标签之间的误差或损失函数值来作为性能指标。当网络的输出结果与真实标签接近时,损失函数值趋于 0,二者相差越大,损失函数值越大,常见的损失函数有二次损失、对数损失等。在训练样本上的总损失是监督学习中的优化目标,通常采用误差的反向传播的梯度下降法,也就是 BP 算法,来优化这个目标,直到达到期望性能,或达到最大训练次数后,整个训练过程结束,这就是采用样本对深度网络权值进行深度学习和训练的过程。

习　　题

【11.1】　如何解释卷积层的权值修正公式中,损失函数对卷积核的偏导数 $\dfrac{\partial E}{\partial k_{pq}^l}$ 实际上就是:前一层的输入信号与后一层 δ 误差的卷积:$\nabla_{k^l} E = \mathrm{conv}(X^{l-1}, \delta^l)$? 举例说明这个矩阵形式的表达式。

【11.2】　举例说明深度学习网络卷积层误差项反向传播的递推公式的具体应用:$\delta^{l-1} = \delta^l * \mathrm{rot}180(K) f'(u^{l-1})$,其中,$\mathrm{rot}180(\cdot)$ 表示将卷积核矩阵 K 顺时针旋转 $180°$,$*$ 为卷积运算。

第 12 章　卷积神经网络的应用

12.1　MATLAB 环境下的 CNN 的设计

MATLAB 环境下的软件从 2019a 版本开始，添加了深度神经网络工具箱（deep learning toolbox），可以直接进行各种深度学习网络的设计，包括：Alexnet、googlenet、inceptionv3、resnet50、resnet101、vgg16 和 vgg19。不过这些专门网络由于层数较多，训练网络比较费时，工具箱中已经存有训练好的网络，用户需要专门从 MATLAB 网站上下载后才能使用，并且用户需要安装网络摄像头来获取图像。本节我们仅以一般卷积神经网络各层的设计为例，来介绍 MATLAB 环境下的深度神经网络箱中的典型设计语句的调用。该工具箱所提供的应用程序直接使用图像文件，工具箱中也提供图像文件。

本节我们通过设计一个卷积神经网络，对 0 至 9 十个数字进行分类，来了解深度神经网络工具箱的使用。卷积神经网络各层的设计过程为：

① 设计网络的体系结构；

② 构建由数字产生的训练用数据组；

③ 训练新的卷积神经网络；

④ 训练后网络图像分类和性能验证。

12.1.1　设计网络的体系结构

创建和训练新的卷积神经网络的第一步是定义网络体系结构。首先需要设定所有网络层顺序连接的体系结构，在工具箱中可以通过直接创建层数组来建立网络体系结构。要创建一个深度网络，需要定义网络图像的维数大小、分类层前面的全连接层中类的数量，以及卷积、池化等各个层中的参数，比如，所要完成的任务为：将 28×28 灰度图像分类为 10 类。那么首先，设计深度网络各个层的结构：

inputSize=[28 28 1];

numClasses=10;

layers=[

    imageInputLayer(inputSize);　　　　　　　　%输入图像数组维数：28×28，1 表示灰色

    convolution2dLayer(3,8,'Padding', 'same');%滤波器维数为：3×3，通道数为 8，

特征图维数为：$28-3+1=26$

batchNormalizationLayer; ‰批处理

reluLayer; ‰激活函数 ReLu 层

maxPooling2dLayer(2,'Stride',2); ‰最大池化操作：维数为 2×2，得到的输出维数是 $26/2=13$

convolution2dLayer(3,16,'Padding', 'same');

batchNormalizationLayer; ‰批量归一化层，为了加快卷积神经网络的训练，降低对网络初始化的敏感性，通过减去小批量均值并除以小批量标准差来规范每个通道的激活

reluLayer; ‰激活函数 ReLU 层

maxPooling2dLayer(2,'Stride',2); ‰最大池化操作：维数为 2×2

convolution2dLayer(3,32,'Padding', 'same');

batchNormalizationLayer; ‰批处理

reluLayer; ‰激活函数 ReLU 层

fullyConnectedLayer(numClasses);

softmaxLayer;

classificationLayer];

在所创建的一个深度网络中，图像输入层 imageInputLayer 是指定图像大小的维数，在本例中，图像维数为 $28\times28\times1$。这些数字对应于高度、宽度和通道的大小。数字数据由灰度图像组成，因此通道大小（颜色通道）为 1。对于彩色图像，通道大小为 3，与三原色红、绿、蓝彩色值 RGB 值相对应。

在工具箱中，输入通常也不仅仅是实值的网格，可以是由一系列观测数据的向量构成的网格。例如，一幅彩色图像在每一个像素点都会有红、绿、蓝三种颜色的亮度。在多层的卷积网络中，第二层的输入是第一层的输出，通常在每个位置包含多个不同卷积的输出。当处理图像时，通常把卷积的输入输出都看作是三维的张量，其中一个索引用于标明不同的通道（例如红、绿、蓝），另外两个索引标明在每个通道上的空间坐标。软件实现通常使用批处理模式，所以实际上会使用四维的张量，第四维索引用于标明批处理中不同的实例，但为简明起见，这里忽略批处理索引。

在卷积层 convolution2dLayer 中，第一个参数是滤波器维数（filterSize），它是训练函数在沿着图像扫描时所选用的滤波器高度和宽度。在本例中，数字"3"表示过滤器大小为 3×3。可以为过滤器的高度和宽度指定不同的值。第二个参数是滤波器的数量（numFilters），它是连接到输入相同区域的神经元的数量。Padding 是指对特征图进行填充。缺省的移动的步幅为 1。

批量归一化层 batchNormalizationLayer 可以放在卷积层和非线性层（如 ReLU 层）之间，它能够使网络训练成为更简单的优化问题，加快网络训练速度，同时降低对网络初始化的敏感性。

ReLU 层 reluLayer 可以放在批处理规范化层、卷积层或池化层后，它是一个非线性激活函数。最常见的激活函数是整流线性单元。一个 ReLU 层对每个元素执行阈值操作，其

中小于 0 的任何输入值被设置为 0。

最大池化层 maxPooling2dLayer 常常放在卷积层之后进行下采样操作,以减小特征映射的空间大小,并删除冗余的空间信息。通过下采样可以增加更深卷积层中的滤波器数量,而不增加每层所需的计算量。向下采样的一种方法是使用最大池化,通过使用 maxPooling2dLayer 来创建。最大池化层层返回由第一个参数池大小(poolSize)指定的输入矩形区域的最大值。在本例中,矩形区域的大小为[2,2]。"Stride"为在扫描输入时采用的步长。

一般可以根据需要重复多次使用卷积层、批量归一化层、ReLU 层以及最大池化层,包括它们不同的组合。

完全连接层卷积和下采样层后面是一个或多个完全连接的层 fullyConnectedLayer,顾名思义,完全连接层中的神经元与前一层中的所有神经元相连。该层将先前层在图像中学习的所有特征组合在一起,以识别较大的模式。最后一个完全连通的层结合特征对图像进行分类。因此,最后一个完全连接层中的输出大小 OutputSize 参数等于目标数据中的分类数。在本例中,输出大小为 10,对应于 10 个类。

softmax 层是通过采用 softmax 激活函数对全连接层的输出进行归一化。softmax 层的输出由总和为 1 的多个正数组成,这些数字随后可被分类层用作分类概率。在最后一个完全连接的层之后,使用 softmaxLayer 函数创建一个 softmax 层。

网络的最后一层是分类层 classificationLayer,该层使用 softmax 激活函数针对每个输入返回的概率,将输入分配到其中一个互斥类并计算损失。

掌握深度卷积神经网络体系结构设计的关键需注意以下三点:

① 可以将卷积层、池化层、归一化层、ReLU 层进行不同的组合,以及不同组合的相互级联,来实现卷积神经网络的不同结构。

② 可以将图像直接输入到网络,或应用数据归一化处理,使用输入大小参数指定图像维数大小。图像的大小对应于该图像的高度、宽度和颜色通道数。对于灰度图像,通道数为 1,对于彩色图像,通道数为 3。

③ 在网络设计中的具体参数设置方面,二维卷积层的作用是将滑动卷积滤波器应用于输入,所以采用滤波器维数输入参数指定这些区域的大小,使得该层在扫描图像时学习这些区域定位的特征。对于每个区域,训练网络函数计算权重和输入的点积,然后添加一个偏置项。滤波器移动的步长称为步幅。通过使用 Stride 名称对参数指定步骤大小。神经元连接到的局部区域可以重叠。滤波器中权值的个数是 $h \times w \times c$,其中 h 是高度,w 是宽度,c 是滤波器的数目,它决定了卷积层输出中的通道数。通常经过卷积处理后,来自这些神经元的结果以某种非线性形式进行传递,如整流线性单元。

12.1.2　构建由数字产生训练用数据组

实际上,在训练所设计的网络之前,必须要有训练数组,也就是待辨识分类的图像数据。可以通过摄像头不断改变数据的角度等来获得不同数字的不同图像,储存为训练辨识数据。作为仿真练习,也可以人为产生不同图像数组,作为网络训练辨识的数据。在给出的例子中,我们首先构建由数字产生的数据组的命令,然后将所生成的数据进行存储,最后还将数据显示成图像作为深度学习关机神经网络训练用输入图像。

（1）构建由数字产生的数据组并存储

使用 imageDatastore 函数来对文件夹名称中的图像加标签：

digitDatasetPath＝fullfile(matlabroot,'toolbox','nnet','nndemos',…　　　　%选定路径
　　'nndatasets','DigitDataset');

imds＝imageDatastore(digitDatasetPath,…　　　　　　%给文件夹名称中的图像加标签
　　'IncludeSubfolders',true,'LabelSource','foldernames');

（2）在数据存储中显示图像

figure;

perm＝randperm(10000,20);　　　　%从 10000 万个 0 至 9 数字中,随机选取 20 个数字

for i＝1:20

　　subplot(4,5,i);　　　　　　%以 4×5 的方式排列

　　imshow(imds.Files{perm(i)});　%

end

这里,采用 imshow,画出 20 个随机挑选出数字的图形(图 12.1)。因为是随机的选取的,所以每运行一次所画出的图形是不一样的。

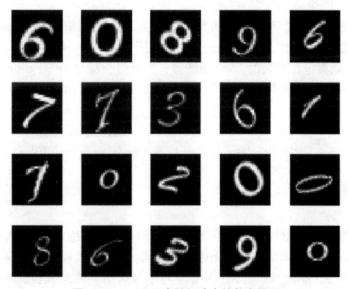

图 12.1　一组 20 个随机选出的数字图形

可以采用 labelCount 标签计数来生成是一个表,它包含标签以及每个标签所对应的图像数量。数据存储包含每个数字 0～9 的 1000 个图像,总共 10000 个图像。可以指定网络最后一个完全连接的层中的类数作为输出大小参数:

labelCount＝countEachLabel(imds)

labelCount ＝

10×2 table

Label	Count
0	1000
1	1000

2	1000
3	1000
4	1000
5	1000
6	1000
7	1000
8	1000
9	1000

从标签计数的现实中可以看出：在 10000 个数据中，0 至 9 十个数字各分别生成 1000 个。

可以检查数字数据 digitData 中第一幅图像的大小：

img＝readimage(imds,1);

size(img)

ans ＝

    28   28

可以得到每个图像是 28×28×1 像素。

在训练网络前，还需要将所产生的数据划分为训练数据集 imdsTrain 和验证数据集 imdsValidation，使训练集中的每个类别包含 750 幅图像，0 至 9 十个类别总共在训练集中有 7500 幅图像。验证集包含剩余的 2500 幅图像。拆分每个标签 splitEachLabel 将存储的数字数据(digitData)拆分为两个新的数据存储集：训练数字数据 trainDigitData 和 Val 数字数据valDigitData。

numTrainFiles＝750;

[imdsTrain,imdsValidation]＝splitEachLabel(imds,numTrainFiles,'randomize');

12.1.3　训练新的卷积神经网络

定义网络结构以及选好训练用数据组后，在对网络进行训练之前，还需要指定训练中网络所需参数的选项，包括：训练用的优化算法、初始学习率、最大训练轮数等。比如可以选用随机动量梯度下降法(sgdm)训练网络，初始学习率为 0.01。将最大训练轮数 epoch 设置为 4。epoch 是对整个训练数据集的一个完整的训练周期。通过指定验证数据和验证频率，监控训练过程中的网络准确度。对于不同轮的训练，都需要打乱数据的顺序，对于调用程序中没有被选择的其他参数都自动采用缺省值。

软件基于训练用图像数据训练网络，并在训练过程中按固定时间间隔计算基于验证数据的准确度。验证数据不用于更新网络权重。可以通过打开训练进度图，来显示小批量损失和准确度以及验证损失和精度。具体的设置命令为：

options＝trainingOptions('sgdm',…

  'InitialLearnRate',0.01,…

  'MaxEpochs',4,…

'Shuffle','every-epoch',…

'ValidationData',imdsValidation,…

'ValidationFrequency', 30, …　　　　　％每训练 30 次进行一次验证

'Verbose', false, …

'Plots', 'training-progress');

为了最小化损失函数,还可以选用不同的算法,包括:① "adam"(自适应矩估计)求解器,它通常是一个很好的优化器,可以先尝试。② "rmsprop"(均方根传播);③ "sgdm"(具有动量的随机梯度下降)优化器。不同的求解器对不同的问题会有不同的优化效果,需要通过尝试来得到结果进行判断。这些算法都是通过在损失函数的负梯度方向上采取小步长的移动来更新网络参数。

指定网络结构后,可以使用训练数据对网络进行训练。数据、层和训练选项都是训练网络函数的输入参数,训练网络的程序命令为

net＝trainNetwork(imdsTrain, layers, options);

其中,imdsTrain 是训练用的数据集;layers 是事先设计好的卷积神经网络;options 是所有参数设置。

训练网络使用由层、训练数据和训练选项定义的体系结构训练网络。默认情况下,函数TrainNetwork 采用给定的数据集 imdsTrain,对事先设计好的卷积神经网络 layers 进行参数训练,并计算每一次回归网络的均方根误差作为网络的损失函数,每 50 次迭代后验证一次网络的准确性。

在网络的训练过程中,MATLAB 工作间中会动态展现训练网络的结果记录过程,可以看到每一轮参数调整后网络的性能指标:精度和损失,其中,精度是网络正确分类图像的百分比,损失是指交叉熵损失。

在训练期间定期进行验证有助于确定所训练的网络是否与培训数据过度匹配。一个常见的问题是,网络只是"记住"训练数据,而不是学习使网络能够对新数据进行准确预测的一般特征。如果训练损失显著低于验证损失,或者训练精度显著高于验证精度,那么所训练的网络是过度拟合的。若要检查网络是否过度拟合,需要将训练损失和精度与相应的验证度量进行比较。网络的一次完整训练与验证的过程结果如图 12.2 所示。

12.1.4　训练后网络图像分类和性能验证

该步骤是利用训练好的网络预测验证数据的标签,并计算最终的性能验证。精度是网络正确预测的标签的分数。

YPred＝classify(net, imdsValidation);　　　　％将验证集 imdsValidation 中的 2500 幅图像送入训练好的网络中,并进行分类,输出分类后的网络预测标签

YValidation＝imdsValidation. Labels;　　　　％将验证集转变成验证集真实标签

accuracy＝sum(YPred ＝＝ YValidation)/numel(YValidation)　％计算网络的预测精度

accuracy＝0.9968

其中,YPred 为预测标签;YValidation 为验证集真实标签。

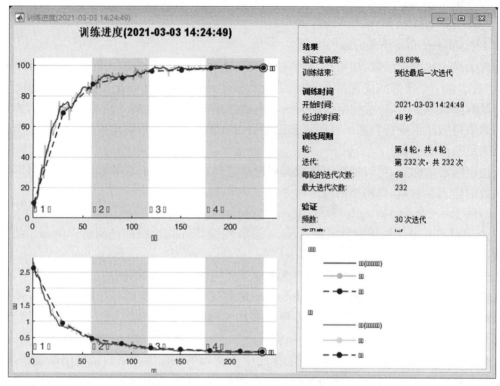

图 12.2　网络训练的一次进度过程结果

从最后一行精度的值中可以看出,预测标签与验证集真实标签的匹配超过 99%。

预测标签 YPred 中的数值如图 12.3 所示,验证集真实标签 YValidation 中的数值如图 12.4 所示,从中可以看出,从 0 至 9 十个数字,各有 250 个,一共有 2500 个数字。从训练好的卷积神经网络中对 2500 个数字进行辨识与分类结果图 12.3 中,可以看出,存在分类错误的情况。由分类的精度性能 0.9968 可知,预测标签与验证集真实标签的匹配超过 99%,也就是说,在 2500 个数字分类中,有不到 25 个数字分类错误,网络预测标签偏离了正确的平坦台阶。

从深度卷积网络在对 10 个阿拉伯数字图形分类应用的设计中,可以清楚地看出:深度卷积神经网络的输入直接是数字图形,网络的输出是该图形所对应的数字标签,也就是图形多对应 0 到 9 中的一个数字。网络的最终输出节点数极其简单,就是分类的数目,而网络的输入节点是一幅二维的图像。整个网络就是依靠深层次的各层网络来对输入图像不断地进行特征提取,以及特征的组合,最终根据组合的特征,归纳分类出输入图像所属于的 0 至 9 标签中的一个值。

由于深度神经网络的设计比较复杂,而所有命令语句都是设计者人为设定的,所以对于初学者来说,使用起来是比较麻烦的,比较快速的做法就是阅读给出的例题,分步运行例子中的每一部分,弄清楚每一个过程是如何实现的,并通过自己修改参数,根据得到不同的结果,来了解网络的不同特性。

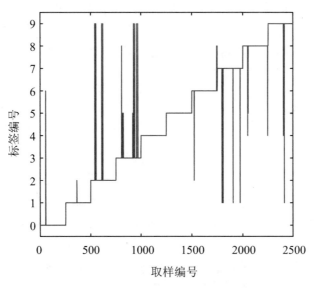

图 12.3 预测标签 YPred 中的数值

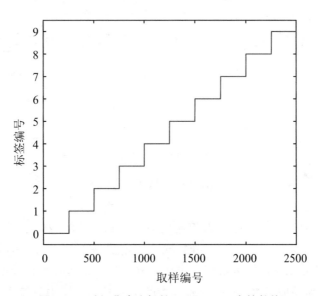

图 12.4 验证集真实标签 YValidation 中的数值

12.2 MATLAB 环境下 LeNet 网络的手写数字识别

LeNet 网络是最早成功用语图像识别的应用中,不过在 MATLAB 环境下的深度学习工具箱中,并不包含 LeNet 模型。所以有人专门基于 MATLAB 环境,编写了实现 LeNet 网络的深度卷积神经网络工具箱:MatConvNet。我们可以利用已经搭建好的 LeNet 网络结构,采用 minist 数据集,进行手写数字 0～9 识别的网络设计与训练,得到训练好的网络结构;再测试训练好的网络结构的识别精度;最后利用训练好的网络结构,识别指定的手写数字,以此掌握卷积神经网络中的 LeNet 网络结构和训练过程。本节我们专门针对实现 LeNet 网络的深度卷积神经网络工具箱:MatConvNet,通过设计一个标准的 LeNet 网络,来看看如何利用 MatConvNet 深度卷积神经网络工具箱,来实现 0 至 9 十个手写数字的数字识别。

12.2.1 LeNet 神经网络的结构与程序

卷积神经网络相比于普通的 BP 网络,多了卷积层和池化层的操作,多个卷积池化层的级联能够进行逐级特征提取与变换,组合低层特征,自主发现有效特征,进行特征集成,从而形成抽象的高层级的表示,最后再添加一个 softmax 分类器来达到更好的分类效果。通过实验我们发现:只需要训练一个 *epoch* 就可达到 90% 以上的准确率,可见卷积神经网络对识别数字非常有用,性能很高。

MatConvNet 工具箱中所设计的 LeNet 网络各层的结构如图 12.5 所示。

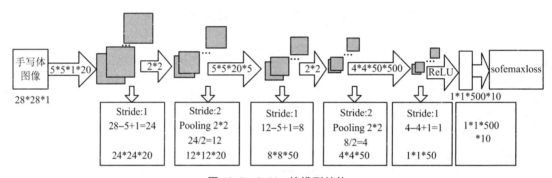

图 12.5 LeNet 的模型结构

网络的结构顺序依次为:输入—卷积 C1-Pool1—卷积 C2-Pool2—卷积 C3-ReLU—卷积 C4-Softmax 分类输出层。

这里需要注意的是,网络各层输入与输出节点数的设计维数(大小)一定要吻合,例如,经过一系列的卷积 pool 后,到全连接层时,输入一定要是 $1 \times 1 \times X \times X$,且上一层的特征图的数目,与下一层的卷积特征图的数目一定要一样。例如输入图像的维数为 $28 \times 28 \times 1$,那么第一个卷积核必须写成:$5 \times 5 \times 1 \times 20$,其中的 1 就是上一层中只输入一个图。再往下走卷积为 $5 \times 5 \times 20 \times 50$,其中的 20 是因为上一层的特征图的个数为 20 个。以此类推,计算到最后正好为 $1 \times 1 \times 500$,这样才可以全连接层。

在 MatConvNet 工具箱中,已经设计好了一个 LeNet 网络,实际上只要直接运行写好的设计程序,即可以对设计好的 LeNet 网络进行训练以及验证。不过为了让读者能够了解更过关于该网络的设计,我们在此对所设计的 LeNet 网络进行逐层分解说明网络结构的详细情况。这样,当希望重新改变参数时,可以设计不同参数下的 LeNet 网络。

首先是定义各层参数,type 是网络的层属性,stride 为步长,pad 为填充,method 中 max 为最大池化。net. meta. inputSize=[28 28 1],表示输入为大小[28 28]的灰度图片,单通道为 1。

1. C1 层（卷积层）的设计

net. layers{end+1}=struct('type', 'conv',…
　　　　　　　　'weights',{{f * randn(5,5,1,20,'single'),zeros(1,20,'sing}},
　　　　　　　　'stride', 1,
　　　　　　　　'pad', 0);

该层使用了 20 个卷积核，每个卷积核大小为 5×5，每个卷积核与原始的输入图像（28×28）进行卷积，输出 20 个特征图，其每张特征图的大小为（28−5+1）×（28−5+1）=24×24。由于卷积层的权值共享的特点，对同一卷积核的每个神经元使用相同的参数，因此，网络含有（5×5+1）×20=520 可训练参数，其中，5×5 为每个卷积核的参数，1 为每个卷积核对应的偏执参数。卷积后得到的图像大小为 24×24，因此每张特征图含有 24×24 个神经元，每个卷积核参数为 520，该层的连接数为 520×24×24=299520。

2. Pool1 层（池化层）设计

net. layers{end+1}=struct('type', 'pool',…
　　　　　　　　'method', 'max',…
　　　　　　　　'pool', [2 2],…
　　　　　　　　'stride', 2,…
　　　　　　　　'pad', 0);

该层池化单元大小为 2×2，因此上层输出的 20 个大小为 24×24 的特征图，经池化后输出变为 20 个特征图，经过池化操作后的图像大小减少为：24/2×24/2=12×12，所以 S2 层每张特征图有 12×12 个神经元，每个池化单元的连接数为 2×2+1=5，因此，该层的连接总数为 5×20×12×12=14400。

3. C2 层（卷积层）的设计

net. layers{end+1}=struct('type', 'conv',…
　　　　　　　　'weights',{{f * randn(5,5,20,50,'single'),zeros(1,50,
　　　　　　　　'single')}},…
　　　　　　　　'stride', 1,…
　　　　　　　　'pad', 0);

该层含有 50 个卷积核，每个卷积核大小为 5×5，所以输出 50 个特征图，每张输出特征图的大小为（12−5+1）×（12−5+1）=8×8。需要注意的是，C2 与 S2 并不是全连接而是部分连接，有些是 C2 连接到 S2 3 层，有些 4 层甚至达到 6 层，通过这种方式提取更多特征，假设连接的规则如图 12.6 所示。例如，第一列表示 C2 层的第 0 个特征图只跟 S2 层的第 0、1 和 2 这 3 个特征图相连接，计算过程为：用 3 个卷积模板分别与 S2 层的 3 个特征图进行卷积，然后将卷积的结果相加求和，再加上一个偏置，再取 sigmoid 得出卷积后对应的特征图了。其他列也是类似（有些是 3 个卷积模板，有些是 4 个，有些是 6 个）。

4. Pool2（池化层）设计

net. layers{end+1}=struct('type', 'pool',…
　　　　　　　　'method', 'max',…
　　　　　　　　'pool', [2 2],…
　　　　　　　　'stride', 2,…

$'pad', 0);$

与 S2 层类似,池化单元大小为 2×2,该层与 C2 一样共有 50 个特征图,每个特征图的大小为 4×4,连接数为 $(2\times2+1)\times50\times4\times4=4000$。

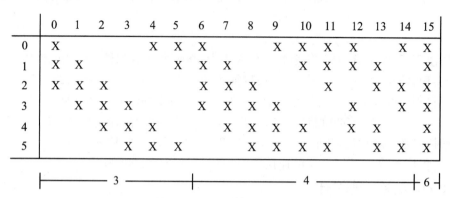

	0	1	2	3	4	5	6	7	8	9	10	11	12	13	14	15
0	X				X	X	X			X	X	X			X	X
1	X	X				X	X	X			X	X	X			X
2	X	X	X				X	X	X			X		X	X	X
3		X	X	X			X	X	X	X			X		X	X
4			X	X	X			X	X	X	X		X	X		X
5				X	X	X			X	X	X	X		X	X	X

$\vdash\!\!-\!\!-\!\!-\!\!-3\!\!-\!\!-\!\!-\!\!-\!\!\dashv\quad\vdash\!\!-\!\!-\!\!-\!\!-4\!\!-\!\!-\!\!-\!\!-\!\!\dashv\vdash\!6\!\dashv$

图 12.6　C2 层的连接规则

5. C3 层(卷积层)的设计

net. layers{end+1}=struct('type', 'conv', …
　　　　　　　　'weights', {{f * randn(4,4,50,500,'single'), zeros(1,500,'single')}}, …
　　　　　　　　'stride', 1, …
　　　　　　　　'pad', 0);

C3 层有 500 个卷积核,每个卷积核的大小为 4×4,因此有 500 个特征图。由于 S4 层的大小为 4×4,而该层的卷积核大小也是 4×4,因此特征图的大小为 $(4-4+1)\times(4-4+1)=1\times1$。这样该层就刚好变成了全连接,这只是巧合,如果原始输入的图像比较大,则该层就不是全连接了。该层激活函数采用的是全连接层中的 ReLU。

6. 全连接层设计

net. layers{end+1}=struct('type', 'relu');

net. layers{end+1}=struct('type', 'conv', …
　　　　　　　　'weights', {{f * randn(1,1,500,10,'single'), zeros(1,10,'single')}}, …
　　　　　　　　'stride', 1, …
　　　　　　　　'pad', 0);

ReLU 是激活函数,实现 $x=\max[0,x]$。全连接层功能和 C3 卷积层类似,该层共有 10 个神经元,包含 $500\times10=5000$ 个参数。

7. 分类输出层的设计

net. layers{end+1}=struct('type', 'softmaxloss');

输出层可以是全连接层的一部分,实现分类和归一化。共有 10 个节点,分别代表数字 0 到 9。如果第 i 个节点的值最接近 1,则表示网络识别的结果是数字 i。

softmax 算法是一个分类模型。在 $0\sim9$ 这 10 个种类中进行一张图片进行预测,softmax regression 对每一个种类进行估算一个概率,比如预测数字 4 的概率为 90%,数字 1

的概率为 0.5%；最后取概率最大的那个数字作为模型的输出结果。softmax 工作原理是将可以判定为某类的特征相加，然后将这些特征转化为判定是这一类的概率。分析一张图片的标签到底是数字几，需要看图片中的每个像素点像数字几，将每个像素点像某个标签的概率进行加权计算。w 表示 784 个像素点中每个像素点更像数字几的加权，然后再加上最终计算出的数字的干扰偏置量 b 即可。大致理解和最终推导式：$y=\mathrm{softmax}(wx+b)$，其中权重 w 和干扰偏置量 b 是模型根据数据自动学习、训练而得。

在 Matconvnet 工具箱中提供了 mnist 数据库识别的例子，相关的文件主要在框架工程目录—>examples—>mnist 文件夹下，主要代码文件有：

① . cnn_mnist. m 文件：主要是训练网络准备数据等；

② . cnn_mnist_init. m：主要是搭建网络的函数，初始化网络，设置网络参数；

③ . cnn_mnist_experiments. m。

文件路径截图如图 12.7 所示。

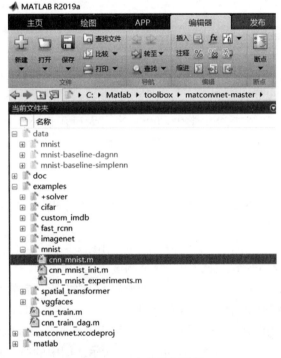

图 12.7　文件路径截图

MATLAB 卷积神经网络工具箱 MatConvNet 在 MATLAB/目录中包含各种层的设计命令列表如下：

① vl_nconv(卷积)；

② vl_nnconvt(卷积转置或反卷积)；

③ vl_nnpool(最大和平均池)；

④ vl_nrelu(ReLU 激活)；

⑤ vl_nsigmoid(sigmoid 激活)；

⑥ vl_nnsoftmax(softmax 运算符)；

⑦ vl_nnloss(分类日志丢失)；

⑧ vl_nnbnorm(批处理规范化)；

⑨ vl_nnspnorm(空间规范化)；

⑩ v_nnnormalize(局部响应正常化 ization-LRN)；

⑪ vl_npdist(p-距离)。

12.2.2 MatConvNet 工具箱安装

因为 MatConvNet 工具箱是基于 MATLAB 语言写的,本身是独立的,并不在 MATLAB 自身的工具箱中,所以要想使用 MatConvNet 工具箱,必须要先安装此工具箱,然后才能够在 MATLAB 环境下运行相关程序。在完成 MatCovNet 安装后,还需要将 MATLAB 和 VS 编译器进行连接,进行一些编译操作,并且在 MATLAB 中运行 mex-setup 和 vl_compilenn 等指令。MatConvNet 工具箱中自带安装教程,可以根据教程的指导步骤进行工具箱的安装。

12.2.3 MNIST 数据集的产生与获取

MatConvNet 工具箱中的 MNIST 数据集来自美国国家标准与技术研究所(National Institute of Standards and Technology,NIST)。训练集(training set)由来自 250 个不同人手写的数字构成,其中 50% 是高中学生, 50% 来自人口普查局(the Census Bureau)的工作人员。测试集(test set)也是同样比例的手写数字数据。在 MatConvNet 工具箱中的 MNIST 数据集中,包含四个 IDX 格式部分,IDX 格式是一种用来存储向量与多维度矩阵的文件格式:

① train-images-idx3-ubyte. gz 为 60000 个训练用图片集,其中,前 55000 个为训练样本,后 5000 个为验证样本。

② train-labels-idx1-ubyte. gz 为 60000 个训练用图片集所对应的数字标签。

③ t10k-images-idx3-ubyte. gz 为 10000 个测试用图片集。

④ t10k-labels-idx1-ubyte. gz 为 10000 个测试用图片集所对应的数字标签。

每个集合包含图片和标签两部分内容,图片为 28×28 点阵图;标签为 0～9 之间数字。这些文件本身并没有使用标准的图片格式储存,使用时需要进行解压和重构。每个样本图片是 28 像素×28 像素大小的灰度图片,如图 12.8 所示。图中的空白部分全部为 0,有笔迹部分根据颜色深浅可以在(0,1]之间取值,不过因为这里给出的是一个简单的黑白图形,所以有笔迹部分全部点为 1。图片是二维图片,下面把它转变成一维向量。28 * 28＝784,图片有 784 个位置,每个位置或是 0 或是 1。这里我们不考虑数据上下左右等二维空间结构信息,从最左上角开始到最右接着下一行排列,这就把一张图片转换成了一个一串 0、1 组成一维向量(x)。所有图片都按照这个方式转换展开。

训练集数据的特征是一个 60000×784 的张积(tensor)形式,第一个维度是图片的编号(0～60000),第二个维度是图片中像素点的编号(0 或 1)。

这里对数字进行分类,阿拉伯数字只有 10 个类别(0,1,2,3,4,5,6,7,8,9)。训练集数据的 label 是一个 60000×10 的 tensor。对数字 10 个种类进行唯一(one-hot)的编码,label 是一个 10 维的向量,只有一个值为 1,其他是 0,比如数字 0 的 label[1,0,0,0,0,0,0,0,0,0]。

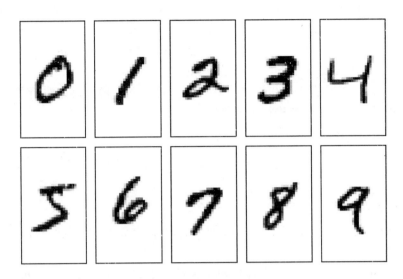

图 12.8　手写数字图片示例

12.2.4　LeNet 网络的训练

通过运行已经设计好的程序 cnn_mnist.m，来进行 LeNet 网络的训练，运行过程的实现分为 4 个部分：

1. 网络参数的设置

首先需要设置网络的参数，以及权值存储的位置，网络训练结束后，根据传入的参数确定部分网络参数，在 minist 文件夹下可以看到创建了 data 文件夹，其中存储了网络训练后的权重，以及样本矩阵。

2. 下载数据

训练网络前需要确定已经下载训练 minist 网络所要使用的数据集，如果没有，则可以通过调用 getMnistImdb 这个子函数下载，并生成样本矩阵 imdb.mat。

原始数据集合 imdb.mat，通过打开 data 文件夹下的 mnist-baseline-simplenn 文件夹，看到一个含有 70000 张书写数字图片的数据集合 imdb.mat 文件，这就是手写数字图片的数据集合。通过双击 imdb.mat，在 MATLAB 工作区会出现两个变量 images 和 meta，双击 images，再选中 images 下的 data，再点击 MATLAB 软件上面第一行的第二个"绘图"，出现 implay，再点击 implay，可得到一个图片集合，看到数据集里的手写数字图片，再点击绿色按钮的右侧那个按钮，就可以看下一张图片。

imdb.images.data 的大小为[28 28 1 70000]（70000 是 60000 和 10000 的叠加）。

imdb.images.data_mean 的大小为[28 28]。

imdb.images.labels＝cat(2,y1,y2)，拼接训练数据集和测试数据集的标签，拼接后的大小为[1 70000]。

imdb.images.set 的大小为[1 70000]，unique(set)＝[1 3]，前 60000 张数值为 1，代表训练数据；后 10000 张数值为 3，代表测试数据。

imdb. meta. sets＝{'train','val','test'}，imdb. meta. sets＝1 用于训练，imdb. meta. sets
＝2 用于验证，imdb. meta. sets＝3 用于测试。当 imdb. meta. sets＝1 时，训练数据集采用前
55000 个数据；当 imdb. meta. sets＝2 时，数据集采用前 60000 中的后 5000 个数据；当
imdb. meta. sets＝3 时，数据集采用前测试所用的 10000 个数据。

选用 imdb. mat 中的前 60000 张图片对搭建好的 LeNet 模型网络进行参数训练；选用
imdb. mat 中的后 10000 张图片进行验证测试。

3. 初始化神经网络

初始化操作是在 cnn_mnist_init 中进行的，如果要修改网络参数可以在这个函数中进
行修改。

4. 训练神经网络

1 至 3 步骤完成后，就可以进行 LeNet 网络的训练，并将每次迭代的权值进行保存。命
令为：cnn_mnist. m。

当 cnn_mnist. m 运行结束后，再打开 data 文件夹里的 mnist-baseline-simplenn 文件夹，
会发现里面增加了 1 个 net-train. pdf 文件和 20 个 net-epoch-(1～20). mat，如图 12. 9 所示，
20 个 net-epoch-(1～20). mat 就是经过每一代训练后，获得的训练好的分类器。这里，一共
获得 20 个训练好的分类器。有了这些分类器，就可以用这些分类器来进行分类测试。

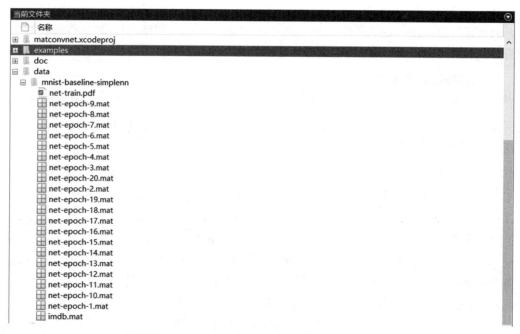

图 12.9　mnist-baseline-simplenn 文件夹中的当前文件

运行过程中可以看到每一次迭代过程变化的训练指标，随着训练次数的增加，形成训练
过程曲线，训练结束后的结果如图 12. 10 所示。

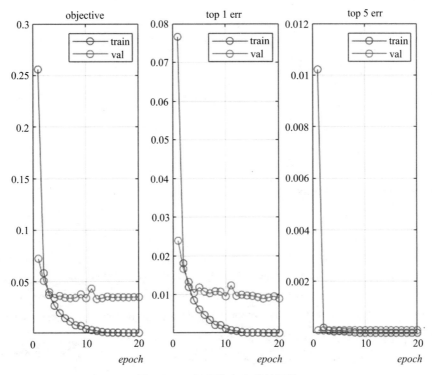

图 12.10　运行结束生成的图片

12.2.5　测试训练好的网络

采用若干带标签的手写数字作为测试集,来对第一步训练出的分类器进行测试,观察训练器的识别精度等性能。在此挑选了第 10 个、第 15 个和第 20 个分类器进行分别的测试。

创建一个 Task1.m 文件,其主要内容是将测试集的一些相关数据导入训练得到的模型中,并将卷积网络最后一层激活函数换为 softmax,采用一个 for 循环遍历测试集来进行测试,记录测试精度(匹配的测试集数量除以总的测试集数量)大小。测试程序 Task1.m 为:

```
% test1.m 程序
% 导入全体数据
load('D:\MATLAB\R2018a\matconvnet-1.0-beta25\data\mnist-baseline-simplenn\imdb.mat');
% 挑选出测试集
test_index=find(images.set==3);
% 挑选出样本以及真实类别
test_data=images.data(:,:,:,test_index);
test_label=images.labels(test_index);
%导入模型文件
load('D:\MATLAB\R2018a\matconvnet-1.0-beta25\data\mnist-baseline-simplenn\net-epoch-20.mat');
```

% 将最后一层改为 softmax（原始为 softmaxloss，这是训练时用的）

net. layers{1, end}. type＝'softmax'；

% net＝vl_simplenn_tidy(net)；

for i＝1:length(test_label)

  i

  im_＝test_data(:,:,:,i)；

  im_＝im_ — images. data_mean；

  res＝vl_simplenn(net, im_)；

  scores＝squeeze(gather(res(end). x))；

  [bestScore, best]＝max(scores)；

  pre(i)＝ best；

end

% 计算准确率

accurcy＝length(find(pre＝＝test_label))/length(test_label)；

disp(['accurcy＝',num2str(accurcy * 100),'%'])；

利用 test1. m 文件，可以选择训练得到 20 个训练好的分类器，分别采用不同训练次数的分类器，进行测试精度大小的比较。

① 对迭代 15 次的训练器进行性能测试，测试结果如图 12.11 所示，其测试准确度为 96.83%。

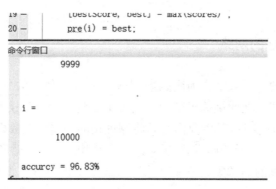

图 12.11　迭代 15 次的测试结果

② 为了研究不同训练次数对所获得的网络性能优劣的影响，我们对 20 个不同训练次数分类器的测试结果都测试一遍，得到 20 个分类器的测试结果如图 12.12 所示。表 12.1 为四个不同分类器的测试精度。

表 12.1　四个不同分类器的测试精度

分类器代数	测试精度
1	93.66%
3	96.7%
15	96.83%
20	97.05%

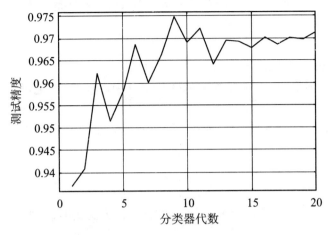

图 12.12　20 个分类器的测试结果

由表 12.1 可以看出,训练一次所获得的分类器的测试精度为 93.66%,而第三个分类器的测试精度增大到了 96.7%,之后随着代数的增加测试精度也会增加,但增加速度很缓慢,当训练到第 20 代时,测试精度也只是增加到 97.05%。相比于训练第三个分类器的测试精度仅仅增加了 0.35%。从图 12.12 结果中还可以看出,不同训练次数获得的识别网络的性能并不是我们所预想的那样,按照分类器从训练次数从 1 到 20 次顺序的递增,识别率稳定地逐渐上升。相反,分类器为 10 代的测试结果在所选定的 4 个分类器中是最高的。而且只有一次训练的分类器也能达到 93.66% 的高识别率。

通过对上图做分析,我们发现对于 LeNet 卷积网络而言,总的来说,生成分类器的性能随着该分类器的训练时间变长有逐步提高的正相关关系,但是这种性能的提升并不绝对,其中存在一定的波动性。

③ 选取 0~9 中的任意 1 个手写数字进行识别。

我们选用第 20 代训练出的分类器,创建运行一个 test2.m 文件;对某一个指定的手写数字图片进行测试,目的是识别具体手写数字是几,并同时显示其识别结果。测试前,需要先把被测试的具体数字图像求出来,存储为 .bmp 图形文件,比如我们分别对数字 2.bmp、4.bmp、6.bmp 进行识别:

```
% test2.m 程序
clear all
% Setup MatConvNet.
addpath '../../matlab/';
vl_compilenn ;
vl_setupnn ;
% 加载数据集.
load('D:\MATLAB\R2018a\matconvnet-1.0-beta25\data\mnist-baseline-simplenn\imdb.mat');
% 加载预训练模型(就是我们刚刚训练的结果)
load('D:\MATLAB\R2018a\matconvnet-1.0-beta25\data\mnist-baseline-simplenn\net-epoch-20.mat');
```

%将最后一层改为 softmax（原始为 softmaxloss，这是训练用）

net. layers{1, end}. type='softmax';

　　%设置默认参数

　　% net=vl_simplenn_tidy(net);

%获取指定的图像，0~9 手写数字的图片文件中已经给出，也可自行在 MNIST 数据集中获取

im=imread('D:\MATLAB\R2018a\matconvnet-1.0-beta25\examples\mnist\2.bmp');

　　%灰度化

im=rgb2gray(im);

　　%反转图像，训练图像为黑底白字，测试图像为白底黑字，所以需要反转一下

　　% im=255-im;

im_=single(im);　%note：255 range

　　%输入默认大小为 28*28

im_=imresize(im_, [28 28]);

　　%减去均值

im_=im_ — images. data_mean;

　　% Run the CNN.

　　%返回一个 res 结构的输出网络层

res=vl_simplenn(net, im_);%vl_simplenn 函数返回的是一个多维的数组，最后一个维度保存的是分别识别为 0~9 的概率值，最大概率值就是最后的结果。

　　%展示分类结果

scores=squeeze(gather(res(end). x));%得到图像属于各个分类的概率

[bestScore, best]=max(scores);　%得到最大概率值，及其索引值

figure(1); clf;

　　% imagesc(im);

imshow(im,[]);%显示图像

title(sprintf('the identified result：%d, score：%. 3f',...

best-1, bestScore));　%添加标题——第几，所属此的概率

运行 test.2 对训练获得的网络经过测试，获得的结果如图 12.13 所示，其中，黑底白字是指定要识别的手写数字，最上方是训练出的网络识别出的数字的结果，score 是识别结果的得分：1.000 为 100%的正确。

从图 12.13 的实验结果中可以看出：选择第 20 代训练出的分类器，在选取 0~9 中的任意 3 个手写数字作为输入时，通过对应识别图都可以正确地识别输入的手写数字，且得分为 1.000。

(a) 测试2.bmp实验结果图

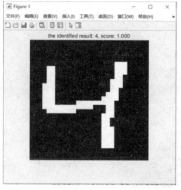

(b) 选择测试4.bmp g实验结果图

(c) 选择测试6.bmp实验结果图

图 12.13　Task2. m 测试结果

12.3　多指灵巧机械手对不同物体的自动识别

本节将给出卷积神经网络的应用。我们将基于卷积神经网络的设计，来实现基于一个多指灵巧机械手，对不同物体进行正确位置的自动识别规划与抓取。

卷积神经网络与强化学习结合，获得了深度强化学习（deep reinforcement learning）算法，能够用于机器人控制，使得卷积神经网络拓展到了控制领域。人们将卷积神经网络与迁移学习相结合，使得通过迁移学习的卷积神经网络在小样本图像识别上的准确度有了较大幅度的提升，也使得这种具有权值共享功能的卷积神经网络应用到了物体抓取当中，不断涌现出利用卷积神经网络进行物体检测、物体识别与定位、机器臂抓取姿态的判断等应用。

人类在进行物体抓取时，首先判断物体的位置，然后才会判断抓取物体的哪个部位，比如螺丝刀的柄、碗的边沿、扫帚的把等，最后才是以一定角度进行抓取。本节将这个思想与卷积神经网络相结合，设计出三级卷积神经网络，充分地利用卷积神经网络在图像理解中的优良性能，快速准确地获得了图像的特征，使得物体抓取不再需要手工设计特征或建立物体的三维模型，来获取未知物体的最佳抓取框，并通过实际的机械手来实现基于卷积神经网络的不同物体的自动识别与抓取实验。

机器人在抓取物体之前，必须知道物体被抓取部位的坐标和姿态，从而将末端执行器控制到相应位置，并以一定角度完成抓取。我们采用 Jiang 等人的方法定义抓取框来获取被抓取物体的位置和姿态，使用 5 维向量表示被抓取物体的位置和姿态。抓取框在图像中的定义如图 12.14 所示。

将抓取框表示为 G，那么抓取框可以定义为

$$G = \{x, y, h, w, q\} \tag{12.1}$$

其中，x、y 是抓取框的中心位置；h、w 表示抓取框在图像中的长和宽，决定矩形框的大小；q 是 w 与向量 p 的夹角，取值范围是 $0° \sim 180°$，表示被抓取位置的姿态。对于机械臂而言，w 对应的是机器臂在抓取物体时夹子张开的大小，h 对应的是夹子的宽度。通过结合深度像

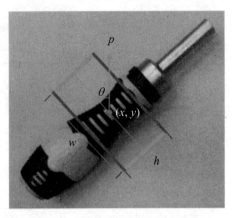

图 12.14　抓取框在图像中的定义

机的点云数据,可以计算出 h、w 在现实中对应的实际值 h'、w',当 w' 大于机器人夹子能张开的最大值或 h' 小于夹子宽度时,该抓取框在物体抓取时将被判定为无效。

12.3.1　深度卷积网络结构设计与分析

深度卷积网络的结构和大小影响网络的整体性能,网络的层数、每层的大小都会影响网络的性能。网络结构过于复杂,可能会增加网络的运行时间,增加计算成本;而网络结构过于简单,又可能会使网络的性能下降。我们在进行网络结构设计和代码的编写时,参考 LeNet-5 和 AlexNet 的网络结构,结合了空间金字塔池化方法,设计出不受输入图像大小限制的卷积神经网络,并且为提高网络性能做了大量的实验。考虑到计算成本和正确率,在提高正确率的前提下,尽量精简网络,设计出三级用于检测抓取框的整个卷积神经网络在结构。由三级卷积神经网络组成的检测抓取物体的完整的网络结构图如图 12.15 所示,其中第一级用于对物体所在几何位置的初步定位,为下一级卷积神经网络搜索抓取框确定位置区域,也就是图 12.15 中的从最初输入的梳子图像,到网络输出的标有大致轮廓的梳子;第二级用于获取预选抓取框,以较小的网络获取较少的特征,从而快速地找出物体本身轮廓的可用抓取框,同时剔除不可用的抓取框。对应于图 12.15 中的将第一级输出的标有大致轮廓的梳子作为第二级的输入图像,通过网络训练,获得梳子的各种不同抓取框的位置的输出;第三级用于重新评判预选抓取框,以较大的网络获取较多的特征,从而准确地评估每个预选抓取框,获取最佳抓取框。该过程对应于图 12.5 中的第二行。

在卷积神经网络训练之前,需要将数据集的输入部分进行归一化处理:将卷积神经网络输入图像的像素大小范围规定为 0~1,并且将数据集随机分为两个部分,其中 4/5 用于卷积神经网络训练,1/5 用于卷积神经网络测试。在训练网络时,为了确保卷积神经网络不受输入数据顺序的影响,每次输入的数据顺序随机产生。另外,为了不使卷积神经网络在训练过程中出现发散或震荡,在训练网络时,将学习率 η 设置为 1;为了使每次网络参数更新方向更为准确,每输入 10 组数据,更新一次网络参数。更新网络参数使用的损失函数表达式为

$$L(\theta) = \frac{1}{2N} \sum_{i}^{N} (F(x_i, \theta) - y_i)^2 \tag{12.2}$$

其中,θ 是卷积神经网络的参数,$F(x_i, \theta)$ 是网络的目标输出标签,x_i 是数据集中任意一张小

图片，y_i 是小图片 x_i 所对应的标签；$i=1,2,\cdots,N$，N 是输入卷积神经网络的样本数量。

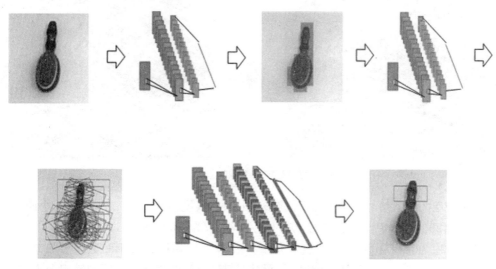

图 12.15　三级卷积神经网络整体结构

　　为了不使网络训练过度而导致过拟合，每完成一次整个数据集训练后，使用测试数据集对卷积神经网络进行一次测试，当测试获得的正确率多次不变或出现连续下降时，立即停止训练，并保存卷积神经网络参数。

　　下面将详细介绍每一级卷积神经网络的结构设计。

12.3.2　第一级卷积神经网络的设计

　　第一级卷积神经网络及其对图像的处理结果如图 12.16 所示。

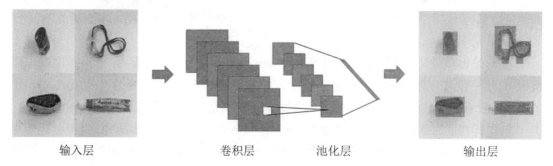

输入层　　　　　　　卷积层　　　池化层　　　　　　输出层

图 12.16　第一级卷积神经网络结构与功能

　　第一级卷积神经网络通过滑动窗的方式对整个图像空间中的各个图像进行搜索，寻找出要被抓取物体的大概位置，滑动窗口的大小是根据图像大小变化而改变，也就是说将图像分成固定的数目的小图像，分别对小图像进行判断。一个图像的划分如图 12.17 所示，其中，将一个图像分成 $16\times12=192$ 个小图像，然后，通过对 192 个小图像的判断，识别出图像中的被抓取物体的位置，为第二级网络搜索抓取框提供了大致的范围。实验中，小图像的像素尺寸设定为 28×28。

　　第一级卷积神经网络加上输入和输出层一共四层：

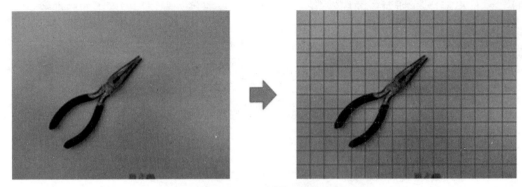

图 12.17　图像的划分

① 第一层为输入层,输入为一张小图像,图像的灰度值在 0～1 之间,输入小图像的像素尺寸选为 $(28×28)×1$,也就是输入层的输入节点数为 $(28×28)×1$。

② 第二层为卷积层,其输入节点数是 $(28×28)×1$,卷积核大小和数量分别选为 $3×3$ 和 6,输出是 6 张特征图,每一张特征图的尺寸是 $26×26$,也就是卷积层的输出节点数为 $(26×26)×6$。

③ 第三层为空间金字塔池化层,其输入节点数是 $(26×26)×6$,输出选为 $2×2$ 的 6 张特征图,也就是池化层的输出节点数为 $(2×2)×6$,即第三层输出的特征向量大小为 $2×2×6=24$。

④ 第四层为具有激活函数的输出层,该层输入和输出节点均为 24,输出为 0～1 之间的值,输出用于判断输入层输入的小图像中是否有物体存在,设定阈值为 0.5,输出的值大于阈值则代表输入的小图像中有物体存在,反之则无物体存在。

第一级网络结构的设计与权值训练过程为:

① 通过赋值设置 CNN 的基本参数:输入层尺寸为 $28×28$;接着是卷积层,卷积核大小和数量分别为 $3×3$ 和 6;再接着是池化层,设置为空间金字塔池化层,要求输出为 $2×2$ 的 6 张特征图;最后是输出层。

② 初始化 CNN,初始化卷积层的卷积核权值 k_{ij} 和偏置 b_j,k_{ij} 设置为 $[-1,1]$ 之间的随机数,b_j 统一设置为 0;初始化空间金字塔池化层的偏置 b_j,b_j 统一设置为 0;初始化输出层的权重系数 w_{ij} 和偏置 b_j,w_{ij} 设置为 $[-1,1]$ 之间的随机数,b_j 统一设置为 0。

③ 进行权值训练,训练 CNN 过程中,每一个样本都是一张单个小图像,将所有样本组合先后串联在一起,生成随机序列并分组,一组含有 10 个样本,每次随机选取其中一组样本进行批训练。

训练过程中,先进行前向传播直至得到输出层,需要训练的参数有:

① 卷积权值 k_{ij} 和偏置 b_j,通过以下公式计算出卷积层的输出:

$$\begin{cases} u_j^l = \sum_{i=M_j} x_i^{l-1} \times k_{ij}^l + b_j^l \\ x_j^l = f(u_j^l) \end{cases} \tag{12.3}$$

其中,$f(x) = \text{sigm}(x) = \dfrac{1}{1+e^{-x}}$。

② 输出层权重系数 w_{ij} 和偏置 b_j,通过以下公式计算出输出层的输出:

$$\begin{cases} u_j^l = \sum_{i=1}^{m} w_{ij}^i x_i^l + b_j^l \\ x_j^l = f(u_j^l) \end{cases} \qquad (12.4)$$

其中，$f(x) = \mathrm{sigm}(x) = \dfrac{1}{1+\mathrm{e}^{-x}}$。

根据公式 $E_n = t_n - y_n$ 计算出误差，再根据：$mse = \dfrac{1}{2N}\sum_{n=1}^{N} \| t_n - y_n \|^2$ 计算出均方误差，进行反向传播从而完成误差传导和梯度计算，更新各层的参数。重复以上批训练过程 2000 次，将最后得到的 CNN 作为测试样本。再验证测试样本的准确率。

12.3.3　第二级卷积神经网络的设计

在第一级网络输出的物体可能存在的区域的基础上，对第二级网络输入一个初始抓取框，抓取框的角度 θ 初始值设置为 $0°$，在 $0°\sim180°$ 之间，每次改变大小定为 $15°$，并不断改变抓取框的位置 (x, y)、长宽 (h, w) 和角度 θ，以获取多个不同的抓取框。然后，对于每一个抓取框，截取抓取框内的图像，并将其旋转回到水平方向，此时的这块图像作为第二级和第三级网络的输入。第二级网络设计的较小，可以减少程序的运行时间，通过提取图像的部分特征，粗略地对抓取框进行判断，初步获得物体的可用抓取框，为第三级卷积神经网络提供预选抓取框。

第二级卷积神经网络及其从输入图像中获得的预选抓取框如图 12.18 所示。

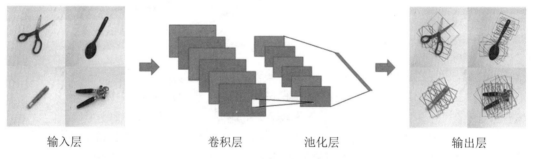

输入层　　　　　　　卷积层　　　　　池化层　　　　　　　　输出层

图 12.18　第二级卷积神经网络

第二级卷积网络与第一级卷积神经网络层数相同，加上输入和输出层同样是四层。

① 第一层为输入层，使用第一级网络得出的结果，在物体可能存在的位置进行搜索抓取矩形框，截取抓取框内的图像作为输入图像。每次输入的数据大小并不一定相同，实验中，所选取的另外一组物体可能存在的位置的输入图像的尺寸为 $(32×16)×1$，也就是输入层的输入节点数为 $(32×16)×1$。

② 第二层为卷积层，其输入节点数是 $(32×16)×1$，卷积核大小和数量分别为 $3×3$ 和 6，输出是 6 张特征图，每一张特征图的尺寸是 $30×14$，也就是卷积层的输出节点数为 $(30×14)×6$。

③ 第三层为空间金字塔池化层，其输入节点数是 $(30×14)×6$，输出选为 $2×3$ 的 6 张特征图，也就是池化层的输出节点数为 $(2×3)×6$，即第三层输出的特征向量大小为 $2×3×6=36$。

④ 第四层为输出层,该层输入和输出节点均为 36,输出为 0~1 的值,输出用于判断该抓取框是否可用,设定阈值为 0.5,输出的值大于阈值则代表该抓取框可用,反之则该抓取框不可用。

第二级网络结构的设计与权值训练过程为:首先,通过赋值设置 CNN 的基本参数:输入层尺寸根据第一级网络得出的物体可能存在的位置而定。本节选取的输入层尺寸为 32×16。接着是卷积层,卷积核大小和数量分别为 3×3 和 6。再接着是池化层,设置为空间金字塔池化层,要求输出为 2×3 的 6 张特征图。最后是输出层。初始化 CNN 和进行权值训练CNN 过程,与第一级卷积神经网络相同。

12.3.4　第三级卷积神经网络的设计

第三级卷积神经网络比第二级网络更大,提取的特征量更多,可以对第二级网络选出的预选抓取框进行精确评判,从而使得对抓取框的评判更为准确。

第三级卷积神经网络结构如图 12.19 所示。

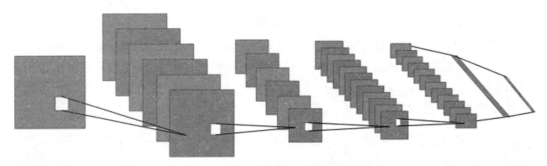

图 12.19　第三级卷积神经网络

第三级卷积神经网络一共 t 层。

① 第一层为输入层,将第二级网络获得的可用抓取框所包含的图像作为输入,本节选取的输入图像尺寸为 $(32×16)×1$,也就是输入层的输入节点数为 $(32×16)×1$。

② 第二层是卷积层,其输入节点数是 $(32×16)×1$,卷积核大小和数量分别为 5×5 和 6,输出是 6 张特征图,每一张特征图的尺寸是 28×12,也就是卷积层的输出节点数为 $(28×12)×6$。

③ 第三层为池化层,其输入节点数是 $(28×12)×6$,池化步进大小为 2×2,输出是 6 张特征图,其输出节点数为 $(14×6)×6$。

④ 第四层是卷积层,其输入节点数是 $(14×6)×6$,卷积核大小和数量分别为 3×3 和 12,输出是 12 张特征图,每一张特征图的尺寸是 12×4,也就是卷积层的输出节点数为 $(12×4)×12$。

⑤ 第五层为空间金字塔池化层,其输入节点数是 $(12×4)×12$,输出选为 4×6 的 12 张特征图,也就是池化层的输出节点数为 $(4×6)×12$,即第五层输出的特征向量大小为 $4×6×12=288$。

⑥ 第六层为全连接层,共有 24 个神经元,输出特征向量大小为 24。

⑦ 第七层为整个网络的输出层,输出为 0~1 的值。输出用于精确判断该抓取框是否可用,设定阈值为 0.5,输出的值大于阈值则代表该抓取框可用,反之则该抓取框不可用。

输出的可用抓取框的值取平均,选取输出的值离平均值最近的可用抓取框为最优抓取框。

第三级网络结构的设计与权值训练过程为:

首先,通过赋值设置 CNN 的基本参数:输入层尺寸根据第二级网络获得的可用抓取框确定,本节选取的输入层尺寸为 32×16;接着是卷积层,卷积核大小和数量分别为 5×5 和 6;再接着是池化层,步进大小为 2×2;再接着是卷积层,卷积核大小和数量分别为 3×3 和 12;再接着是空间金字塔池化层,要求输出为 4×6 的 12 张特征图;再接着是全连接层;最后是输出层。初始化 CNN 和进行权值训练 CNN 过程,与第一级卷积神经网络相同。

因此,将用于检测图像空间中最佳抓取框的卷积神经网络设计成为三级网络,不仅可以将任务细分化,更是大大地减少了卷积神经网络的搜索时间,提高了工作效率。此外,在整个网络的设计中都使用了空间金字塔池化的方法。这个空间金字塔池化层加在卷积网络层和全连接层之间,使得卷积神经网络可以输入不同大小的图像,并且在一定程度上提高网络的正确率。

12.3.5　数据集选择与网络训练

对于卷积神经网络而言,训练网络使用的数据集十分重要,数据集的好坏直接影响网络的性能,一个完善的数据集能够使卷积神经网络学习到更充分的知识,从而使网络的泛化能力更强。本节设计的三级卷积神经网络,一共有 3 个卷积神经网络,从网络数量上考虑,我们需要 3 个数据集分别对 3 个卷积神经网络进行训练。然而,第二级和第三级这 2 个卷积神经网络的基本功能相同,都是对抓取框的一个判断,因而第二级和第三级这 2 个卷积神经网络可以使用同一个数据集。因此,对三级卷积神经网络的训练,需要 2 个不同的数据集。

12.3.5.1　数据集的选择

本节训练网络使用的数据集是美国康奈尔大学提供的数据集,数据集包含两个部分:一部分是图像中没有抓取物的背景图像,总共有 11 张;另一部分是图像中拥有抓取物的图像,总共有 885 张。图 12.20 是数据集中的部分被抓取物体,并且在这 885 图片中,一共包含了 240 种不同的物体,标记有 8019 个抓取框,这些标记框中共有 5110 个框是可用于抓取的抓取框,如图 12.21(a)所示,还有 2909 个不可用于抓取的抓取框,如图 12.21(b)所示。可以看出,这个数据集包含的物体种类较多,且在物体上的抓取框的标记较全面,有利于卷积神经网络的训练,提高网络性能。另外,这个数据集被广泛应用在物体抓取的研究上,有利于网络与其他算法比较。

在训练卷积神经网络之前,将可用于抓取的抓取框中心点取出,并以取框中心点为中心,在拥有抓取物的 885 张图像中随机截取大小为 28×28 的小图片,获取 5110 张小图片,并将每张小图片标记为 1;另外,在没有抓取物的 11 张背景图像中随机截取大小为 28×28 的小图片 4890 张,并将每一张小图片标记为 0,与前面的 5110 张小图片标记组成共 10000 张的第一个数据集,用于训练三级卷积神经网络中的第一级卷积神经网络。

以同样的方式,利用原始数据集提供的抓取框截取小图片,并将可用于抓取的抓取框截取的 5110 张 32×16 小图片标记为 1,而抓取框不能用于抓取的截取的 2909 张 32×16 小图片标记为 0。另外,在背景图像中随机截取 1981 张大小为 32×16 的小图片,并对每张小图片标记为 0,与抓取框截取的 8019 张小图片和标记共同组成共 10000 张第二个数据集,用于训练三级卷积神经网络中的第二级和第三级卷积神经网络。

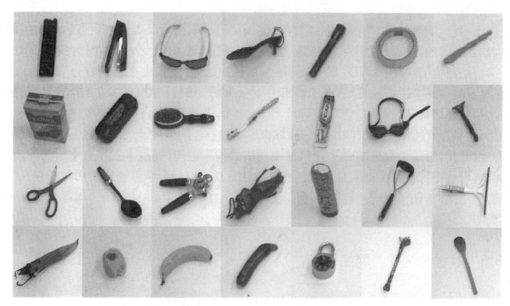

图 12.20　数据集中的部分物体

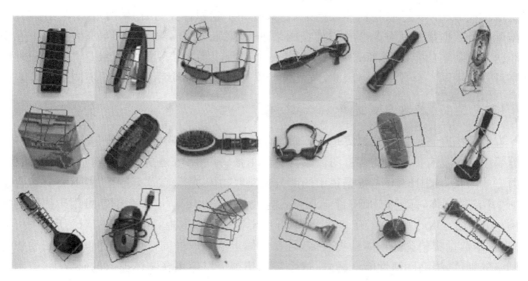

(a) 可用抓取框　　　　　　　　　　　　(b) 不可用抓取框

图 12.21　物体上的抓取框标记

12.3.5.2　选择最佳抓取框的算法

第三级卷积神经网络对每个预选的抓取框进行评判后,将得到每个预选抓取框的评判值;再通过一定的算法就能获得最佳的抓取框。本节使用了两种算法,第一种是一个简单而直接的算法,在所有的预选抓取框中选择评判值最大的抓取框,算法可以写为

$$R_G = \arg\max_{A_G} J \tag{12.5}$$

其中,A_G 表示所有的预选抓取框集合,J 表示第三级卷积神经网络对预选抓取框的评判值,

R_G 为最优抓取框,包含 $\{x,y,h,w,\theta\}$ 5 个元素。

一般情况下,评判值排名在前几的预选抓取框都是较好的抓取框,但是评判值为第一的抓取框不一定在被抓取物体重心位置,可能不利于物体的抓取操作。

为此,本节提出了第二种算法,算法 2 的流程如图 12.22 所示,目的是使抓取框的中心尽量接近物体的重心位置。算法 2 的过程为:首先,在预选抓取框中找出评判值排在前三并且中心位置不同的抓取框 G_{t1}、G_{t2}、G_{t3},如图 12.22 中的虚框中所示,初始化 G_{t1}、G_{t2}、G_{t3} 后,输入预选抓取框 G_i 及该抓取框的评判值 J_i,接着将抓取框的评判值 J_i 与第一抓取框 G_{t1} 的评判值 J_{t1} 进行比较:如果 J_i 大于 J_{t1},那么再将它们的中心值进行比较,如果中心值相等,直接将该预选抓取框 G_i 赋值给 G_{t1},如果中心值不相等,就依次执行下面操作,G_{t2} 赋值给 G_{t3},G_{t1} 赋值给 G_{t2},G_i 赋值给 G_{t1},执行完后进入下一个循环;如果 J_i 不大于 J_{t1},那么进行下一个判断,并根据判断的结果执行不同步骤,最终通过虚框中循环步骤获得评判值排在前三并且中心位置不同的抓取框 G_{t1}、G_{t2}、G_{t3}。然后,取出抓取框 G_{t1}、G_{t2}、G_{t3},求取中心平均值 (x,y),并对每个抓取框求取均方差。最后,选取均方差最小的值作为最佳抓取框。

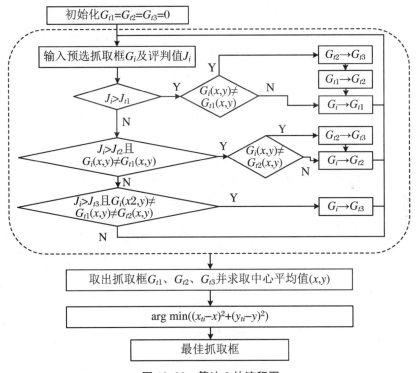

图 12.22 算法 2 的流程图

12.3.5.3 物体位置与姿态的确定

本节在采集数据并进行抓取实验时,使用的深度摄像头是 Intel© RealSense™ Camera F200,将摄像头安装在机器人腕部,如图 12.23 所示。

当机器人保持不动时,摄像头可以直接获得视角内的彩色图像及点云数据,将彩色图像与点云数据进行匹配,就可知道每个彩色图像像素在实际环境中的 3D 值。在知道抓取框中心点的情况下,就能轻易地获得被抓取物体的抓取框中心点相对于摄像头的实际位置。为

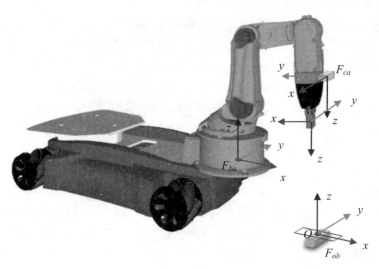

图 12.23　机器人与物体的坐标系

了更加准确地获得抓取框中心点的实际位置,本节对获取的数据进行进一步处理,将抓取框的中心点周围的点进行统计求平均,从而获得一个新的位置值作为被抓取物体抓取中心:

$$O_{(x',y',z')} = \frac{1}{9} \sum_{i=x-1}^{x+1} \sum_{j=y-1}^{y+1} Z(i,j) \tag{12.6}$$

其中,$O_{(x',y',z')}$ 表示被抓取物体抓取点在相机坐标系下的位置,x、y 是抓取框的中心所对应的像素点位置,$Z(i,j)$ 表示像素点 (i,j) 对应的相机坐标系下的 3D 值。

对于物体的姿态问题,我们以物体的具体位置 O 为原点,w 方向为 x 轴,x 轴方向与图 12.14 中向量 p 的夹角为 θ,x 轴以抓取框的垂直方向的轴为旋转轴逆时针旋转 90° 为 y 方向,再根据笛卡尔坐标系右手法则确定 z 轴,那么就确定了物体在相机坐标系下的姿态。

由于物体坐标系 F_{ob} 的 z 轴与相机坐标系 F_{ca} 的 z 轴平行且方向相反,所以物体在相机坐标系 F_{ca} 下的姿态可以表示为

$$\begin{aligned}
{}_{ob}^{ca}R &= R_z(3\pi/2 - \theta)\, R_y(0)\, R_x(\pi) \\[4pt]
&= \begin{bmatrix} -\sin\theta & \cos\theta & 0 \\ -\cos\theta & -\sin\theta & 0 \\ 0 & 0 & 1 \end{bmatrix} \begin{bmatrix} 1 & 0 & 0 \\ 0 & 1 & 0 \\ 0 & 0 & 1 \end{bmatrix} \begin{bmatrix} 1 & 0 & 0 \\ 0 & -1 & 0 \\ 0 & 0 & -1 \end{bmatrix} \\[4pt]
&= \begin{bmatrix} -\sin\theta & -\cos\theta & 0 \\ -\cos\theta & \sin\theta & 0 \\ 0 & 0 & -1 \end{bmatrix}
\end{aligned} \tag{12.7}$$

结合式(12.6)得到的位置,可以得到物体的位姿矩阵 ${}_{ob}^{ca}T$:

$$\begin{aligned}
{}_{ob}^{ca}T &= \begin{bmatrix} {}_{ob}^{ca}R & o_{(x',y',z')}^{T} \\ 0 & 1 \end{bmatrix} \\[4pt]
&= \begin{bmatrix} -\sin\theta & -\cos\theta & 0 & x' \\ -\cos\theta & \sin\theta & 0 & y' \\ 0 & 0 & -1 & z' \\ 0 & 0 & 0 & 1 \end{bmatrix}
\end{aligned} \tag{12.8}$$

在进行物体抓取之前,由于相机坐标系 F_{ca} 与末端执行器坐标系 F_{cl} 相对位姿固定,所以可以得到相机坐标系 F_{ca} 在末端执行器坐标系 F_{cl} 中的位姿矩阵 $_{ca}^{cl}T$。通过正运动学求解可以得到末端执行器坐标系 F_{cl} 在机器人坐标系 F_{ba} 中的位姿矩阵 $_{cl}^{ba}T$。因此,可以求得被抓取物体在机器人坐标系 F_{ba} 中的位姿矩阵 $_{ob}^{ba}T$:

$$_{ob}^{ba}T = {}_{cl}^{ba}T \, {}_{ca}^{cl}T \, {}_{ob}^{ca}T \tag{12.9}$$

在获得被抓取物体在机器人坐标系 F_{ba} 中的位姿后,就可以通过运动学知识反解出计算机器人每个关节的旋转值,从而使末端执行器到达物体的所在位置,完成抓取任务。

12.3.6　实际实验及其结果分析

为了验证所设计的三级卷积神经网络的性能,本节将分别对三级卷积神经网络进行 3 个方面的测试:第一,分别测试三级卷积神经网络中的第二级和第三级卷积神经网络,对比它们的性能;第二,使用数据集对三级卷积神经网络进行测试,与其他结果进行比较;第三,将三级卷积神经网络应用到机器人的物体抓取操作中,以此来验证网络的可用性。

12.3.6.1　第二级和第三级卷积网络的比较

在数据集中取 1800 对抓取框标签对两个网络分别进行测试,测试结果如表 12.2 所示,首先从正确率来看,很明显第三级网络高于第二级网络 1.6%;从时间上来,第二级网络判断一个抓取框的时间为 0.8179 ms,而第三级网络判断一个抓取框的时间为 1.5727 ms,是第二级网络所用时间的 1.9 倍。

表 12.2　第二级与第三级卷积神经网络的性能测试结果

网络	正确率(%)	时间(ms)
第二级网络	92.1	0.8179
第三级网络	93.7	1.5727

可以看出,第二级卷积神经网络处理抓取框的时间较快,但由于网络较小,获取的特征较少,不能准确地评价每个抓取框,所以正确率比第三级网络低,而第三级卷积神经网络恰恰相反,网络较大,能够准确地评价每个抓取框,正确率较高,两个网络各有长处。所以,将两个网络结合起来,先用第二级网络从图像中初步获得大量评价不够准确的预选抓取框,再用第三级网络对预选的抓取框进行进一步精确评价,既可以提高搜索最佳抓取框的整体速度,又可以提高正确率,从而得出一个最优抓取框。

12.3.6.2　网络测试及其性能结果对比与分析

我们使用美国康奈尔大学提供的抓取数据集对整个三级网络进行测试。将测试所得的抓取框打印到测试的图像中,可以直观地看到如图 12.24 和图 12.25 所示的结果。其中,图 12.24 展示了测试中正确的抓取框,这些可以直接用来进行抓取操作;图 12.25 为测试结果中出现的抓取框不令人满意的错误抓取框。

将所设计的三级卷积神经网络测试结果与其他算法进行比较。这个测试主要从两个方面进行:一方面是从数据集中随机抽取图像进行测试,每次抽取 100 个样本,抽取 10 次后,

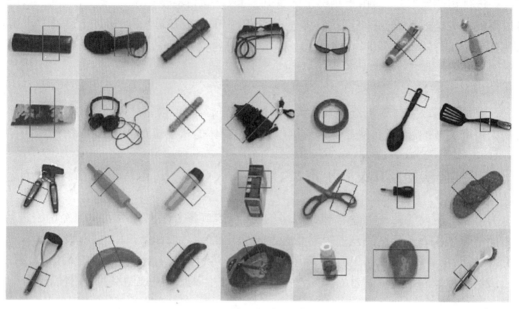

图 12.24 最优抓取框

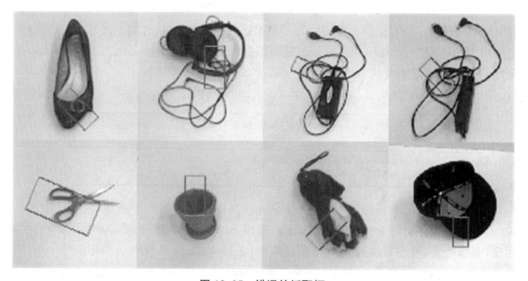

图 12.25 错误的抓取框

求取正确率平均值为最终正确率;另一方面是从数据集的 240 类物体中随机抽取不同类的图像进行测试,每次抽取 30 类样本,抽取 10 次后,求取正确率平均值为最终正确率。测试结果表明,使用三级卷积神经网络结合根据式(12.5)设计的算法 1 以及本节中图 12.22 所提出的算法 2,可以使得抓取框正确率提高到 90% 以上,不同算法正确率性能对比测试结果如表 12.3 所示。

表 12.3　对比测试结果

算法	正确率(%)	
	方式 1	方式 2
Jiang,et al.,2011	60.5	58.3
Lenz,et,al.,2015	73.9	75.6
Redmon,et al.，2015	88.0	87.1
three-level CNNs+算法 1	92.3	91.7
three-level CNNs+算法 2	94.1	93.3

12.3.6.3　实际装置的抓取实验及其结果

将三级卷积神经网络应用在 Youbot 机器人上进行物体抓取实验,如图 12.26 所示。

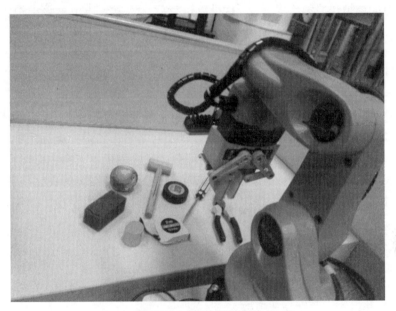

图 12.26　物体抓取实验

抓取实验一共选取了 8 种物体,这 8 种物体都不存在训练集中,将每个物体进行 10 次抓取,且在 10 次抓取中物体的位置和姿态都不相同,抓取实验结果如表 12.4 所示。结果表明,三级卷积神经网络很够成功地与机器人结合完成物体抓取,抓取成功率很高,同时验证了三级卷积神经网络的泛化能力,能够找出未知物体的最优抓取框,从而实现对未知物体进行抓取。

表 12.4　抓取实验结果

物体	成功率(%)	物体	成功率(%)
圆柱体	100	木槌	90
长方体	100	卷尺	100
桃子	100	螺丝刀	100
胶卷	100	钳子	80

12.4 基于深度学习的虚拟仿真教学实验平台

12.3 节中有关采用两级深度神经网络实现多指灵巧机械手对不同物体的自动识别的应用,所有的实验都是在真实的多指灵巧机械手装置上实现的。要想设计和实现相应的实验,既要懂得深度学习网络的设计与训练,又要了解和掌握运动控制的相关知识,还要学习多指灵巧机械手装置的操作方法。这些对学生以及实验室的设备等都要求极高,由于相关装置的数量有限,不可能同时允许很多人进行实验,必然限制了深度学习及其应用的展开。

为了能够让更多的人进行深度神经网络应用的实验,中国科学技术大学基于 12.3 节中有关采用深度神经网络实现多指灵巧机械手对不同物体的自动识别与抓取的应用,开发出基于深度学习的虚拟仿真教学实验平台,可以进行教学实验。本节就该虚拟仿真教学实验平台中的内容进行介绍。

虚拟仿真教学实验平台涉及虚拟硬件及软件两部分,软件为自主开发的深度学习及机器人仿真软件,虚拟硬件为由 Universal Robot(UR5)机器人和二指或三指的夹持器组成的仿真实验平台,提供机器人和人工智能学科知识交叉融合的实验教学。虚拟仿真实验教学划分为两个模块:深度学习模块和机器人抓取模块。深度学习模块中,学生完成数据集的生成、设计卷积神经网络的结构、设计训练超参数以及网络输出到世界坐标系中实际位姿的映射;机器人抓取模块包括仿真环境搭建与实验部分。实验以机器人自主抓取物体为目标,具体实施过程根据顺序可以分为数据集的创建与扩增、卷积神经网络的设计与训练、仿真环境的搭建、仿真抓取实验的验证四个模块,四个模块依次进行。

12.4.1 虚拟仿真平台实验内容

机器人在抓取物体之前必须知道物体被抓取部位的坐标和姿态,从而将末端执行器控制到相应位置,并以一定角度完成抓取。

选取抓取框表示末端夹持器的抓取手势,抓取框的图像定义如图 12.14 所示,使用五维向量表示被抓取物体的位置和姿态。将抓取框表示为 G,抓取框定义为:$G=\{x,y,h,w,q\}$。其中,x、y 是抓取框的中心位置;h、w 表示抓取框在图像中的长和宽,决定了矩形框的大小,w 对应的是机器人在抓取物体时夹子张开的大小,h 对应的是夹子的宽度。q 是 w 与向量 p 的夹角,取值范围是 $0°\sim180°$,表示被抓取位置的姿态。

操作者通过输入一个未知物体的初始抓取框,改变抓取框的参数大小,可以获得同一物体的多个不同抓取框,扩增训练所需的数据集。图 12.27 所示的就是对同一物体的 4 种不同的抓取框。转动不同的坐标,可以得到不同的抓取框,其中有些抓取框可以被用来正确抓到物体,有些不可用。将可以用于抓取物体的抓取框标记为 1,视为正样本,不可用于抓取物体的抓取框标记为 0,视为负样本,所以在所存储的样本中,有正、负样本两种分类。

所要完成的实验任务为:基于深度学习的智能机器人抓取,先获得未知物体的可能的抓取框,然后通过改变抓取框的参数大小,对抓取框的数据集进行扩增。每次将一个抓取框内的图像,输入到设计好结构的卷积神经网络,对网络的权值参数进行训练,每一个输入对应一个 0～1 之间的输出值。输出值的大小用来判断该抓取框是否可用。通过设定 0.5 的阈值,当输出的值大于阈值,则代表该抓取框可用,反之则该抓取框不可用。选取输出的值最高的可用抓取框为最优抓取框。最终获得的最优抓取框就为机器手末端夹持器对该未知物体的最佳抓取手势,以此方式来实现对未知物体的抓取。

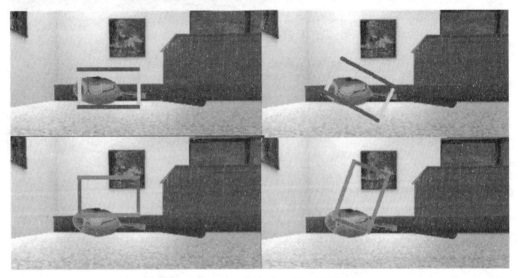

图 12.27　同一物体的多个不同抓取框

　　在训练网络参数之前,需要对未知物体的抓取框的数据集进行扩增。之后的实验分为四步,分别为:抓取框检测深度卷积网络的设计、抓取框检测网络的训练、网络性能的验证和执行抓取虚拟仿真实验。

12.4.2　抓取框检测深度卷积网络的设计

　　深度学习网络中的卷积神经网络一般由输入层、交替的卷积层和池化层、全连接层和输出层构成。在虚拟仿真平台中,为了简单起见,有关深度卷积网络结构设计是已经固定了几种可以选择的情况,卷积层层数、卷积核大小、每层通道数和全连接层神经元数都分别有不同的参数可供使用者选取选择:卷积层层数有 3、5、7 共三种选择,卷积核大小有 3×3 或 5×5 共两种选择,每层通道数有 6、6、6 或 6、12、24 共两种选择,全连接层神经元数有 1 或 24 共两种选择,因此可以组成 24 种不同的网络结构。不同的参数选择,可以设计出不同的网络结构,可以获得不同的训练结果。学生可以对不同的训练结果进行对比,得出在什么参数下,可以获得最好的训练结果。

　　图 12.28 给出了在虚拟仿真平台中所选取的一种深度卷积神经网络的结构,其中,卷积层层数选为 3,卷积核大小选为 3×3,每层通道数选为 6、12、24 和全连接层神经元数选为 24,卷积神经网络的层数为 9 层。

　　对于每一个抓取框,截取抓取框内的图像,并将其旋转回到水平方向,此时的这块图像作为卷积神经网络输入层的输入。

　　卷积层是卷积神经网络中不可缺少的部分,一个卷积层可以包含多个卷积面。卷积面,

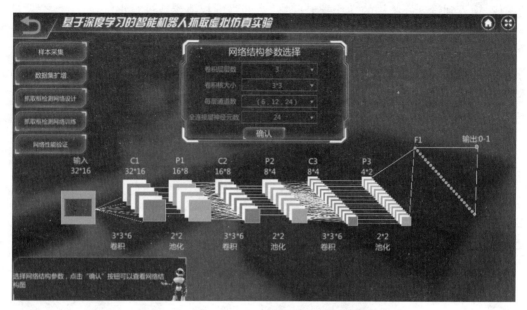

图 12.28　一种所设计的深度卷积神经网络的结构

也称为特征图。每个卷积面都是根据输入、卷积核和激活函数来计算的。卷积面的输入,通常是一幅或多幅图像。卷积核是卷积层的权值,是一个矩阵,它的参数都是通过反向传播算法最优化得到的。当前网络的激活函数选为线性校正单元 ReLU。图 12.28 中所示的 C1、C2、C3 即是卷积层。

　　卷积运算的目的是提取输入的不同特征,第一层卷积层可能只能提取一些低级的特征如边缘、线条和角等层级,更多层的网络能从低级特征中迭代提取更复杂的特征。

　　池化层是由图像经过池化得来的结果,一般位于卷积层的下一层。池化计算特征图上一个区域内平均值或最大值,计算特征图上一个区域内的平均值叫作平均池化,计算特征图上一个区域内的最大值叫作最大池化。池化层的作用主要是用于特征降维,压缩数据和参数的数量,减小过拟合,同时提高模型的容错性。图 12.28 中所示的 P1、P2、P3 就是池化层。

　　全连接层作为卷积神经网络的重要组成部分,将上一层以特征向量形式展开,再输入到全连接层,在整个卷积神经网络中起到"分类器"的作用。图 12.28 中所示的 F1 即是全连接层。

　　输出层,输出为 0~1 的值。全连接层的输出特征向量的值取平均,即为输出层的值。输出用于精确判断该抓取框是否可用,设定阈值为 0.5,输出的值大于阈值则代表该抓取框可用,反之则该抓取框不可用。选取输出的值最高的可用抓取框为最优抓取框。

12.4.3　抓取框检测网络训练

　　网络训练的超参数包括:损失函数(交叉熵或 L2 损失函数)、batch_size(10 或 100)、epoches(1000)、学习率(0.001 或 0.1)、训练集与验证集比例(4∶1 或 1∶1)。点击训练,输出当前参数设置下验证集的损失函数图像及 loss 值。当损失函数选为 L2 损失函数,batch_size 选为 100,学习率选为 0.001,训练集与验证集比例选为 4∶1 时,得到如图 12.29 所示的网络训练结果图。

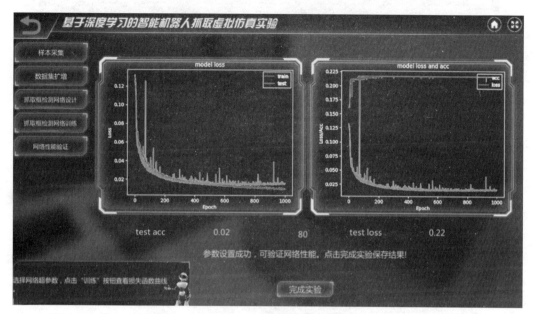

图 12.29　网络训练结果图

若当前网络在测试集上的损失函数>0.45,则回到"抓取框检测网络设计",调整网络结构并重新选择训练超参数,直到测试集的结果符合以下的要求:CROSSENTROPY Loss<0.45 或 L2 loss<0.05。

12.4.4　深度神经网络的自动抓取虚拟仿真实验

12.4.4.1　深度神经网络的性能验证

通过设置网络结构参数对网络进行训练,获得满意的网络训练结果后,就可以保存当前所训练好的网络的参数结果,进行下一步的网络性能的验证。

在"卷积神经网络设计"中选择"网络性能验证"。然后选择一张包含物体的图像,以及训练好的网络;点击"搜索抓取框",在该图像上生成多个抓取框,各个抓取框的右上角显示网络输出的评估值;点击"筛选",则图像中只剩下评估值最高的最优抓取框,如图 12.30 所示。

抓取框对于 3D 仿真环境中的位置,就是机械臂末端夹持器的目标位姿。

12.4.4.2　虚拟仿真实验

物体抓取实验的具体过程为:① 选择夹持器类型。虚拟仿真平台中可选的类型有:二指夹持器、三指夹持器、柔性三指夹持器。② 选择物体类型:单个物体或物体堆,这样就完成了仿真实验环境的搭建,一种仿真实验环境搭建的结果如图 12.31 所示,其中机器臂选择的是二指夹持器,在辨识白虚线上放置的是具有几个物品的物体堆,最左边是摄像镜头。

仿真实验环境搭建完成后,需要选择已经训练好的网络,然后点击"开始实验",即可以观察到:训练好的网络通过对准摄像头,获取其中一个物体,输出其最优抓取框的位置,然后

图 12.30　最优抓取框示意图

图 12.31　一种仿真实验环境搭建

将其作为末端夹持器的目标位置,控制机械臂按照去最优抓取框的位置抓取该物体,并将物体放置到置物箱中,此时视为抓取该物体成功。实验中的图像如图 12.32 所示。

　　本节的虚拟仿真实验采用线上、线下相结合的模式,坚持"虚实结合、能实不虚"的实验原则,学生可使用虚拟的机器人抓取规划平台,自主设计卷积神经网络,操作虚拟机器人 UR5 和二指夹持器进行仿真抓取实验,从而有效解决了单个物理实验平台无法满足众多学生的教学需求,以及物理实验所需场地、成本和操作风险的问题。

图 12.32　抓取过程

12.5　本 章 小 结

　　本章基于深度学习神经网络的设计理论,选取了 4 个典型的深度学习神经网络的应用,通过具体的实例,结合 MATLAB 环境下的深度学习神经网络工具箱,以及所设计装置的实验结果和虚拟环境仿真平台,展现了深度学习神经网络在手写数字识别以及机器臂自动抓取物品方面的应用,以及深度学习神经网络所具有的优越性。

习　　题

　　在掌握卷积神经网络中的 LeNet 网络结构和训练过程,以及配置好 matconvnet 的 MATLAB 2019 版本的基础上,利用已经搭建好的网络结构,进行 0~9 数字识别的训练,得到训练好的网络结构;再测试训练好的网络结构的识别精度;最后利用训练好的网络结构,识别指定的手写数字。

附录 程序目录

第 1 章

outa. m   ％ 例 1.1
multout. m   ％ 例 1.2

第 2 章

percep01. m   ％ 例 2.1
percep1. m   ％ 例 2.1
percep2. m   ％ 例 2.2
percep3. m   ％ 例 2.3
wf1. m   ％ 例 2.4
wf2. m   ％ 例 2.5
wf02. m   ％ 例 2.5
wf3. m   ％ 例 2.6
wf4. m   ％ 例 2.7
wf5. m   ％ 例 2.8
bp1. m   ％ 例 2.10
bp2. m   ％ 例 2.11
bp3. m   ％ 例 2.12
bp4. m   ％ 例 2.13
bp5. m   ％ 例 2.14
bp6. m   ％ 例 2.15
bp7. m   ％ 例 2.16
bp8. m   ％ 例 2.17
bp9. m   ％ 例 2.18
bp10. m   ％ 例 2.19

第 3 章

hop1. m   ％ 例 3.1
hop2. m   ％ 例 3.2
hop3. m   ％ 例 3.3
hop4. m   ％ 例 3.4
hop5. m   ％ 例 3.5

hop6. m   ％ 例 3.6

drnn-3-11   ％ 例 3.11

％例 3.11 中的应用程序

％运行例 3.11 程序前,请先阅读 readme. txt

train＿sample＿rw＿alr. m   ％随机初始权值自适应学习速率

train＿sample＿rw＿slr. m   ％随机初始权值固定学习速率

train＿sample＿sw＿alr. m   ％固定初始权值自适应学习速率

train＿sample＿sw＿slr＿opt. m

％固定初始权值固定初始学习速率,人工调节学习速率

train＿sample＿sw＿slr＿un＿opt. m   ％固定初始权值固定学习速率

the＿range＿of＿learning＿rate. m   ％初始学习速率确定方法

第 5 章

isl. m   ％ 例 5.1

osl. m   ％ 例 5.2

k1. m   ％ 例 5.3

compl. m   ％ 例 5.4

fmapl. m   ％ 例 5.5

fmap2. m   ％ 例 5.6

art1. m   ％ ART1 网络应用实例

sima1. m   ％ art1. m 中调用程序

第 7 章

％ 7.2 中的应用程序

feedb. m   ％神经网络控制器设计程序及性能测试仿真程序

％ 7.3 中的应用程序

charecg. m   ％ 网络设计与测试程序

prodat. m   ％ 输入字母和目标矢量产生程序

参 考 文 献

[1]　Aarts E H L. Computation in massively parallel networks based on the Boltzmann machine[J]. Parallel Computing, 1992, 9: 129-145.

[2]　Aatrs E H L, Korst J H M. Simulated annealing and Boltzmann machines[M]. New York: John Wiley and Sons, 1989.

[3]　Ah Chung Tsoi, Back A D. Locally recurrent globally feed forward networks: a critical review of architectures[J]. IEEE Trans. on Neural Networks, 1994, 5(2): 229-239.

[4]　Albus J S. Data storage in the Cerebellar Model Articulation Controller (CMAC), transaction of ASME[J]. J. Dynam. Syst. Meas. Control, 1975, 97: 228-233.

[5]　Antsaklis P J. Neural networks in control systems[J]. IEEE Control Systems Magazine, 1990: 3-5.

[6]　Anwar S, Hwang K, Sung W. Structured pruning of deep convolutional neural networks[J/OL]. ACM J. Emerg. Technol. Comput. Syst. , 2017, 13(3). https://doi. org/10. 1145/3005348.

[7]　Astrid M, Lee S I. CP-decomposition with tensor power method for convolutional neural networks compression[C]//Proceedings of 2017 IEEE International Conference on Big Data and Smart Computing. Jeju, South Korea: IEEE, 2017: 115-118.

[8]　Atalay V, Gelenbe E, Yalabýk N. The random neural network model for texture generation[J]. International Journal of Pattern Recognition and Artificial Intelligence, 1992, 6(1): 131-141.

[9]　Ba J, Caruana R. Do deep nets really need to be deep[C]//Proceedings of Advances in Neural Information Processing Systems. Montreal, Quebec, Canada: MIT Press, 2014: 2654-2662.

[10]　Badaroglu M, Halici U, Aybay I, et al. Digital neural network chip for the random neural network model with programmable architecture[C]//Proceedings of the 12th International Symposium on Computer and Information Sciences. Antalya, Turkey, 1997: 412-418.

[11]　Bao J, Forbes J F, McLellan P J. Robust multiloop PID controller design: a successive semidefinite programming approach[J]. Ind. Eng. Chem. Res. , 1999, 38: 3407-3413.

[12]　Liu B Y, Wang M, Foroosh H, et al. Sparse convolutional neural networks[C]//Proceedings of the IEEE Conference on Computer Vision and Pattern Recognition, 2015: 806 814.

[13]　Brown M, Harris C J. Neurofuzzy adaptive modelling and control[M]. State of New Jersey: Prentice Hall, 1997.

[14]　Bucila C, Caruana R, Niculescu-Mizil A. Modelcompression [C]//ACM SIGKDD International Conference on Knowledge Discovery and Data Mining (KDD' 06). Computer Science Cornell University, 2006.

[15]　Campolucci P, Uncini A. On-line learning algorithms for locally recurrent neural networks[J]. IEEE Trans. on Neural Netwoks, 1999, 10(2): 253-271.

[16]　Chen G B, Choi W, Yu X, et al. Learning efficient object detection models with knowledge distillation[C]//Proceedings of the 31st International Conference on Neural Information Processing

Systems. Long Beach，USA：Curran Associates Inc. ，2017；742-751.

[17] Chen W，Wilson J，Tyree S，et al. Compressing neural networks with the hashing trick［C］// International conference on machine learning. PMLR，2015；2285-2294.

[18] Chen T Q，Goodfellow I，Shlens J. Net2Net：accelerating learning via knowledge transfer［C］. arXiv：1511. 05641，2015.

[19] Cerkez C. A digital neuron realization for the random neural network model［C］//Eastern Mediterranean University. Famagusta，North Cyprus，1996.

[20] Chen B S，Chiang Y M，Lee C H. A genetic approach to mixed H_2/H_∞ optimal PID control［J］. IEEE Control System Magazine，1995，15：51-56.

[21] Cong S，De Carli A. A compound optimized control strategy［C］//5th Symposium on Low Cost Automation，Sep. Shenyang，1998.

[22] Cong S，Wu G，Li G D. The decrease of fuzzy label number using self-organization competition network［C］//International ICSC IFAC Symposium on Neural Computation NC'98，Sep. Vienna，Austria，1998.

[23] Courbariaux M，Bengio Y，David J P. Binaryconnect：training deep neural networks with binary weights during propagations［J］. arXiv：1511. 00363，2015.

[24] Cramer C，Gelenbe E，Bakircioglu H. Low bit rate video compression with neural networks andtemporal subsampling［C］//Proceedings of the IEEE，Oct. 1996，84（10）：1529-1543.

[25] Le Cun Y，Denker J S，Solla S A. Optimal brain damage［C］//Proceedings of the 2nd International Conference on Neural Information Processing Systems. Denver，Colorado，USA：MIT Press，1989：598-605.

[26] Dayhoff J E. Neural network architectures：an introduction［J］. Van Nostrand Reunhold，1990. MA 0-442-20744-1.

[27] De Carli A，Cong S. Intelligent neural network controller for a position control system［C］//IFAC Workshop Motion Control，Munich，Germany，Oct. ，1995：189-196.

[28] Denil M，Shakibi B，Dinh L，et al. Predicting parameters in deep learning［C］//In Advances in Neural Information Processing Systems，2013.

[29] Denton E，Zaremba W，Bruna J，et al. Exploiting linear structure within convolutional networks for efficient evaluation，2014.

[30] Derthick M. Variation on the Boltzmann machine［R］//Carnegie-Mellon University，Department of Computer Science Technical Report. CMU-CS-84-120. 1984.

[31] Eggers M. The Boltzmann machine：a survey and generalization［R］//MIT Lincoln Laboratory Technical Report. 1988：805.

[32] Elman J. Finding structure in time［J］. Cognitive Science，1990，14：179-211.

[33] Feldman J A. Conncetionist models and their applications：introduction［J］. Congnitive Science，1985，9：1-2.

[34] Frasconi P，Gori M，Soda G. Local feedback multilayered networks［J］. Neural Computation，1992，4：120-130.

[35] Frederick D K，Chow J H. Feedback control problems：using MATLAB and the control system toolbox［M］. PWS Publishing Company，1995.

[36] Fukushima K. A neural network for visual pattern recognition，neural networks［M］. IEEE Press，1992；222-232.

[37] Giles C L，et al. Learning long-term dependencies in NARX recurrent neural networks［J］. IEEE Trans. on Neural Networks，1996，17（6）：1329.

[38] Gori M, Bengio Y, Mori R D. BPS: a learning algorithm for capturing the dynamic nature of speech [J]. Intern. Joint Conf. on Neural Networks, 1989, 2: 417-423.

[39] Gelenbe E. Learning in the recurrent random neural network[J]. Neural Computation, 1993, 5(1): 154-164.

[40] Gelenbe E, Feng Y, Krishnan K. Neural network methods for volumetric magnetic resonance imaging of the human brain[J]. Proceedings of the IEEE, 2002,84(10): 1488-1496.

[41] Gelenbe E, Mao Z H, Li Y D. Function approximation: random neural networks with multiple classes of signals[J]. IEEE Trans Neural Networks, 1999, 10(1):3-9.

[42] Gelenbe E. Distributed associative memory and the computation of membership functions [J]. Information Sciences, 1991, 57/58: 171-180.

[43] Gelenbe E. Random neural networks with negative and positive signals and product form solution[J]. Neural Computation, 1989, 1(4): 502-511.

[44] Gelenbe E, Fourneau J M. Random neural networks with multiple classes of signals[J]. Neural Comput. , 1999, 11(4): 721-731.

[45] Gelenbe E, Khaled F. Hussain, learning in the multiple class random neural network[J]. IEEE Trans. on Neural Networks, 2002, 13(6): 1257-1267.

[46] Gelenbe E, Koubi V, Perkergin F. Dynamical random neural network approach to the traveling salesman problem,Turkish Journal of Electrical Engineering and Computer Sciences, 1994, 2(1): 1-10.

[47] Gelenbe E, Stafylopatis A, LikasA. Associative memory operation of the random neural network model[C]//Proc. Int. Conf. Artificial Neural Network, Helsinki, Eds. Amsterdam: North-Holland, 1991:307-312.

[48] Giles C L, et al. Learning long-term dependencies in NARX recurrent neural networks[J]. IEEE Trans. on Neural Networks, 1996, 17 (6):1329.

[49] Gloria A D, Faraboschi P, Ridella S. A dedicated massively parallel architecture for the Boltzmann machine[J]. Parallel Computing, 1992, 18: 57-73.

[50] Girshick R, Donahue J, Darrell T,et al. Rich feature hierarchies for accurate object detection and semantic segmentation[C]//Proceedings of the 2014 IEEE Conference on Computer Vision and Pattern Recognition. Columbus, USA: IEEE, 2014:580-587.

[51] Girshick R. Fast R-CNN[C]//Proceedings of the 2015 IEEE. International Conference on Computer Vision. Santiago, Chile: IEEE, 2015:1440-1448.

[52] Giryes R, Sapiro G, Bronstein A M. Deep neural networks with random Gaussian weights: a universal classification strategy? [J]. IEEE Transactions on Signal Processing, 2016, 64(13): 3444-3457.

[53] Goldberg D E. Geneticalgorithms in search, optimization and machine learning[M]. Mass: Addison-Wesley, 1989.

[54] Gong Y, Liu L, Yang M, et al. Compressing deep convolutional networks using vector quantization [J/OL]. 2014. http://arxiv. org/abs/1412. 6115.

[55] Gori M, Bengio Y, Mori R D. BPS: a learning algorithm for capturing the dynamic nature of speech [J]. Intern. Joint Conf. on Neural Networks, 1989, 2: 417-423.

[56] Greff K, Srivastava R K, Koutnik J, et al. LSTM: a search space odyssey[J]. IEEE transactions on neural networks and learning systems, 2017, 28(10):2222-2232.

[57] Grimble M J. H_∞ controllers with a PID structure[J]. Trans. ASME J. Dynam. Syst. Meas. Control, 1990, 112: 325-330.

［58］ Grossberg S A. Studied ofmind and brain[M]. Dordrecht, Holland:Reidel Press, 1982.

［59］ Gulcehre C, Moczulski M, Denil M, et al. Noisy activation functions[C]//Proceedings of the 33rd International Conference on International Conference on Machine Learning. New York, USA, 2016: 3059-3068.

［60］ Guo Y W, Yao A B, Chen Y R. Dynamic network surgery for efficient DNNs[C]//Proceedings of the 30th Conference on Neural Information Processing Systems. Barcelona, Spain: MIT Press, 2016:1379-1387.

［61］ Han S, Mao H Z, Dally W J. Deep compression: compressing deep neural networks with pruning, trained quantization and Huffman coding[J]. arXiv: 1510.00149, 2015.

［62］ Hanson S J, Pratt L Y. Comparing biases for minimal network construction with back-propagation [J]. Advances in Neural Information Processing Systems 1,1989: 177-185.

［63］ Bakircioglu H, Kocak T. Survey of random neural network applications[J]. European Journal of Operational Research, 2000, 126: 319-330

［64］ Halici U. Reward, punishment and expectation in reinforcement learning for the randomneural networks[Z]. Presented at Workshop on Biologically Inspired Autonomous Systems: Computation, Cognition and Control, Durham, NC, USA, Duke University, 1996.

［65］ Halici U. Reinforcement learning in random neural networks for cascaded decisions[J]. Journal of Biosystems, 1997, 40 (1/2): 83-91.

［66］ Halici U, Badaroglu M, Aybay I, et al. A digital random neural network chip design [C]// Proceedings of Neural'97. Berlgrade, Yugoslavia, 1997: 77-83.

［67］ Han S, Pool J, Tran J, et al. Learning both weights and connections for efficient neural network [C]//Corte C, Lawrence N, Lee D, et al. Advances in the neural information processing systems (NIPS). New York: Curran Associates, Inc. , 2015: 1135-1143.

［68］ Hassibi B, Stork D G, Wolff G J . Optimal brain surgeon: extensions and performance comparison [C]//International Conference on Neural Information Processing Systems. Morgan Kaufmann Publishers Inc. , 1993.

［69］ He Y H, Zhang X Y, Sun J. Channel pruning for accelerating very deep neural networks [C]// Proceedings of 2017 IEEE International Conference on Computer Vision. Venice, Italy:IEEE, 2017. 1398-1406

［70］ Hecht-Nielsen R. Counterpropagation networks[J]. Applied Optics, 1987(26): 4979-4984.

［71］ Hecht-Nielsen R. Theory of the back propagation neural network[J]. Proc. of IJCNN, 1989,1: 593-603.

［72］ Hinton G, Ackley D, Sejnowski T. Boltzmann machines: constraint satisfaction networks that learn [R]. Carnegie-Mellon University, Department of Computer Science Technical Report, CMU-CS-84-119, 1984.

［73］ Hinton G, Vinyals O, Dean J. Distilling the knowledge in a neural network[Z]. arXiv: 1503.02531, 2015.

［74］ Hodgkin A L, Huxley A F. A quantitative description of ion currents and its applications to conduction and excitation in nerve membranes[J]. J. Physiology (London), 1952, 117: 550-544.

［75］ Hopfield J J, Tank D W. Neural computation of decisions in optimization problem[J]. Biological Cybernetics, 1985, 52: 141-152.

［76］ Howard A G, Zhu M, Chen B, et al. Mobilenets: efficient convolutional neural networks for mobile vision applications[J]. arXiv:1704.04861, 2017.

［77］ Hu Q, Wang P, Cheng J. From hashing to cnns:training binary weight networks via hashing[C]//

Proceedings of the AAAI Conference on Artificial Intelligence, 2018, 32(1).

[78] Hunt K J, Sbarbaro D, Zbikowski R, et al. Neural networks for control systems: a survey[J]. Automatica, 1992, 28(6): 1083-1112.

[79] Jaderberg M, Vedaldi A, Zisserman A. Speeding up convolutional neural networks with low rank expansions[J]. Computer Science, 2014, 4(4): XIII.

[80] Jégou H, Douze M, Schmid C. Productquantization for nearest neighbor search [J]. IEEE Transactions on Pattern Analysis & Machine Intelligence, 2010, 33(1): 117-128.

[81] Jiang Y, Moseson S, Saxena A. Efficient grasping from rgbd images: learning using a new rectangle representation[C]//IEEE International Conference on Robotics and Automation. Piscataway, USA: IEEE, 2011: 3304-3311.

[82] Jin X J, Yuan X T, Feng J S, et al. Training skinny deep neural networks with iterative hard thresholding methods[J]. arXiv: 1607.05423, 2016.

[83] Johns E, Leutenegger S, Davison A J. Deep learning a grasp function for grasping under gripper pose uncertainty[C]//IEEE/RSJ International Conference on Intelligent Robots and Systems. Piscataway, USA: IEEE, 2016: 4461-4468.

[84] Jordan M I. Supervise learning and systems with excess degrees of freedom[R]. Massachusetts Institute of Technology: COINS Technical Report, 1988: 88-27.

[85] Kim Y D, Park E, Yoo S, et al. Compression of deep convolutional neural networks for fast and low power mobile applications[R]. arXiv: 1511.06530, 2015.

[86] Kohonen T. Correlationmatrix memoriess[J]. IEEE Trans. on Computers, 1972, 21: 352-359.

[87] Koo K M, Kim J H. CMAC based control of nonlinear mechanical system[C]//Proceedings of the 1996 IEEE 22nd International Conference on Industrial Electronics, Control, and Instrumentation, 1996: 1954-1959.

[88] Krizhevsky A, Sutskever I, Hinton G E. ImageNet classification with deep convolutional neural networks[J]. Communications of the ACM, 2017, 60(6): 84-90.

[89] Ku C C, Lee K Y. Diagonal recurrent neural networks based control using adaptive learing rates [C]// Pro. of the 31st Conference on Decision and Control, 1992: 3485-3490.

[90] Ku C C, Lee K Y. Diagonal recurrent neural networks for ynamic Systems Control[J]. IEEE Trans. on Neural Netwoks, 1995, 6(1): 144-156.

[91] Lebedev V, Lempitsky V. Fast ConvNets using group-wise brain damage[C]// Computer Vision & Pattern Recognition. IEEE, 2015.

[92] Lebedev V, Ganin Y, Rakhuba M, et al. Speeding-up convolutional neural networks using fine-tuned CP-decomposition[J]. Computer Science, 2014.

[93] Leng C, Dou Z, Li H, et al. Extremely low bit neural network: squeeze the last bit out with admm [C]//Proceedings of the AAAI Conference on Artificial Intelligence, 2018, 32(1).

[94] Lenz I, Lee H, Saxena A. Deep learning for detecting robotic grasps[J]. International Journal of Robotics Research, 2015, 34(4/5): 705-724.

[95] Li Y, Fan C, Li Y, et al. Improving deep neural network with multiple parametric exponential linear units[J]. Neurocomputing, 2018, 301: 11-24.

[96] Li J H, Michel A N, Porod W. Analysis and synthesis of a class of neural Networks: linear systems operating on a closed hypercube[J]. IEEE Tran. on Circuits and Systems, 1989, 36(11): 1405-1422.

[97] Li H, Kadav A, Durdanovic I, et al. Pruning filters for efficient convNets[J]. arXiv: 1608.08710, 2016.

[98] Lin D, Talathi S, Annapureddy S. Fixed point quantization of deep convolutional networks[C]// International Conference on Machine Learning. PMLR, 2016: 2849-2858.

[99] Lippmann R P. Anintroduction to computing with neural nets[J]. IEEE ASSP Magazine, 1987: 5-23.

[100] Liu X Y, Pool J, Han S, et al. Efficient sparse-winograd convolutional neural networks[C]// Proceedings of 2017 International Conference on Learning Representation, 2017.

[101] Luo J H, Wu J X, Lin W Y. Thinet: a filter level pruning method for deep neural network compression[C]//Proceedings of 2017 IEEE International Conference on Computer Vision. Venice, Italy: IEEE, 2017: 5068-5076.

[102] Luo P, Zhu Z Y, Liu Z W, et al. Face model compression by distilling knowledge from neurons [C]//Proceedings of the 30th AAAI Conference on Artificial Intelligence. Phoenix, Arizona, USA: AAAI, 2016: 3560-3566.

[103] Lutterell S, The implication of Boltzmann-type machine for SAR data processing: a preliminary survey, royal signals and Radar Establishment[R]. Technical Report 3815, 1985.

[104] Mao H, Han S, Pool J, et al. Exploring the regularity of sparse structure in convolutional neural networks[J/OL]. 2017. http://arxiv. org/abs/1705. 08922.

[105] Mazaika P. A mathematical model of the Boltzmann machine[C]//Proceedings of the IEEE First Inter Conf on Neural Networks, 1987: 157-164.

[106] McCulloch W C, Pitts W. A logical calculations of the ideas immanent in nervous activity[J]. Bulletin of Mathematical Biophysics, 1943, 5: 115-133.

[107] Mei G, Liu W. Designgraph search problems with learning: a neural network approach[J]. Neural networks Supplement, INNS Abstracts, 1998(1): 200.

[108] Minkey M, Papert S. Perceptrons[M]. Boston: MIT press, 1969.

[109] Morimoto T, Hashimoto Y. Fuzzy control for fruit storage optimization using neural networks and genetic algorithms[C]// Proceedings of IFAC 13th Triennial World Congress, 1996: 375 -380.

[110] Mozer M C. A focused back propagation algorithm for temporal pattern recognition[J]. Complex Systems, 1989, 3: 349-381.

[111] Naomi E L, William S L. Using MATLAB to analyze and design control systems[M]. Amsterdam: The Benjamin/Cummings Publishing Company, Inc. , 1992.

[112] Narendra K S, Parthasarathy K. Identification and control of dynamical systems using neural networks[J]. IEEE Trans. on Neural Netwoks, 1990, 1(1): 4-27.

[113] Narendra K S, Mukhopadhyay S. Adaptive control of nonlinear multivariable systems using neural, networks[J]. Neural Networks, 1994, 7(5): 737-742.

[114] Neural Network Toolbox User's Guide[Z]. The Math Works Inc, 1993.

[115] Neural Network Toolbox User's Guide[Z]. The Math Works Inc, 2001.

[116] Nguyen A, Kanoulas D, Caldwell D G, et al. Detecting object affordances with convolutional neural networks[C]//IEEE/RSJ International Conference on Intelligent Robots and Systems. Piscataway, USA: IEEE, 2016: 2765-2770.

[117] Nguyen D H, Widrow B. Neural networks for self-learning control systems[J]. IEEE Control Systems Magazine, 1990(4): 18-23.

[118] Simson P K. Artificial neural systems: foundations, paradigms, applications, and implementations [M]. Oxford: Pergamon Press, 1990.

[119] Werbos P J. Backpropagation through time: what it does and how to do it[J]. Proceeding of the IEEE, 1990, 78(10): 1550-1560.

[120] Pham D T, Sukkar M F. Supervised adaptive resonance theory nerual network for modelling dynamic system, systems, man and cybernetics[J]. Intelligent Systems for the 21st Century, 1995, 3: 2500-

2505.

[121] Pham D T, Sukkar M F. A supervised neural network for dynamic systems identification[J]. Universal Personal Communications,1995:697-701.

[122] Poddar P, Unnikrishnan K P. Nonlinear prediction of speech signals using memory neuron networks [J]. Neural Networks for Signal Processing, 1991,31: 395-404.

[123] Redmon J, Angelova A. Real-time grasp detection using convolutional neural networks[C]// IEEE International Conference on Robotics and Automation. Piscataway, USA: IEEE, 2015: 1316-1322.

[124] Redmon J, Divvala S, Girshick R, et al. You only look once: unified, real-time object detection[J]. IEEE,2016.

[125] Ren X. Recurrent neural networks for identification of nonlinear systems[C]// Pro. of the 39th Conference on Decision and Control,2000:2861-2866.

[126] Rojas R. Neural networks: a systematic introduction[M]. Berlin: Springer-Verlag, 1996.

[127] Romero A, Ballas N, Kahou S E, et al. Fitnets: hints for thin deep nets[J]. arXiv: 1412. 6550, 2014.

[128] Rosenblatt F. Theperceptron: a probabilistied model for information storage and organization in TL brain[J]. Psychological Review, 1958,65: 386-408.

[129] Rumelhart D E, Hinton G E, Williams R J. Learinginternal representations by error propagation [M]//Rumelhart D, McClelland J. Parallel data processing. Cambridge: MIT Press, 1989:318-362.

[130] Sejnowski T. Higher order Boltzmann machines[C]// Denker J. AIP Conf. Proceeding 151: Neural Networks for Computing. New York: American Institute of Physics, 1986: 398-403.

[131] Sejnowski T J, Hinton G E. Separating figures from ground with a Boltzmann machine, vision, brain and cooperative computation[M]. Cambridge: MIT Press, 1985.

[132] Silver D, Huang A, Maddison C J, et al. Mastering the game of go with deep neural networks and tree search[J]. Nature, 2016, 529(7587): 484-489.

[133] Haykin S. 神经网路原理[M]. 2 版. 北京:机械工业出版社,2004:125-127.

[134] Song Q, Xiao J Z, Chai S. Robust backpropagation training algorithm for multilayered neural tracking controller[J]. IEEE Transactions on Neural Networks, 1999, 10(5): 1133-1141.

[135] Srinivas S, Babu R V. Data-free parameter pruning for deep neural networks[J]. arXiv: 1507. 06149, 2015.

[136] Theis L, Korshunova I, Tejani A, et al. Faster gaze prediction with dense networks and fisher pruning[J]. arXiv: 1801. 05787, 2018.

[137] Halici U. Reinforcement learning with internal expectation for the random neural network[J]. European Journal of Operational Research, 2000, 126(2): 288-307.

[138] Wang P, Hu Q, Zhang Y, et al. Two-step quantization for low-bit neural networks[C]// 2018 IEEE/CVF Conference on Computer Vision and Pattern Recognition (CVPR). IEEE, 2018.

[139] Widrow B. 30 years of adaptive neural networks: perceptron, madaline, and backpropagation[J]. Proceedings of the IEEE, 1990,78(9): 27-53.

[140] Wang P, Cheng J. Fixed-point factorized networks[C]//Proceedings of the IEEE Conference on Computer Vision and Pattern Recognition. 2017: 4012-4020.

[141] Wang P, Cheng J. Accelerating convolutional neural networks for mobile applications [C]// Proceedings of the 24th ACM International Conference on Multimedia. 2016: 541-545.

[142] Wen W, Xu C, Yan F, et al. Terngrad:ternary gradients to reduce communication in distributed deep learning[J]. arXiv:1705. 07878, 2017.

[143] Widrow B, Bilello M. Nonlinear adaptive signal processing for inverse control [C]//World

Conference on Neural Networks'94：III-3-13，1994.

[144] Widrow B，Hoff E. Adaptive switching circuits[C]//IRE WESCON Convention Record，Part 4，Computers，Man-Machine Systems，1960：96-104.

[145] Wu J，Cong L，Wang Y，et al. Quantized convolutional neural networks for mobile devices[C]// 2016 IEEE Conference on Computer Vision and Pattern Recognition (CVPR). IEEE，2016.

[146] Yim J，Joo D，Bae J，et al. A gift from knowledge distilla tion：fast optimization，network minimization and transfer learning[C]//Proceedings of 2017 IEEE Conference on Com puter Vision and Pattern Recognition. Honolulu，HI，USA：IEEE，2017.

[147] Yamashita Y. Qualitative interpretation of process trends by using neural networks[J]. Knowledge-Based Intelligent Electronic Systems，1998，3：2500-2505.

[148] Zagoruyko S，Komodakis N. Paying more attention to attention：improving the performance of convolutional neural networks via attention transfer［C］//Proceedings of 2017 International Conference on Learning Representations. France，2017.

[149] Zeiler M D，Fergus R. Visualizing and understanding convolutional networks［C］//European Conference on Computer Vision. Cham，Germany：Springer，2014：818-833.

[150] Zhang Y，Sohn K，Villegas R，et al. Improving object detection with deep convolutional networks via bayesian optimization and structured prediction［C］//Proceedings of the IEEE Conference on Computer Vision and Pattern Recognition. Piscataway，USA：IEEE，2015：249-258.

[151] Zhou H，Alvarez J M，Porikli F. Less is more：towards compact CNNS[C]//European Conference on Computer Vision. Cham：Springer，2016：662-677.

[152] Zhang X Y，et al. Accelerating very deep convolutional networks for classification and detection[J]. 2015.

[153] Zhu C，Han S，Mao H，et al. Trained ternary quantization[J]. arXiv：1612.01064，2016.

[154] 包姣. 基于深度神经网络的回归模型及其应用研究[D]. 成都：电子科技大学，2017.

[155] 陈先昌. 基于卷积神经网络的深度学习算法与应用研究[D]. 杭州：浙江工商大学，2013.

[156] 陈燕庆，鹿浩. 省城网络理论及其在控制工程中的应用[M]. 西安：西北工业大学出版社，1991.

[157] 陈荣，徐用懋，兰鸿森. 多层前向网络的研究：遗传 BP 算法和结构优化策略[J]. 自动化学报，1997，23(1)：43-49.

[158] 丛爽. 神经网络在电机非线性补偿中的设计与实现[C]//中国控制会论文集，1996：833-837.

[159] 丛爽. 运动控制中模糊逻辑控制的应用[J]. 电气自动化，1997，6：16-18.

[160] 丛爽. 运动控制中先进控制策略的研究综述[J]. 微特电机，1998，26(1)：2-8.

[161] 丛爽. 典型人工神经网络的结构、功能及其在智能系统中的应用[J]. 信息与控制，2001，30(2)：97-103.

[162] 丛爽. 神经网络、模糊系统及其在运动控制中的应用[M]. 合肥：中国科学技术大学出版社，2001.

[163] 丛爽. 径向基函数的功能分析与应用的研究[J]. 计算机工程与应用，2002，38(3)：85-87，200.

[164] 丛爽. 面向 MATLAB 工具箱的神经网络理论与应用[M]. 2 版. 合肥：中国科学技术大学出版社，2003.

[165] 丛爽，戴谊. 递归神经网络的结构研究[J]. 计算机应用，2004，24(8)：18-20，27.

[166] 丛爽，高雪鹏. 几种递归神经网络及其在系统辨识中的应用[J]. 系统工程与电子技术，2003，25(2)：194-197.

[167] 丛爽，钱镇. 用于电机中非线性补偿的变参数双模糊控制器[J]. 微特电机，1997，25(3)：2-4.

[168] 丛爽，郑毅松. 几种局部连接神经网络结构及性能的分析与比较[J]. 计算机工程，2003，29(22)：11-13.

[169] 丛爽，郑毅松. K 型局部连接神经网络[J]. 计算机应用，2004，24(2)：44-46.

[170] 丛爽,郑毅松. ART-2 与 CMAC 网络的性能对比研究[J]. 电机与控制学报,2004,8(1):63-66,88.

[171] 崔大勇,季玫. 人工神经网络在自动化中的应用与发展前景[J]. 自动化与仪表,1993,8(2):1-4.

[172] 杜川. 基于深度生成网络的特征学习方法[D]. 西安:西安电子科技大学,2019.

[173] 戴谊,丛爽. 递归神经网络稳定性分析[C]//2004 年中国控制与决策学术年会论文集. 沈阳:东北大学出版社,2004:443-447.

[174] 戴谊,丛爽. 递归神经网络学习速率研究[J]. 系统工程与电子技术,2005,27(5):942-947.

[175] 方剑,席裕庚. 神经网络结构设计的准则和方法[J]. 信息与控制,1996,25(3):156-161.

[176] 方建安,邵世煌. 采用遗传算法学习的神经网络控制器[J]. 控制与决策,1993,8(3):208-212.

[177] 韩小云,刘瑞岩. ART-2 网络学习算法的改进[J]. 数据采集与处理,1996,11(4):241-245.

[178] 胡越,罗东阳,花奎,等. 关于深度学习的综述与讨论[J]. 智能系统学报,2019,14(1):1-10.

[179] 胡上序,程翼宇. 人工神经元计算导论[M]. 北京:科学出版社,1994.

[180] 黄德双. 神经网络模式识别系统理论[M]. 北京:电子工业出版社,1996.

[181] 廖翔云,许锦标,龚仕伟. 车牌识别技术研究[J]. 微机发展,2003,13:30-35.

[182] 姜春晖. 深度神经网络剪枝方法研究[D]. 合肥:中国科学技术大学,2018.

[183] 焦李成. 神经网络系统理论[M]. 西安:西安电子科技大学出版社,1995.

[184] 焦李成. 神经网络的应用与实现[M]. 西安:西安电子科技大学出版社,1995.

[185] 焦李成. 神经网络计算[M]. 西安:西安电子科技大学出版社,1995.

[186] 李孝安,张晓渍. 神经网络与神经计算机导论[M]. 西安:西北工业大学出版社,1994.

[187] 李远清,韦岗,刘永清. 全连接回归神经网络的稳定性分析[J]. 控制理论与应用,2000,17(4):537-541.

[188] 李玉鑑,张婷,单传辉. 深度学习:卷积神经网络从入门到精通[M]. 北京:机械工业出版社,2018.

[189] 李中凯,王效岳,魏修亭. BP 网络在汽车牌照字符识别中的应用[J]. 山东理工大学学报,2004,18(4):69-72.

[190] 刘卫国,李钟明,吴斌,等. 神经网络在电机控制系统中的应用[J]. 微特电机,1996,4:12-14.

[191] 杨开宇,陆闽宁. 模糊控制算法的研究[J]. 东南大学学报,1995,25(5a):254-258.

[192] 杨楠. 基于 Caffe 深度学习框架的卷积神经网络研究[D]. 石家庄:河北师范大学,2016.

[193] 刘伯春. 神经网络在控制系统中的应用[J]. 电气自动化,1995,2:4-7.

[194] 石纯一,黄昌宁,等. 人工智能原理[M]. 北京:清华大学出版社,1995.

[195] 孙增圻. 智能控制理论与技术[M]. 北京:清华大学出版社,1997.

[196] 宋光慧. 基于迁移学习与深度卷积特征的图像标注方法研究[D]. 杭州:浙江大学,2016.

[197] 王俊普. 智能控制[M]. 合肥:中国科技大学出版社,1997.

[198] 吴福朝,张岭. 自联想记忆神经元网络的设计[J]. 计算机工程,1996,22(1):23-26.

[199] 汪力新,费越,戴汝为. 基于人机结合的竞争监督学习[J]. 模式识别与人工智能,1997,10(3):189-195.

[200] 王琪,钟玉琢. 一种基于 DCT 变换的随机神经网络图像编码器[J]. 小型微型计算机系统,1999,20(7):481-484.

[201] 汪同庆,居琰,任莉. 基于神经网络及多层次信息融合的手写体数字识别[J]. 小型微型计算机系统,2003,24(12):2286-2290.

[202] 王怡雯,丛爽,窦秀明. 用 Boltzmann 机求解典型 NP 优化问题 TSP[C]//丛爽. 自动化理论、技术与应用. 合肥:中国科学技术大学出版社,2003:163-170.

[203] 丛爽,王怡雯. 随机神经网络发展现状综述[J]. 控制理论与应用,2004,21(6):975-980,985.

[204] 王怡雯,丛爽. 用随机神经网络优化求解改进算法的研究[J]. 计算机工程与设计,2004,25(9):1454-1456.

[205] 王怡雯,丛爽. RNN 网络和 Hopfield 网络优化求解算法的对比研究[J]. 计算机仿真,2004,21(11):

161-163,175-176.

[206]　武强,童学锋,季隽.基于人工神经网络的数字字符识别[J].计算机工程,2003,29(14):112-113.

[207]　席裕庚,柴天右,恽为民.遗传算法综述[J].控制理论与应用,1996,13(6):687-708.

[208]　薛定宇.控制系统计算机辅助设计:MATLAB语言及应用[M].北京:清华大学出版社,1996.

[209]　许力.一种局部化的反向传播网络[J].控制与决策,1995,10(2):148-152.

[210]　杨庆雄.基于神经网络的字符识别研究[J].信息技术,2005,4:92-96.

[211]　杨晓帆,陈廷槐.人工神经网络固有的优点和缺点[J].计算机科学,1994,21(2):23-26.

[212]　晏建军,何水保.利用遗传算法简化神经网络结构[J].计算机工程,1995,21(5):56-61.

[213]　应行仁,曾南.采用BP神经网络记忆模糊规则的控制[J].自动化学报,1991,17(1):63-67.

[214]　袁震东.自动控制学科面临的挑战与机遇[J].电气自动化,1995,1:42-43.

[215]　喻群超,尚伟伟,张驰.基于三级卷积神经网络的物体抓取检测[J].机器人,2018,5:762-768.

[216]　袁银龙.深度强化学习算法及应用研究[D].广州:华南理工大学,2019.

[217]　赵进.稀疏深度学习理论与应用[D].西安:西安电子科技大学,2019.

[218]　张阿卜.基于广义预测控制的对角递归神经网络控制器[J].厦门大学学报(自然科学版),1997:
　　　　21-26.

[219]　张峻,陈坚,席裕庚.MATLAB软件包与控制系统设计及仿真[J].电气自动化,1997,4:7-8.

[220]　张立明.人工神神经网络的模型及其应用[M].上海:复旦大学出版社,1993.

[221]　张铃,张钹.神经网络中BP算法的分析[J].模式识别与人工智能,1994,7(3):191-195.

[222]　张良杰,李衍达.模糊神经网络技术的新近发展[J].信息与控制,1995,24(1):39-46.

[223]　张乃饶.用遗传算法优化模糊器的隶属函数[J].电气自动化,1996,1:4-6.

[224]　郑书新.针对深度学习模型的优化问题研究[D].合肥:中国科学技术大学,2019.

[225]　庄镇泉,王熙法,王东生.神经网络与神经计算机[M].北京:科学出版社,1990.